A Beginner's Guid

This is a conversational approach to the teaching and learning of the Tajiki language. It uses authentic language material to help learners as they proceed through its topic-based lessons. Its emphasis on the spoken language promotes oral fluency alongside written skills. Both lessons and appendices present new vocabulary and grammar simply and recycle material to provide opportunities for both controlled and free language learning.

The appendices include not only lists of useful information and samples of commonly needed letters and speeches, but also an invaluable introduction to Tajiki grammar and a comprehensive Tajiki–English dictionary of all the book's vocabulary – over 4500 definitions.

Azim Baizoyev holds a BA, MA and PhD in oriental languages. He teaches in the Tajik State University's Department of Iranian Philology and has been teaching Tajiki, Farsi and Russian as foreign languages since 1993 to the international staff of various embassies and foreign organisations working in Dushanbe. He has published numerous books and articles, including two textbooks for Tajiki-speakers learning Farsi.

John Hayward gained a degree in natural sciences and a PhD in genetics from Cambridge University, England, before going on to train as a teacher of English as a foreign language, in which field he holds the RSA/Cambridge CTEFLA and an MA in TESOL from Azusa Pacific University, California. He has taught English as a foreign language in Tajikistan since 1995 and is now director of a non-governmental organisation contributing to educational development.

A Beginner's Guide to Tajiki

Azim Baizoyev and John Hayward

LONDON AND NEW YORK

First published 2004
by Routledge
2 Park Square, Milton Park, Abingdon, Oxon, OX14 4RN

Simultaneously published in the USA and Canada
by Routledge
270 Madison Ave, New York NY 10016

Routledge is an imprint of the Taylor & Francis Group

Transferred to Digital Printing 2009

© 2004 Azim Baizoyev and John Hayward

Typeset by the authors

All rights reserved. No part of this book may be reprinted
or reproduced or utilised in any form or by any electronic,
mechanical, or other means, now known or hereafter
invented, including photocopying and recording, or in any
information storage or retrieval system, without permission
in writing from the publishers.

British Library Cataloguing in Publication Data
A catalogue record for this book is available from the British Library

Library of Congress Cataloging in Publication Data
A catalog record for this book has been requested.

ISBN 0-415-31597-2 (hbk)
ISBN 0-415-31598-0 (pbk)

Publisher's Note
The publisher has gone to great lengths to ensure the quality of this reprint
but points out that some imperfections in the original may be apparent.

Ба ҷашни пуршукӯҳи 10-солагии Истиқлолияти Ҷумҳурии Тоҷикистон бахшида мешавад.

Забони ҳар миллат ёдгории азизест, ки решаи он аз сарчашмаи чандин наслҳои нажоди ӯ об хӯрда, мояи ифтихору худшиносии наслҳои баъдина мегардад.

Э.Ш.Раҳмонов

Dedicated to the grand celebration of Tajikistan's tenth anniversary of independence.

"Each nation's language is a precious legacy whose roots have drawn from the source of many generations of its people and which will be the cause of pride and self-knowledge for future generations."

E.Rahmonov

CONTENTS

Official Preface — xi
Translation of the Official Preface — xii
Editor's Preface — xiii

Дарси 1 — **Lesson 1** — *1*
Алифбои тоҷикӣ — **The Tajiki Alphabet**
  Алифбои Тоҷикӣ — The Tajiki Alphabet
  Транскрипсия — Transcription
  Зада — Stress

Дарси 2 — **Lesson 2** — *7*
Муроҷиат — **Forms of Address**
Шиносоӣ — **Getting Acquainted**
  Grammar — 13
    Personal Pronouns
    The Inflectional Suffix "Izofat"
    Possessive Determiners
    Pronominal Suffixes
    The Copula "Аст"

Дарси 3 — **Lesson 3** — *17*
Оила — **Family**
  Grammar — 22
    Present-Future Tense
    Simple Questions
    The Conjunction "Ва" ("-у" and "-ю")

Дарси 4 — **Lesson 4** — *27*
Маориф – Касбу кор — **Education – Professions**
  Grammar — 32
    More Present-Future Tense
    Plural Forms of Nouns
    "Аст" and "Ҳаст"

Дарси 5 — **Lesson 5** — *38*
Хона – Ҳавлӣ – Боғ — **House – Courtyard – Garden**
  Grammar — 42
    Prepositions
    The Direct Object Marker "-ро"
    Question Particles
    Imperatives

Дарси 6 — **Lesson 6** — *49*
Хона – Ҳавлӣ – Боғ (идома) — **House – Courtyard – Garden (continued)**
  Grammar — 54
    Indefinite Nouns
    Infinitives
    Present-Future Tense
    Simple Past Tense
  Reading — *Хонаи худ* — 58

Дарси 7 — **Lesson 7** — *61*
Вақт – Фасл – Обу ҳаво — **Time – Seasons – Weather**
  Grammar — 68
    Numbers
  Reading — *Рӯзи корӣи ман* — 72

Дарси 8 — **Lesson 8** — *74*
Кишварҳо – Миллатҳо – Забонҳо — **Countries – Nationalities – Languages**
  Grammar — 80
    Descriptive Past
    Comparatives and Superlatives
    Derivational Suffixes

viii A Beginner's Guide to Tajiki

Дарси 9	Lesson 9	86
Узвҳои бадан	Parts of the Body	
Grammar	Compound Verbs	89
	Active and Passive Verbs	
	Absolute Future Tense	
Reading	Таъбири хоб	94
	Беҳтарин аъзо	
Дарси 10	Lesson 10	97
Шаҳр – Кӯча	The City – The Street	
Grammar	The Past Participle	102
	Present Continuous Tense	
	Modal Verbs	
Дарси 11	Lesson 11	111
Бозор	Market	
Grammar	Derivational Affixes (continued)	116
	The conditional mood – use of "агар"	
Reading	Сето нон	122
	То ки дигарон хӯранд	
Дарси 12	Lesson 12	124
Дар мағоза	At the Shop	
Grammar	Narrative Past Tense	131
	Past Perfect Tense	
Дарси 13	Lesson 13	136
Дар ресторан, ошхона,	At the Restaurant,	
қаҳвахона, чойхона	Cafe, and Tea-House	
Grammar	More Compound Verbs	140
	More Pronouns	
Reading	Худо хоҳад	145
	Тарзи пухтани оши палов	
Дарси 14	Lesson 14	149
Дар меҳмонхона	In the Hotel	
Grammar	Complex Sentences: Conjunctions	154
	"Fundamental" and "Causal" Verbs	
Reading	Марги аблаҳона	157
Дарси 15	Lesson 15	161
Идора – Телефон	At the Office – On the Telephone	
Grammar	Exclamations and Words of Emotion	167
Reading	Телефон	171
Дарси 16	Lesson 16	174
Вақти холӣ – Дар меҳмонӣ	Free Time – Visiting as a Guest	
Grammar	Subordinate Clauses	181
	Subordinate Clauses of Time	
	The Past Continuous Tense	
Reading	Саҳитарин инсон	186
Дарси 17	Lesson 17	188
Дар назди духтур	At the Doctor's	
Тибби халқӣ	Folk Medicine	
Grammar	Subordinate Clauses of Cause	195
	Subordinate Clauses of Purpose	
	Subordinate Clauses of Condition	

Reading	*Чӣ хӯрдед?*	199
	Подшоҳ ва фолбин	
	Кӣ бисёртар?	
Дарси 18	**Lesson 18**	**202**
Ҳайвонот	**Animals**	
Grammar	*Subordinate Clauses of Quantity and Degree*	207
	Subordinate Clauses of Concession	
Reading	*Захми забон*	210
	Боғи ҳайвоноти Душанбе	
Дарси 19	**Lesson 19**	**214**
Идҳо – Ҷашнҳо – Маросимҳо	**Holidays – Celebrations – Ceremonies**	
Grammar	*Subordinate Clauses of Location*	223
	Multiple Complex Sentences	
Reading	*Наврӯз*	226
	Таронаҳои наврӯзӣ	
	Арвоҳ	
Дарси 20	**Lesson 20**	**229**
Қонун – Сиёсат	**Law – Politics**	
Муносибатҳои байналмилалӣ	**International Relations**	
Grammar	*Verbal adverb*	236
	Direct and Indirect Speech	
Reading	*Ҳикоят (мазмун аз «Гулистон»)*	240
Дарси 21	**Lesson 21**	**242**
Саёҳат – Табиат	**Tourism – Nature**	
Grammar	*Word Construction*	248
	Descriptive Use of Present-Future Tense	
Reading	*Искандаркӯл*	252
Answers to Lesson 1 Exercises		**255**
Иловаҳо	***Appendixes***	
Шаҳру ноҳияҳои Тоҷикистон	Cities and Regions of Tajikistan	256
Маъмултарин номҳои тоҷикӣ	The Most Common Tajiki Names	257
I. Намунаи мактубҳои расмӣ	I. Model official letters	260
II. Намунаи мактубҳои дӯстона	II. Model informal letters	261
III. Намунаи табрикномаҳо	III. Model congratulations	264
IV. Намунаи даъватномаҳо	IV. Model invitations	266
V. Намунаи эълонҳо	V. Model announcements	267
VI. Намунаи таъзияномаҳо	VI. Model condolences	268
VII. Намунаи тавсияномаҳо	VII. Model recommendations	269
Латифаҳои тоҷикӣ	Tajiki Jokes	269
Байту порчаҳои шеърӣ	Poetry Selections	272
A Brief Introduction To Tajiki Grammar		
Фонетика	***Phonetics***	***278***
Садонокҳо	Vowels	278
ҳамсадоҳо	Consonants	279
Зада	Stress	280
Баъзе тағйироти овозӣ	Some Sound Changes	281

Морфология	*Morphology*	*282*
Исм	Nouns	282
	Singular and Plural Nouns	
	Arabic Plurals	
	Indefinite Article and Defining Suffix	
	Nominal Derivational Affixes	
Сифат	Adjectives	286
	Adjectival Derivational Affixes	
	Nominal Use of Adjectives	
	Compound Nouns and Adjectives	
Шумора	Numbers	289
	Cardinal Numbers	
	Ordinal Numbers	
	Fractions	
	Approximate numbers	
	"Numerators"	
Ҷонишин	Pronouns	291
	Personal-Possessive Pronouns	
	Pronominal Suffixes	
Феъл	Verbs	293
	Verb Stems	
	Tajiki Verb Structure	
	Participles	
	Verbal Adverbs	
	Verb Conjugation	
	Verb Tenses	
	Imperatives	
	Modal Verbs	
	Active and Passive Verbs	
	Fundamental and Causal Verbs	
Зарф	Adverbs	310
Пешоянду Пасояндҳо	Prepositions and Postpositions	312
	Simple prepositions	
	"Izofat" and Compound Nominal Prepositions	
	Compound Nominal Prepositions (without "izofat")	
	Postpositions	
Пайвандакҳо	Conjunctions	316
	Coordinate conjunctions	
	Subordinate conjunctions	
Ҳиссачаҳо	Particles	321
Нидоҳо	Exclamations	322
Tajiki – English Dictionary		*323*
Acknowledgements		*371*

OFFICIAL PREFACE

КАЛИДЕ АЗ ГАНҶХОНАИ НИЁКОН

Мардуми тоҷик мақоли хубе дорад: забон донӣ - ҷаҳон донӣ. Дар ҳақиқат, донистани забон моро бо ин дунёи рангорангу сокинони он аз наздик ошно месозад. Мо хушбахтем, ки имрӯз кишвари мо низ ба сифати яке аз давлатҳои соҳибистиқлолу комилҳуқуқ аз тарафи оламиён шинохта шудааст ва узви ҷудонопазири ҷомеаи ҷаҳонӣ мебошад.

Тоҷикон ҳамчун яке аз халқҳои қадимтарини ҷаҳон соҳиби таърих, фарҳанг, адабиёт ва, умуман, тамаддуни оламшумуланд. Забони тоҷикӣ забони шеъру адаб, илму ҳунар ва панду масал аст. Аз ин рӯ, донистани он фақат василаи муошират бо мардуми тоҷик нест, балки он калидест, ки дари ганҷинаи сухани гуҳаррези гузаштагону муосирони моро ба рӯйи ҳаводорони забони тоҷикӣ боз мекунад. Шумо ба воситаи он метавонед бо асрори ҳикмати гузаштагон - Рӯдакиву Фирдавсӣ, Синову Берунӣ, Румиву Хайём, Ҳофизу Саъдӣ, Камолу Ҷомӣ, Айниву Турсунзода, Лоҳутиву Ғафуров ва садҳо бузургони дигар ошно гардед. Дар баробари ин, мардуми тоҷик дорои яке аз ганитарин сарчашмаҳои эҷодиёти халқ - фолклор мебошад. Афсонаву латифаҳо, рубоиву дубайтиҳо ва сурудҳои маросимӣ, ки дар байни мардум паҳн гашта, то имрӯз низ ба таври фаровон истифода мешаванд, сарвати бебаҳои маънавии миллати мо мебошанд.

Басо рамзист, ки китоби «Раҳнамои тоҷикӣ барои навомӯзон» барои ҳаводорони омӯзиши забони тоҷикӣ, ки англисизабону англисидон мебошанд, дар остонаи ҷашни бошукӯҳи даҳумин солгарди Истиқлолияти Тоҷикистон ба табъ мерасад. Аз як тараф, он нишонаи дар мақоми расмии давлатӣ пойдору устувор гардидани забони тоҷикӣ аст. Имрӯз забони тоҷикӣ дар майдони сиёсату иқтисод ва илму фарҳанги мардуми мо озодонаву устуворона қадам мениҳад, доираи истифодаи он рӯз то рӯз васеътар мегардад. Аз тарафи дигар, дар натиҷаи таҳкими пояҳои низоми сиёсии давлату давлатдорӣ ва таъмини ҳаёти осоишта ва аз баракати ин раванди баргаштнопазир вусъат ёфтани фаъолияти ташкилоту созмонҳои гуногуни байналмилалӣ, теъдоди ҳавасмандони омӯзиши забони тоҷикӣ торафт меафзояд.

Табъу нашри ин китобро дар остонаи ҷашни Истиқлолият ман барои дӯстдорони забони ширину дилчаспи тоҷикӣ ҳадяи арзанда мешуморам ва ба ҳамаи шумо, азизон, дар кушодани дари ганҷинаи сухан ва сайри боғи дилкушои фарҳангу адаби миллати қадимаи тоҷик барори кор мехоҳам.

Президенти
Ҷумҳурии Тоҷикистон   Э. РАҲМОНОВ

TRANSLATION OF THE OFFICIAL PREFACE

A KEY TO THE PREDECESSORS' TREASURE-HOUSE

The Tajik people have a good proverb: "If you get to know a language, you may get to know the world." .By learning a language we can truly become closer to the many inhabitants of this world. We are happy that our country is now also known as one of the countries that enjoys independence and full legal rights and is an inseparable member of the world's international community.

As one of the most ancient peoples of the world, the Tajiks possess a great history, culture, literature and, generally, a renowned civilisation. The Tajiki language is a language of poems and prose, of the arts and science, and of advice and proverbs. Therefore, to know Tajiki is not only an instrument for communicating with the Tajik people but, for those who want to learn Tajiki, it is a key with which to open the door to the treasury of the precious words of past and present Tajiks. Through it, you may become acquainted with the profound secrets of our ancestors – Rudaki, Firdausi, Sino, Beruni, Rumi, Khayyam, Hafez, Sa'di, Kamol, Jomi, Aini, Tursunzoda, Lohuti, Ghafurov and hundreds of other great writers. In addition to this, the Tajik people are one of the richest sources of folklore. Stories, jokes, poetry, and ceremonial songs that have spread among people are still frequently used today and are a priceless spiritual commodity of our nation.

It is most appropriate that this "Official Beginners' Guide to Tajiki" for English-speakers who want to learn Tajiki has been published on the threshold of Tajikistan's grand celebration for its tenth anniversary of independence. On the one hand, it is a sign of the consolidation of the Tajiki language in its official status in the country. Today, Tajiki is freely and steadily advancing in the arenas of politics, economics, science, and culture of our people and the extent of its use is increasing every day. On the other hand, the numbers of people wanting to learn Tajiki is constantly increasing as a result of the consolidation of the foundation of the country's political system and its administration, of the provision of a peaceful life and, through the benefits of this irreversible process, of the development of the activity of various international organisations.

I believe the publication of this book on the threshold of the Independence celebrations is a valuable gift for those who love the pleasant and attractive Tajiki language and I wish you all success in your task, dear friends, as you seek to open the door to the treasury of words and walk in the inspiring garden of the ancient Tajik nation's culture and literature.

The President of the Republic of Tajikistan   *E.Rahmonov*

EDITOR'S PREFACE

"Language is power."

The truth of this aphorism is at least two-fold. Firstly, those individuals who possess certain language skills and are thereby members of a particular speech community have access to information and resources that remain unobtainable by others who lack those same language skills and are consequently excluded from the given speech community. Thus, those individuals with additional language skills wield a power not held by the majority. Secondly, language is inextricably associated with culture and shapes the way in which people think and express ideas. As a result, the introduction of a new language itself has the power to transform the lives of individuals and, ultimately, a society.

For most of the twentieth century, the language of the Tajiks was portrayed as inferior to Russian, the colonial language of the Soviet Union, of which Tajikistan was a part. Following independence, English replaced Russian as the most prestigious language to know. As Tajikistan increasingly establishes and develops relationships with other countries and many international organisations – particularly with those of the international English-speaking community – there is an ever-greater need for English instruction. The Society in Tajikistan for Assistance and Research (STAR) is one of the international organisations involved in Tajikistan in both the teaching of English as a foreign language and the continued professional development of local English teachers. Yet, in recognising the awesome responsibility attached to the empowering of a people with a new language – and all the more so when that language is of such global significance as English – I was delighted for STAR to sponsor the production of this textbook, *A Beginner's Guide to Tajiki*, and thereby to play a part in promoting the language and culture of the Tajiks.

With Tajikistan's increasing contact with the international community, there are an ever-growing number of embassies, international organisations and joint ventures working in the capital, Dushanbe, and in many other parts of the country. Accordingly, there are an increasing number of expatriates living in Tajikistan who want to learn the Tajiki language. Yet, until recently there has been no textbook about Tajiki to meet the demands of all these expats. All that has been available are some privately disseminated language materials and a couple of Russian-Tajiki-English phrasebooks, which are of limited use and are often inaccurate. So, on the whole, foreigners learn Tajiki through teachers who have all had to prepare their own materials. Thus, for some years there has been a demand for a book of Tajiki lessons; this book seeks to meet that need.[1]

The book evolved out of lessons prepared by the Tajik author during his teaching of Tajiki to foreign diplomats and professionals in various fields. In this way, even before the lessons were brought together in a more systematic fashion, they had been repeatedly revised and their effectiveness had been demonstrated. The following is a summary of the key principles underlying the lessons:

- a topic-based, lexical conversational approach towards language learning;
- recycling of language information to facilitate language acquisition;
- exposure to language forms prior to explanation of those forms to provide opportunities for inductive learning;
- a step-by-step exposure to grammatical forms, based upon their difficulty and relative frequency of use;
- use of authentic language material: an emphasis on the spoken language, as well as description of the literary language.

---

[1] Another textbook, with an emphasis on the written form of the language, became available in 2001 – "Tajiki Textbook and Reader" by Hillmann, M.C. (2000) Dunwoody Press.

- a balance between literal translation and sociolinguistically equivalent expression has been attempted when both Tajiki and English are given; for instance, not all occurrences of terms of address (such as *ако* or *укочон*) are represented in the English, such terms being frequently used in Tajiki but much rarer in English.

Each lesson contains the following sections:
- a short commentary in English on the subject around which the lesson has been prepared;
- a key vocabulary list on the lesson's theme;
- dialogues, focussed around the theme of the lesson;
- a grammar section, introducing one or more points of grammar;
- exercises, providing opportunities for controlled practice of the new vocabulary and grammar presented in the lesson;
- many lessons also include proverbs and short texts followed by discussion questions, providing opportunities for freer language practice;
- a quiz, including some items designed to encourage thinking about how to ask and answer questions, and others to promote free language practice.

At the end of the book, in the appendices, there are lists of useful information, examples of formal and informal letters, invitations, recommendations, speeches for congratulations and condolences, and some sample Tajiki jokes and poems, which can be used to gain further insight into the Tajiki culture and mindset, as well as to impress Tajiki friends by quoting them on appropriate occasions! Following these, there is a section explaining the most important aspects of grammar, using simple language and tables. Lastly, at the end of the book there is also a comprehensive Tajiki-English dictionary of all the vocabulary used in this book—this contains over 4500 definitions.

Many learners will find it helpful to work through the book at least a couple of times, initially concentrating on the vocabulary and culture in lessons of greatest relevance to their needs and only later working more deliberately on the grammar system. While the book can be used either with or without a Tajiki language helper, those who are able to study with the assistance of a tutor will find abundant material for further language practice. For instance, in the commentaries, it has only been possible to present a brief outline of some aspects of Tajiki culture. Students could thus select any of these and make it a project to find out more details. Again, although an explanation of some of the proverbs has been provided, when the way in which they might be used is not necessarily obvious, discussion about each of these, the context in which they might be used, and the cultural norms, customs and beliefs assumed could fill many fruitful hours with a language helper. Consequently, although the book has been designed for beginners, those who wish to gain fluency in the language will find ample opportunity to take the language further.

Dr John Hayward
Director
Society in Tajikistan for Assistance and Research (STAR)
Dushanbe, Tajikistan, March 2001

Дарси 1 / Lesson 1

Алифбои тоҷикӣ / *The Tajiki Alphabet*
Овозҳои хоси тоҷикӣ / *Special Tajiki Sounds*
Транскрипсия – Зада / *Transcription – Stress*

ШАРҲ / COMMENTARY

The Tajiki language is one of the official languages of the Republic of Tajikistan, located in the Central Asia. As a member of the Iranian group of languages, Tajiki belongs to the family of Indo-European languages.

From the start of the tenth century until the 1920s, Tajiks used the Farsi script, which is essentially based on the Arabic alphabet. In 1929 the Farsi script was exchanged for a Latin-based script, but not for long, as in 1940 a new Tajiki alphabet was accepted, based on the Russian Cyrillic script. In recent years, the alphabet has undergone a number of small changes. Firstly, a number of Russian letters have been lost from the alphabet and equivalent Tajiki letters have appeared in their place; and, secondly, the order of letters in the alphabet has also been revised a little.

Tajiki, Farsi in Iran, and Dari in Afghanistan are very similar. The Persian language went through three periods of development: Ancient Persian, Middle Persian and New Persian. New Persian developed in the 9-10th centuries, in the time of the Samanid Dynasty. The Samanid State enclosed a very wide territory including most of Central Asia, Iran, and Afghanistan, with its capital in Bukhara. During that period, the state's official language was called Parsii Dari. In the Gaznavid Dynasty that followed, the state's territory was extended to Pakistan and Northern India. As a result, the Persian language was spread across this area too. Persian remained an official language in this region during subsequent dynasties and states (Karakhanids, Gurids, Ghengis and Timurids) until the 16th century when this region was divided into separate states: Iran, Afghanistan, and the Shaibanids State (in Central Asia). After this division the differences in language among the peoples of these regions appeared. Even after the 16th century, when the Uzbeks started to govern in Central Asia, Persian (Tajiki) continued as an official language. In the subsequent centuries, particularly in the 19th and 20th centuries, Farsi, Dari and Tajiki became differentiated, largely as the result of the colonial policy of Western countries. Consequently, famous authors of Farsi literature, such as Rudaki, Firdausi, Sino, Beruni, Forobi, Khayyam, Rumi, Sadi, Hafez, Bedil, and Kamoli Khujandi are also claimed as Tajik authors. However, for all the similarities between Farsi and Tajiki today, there are also certain differences with respect to particular historical, political, industrial, and cultural situations.

Tajiki is not only spoken in Tajikistan. In Afghanistan, Tajiks are the second largest people group after the Pushtun. There are also large groups of Tajiki-speakers living in the Tajik regions of Uzbekistan—Samarkand, Bukhara, the Ferghana valley, and the Surkhondaryo and Sirdaryo districts—and also in some parts of Kirghizstan and Kazakhstan.

Tajiki is one of the group of "analytical" languages: that is, it uses neither gender nor case. Instead, grammatical relationships are indicated through prepositions and postpositions.

The Tajiki alphabet has 35 letters and there is a very close relationship between the written letters and their sounds. The lengthening or shortening of sounds usually makes no difference to the meaning of the word: every letter usually has a unique sound. So, in the process of learning Tajiki, it is not important to have an additional transcription, and once you have learnt to read the Tajiki alphabet, you will be able to read Tajiki texts with ease. Like English letters, Tajiki letters can be printed or hand-written, capitalised or small.

One of the most important features of Tajiki is the coexistence of vastly different variants of the language: on the one hand, of literary (*адабӣ*) and colloquial (*зуфтугӯӣ*) forms, and, on the other, of different dialects (locally, *лаҳча*, and regionally, *шева*). The numerous Tajiki dialects can be divided into two broad groups, as defined by general shared characteristics: northern, and central-southern. The northern group of dialects includes the Sughd district (formerly Leninabad) and Tajik areas of Uzbekistan (the Ferghana valley, Samarkand, and Bukhara), while the central and southern dialects are found in the remaining parts of Tajikistan. People in the autonomous region of Badakhshan, speak Pamiri languages, which are included among the Eastern group of Iranian languages and are completely different from the Tajiki language. People from this region are fluent in both their mother tongue and in Tajiki, but speak Tajiki with an accent.

АЛИФБОИ ТОҶИКӢ   *THE TAJIKI ALPHABET*

The complete alphabet is presented in table 1.1. Points of particular note are mentioned below.

Tajiki Vowels

In Tajiki there are six vowels: *a, e(э), u(ū), o, y, ӯ*. The ones deserving particular comment are as follows:

The vowel E: This letter has two functions in Tajiki; it represents the vowel /e/ and the consonant+vowel /ye/.

/e/: This vowel is similar to the vowel in the English word *bed*. This sound only occurs after a consonant, in the middle and at the end of words:

    дер /der/ – *late*   *марде* /marde/ – *a man*
    се /se/ – *three*   *себ* /seb/ – *an apple*

/ye/: At the beginning of a word or after a vowel, the vowel /e/ is preceded by the consonant sound /y/, forming the sound /ye/:

    Ереван /yerevan/ – *Yerevan*   *доное* /donoye/ – *a clever person*

The vowel Э: This letter is a variant of the letter *e*, appearing only at the start of a word and is always pronounced like a medial or final *e*:

    элак /elak/ – *sieve*   *Эрон* /eron/ – *Iran*

The vowel Ӣ: The vowel *ū* (called *i-yi zadanok* in Tajiki) is the stressed version of the vowel *u* /i/ and is only used at the end of a word:

    бародарӣ /barodari/ – *brotherhood*   *моҳӣ* /mohi/ – *fish*

The vowel Ӯ */ü/:* The vowel *ӯ* does not exist in English. This sound is a characteristic of literary Tajiki and of northern dialects. The sound is not found in central and southern dialects and people in these parts substitute it with the *y* /u/ sound. It is similar to, although slightly lower than, the German "*ü*" and, in English, somewhat similar to the "*ir*" sound in the words *first* and *girl*. To produce it, the lips should be rounded, as though to pronounce "*o*", while making the English *schwa* sound, ★, as found in "*her*":

    дӯст /düst/ – *friend*   *гӯшт* /güsht/ – *meat*

Table 1.1 The Tajiki alphabet, together with the name of the letters, their transcription, and an example of an English equivalent, where possible.

Printed	Hand-written	Name of letter	Sound (transcription)	Similar English Sound
А а	*Аа*	a	/a/	like *a* in *hat*; like *u* in *run*
Б б	*Бб*	be	/b/	like *b* in *but*
В в	*Вв*	ve	/v/	like *v* in *vein*
Г г	*Гг*	ge	/g/	like *g* in *good*
Ғ ғ	*Ғғ*	ghe	/gh/	{no English equivalent}
Д д	*Дд*	de	/d/	like *d* in *day*
Е е	*Ее*	ye	/e/, /ye/	like *e* in *egg* like *ye* in *yet*
Ё ё	*Ёё*	yo	/yo/	like *yo* in *yonder*
Ж ж	*Жж*	zhe	/zh/	like *s* in *pleasure*
З з	*Зз*	ze	/z/	like *z* in *zoo*
И и	*Ии*	i	/i/, /i:/	like *y* in *very* like *ee* in *meet*
Ӣ	*Ӣ*	i-yi zadanok	/i:/	like *ee* in *see*
Й й	*Йй*	yot	/y/	like *y* in *yacht* or *boy*
К к	*Кк*	ke	/k/	like *k* in *book*
Қ қ	*Ққ*	qe	/q/	{no English equivalent}
Л л	*Лл*	le	/l/	like *l* in *late*
М м	*Мм*	me	/m/	like *m* in *man*
Н н	*Нн*	ne	/n/	like *n* in *name*
О о	*Оо*	o	/o/	like *o* in *hot* like *au* in *taught*
П п	*Пп*	pe	/p/	like *p* in *pen*
Р р	*Рр*	re	/r/	like *r* in *room*
С с	*Сс*	se	/s/	like *s* in *sun*
Т т	*Тт*	te	/t/	like *t* in *table*
У у	*Уу*	u	/u/	like *ou* in *you*
Ӯ ӯ	*Ӯӯ*	ü	/ü/	like *ir* in *girl, first*
Ф ф	*Фф*	fe	/f/	like *f* in *foot*
Х х	*Хх*	khe	/kh/	like *ch* in Scottish *loch*
Ҳ ҳ	*Ҳҳ*	he	/h/	like *h* in *home*
Ч ч	*Чч*	che	/ch/	like *ch* in *chess*
Ҷ ҷ	*Ҷҷ*	je	/j/	like *j* in *job*
Ш ш	*Шш*	she	/sh/	like *sh* in *she*
ъ	*ъ*	alomati sakta	/'/	{glottal stop (a pause or break)}
Э э	*Ээ*	e	/e/	like *e* in *end*
Ю ю	*Юю*	yu	/yu/	like *you* in *youth*
Я я	*Яя*	ya	/ya/	like *ya* in *yak*

Note: when italicised, some printed letters more closely resemble their corresponding handwritten forms, e.g. *д* (д) and *т* (т).

Other Tajiki vowels are similar to English vowels:

A = [in transcription it is always written *a*]
  "*a*" as in the words *hat, manner*; e.g. **бахт** /bakht/ – *luck, fortune;*
  "*u*" as in the words *but, run, summer*; e.g. **хона** /khona/ – *house; room.*

И = [in transcription it is written *i* (*yi* following a vowel)]
  "*i*" as in the words *in, his*; e.g. **китоб** /kitob/ – *book;* **сайр** /sayr/ – *trip, walk*
  "*ee*" as in the words *meet, see*; e.g. **дин** /din/ – *religion.*

O = [in transcription it is always written *o*]
  "*o*" as in the words *dog, job*; e.g. **боғ** /bogh/ – *garden.*

У = [in transcription it is always written *u*]
  "*oo*" or "*u*" as in the words *foot, put*; e.g. **умед** /umed/ – *hope;*
  "*oo*" as in the words *food, too*; e.g. **хуб** /khub/ – *good.*

The letters *ё, ю, я* consist of two sounds, the consonant *й* and a vowel:
  Ё = *й* + *o* [/y/ + /o/] = /yo/: **дарё** /daryo/ – *river;*
  Я = *й* + *a* [/y/ + /a/] = /ya/: **як** /yak/ – *one;*
  Ю = *й* + *y* [/y/ + /u/] = /yu/: **Юнон** /yunon/ – *Greece.*

Tajiki Consonants

Most Tajiki consonants have English equivalents. Only a few of the Tajiki consonants do not exist in standard English dialects. These are as follows:

The consonant Ғ /gh/: This is a voiced consonant made by exhaling while putting the back part of the tongue against the back part of the palate. It is like the sound made when gargling. For those who speak or have studied French, it sounds like the French "r":
  нағз /naghz/ – *good, nice*   **оғоз** /oghoz/ – *beginning, start*

The consonant Қ /q/: This consonant sound is produced by pressing the back part of the tongue against the uvula. It may be helpful to begin by trying to produce the /k/ sound as far back in the throat as possible. For those who speak or have studied Arabic, it sounds like the Arabic ☐:
  қалам /qalam/ – *pencil*   **барқ** /barq/ – *light, electricity*

The consonant X /kh/: This is a voiceless consonant made by exhaling while putting the back part of the tongue against the back part of the palate. For those who speak or have studied German or Russian, it is similar to the German "ch" or Russian "x", though usually even more guttural:
  хоб /khob/ – *dream; sleep*   **шахс** /shakhs/ – *person*

The glottal stop Ъ /'/: The letter ъ – "*аломати сакта*" ("*the glottal stop mark,*" as in English "hattrick") – following a vowel makes it sound a little longer and then abruptly cut off:
  баъд /ba'd/ = /baad/ – *after*   (compare: **бад** /bad/ – *bad*)

Following a consonant or at the end of the word it designates a slight pause or a break in pronunciation:
  ҷумъа /jum'a/ – *Friday*   **шамъ** /sham'/ – *candle*

The following characters should be particularly noted, so as not to confuse them with the similar-looking English letters:
  Tajiki *В в* = *English "V"*: **гов** /gov/ – *cow;*
  Tajiki *Н н* = *English "N"*: **нон** /non/ – *bread;*
  Tajiki *Р р* = *English "R"*: **рӯз** /rūz/ – *day;*
  Tajiki *С с* = *English "S"*: **сол** /sol/ – *year;*
  Tajiki hand-written *Т m*, "*т*" = *English "T"*: **дӯст** /dūst/ – *friend.*
  Tajiki *X x* – is <u>not</u> the English "X", but */kh/*: **хуб** /khub/ – *good;*

Care should also be taken not to confuse the italic printed letters *д (Д)* and *б (Б)*.

(For more information about Tajiki phonetics, see the section "A Brief Introduction to Tajiki Grammar" at the end of the book.)

ТРАНСКРИПСИЯ / TRANSCRIPTION

Tajiki sounds are very closely related to the letters used to transcribe them. Therefore, it is not necessary to have a separate transcription of words when learning Tajiki. **Throughout the rest of the book, transcription has only been used when there is a difference between how a word is written and how it is usually pronounced.** For such situations the following use of vowels should be noted, so that no confusion arises with the alternative way they are pronounced in English.

О – *this is always pronounced "o" as in the words* office *or* pot;
А – *this is always pronounced "a" or "u" as in the words* ran *or* run;
У – *this is always pronounced "oo" as in the words* good *or* food.

One exception has been made with respect to usual transcription rules and that concerns the name of the people (*тоҷик*), language (*тоҷикӣ*) and country (*Тоҷикистон*). According to strict rules of transcription, these should be written Tojik, Tojiki and Tojikistan, respectively. However, when these words were only known to the west through their erroneous Russian transcriptions and word endings, these were transformed into Tadzhik, Tadzhik and Tadzhikistan. While many Westerners continue to refer to the language as "Tajik," the variant "Tajiki" is here used both for the sake of clarity and in recognition that it is the preferred variant in official documents. So, the name of the people, language and country are transcribed as Tajik, Tajiki and Tajikistan, respectively. It should also be noted that place names from other countries that have established or accepted transcriptions in English have also been followed; e.g. Samarkand, Bukhara, and Tashkent (in Uzbekistan) for *Самарқанд*, *Бухоро* and *Тошканд*.

ЗАДА / STRESS

The position of stress in Tajiki is very regular. In all Tajiki words, except for verbs, stress falls on the last syllable of words. If a suffix is added to a word, the stress falls on the suffix:

бародар /baro'dar/ – *brother* ⇨ *бародарӣ* /baroda'ri/ – *brotherhood;*
бача /ba'cha/ – *child* ⇨ *бачагон* /bacha'gon/ – *children*
  ⇨ *бачагона* /bachago'na/ – *for a child; child's.*

In verbs, stress usually falls on the first syllable:

гирифтам /'giriftam/ – *I took;* *фурӯхтӣ* /'furukhti/ – *You sold.*

As well as derivational suffixes and prefixes in Tajiki, there are also inflectional suffixes, which show person and number (1st, 2nd or 3rd; singular or plural) or connect words. These inflectional suffixes are never stressed:

коргар /kor'gar/ – *worker* ⇨ *ман коргарам* /man kor'garam/ – *I am a worker;*
китоб /ki'tob/ – *book* ⇨ *китобам* /ki'tobam/ – *my book;*

The indefinite article and defining suffix for nouns, *-е*, is never stressed:

духтар /dukh'tar/ – *the girl* ⇨ *духтаре* /dukh'tare/ – *a girl.*

Additional information about stress is provided in some of the grammar sections of lessons.

(For more information about stress, see the section "A Brief Introduction to Tajiki Grammar" at the end of the book.)

6 A Beginner's Guide to Tajiki

МАШКҲОИ ФОНЕТИКӢ   PHONETIC EXERCISES

1. **Read and transcribe the following words into English characters:**
   a. дер, себ, се, Ереван, Эрон, элак, марде, шахсе;
   b. бародарӣ, моҳӣ, дӯстӣ (*friendship*);
   c. дӯст, гӯшт, пӯст (*skin*), мӯй (*hair*), рӯй (*face*);
   d. дарё, дунё (*world*), ёрӣ, Ёдгор {*a man's name*}, як, соя (*shadow*), ҳамсоя (*neighbour*), Юнон, сеюм (*third*), Юнус {*a man's name*};
   e. хоб, шахс, хона, ях (*ice*), бахт;
   f. нағз, оғоз, боғ, Ғаюр {*a man's name*};
   g. барқ, қалам, кошуқ (*spoon*), қанд (*sweets, candy*);
   h. баъд, чумъа, шамъ, Саъдӣ {*a man's name*}.

2. **Write the following words in Tajiki:**
   a. *Male names:*
   Daler, Bahodur, Aziz, Eraj, Dilovar, Parviz, Sharaf, Hamdam, Khurshed, Firüz, Qurbon, Shührat, Iskandar, Manuchehr, Bakhtiyor.
   b. *Female names:*
   Farzona, Zarrina, Farangis, Gulchehra, Dilorom, Ganjina, Saodat, Mahina, Münisa, Firüza, Tahmina, Shahlo, Nargis.

To check your answers, see page 255.

Дарси 2 / Lesson 2

Муроҷиат
Шиносоӣ

Forms of Address
Getting Acquainted

ШАРҲ / COMMENTARY

As in all languages, there are various ways of addressing people in Tajiki. The most important of these are the two forms of address for the second person ("you") – formal (showing respect) and informal (general use) – these are the words *шумо* and *ту* respectively. *Ту* is usually used for the singular and *шумо* for the plural. However, *шумо* is also used for the second person singular to show respect and in official affairs. In relationships between friends, peers, close work colleagues, and also when addressing younger people, the pronoun *ту* is used; for addressing older people, guests, officials, leaders and, more generally, anyone who should be shown respect, the pronoun *шумо* is used. When *шумо* is used to show respect to a single person, it is capitalised in writing. The third person plural is also often used instead of the third person singular when talking about someone for whom one has a lot of respect, such as one's parents, boss, or teachers.

In colloquial Tajiki, there is just one way of saying hello, irrespective of the time of day, the expression "*салом*" or "*ассалому алейкум*" being used throughout the day. However, in literary language and in some official situations, the following forms are also used: "*субҳ ба хайр*" – *good morning,* "*рӯз ба хайр*" – *good afternoon,* and "*шом ба хайр*" – *good evening.* Another cultural difference in social rituals used for greetings is that, whereas in English these tend to be limited to just one question about the health (e.g. "*How are you?*") in Tajiki it is normal to ask at least three or four questions about the health and family, e.g. "*Шумо чӣ хел? Саломатиатон чӣ хел? Хуб ҳастед?*"

Almost all Tajiki names mean something. They include both those that were originally Tajiki names and also others that were originally Arabic names. Most of the Arabic names are based on characteristics of God, e.g. *Раҳим* ("*compassion*") and *Раҳмон* ("*forgiver*"). Other names derived from Arabic contain the initial root "*Абд*" ("*Абду*") ("*slave; servant*") or the final root "*оллоҳ*" ("*уллоҳ*") ("*Allah,*" *god*") or "*дин*" ("*religion*"); e.g. *Абдураҳим* ("*slave of the compassionate one*"), *Файзулло* ("*grace of God*"), and *Фахриддин* ("*pride of religion*"). Others are taken from the names of months in the Islamic lunar calendar[1] – e.g. *Сафар, Раҷаб,* and *Рамазон* – and are usually given to boys born in these months. If a girl is born in one of these months, the root "*моҳ*" ("*month; moon*") or "*гул*" ("*flower*") is added to the end of the name of the month – e.g. *Раҷабмоҳ* and *Сафаргул*.

There are various traditions surrounding the giving of names. For instance, twins boys are often called *Ҳасан* and *Ҳусейн*, and twin girls *Фотима* and *Зӯҳро*. If non-identical twins are born, one of each sex, then depending on which was born first they are often called *Ҳасан* and *Зӯҳро*, or *Фотима* and *Ҳусейн*. If a child is born with a lot of birthmarks ("*хол*"), it might be named *Хол, Холбой, Холдор,* or *Холназар* (if a boy), or *Холдона* (if a girl). If it has a red birthmark, one of the following names might be chosen: *Нор, Норбой, Норбек* (if a boy), *Норӣ, Норгул, Анор, Аноргул,* or *Норбибӣ* (if a girl). If the last few children born to a family have died, they might name their next newborn *Истад, Тӯхта,* or *Турсун,* meaning, "*may he/she survive.*" If a family has been trying unsuccessfully for some

---

[1] *See commentary for lesson seven.*

years to have a child and finally have one, they might choose the name *Худойдод*, *Худойназар*, or *Худойбердӣ*. If a child is born with an additional body part (e.g. a sixth finger) then it might be named *Зиёдулло* (if a boy) or *Зиёда* (if a girl). Some names can be given to a boy or girl; e.g. *Истад, Равшан, Ӯлмас*, and *Шоҳин*.

In recent years, older original Tajiki names have become more popular and Arabic names are less frequently chosen. A first child is usually named by a grandparent, parents choosing the names of future children. Another common Tajiki custom is that a new-born shouldn't be given the same name as a relative. Sometimes, in memory of a recently deceased relative (particularly a grandparent), their name may be given to a newborn child, in which case the child is often addressed as "*Шумо*" rather than "*ту*" even when they are small and may be called "*бобо*" ("*Grandad*"), "*бибӣ*" ("*Grandma*"), and so on, by their immediate family.

People's names appear in two forms in Tajikistan: national (traditional) and Russian. In the national form, the person's first name usually comes first and then the father's name or ancestral name. The father's (ancestral) name is usually formed by the addition of a suffix to the father's name, e.g.:

-ӣ: *Ҷалол Икромӣ, Азиз Азимӣ*;
-зода: *Боқӣ Раҳимзода, Мирзо Турсунзода*;
-пур (for men): *Муҳиддин Олимпур*; and,
-духт (for women): *Парвина Салимдухт*.

Some first names and father's names follow each other without change: e.g. *Раҳим Ҷалил, Ҳаким Карим*.

In the Russian form for names there are three parts: first name, father's name, and surname (family name). The father's name takes the suffix *-ович* or *-евич* for men. For instance, if the first name is *Салим* and the father's name is *Карим*, this would become *Салим Каримович*. The father's name for women takes the suffix *-овна* or *-евна*. So, if the first name is *Замира* and the father's name *Карим*, this would be *Замира Каримовна*.

The surname (family name) is the ancestral name and is usually formed from the ancestral name (of the father, grandfather, or great-grandfather) with the suffix *-ов, -ев* (for men), *-ова*, or *-ева* (for women): e.g. *Насим Бобоев, Назира Бобоева, Бахтиёр Қаюмов, Мӯниса Қаюмова*.

Sometimes in addressing someone the full name is used, starting with the first name, then the father's name, and lastly the surname: e.g. *Шариф Каримович Асадов, Салима Каримовна Асадова*. However, in official documents, the surname comes first, then the first name and, after that, the father's name: e.g. *Асадов Шариф Каримович, Асадова Салима Каримовна*.

In official forms of address, usually just the first name and father's name are used: e.g. *Эраҷ Азимович, Фарангис Азимовна*. The titles **ҷаноб** and **хонум** are sometimes used in formal settings for men and women respectively. When addressing peers, friends, etc., just the first name is used. Sometimes, to show respect to elders, the words *ако / ака* (for men) and *апа* (for women) is added to their name: e.g. *Ако Карим / Карим-ака, Салима-апа*. With younger people, the words *уко / ука* are used (for men), or else the suffix *-ҷон* is added to their name: e.g. *Алиҷон, Зебиҷон*. In colloquial Tajiki, the suffix *-хон* is also used with women's names: e.g. *Олимахон, Салимахон*.

Many women's names are formed by adding the suffix *-а* to men's names: e.g. *Ҳафиз-Ҳафиза, Шариф-Шарифа, Азиз-Азиза, Хуршед-Хуршеда, Умед-Умеда*. Whenever you hear the /a/ sound at the end of a name, you know it's a woman's name. Lists of common men and women's names can be found in the appendices.

ЛУҒАТ   VOCABULARY[2]

Tajiki	English	Tajiki	English
Салом!	Hi!	Салом алейкум!	Hello!
Ассалому алейкум! /assalom aleykum/	Hello!	Субҳ ба хайр![3] /sub ba khay/	Good morning!
Рӯз ба хайр![3]	Good afternoon!	Шом ба хайр![3]	Good evening!
Шаб ба хайр![3]	Good night!	Хоби нағз бинед!	Good night! / Sweet dreams![4]
Шаби хуш!	Good night!		
Аз дидани Шумо шодам![3]	Good to see you![5]	Ман ҳам.	Me too / Good to see you too.
Хурсандам.	Good to see you!		
Шумо чӣ хел? / Чӣ хел Шумо?	How are you?	Шумо нағз-мӣ? / Нағз-мӣ Шумо?	How are you?
Ту чӣ хел?	How are you?	Ту нағз-мӣ?	How are you?[6]
Саломатиатон чӣ хел?	How are you?[7]	Ҳамааш нағз. /Hamash naghz/	Everything's fine.
нағз / хуб	fine, good	бад	bad
бисёр нағз/хуб	very well, very good	бад не	not bad
мешавад /meshad/	all right		
Хайр! /Khay/	Bye!	То пагоҳ!	See you tomorrow!
То боздид! / То дидан!	See you!	Худо хофиз!	Goodbye! God bless!
Раҳмат! (Ташаккур!)[8]	Thank you!	Раҳмати калон! / Ҳазор раҳмат!	Thank you very much!
Намеарзад!	Not at all. / Don't mention it.	Ҳеҷ гап не! / Саломат бошед.	Don't mention it. / No problem.
Мебахшед. (Бубахшед.)	Excuse me. [**Шумо** form]	Мебахшӣ. (Бубахш.)	Excuse me. [*my* form]
Ҳеҷ гап не.	That's all right.		
Мумкин?	May I?	Марҳамат!	Please! (when offering something)
Ҳа (Бале)	Yes	Албатта.	Of course. / Certainly.
Не	No		
Майлаш.	OK. / All right.		
ман	I	мо	we
ту	you (singular)	шумо[9]	you (plural)
ӯ / вай[10]	he, she	онҳо	they
ин	it / this	он	that
аст	is		

---

[2] Note: definitions given in each lesson's vocabulary list are not necessarily exhaustive but only relate to how the word is used in the lesson. Full definitions for how words are used throughout the book can be found in the Tajiki-English dictionary at the back of the book.
[3] Literary form.
[4] Literal translation is: "*Have a nice dream.*"
[5] Literally, "*I'm glad to see you.*"
[6] First forms (*чӣ хел*) are southern and central dialect; second forms (*нағз-мӣ*) are northern dialect.
[7] Literally, "*How's your health?*"
[8] Alternatives shown in parentheses are literary forms.
[9] When capitalised, *Шумо* is also used for "*you* (singular)" to show respect.
[10] There is no gender distinction in Tajik pronouns, both *ӯ* and *вай* being used for both "*he*" and "*she.*" *Ӯ* is the more literary form. *Вай*, but not *ӯ*, is also used for "*it.*"

муаллим (fem.: муаллима)	*(any) teacher*	хонанда / талаба (fem.: толиба)	*pupil*
устод	*(one's own) teacher*	шогирд	*student; disciple*
донишҷӯ	*student*	ҳамкор	*colleague*
дӯст / рафиқ	*friend*	дугона	*friend (fem.)*[11]
ҷӯра	*friend (masc.)*[11]		
Номи Шумо чӣ? (/ Исми Шумо чӣ?)		*What's your name?*	
Номи ту чӣ?		*What's your name?*	
Номи ӯ чӣ?		*What's his/her name?*	
Номи ман ... (аст).		*My name's ... .*	
Номи ӯ ... (аст).		*His/Her name's ... .*	
Номи Шумо Азиз?		*Is your name Aziz?*	
Ҳа, номи ман Азиз.		*Yes, my name's Aziz.*	
Не, номи ман Азим.		*No, my name's Azim.*	
Насаби [/ Фамилияи][12] Шумо/ту чӣ?		*What's your surname?*	
Насаби [/ Фамилияи] ман ... (аст).		*My surname is ... .*	
Шинос шавед: ...		*Let me introduce you: ...*	
Биёед /biyoyed/ шинос шавем. / Биёед шинос мешавем.		*Literally: "Let's get acquainted;" but equivalent to, "We've not met."*	
Хеле мамнунам. / Хеле шодам.		*Nice to meet you.*	
Ман ҳам.		*Nice to meet you too*	
Ин кӣ? / Ин кас[13] кӣ?		*Who is that?*	
Ин дӯсти ман.		*He is my friend.*	
Ин кас дугонаи ман.		*She's my friend.*	
Нафаҳмидам.		*I didn't understand.*	
Ман забони тоҷикиро меомӯзам.		*I am learning Tajiki.*	
Илтимос, оҳиста гап занед.		*Please, speak more slowly.*	
Такрор кунед.		*Please say that again.*	

СӮҲБАТҲО / DIALOGUES

1. Conversation between two colleagues or acquaintances of opposite sex:

– Салом алейкум, Раҳмон! — *Hello, Rahmon.*
– Салом алейкум, Гулшан! — *Hello, Gulshan.*
– Шумо чӣ хел? — *How are you?*
– Нағз, раҳмат. Шумо чӣ? — *Good, thanks. And you?*
– Ман ҳам нағз. — *I'm fine too.*
– Хайр! — *Goodbye!*
– Хайр! — *Goodbye!*

2. Conversation between two men who are good friends:

– Салом, Эраҷ! — *Hi, Eraj.*
– Салом, Искандар! — *Hi, Iskandar.*
– Ту чӣ хел? Нағз-мӣ? — *How are you? (Are you well?)*
– Мешад[14]. Ту чӣ? — *I'm all right. And you?*

---

[11] *Дугона* is used between women only and *ҷӯра* between men only, whereas *дӯст* and *рафиқ* are used both between same sex friends and between the sexes; *рафиқ* is more formal than *дӯст*.
[12] The alternative, *фамилия*, is a Russian word and is only used in colloquial Tajiki.
[13] *Кас* is used to show respect.
[14] *Мешад* is the spoken form of *мешавад*.

– Ман ҳам нагз. Раҳмат. — *I'm fine too, thanks.*
– Хайр чӯра!¹⁵ — *Bye (my friend)!*
– Хайр! — *Bye!*

3. Conversation between two women who are good friends:
– Салом, Нигина! — *Hello, Nigina.*
– Салом, Хуршеда! Аз дидани ту шодам! — *Hello, Khursheda. Good to see you!*
– Ман ҳам. Чӣ хел ту? — *Likewise. How are you?*
– Нагз, раҳмат. Ту чӣ? — *Fine thanks, and you?*
– Бад не. — *Not bad.*
– Хайр, дугоначон!¹⁶ — *Goodbye (my friend)!*
– Хайр! — *Bye!*

4. Conversation between an employee and his boss or between two elderly people:
– Рӯз ба хайр, Салим Каримович! — *Good afternoon, Salim Karimovich.*
– Салом алейкум, Умед Саидович! — *Good afternoon, Umed Saidovich.*
– Шодам, ки Шуморо дидам! — *I'm glad that I saw you!*
– Ман ҳам. Шумо чӣ хел? — *Me too. How are you?*
– Ташаккур, нагз. Шумо чӣ? — *Good, thanks. And you?*
– Раҳмат, бисёр нагз. — *Very well, thanks.*

5. Conversation between a Tajik and a foreigner of approximately the same age:
– Салом, Ҷон! — *Hello, John.*
– Салом, Асомиддин! — *Hello, Asomiddin.*
– Ҷон, Шумо чӣ хел? — *John, how are you?*
– Ташаккур, нагз. Шумо чӣ хел? — *Fine, thanks. And you?*
– Раҳмат, ҳамааш нагз. — *Everything's good, thanks.*
– Хайр, Худо ҳофиз! — *Goodbye!*
– То боздид! — *See you!*

6. Conversation between two people, one of whom is older than the other [northern dialect]:
– Салом, ако-Иномǃ¹⁷ — *Hello Inom.*
– Салом, Муродҷон!¹⁸ — *Hello, Murodjon.*
– Шумо нагз-мӣ? — *Are you well?*
– Ҳа, раҳмат. Ту чӣ? — *Yes, thanks. And you?*
– Нагз, ако, раҳмат. — *Fine, thanks.*
– Хайр, укоҷон, ба ҳама салом гӯ. — *Bye. Say "hi" to everyone for me.*
– Хайр! — *Bye!*

7. Requesting permission to make a phone call:
– Мебахшед, занг задан мумкин?¹⁹ — *Excuse me. Can I use your phone?*
– Марҳамат. — *Go ahead.*
– Раҳмат. — *Thank you.*

8. Asking a superior for permission (e.g. student and teacher; employee and supervisor):
a. – Салом алейкум, устод! Даромадан мумкин? — *Good morning, teacher. May I come in?*

---

¹⁵ *Чӯра* is the spoken form used between men for addressing a *дӯст* – "a friend."
¹⁶ *Дугоначон* is the polite form used between women for addressing a *дугона* – "a friend."
¹⁷ *Ако* – literally meaning "*older brother*," this is used to show respect to older men (see the commentary for further information).
¹⁸ *-ҷон* – this is the polite form used particularly when addressing younger people (see the commentary for further information).
¹⁹ Alternatively, one can ask, "*як занг занам?*" or "*телефон кунам?*"

	– Марҳамат, дароед.	– Yes, come in.
	– Ташаккур.	– Thank you.
b.	– Салом алейкум, Маҳмуд Шарипович! Даромадан мумкин?	– Hello, Mahmud Sharipovich. Can I come in?
	– Албатта, марҳамат.	– Yes, of course.
	– Ташаккур.	– Thank you.

9.

a.
– Мебахшед, муаллим, як дақиқа берун барояменумкин? — *Excuse me, teacher, can I leave for a minute?*
– Ҳа, майлаш. — *Yes, OK.*
– Раҳмат. — *Thank you.*

b.
– Мебахшед, баромадан мумкин? — *Excuse me, may I leave?*
– Марҳамат. — *Yes, of course.*

10. Apologising:
– Мебахшед. / Бубахшед. — *Excuse me. / Sorry.*
– Ҳеҷ гап не. — *No problem. / That's all right.*

11. Meeting people:
– Салом алейкум! Биёед шинос шавем: Номи ман Заррина. Номи Шумо чӣ? — *Hello. I don't think we've met. My name's Zarrina. What's yours?*
– Номи ман Наргис. — *My name's Nargis {female}.*
– Хеле мамнунам! — *Very nice to meet you.*
– Ман ҳам. — *Nice to meet you too.*

12.
– Салом алейкум! Биёед шинос мешавем: Ман Сафар Ализода. Номи Шумо чӣ? — *Hello. We haven't met. I'm Safar Alizoda. What's your name?*
– Номи ман Фирӯза Раҷабӣ. — *My name is Firüza Rajabi.*
– Аз шиносой бо Шумо шодам. — *Nice to meet you.*
– Ман ҳам. — *Nice to meet you too.*

13.
– Салом, Латиф! Ту чӣ хел? — *Hi, Latif. How are you?*
– Салом, Носир. Ман нағз, ту чӣ? — *Hi, Nosir. I'm fine. And you?*
– Раҳмат, ман ҳам нағз. Латиф, шинос шав: ин дӯсти ман. Номаш Ҳабиб. — *Thanks, I'm fine too. Latif, let me introduce my friend. His name's Habib.*
– Салом, Ҳабиб. Номи ман Латиф. — *Hi, Habib. My name's Latif.*
– Хеле мамнунам, Латиф. — *Nice to meet you, Latif.*
– Ман ҳам. — *Nice to meet you too.*

14.
– Комрон, ин дӯсти ту? — *Komron, is this your friend?*
– Ҳа, ин дӯсти ман. — *Yes, he is.*
– Номаш чӣ? — *What's his name?*
– Номаш Карим. — *His name is Karim.*

15.
– Ин кас кӣ? — *Who's that?*
– Ин кас ҳамкори мо. — *That's our colleague.*
– Номашон чӣ? — *And what's his name?*
– Собир Раҳимович. — *Sobir Rahimovich.*

16.
- Салом, Ҷамшед! Чӣ хел Шумо?
- Салом, Парвина! Ман нағз, Шумо чӣ?
- Раҳмат, бад не.
- Парвина, ин кас кӣ?
- Марҳамат, шинос шавед: ин кас дугонаи ман – Рухшона.
- Бисёр номи зебо. Салом, Рухшона.
- Салом, Ҷамшед. Аз шиносой бо Шумо шодам.
- Ман ҳам.
- Хайр, Ҷамшед.
- Хайр, Худо хофиз!

– Hello, Jamshed. How are you?
– Hello, Parvina. I'm fine. And you?
– Not bad, thanks.
– Parvina, who's this?
– Let me introduce you: this is my friend, Rukhshona.
– Oh, that's a pretty name. Hi Rukhshona.
– Hello, Jamshed. Nice to meet you.
– Nice to meet you too.
– Goodbye, Jamshed!
– Bye, see you.

17.
- Салом, бачаҳо! Ман муаллими шумо. Номи ман Сулаймон Пӯлодӣ. Номи Шумо чӣ?
- Номи ман Парвиз.
- Номи Шумо чӣ, духтари нағз?
- Номи ман Азиза.
- Бисёр хуб.

– Good morning, children. I am your teacher. My name is Sulaymon Pulodi... What is your name?
– My name's Parviz.
– And what's your name, little girl?
– My name's Aziza.
– Great.

18.
- Ассалому алейкум! Номи Шумо Ричард?
- Ҳа, номи ман Ричард.
- Ман муаллими Шумо. Номи ман Камолиддин Шоҳимардонов.
- Мебахшед, нафаҳмидам. Илтимос, такрор кунед.
- Албатта. Номам Камолиддин. Насаби ман Шоҳимардонов. Ман муаллими забони тоҷикии Шумо.
- Раҳмат. Мамнунам.

– Good morning. Is your name Richard?
– Yes, my name's Richard.
– I'm your teacher. My name's Kamoliddin Shohimardonov.
– I'm sorry, I didn't understand. Please, can you say that again?
– Of course. My name's Kamoliddin. My surname's Shohimardonov. I'm your Tajiki teacher.
– Thank you. Nice to meet you.

ГРАММАТИКА

GRAMMAR

Personal Pronouns

Person	Singular	Plural
I	ман (*I*)	мо (*we*)
II	ту (*you*)	шумо (*you*)
III	ӯ, вай (*he/she*)	онҳо (*they*)

Remember: The pronoun *Шумо* is also used to show respect with the second person singular, in which case it is capitalised in writing (*see commentary for further details*). Likewise, the third person plural is sometimes used instead of the third person singular when talking about someone for whom one has a lot of respect, such as one's parents, boss, or teachers.

The Inflectional Suffix "Izofat"

The inflectional suffix "*izofat*" – "*-и*" – is used to show relationship between words and to build expressions. In combination with the personal pronouns, the *izofat* is used to form possessive determiners (i.e. "my," "your," etc.) as shown in the following table:

Possessive Determiners

дӯсти ман	*my friend*
дӯсти ту	*your friend*
дӯсти ӯ / дӯсти вай	*his/her friend*
дӯсти мо	*our friend*
дӯсти шумо	*your friend*
дӯсти онҳо	*their friend*

After a consonant, the "*izofat*" is pronounced /i/ but after a vowel it is pronounced /yi/:
    номи ман /nomi man/ –   донишҷӯи хуб /donishjūyi khub/ –
    my name   *a good student*

Remember: The "*izofat*" is never stressed.

Also, in Tajiki, the inflected noun comes before the attribute. Compare with the English, in which the noun follows the attribute:

    ҳамкори мо – *our colleague*

As in English, more than one attribute can be joined to a noun by the "*izofat*":
    номи ман ⇨ номи дӯсти ман ⇨ номи дӯсти хуби ман
    my name ⇨ *my friend's name* ⇨ *my good friend's name*

Pronominal Suffixes

Like possessive determiners—that is, the personal pronouns used in conjunction with the "*izofat*"—pronominal suffixes can be used to show relationship, or ownership. They are always written connected to the word they are associated with:

Singular		Plural	
possessive determiners	*pronominal suffixes*	*possessive determiners*	*pronominal suffixes*
дӯсти ман	дӯст**ам**	дӯсти мо	дӯст**амон**
дӯсти ту	дӯст**ат**	дӯсти шумо	дӯст**атон**
дӯсти ӯ	дӯст**аш**	дӯсти онҳо	дӯст**ашон**

Номи ту чӣ?	= Номат чӣ?	*What is your name?*
Ин ҳамкори мо.	= Ин ҳамкорамон.	*This is our colleague.*

Following a word ending in a vowel, with the exception of "*a*," the pronominal suffixes become *-ям, -ят, -яш, -ямон, -лтон,* and *-яшон* respectively. Compare:
муаллимаам	= муаллимаи ман	*my teacher*
бобоям	= бобои ман	*my grandfather*

In colloquial Tajiki, the initial "*a*" of the pronominal suffixes is dropped when it follows a vowel:

| /hamash/ | = ҳамааш | *everything* |
| /dugonam/ | = дугонаам | *my friend (fem.)* |

Remember: Possessive suffixes are never stressed.

(For information concerning the difference in use between possessive determiners and the possessive use of pronominal suffixes, see the section "A Brief Introduction to Tajiki Grammar" at the end of the book.)

The Copula "*Аст*"

The copula "*аст*" – that is, the word joining the subject of a sentence to what is stated about the subject (the predicate) – is equivalent to the English word "*is*." However, in Tajiki (especially in the spoken language) it is often not used:

Номи ман Расул. = Номи ман Расул аст. *My name's Rasul.*

With words that end in a vowel, the copula "*аст*" is usually abbreviated to the suffix "*-ст*," both when written and spoken:

ӯст = ӯ аст   мост = мо аст   онҳост = онҳо аст

МАШКҲО   EXERCISES

1. *Construct sentences based on the following table:*
   Example: <u>Номи ман Азиз аст</u>.

	ман	Азиз	
номи	ту	Умед	аст.
	ӯ	Салима	
	шумо	Мӯниса	

2. *Change the possessive determiners for pronominal suffixes:*
   Example: муаллими ман ⇨ <u>муаллимам</u>
   a. дӯсти ту   b. ҳамкори мо
   c. дугонаи ман   d. муаллими шумо
   e. ҳамкори онҳо   f. устоди ӯ

3. *Use possessive determiners to make phrases for each of the following nouns:*
   Example: дӯсти <u>ман</u>, дӯсти <u>ту</u>, дӯсти <u>ӯ</u>, дӯсти <u>мо</u>, дӯсти <u>шумо</u>, дӯсти <u>онҳо</u>.
   a. дугона   b. ҳамкор   c. муаллим   d. китоб

4. *Transform the following sentences:*
   Example: Акбар ҳамкори ман аст ⇨ <u>Номи ҳамкори ман Акбар аст</u>.
   (*Akbar is my colleague – My colleague's name is Akbar.*)
   a. Нигина дугонаи ман аст.   b. Салим Азизӣ муаллими мост.
   c. Бобоев Акмал устоди онҳост.   d. Заррина Муродовна ҳамкори ӯст.
   e. Искандар дӯсти туст.

5. *Answer the questions and give the appropriate names in your answers:*
   Example: – Ин дӯсти Шумо?
              – <u>Ҳа, ин дӯсти ман. Номаш Одил аст.</u>
   a. – Ин дугонаи ту?   b. – Ин муаллими мо?   c. – Ин дӯсти ӯ?
   d. – Ин устоди онҳо?   e. – Ин кас ҳамкори Шумо?

6. *Make questions for the following sentences:*
   Example: Номи дӯсти ман Камол аст.
   ⇨ *Номи дӯсти Шумо чӣ?*
   a. Номи ӯ Саид аст.   b. Номи муаллими мо Карим Ализода аст.
   c. Номи дӯсти ӯ Ҳабиб аст.   d. Номи дугонаам Рухшона аст.

7. *Form father's names and surnames (family names) from the following first names (See commentary for information on names):*
   Example: Собир ⇨ *Собирович* ⇨ *Собиров* (male)
            ⇨ *Собировна* ⇨ *Собирова* (female)
   a. Ҳалим   b. Мурод   c. Эраҷ   d. Кабир   e. Аҳмад   f. Насим

САНҶИШ / QUIZ

1. *Give answers to the following questions:*

1. – Шумо чӣ хел?
   – … .
2. – Аз дидани Шумо шодам!
   – … .
3. – Хайр!
   – … .
4. – Даромадан мумкин?
   – … .
5. – Салом, Нигина!
   – … .
6. – То боздид!
   – … .
7. – Ташаккур!
   – … .

8. – Мебахшед.
   – … .
9. – Номи Шумо чӣ?
   – … .
10. – Ин кас кӣ?
    – … .
11. – Ин кас дӯсти Шумо?
    – … .
12. – Номи устоди Шумо чӣ?
    – … .
13. – Хеле мамнунам.
    – … .
14. – Шумо нағз-мӣ?
    – … .

2. *Fill in the questions corresponding with the following answers:*

1. – … .
   – Салом, Нигора.
2. – … .
   – Ҳеҷ гап не.
3. – … .
   – Марҳамат.
4. – … .
   – Худо ҳофиз!
5. – … .
   – Намеарзад.
6. – … .
   – Ин кас дӯсти ман.
7. – … .
   – Ташаккур, нағз. Шумо чӣ?

8. – … .
   – Ман ҳам.
9. – … .
   – Номи ҳамкори ман Мурод.
10. – … .
    – Номи ӯ Парвина.
11. – … .
    – Не, номи ман Далер.
12. – … .
    – Ҳа, ин дугонаи ман.
13. – … .
    – Номи ман Диловар.
14. – … .
    – То дидан!

3. *Make up dialogues using the material in lesson two and, if possible, role-play the situations with a language helper or other language partner.*

Дарси 3 — Lesson 3

Оила — *Family*

ШАРҲ — COMMENTARY

Family relationships in Tajikistan, as in other Eastern countries, follow a strict hierarchy. They exist not only between members of one family – father, mother, and children – but also between various related families. Adults and older relatives have a significant influence over what is decided on family matters. For instance, their advice and active participation determines proceedings for ceremonies such as boys' circumcision rituals, weddings, and funerals.

Even now in Tajikistan the majority of young couples getting married are related. This situation is especially seen in regional districts. The second largest group of newly-married couples is seen between people from the same village or the same city. In particular, in cities where representatives from different regions live – for instance, in the capital, Dushanbe – this situation can frequently be found. Weddings between people from different regions or different nationalities are very few, although they are seen more frequently in larger cities where people from different areas and nationalities live together.

There are two types of wedding ceremonies: official (state) and traditional (religious). Official wedding ceremonies are recorded in a special government office and a marriage certificate is issued. Traditional wedding ceremonies take place in a house (preferably that of the bride) in the presence of a religious leader (a "mullah"). This latter ceremony is very simple and doesn't involve a lot of people. Usually the traditional wedding ceremony precedes the official ceremony and no official documents are involved. More is said about these and the huge parties normally associated with the occasions in lesson nineteen.

In literary language, the words for *father* and *mother* are *падар* and *модар*. However, in spoken language, depending on the area, various other words are also used. For instance, instead of *падар*, the following are also used: *дада*, *додо*, and *дадо* (in northern and some central dialects) and *ота* and *ата* (in southern dialects); similarly, for *модар*: *бува*, *она* and *ая* are used in the north, and *оча* in the south. The variety of words an individual uses for *падар* and *модар* is not this great, but in any given area it is possible to hear these different forms.

To show their difference in age, brothers and sisters also use different words in their spoken language. So, *ако* and *ака* are used to refer to an older brother, *додар*, *уко* and *ука* for a younger brother, *апа* and *ая* for an older sister, and *хоҳар* and, in northern dialects, *уко* for a younger sister.

Depending on the kind of family relationships, there is almost a special word for each member. Thus, in the vocabulary list, where necessary, the exact nature of relationships has also been specified alongside the English equivalents.

Some of the terms defined in the following vocabulary lists are used more broadly than the exact relationship that constitutes their primary meaning. For instance, *хола*, *амак* and *таго* are frequently used to show respect when addressing strangers. This is also true of *янга* and *бобо*. *Янга* is primarily used to refer to a *"brother's wife"* or an *"uncle's wife."* However, it is also used to show respect when addressing or referring to the wife of friends, neighbours, and other people who are known to the speaker. For instance, it is not polite to ask a friend "*занат чи хел?*"; while, it is possible to ask "*занатон чи хел?*" it is more normal to ask "*янгаам чи хел?*" if the wife is older than the person asking and "*келин чи хел?*" if she is younger. In addition, for the first night of a marriage, both of the bride and groom's families appoint a lady from among their relatives to attend and advise the newly-weds; these ladies are also referred to as *янга*.

Similarly, *бобо* primarily refers to one of a person's two grandfathers. However, it is also used by young people to show respect when addressing an elderly man of around their grandparents' age. Sometimes the word is combined with the man's name, e.g. ***Бобо Карим***, or ***Карим-бобо***.

ЛУҒАТ / VOCABULARY

падар	father	модар	mother
бародар	brother	хоҳар	sister; younger sister
ако / ака	older brother	ука / додар	younger brother
апа / ая	older sister	уко	younger sibling
кӯдак	child	фарзанд	(one's own) child; offspring
бача	child; son; boy		
писар	son; boy	духтар	daughter; girl
зан	wife; woman	шавҳар / шӯ	husband
оила	family; wife	тифл	baby

Exact description of the relationship

бобо[1]	падари падар / падари модар	grandfather
бибӣ	модари падар	grandmother
модаркалон	модари модар	grandmother
бобокалон	падари бобо / падари бибӣ	great-grandfather
бибикалон	модари бобо / модари бибӣ	great-grandmother
амак[1]	бародари падар	uncle (father's brother)
тағой / тағо[1,2]	бародари модар	uncle (mother's brother)
амма	хоҳари падар	aunt (father's sister)
хола[1]	хоҳари модар	aunt (mother's sister)
набера	фарзанди фарзанд	grandchild
абера	фарзанди набера	great-grandchild

арӯс	bride	шаҳ	bridegroom
келин	bride; daughter-in-law	домод	bridegroom; son-in-law
муҷаррад	single (masc. and fem.)	духтари хона / духтари қадрас	single (fem.)
хонадор / оиладор	married		
номзад	fiancé(e)	бева / бевазан	widow
ятим / сағир	orphan	безан	widower

Exact description of the relationship

ҷиян (бародарзода)[3]	фарзанди бародар	nephew, niece (brother's child)
ҷиян (хоҳарзода)	фарзанди хоҳар	nephew, niece (sister's child)
амакбача / тағобача / аммабача / холабача	фарзанди амак / тағо / амма / хола	cousin

---

[1] These terms are also used to show respect to strangers. See commentary for further details.
[2] First form is central and southern dialect; second form is northern dialect.
[3] The names of relationships in parentheses are the literary forms.

хушдоман (модарарӯс)	модари зан		mother-in-law (wife's mother)
хушдоман (модаршӯ)	модари шавҳар		mother-in-law (husband's mother)
амак / қайнато / хусур (падарарӯс)	падари зан		father-in-law (wife's father)
амак / қайнато / хусур (падаршӯ)	падари шавҳар		father-in-law (husband's father)
янга / кеноя[4]	зани бародар		sister-in-law (brother's wife)
язна / почо[4]	шавҳари хоҳар		brother-in-law (sister's husband)
қайин-сингил (хоҳарарӯс)	хоҳари зан		sister-in-law (wife's sister)
қайин-сингил (хоҳаршӯ)	хоҳари шавҳар		sister-in-law (husband's sister)
хевар / қайнӣ[4] (додарарӯс)	бародари зан		brother-in-law (wife's brother)
хевар / қайнӣ[4] (додаршӯ)	бародари шавҳар		brother-in-law (husband's brother)
авусун	занҳои бародарон байни ҳам		relationship between brothers' wives
боча	шавҳарҳои хоҳарон байни ҳам		relationship between sisters' husbands
доштан (дор)[5]	to have	як	one
ва (-у, -ю)	and	ё	or
ҳанӯз	until; yet	ҳоло	now; until now
пир	old, elderly	ҷавон	young
калон (калонӣ)[6]	old (older)	хурд (хурдӣ)[6]	young (younger)
мӯйсафед	old man	кампир / пиразан	old woman
хона	house, home	насл	generation

СӮҲБАТҲО
DIALOGUES

1.

– Салом алейкум, Рустам!
– Салом, Зариф! Ту чӣ хел?
– Ман нағз. Ту чӣ?
– Ман ҳам нағз, раҳмат.
– Зариф, ту падар дорӣ?
– Ҳа, дорам.
– Номи падарат чӣ?
– Номи падарам Абдулло
– Модар чӣ?
– Модар ҳам дорам. Номи модарам Мехрӣ.

– Hello, Rustam.
– Hi, Zarif. How are you?
– I'm fine, and you?
– I'm fine, too. Thanks.
– Zarif, have you got a father?
– Yes, I have.
– What's your father's name?
– My father's name's Abdullo.
– And do you have a mother?
– I've got a mother, too. Her name's Mehri.

---

[4] First form is central and southern dialect; second form is northern dialect.
[5] Verbs are shown in the vocabulary lists with their present tense verb stems in parenthesis.
[6] Comparisons are made using the adjectives *калон* and *хурд*; *калонӣ* and *хурдӣ* are only used about siblings.

2.

– Биёед, шинос мешавем: номи ман Зулфия. Номи Шумо чӣ?
– Номи ман Бону.
– Бону, Шумо шавҳар доред?
– Ҳа, ман шавҳар дорам.
– Номи шавҳаратон чӣ?
– Номи ӯ Ҷовид. Шумо чӣ?
– Ман ҳам шавҳар дорам.
– Номи шавҳаратон чӣ?
– Номи шавҳарам Фарҳод.
– Зулфия, Шумо фарзанд доред?
– Ҳа, ман як писар дорам.
– Номи писаратон чӣ?
– Номи писарам Фирдавс. Шумо чӣ?
– Не, ман ҳанӯз фарзанд надорам.
– Бону, аз шиносой бо Шумо шодам.
– Ман ҳам.
– Хайр, Худо ҳофиз!
– Хайр.

– We've not met: my name is Zulfiya. What's your name?
– My name's Bonu.
– Bonu, have you got a husband?
– Yes, I'm married.
– What's your husband's name?
– His name's Jovid. What about you?
– I'm married, too.
– What's your husband's name?
– My husband's name's Farhod.
– Zulfiya, have you got any children?
– Yes, I've got one son.
– What's your son's name?
– My son's name's Firdaus. And you?
– No, I haven't got any children yet.
– Bonu, I'm glad to have met you.
– Me too.
– Goodbye!
– Bye!

3.

– Салом, дугоначон!
– Салом, Шамсия!
– Замира, ту чӣ хел, нағз-мӣ?
– Ҳа, нағз. Ту чӣ?
– Раҳмат, ман ҳам нағз.
– Шамсия, оилаи Шумо калон?
– На он қадар калон. Ман падар, модар, бародар ва хоҳар дорам.
– Номи падару модарат чӣ?
– Номи падарам Шӯҳрат ва номи модарам Сурайё.
– Номи бародару хоҳарат чӣ?
– Номи бародарам Бахтиёр ва номи хоҳарам Салима.

– Hello, my friend. {girlfriend of a girl}
– Hello, Shamsiya.
– Zamira, are you OK?
– Yes, I'm well. And you?
– I'm fine, too, thanks.
– Shamsiya, is your family large?
– Not that large. I've got a father, a mother, a brother, and a sister.
– What are your parents' names?
– My father's name's Shuhrat and mother's name's Surayyo.
– And what are your brother's and sister's names?
– My brother's name's Bakhtiyor and sister's name's Salima.

4.

– Салом алейкум, Пӯлод!
– Салом, Мастон. Ту чӣ хел?
– Нағз. Ту чӣ?
– Раҳмат, ман ҳам нағз.
– Пӯлод, ту амак дорӣ?
– Ҳа, дорам.
– Номи амакат чӣ?
– Номи амакам Валӣ.
– Валӣ зан дорад?
– Бале.
– Номи зани Валӣ чӣ?
– Номи занаш Фарида.
– Пӯлод, ту амма ҳам дорӣ?

– Hello, Pülod.
– Hi, Maston. How are you?
– Fine, and you?
– I'm fine, too, thanks.
– Pülod, do you have a {paternal} uncle?
– Yes, I do.
– What's your uncle's name?
– His name's Vali.
– Is he married?
– Yes.
– And what's his wife's name?
– His wife's name is Farida.
– Pülod, do you have a {paternal} aunt?

– Не, ман амма надорам.
– Хола чӣ?
– Хола ҳам надорам.
– Тағо дорӣ?
– Ҳа, тағо дорам. Номаш Тоҷиддин.
– Тоҷиддин зан дорад?
– Не, ӯ муҷаррад аст.

5.
– Рӯз ба хайр, Раҳим Бобоевич!
– Салом алейкум, Салимзода!
– Раҳим Бобоевич, марҳамат, шинос шавед: ин кас ҳамкори мо – Ануша Собировна.
– Салом, Ануша, аз дидани Шумо шодам.
– Салом, Раҳим Бобоевич, ман ҳам шодам.
– Ануша, Шумо оила доред?
– Бале, ман шавҳар ва як духтар дорам. Шумо чӣ?
– Не, ҳанӯз ман муҷаррадам.

6.
– Салом алейкум, Раъно!
– Салом, Нигора! Шинос шав, ин кас шавҳари ман – Далер.
– Нигора.
– Хеле мамнунам, Нигора.
– Ман ҳам аз шиносой бо Шумо хеле шодам. Раъно, ин кӣ?
– Ин писари мо, номаш Алиҷон.
– Чӣ хел писари нағз, салом Алиҷон!
– Салом.
– Хайр, Раъно, хайр, Далер!
– То боздид, Нигора!

7.
– Шумо бародар доред?
– Ҳа, дорам.
– Номи бародаратон чӣ?
– Номи ӯ Ҳаким.
– Ҳаким зан дорад?
– Бале, дорад.
– Номи янгаатон чӣ?
– Номи янгаам Нориннисо.
– Онҳо фарзанд доранд?
– Ҳа, онҳо як писару як духтар доранд.
– Номи ҷиянҳоятон чӣ?
– Номи ҷиянҳоям Сабур ва Аниса.

8. *[northern dialect]*
– Ассалом, писари нағз, номи ту чӣ?
– Диловар.

– No, I don't.
– Or a {maternal} aunt?
– I don't have a {maternal} aunt, either.
– Do you have a {maternal} uncle?
– Yes, I have. His name's Tojiddin.
– Is Tojiddin married?
– No, he's single.

– Good afternoon, Rahim Boboyevich.
– Good afternoon, Salimzoda.
– Rahim Boboyevich, let me introduce you: this is our colleague – Anusha Sobirovna.

– Hello, Anusha. Nice to meet you.
– Hello, Rahim Boboyevich. Nice to meet you, too.
– Anusha, do you have a family?
– Yes, I'm married and I have a daughter. What about you?
– No, I'm still single.

– Hello, Ra'no.
– Hello, Nigora. Let me introduce you: this is my husband, Daler.
– Nigora.
– Very nice to meet you, Nigora.
– Nice to meet you, too. Ra'no, who's this?

– This is our son, his name's Alijon.
– What a nice boy! Hello Alijon!
– Hi.
– Bye Ra'no; bye Daler!
– See you, Nigora!

– Have you got a brother?
– Yes, I do.
– What is his name?
– His name's Hakim.
– Is he married?
– Yes, he is.
– What's the name of your sister-in-law?
– Her name's Norinniso.
– Do they have any children?
– Yes, they have a son and a daughter.
– What are your nephew's and niece's names?
– Their names are Sabur and Anisa.

– Hello, son, what is your name?
– Dilovar.

– Диловарҷон, ту дада дорӣ?
– Ҳа.
– Бува чӣ?
– Бува ҳам дорам.
– Ростаща гӯ⁷, дадат нагз, ё буват?⁸
– Бувам...

– Dilovarjon, have you got a father?
– Yes.
– And a mother?
– I've got a mother, too.
– Tell me, whom do you love more: your father or your mother?
– My mother...

ГРАММАТИКА / GRAMMAR

Conjugation of Verbs: Present-Future Tense

One of the most important features of Tajiki verbs is their being conjugated according to the person and number of the subject. The part of the word, following the verb stem, that indicates the number and person of the verb is called the verb ending, or subject marker.

Conjugation of the irregular verb "доштан" ("to have") in the present-future tense

Person	Singular	Plural
I	(ман) дорам – *I have*	(мо) дорем – *we have*
II	(ту) дорӣ – *you have*	(шумо) доред – *you have*
III	(ӯ, вай) дорад – *he/she has*	(онҳо) доранд – *they have*

The present tense verb stem of the verb *доштан* is "*дор*". The verb endings, or subject markers, are "*-ам*", "*-ӣ*", "*-ад*", "*-ем*", "*-ед*", and "*-анд*". Since the verb endings indicate the number and person of the subject of the verb, use of personal pronouns with verbs is unnecessary in Tajiki and they are usually omitted: e.g.

дорам = ман дорам,   дорӣ = ту дорӣ, etc.

The negative form of the verb is formed by adding the prefix "*на-*". It is always joined to the verb as a single word in writing:

Negative conjugation of the irregular verb "доштан" ("to have") in the present-future tense

Person	Singular	Plural
I	надорам – *I don't have*	надорем – *we don't have*
II	надорӣ – *you don't have*	надоред – *you don't have*
III	надорад – *he/she doesn't have*	надоранд – *they don't have*

Simple Questions

In Tajiki, simple questions are formed by adding a question mark to sentences, without changing the order of the words. In speech, similar to English, the change is indicated by a final rise in intonation:

– Шумо падар доред.   – *You have a father.*
– Шумо падар доред?   – *Have you got a father?*

---

⁷ *Ростаща гӯ = Росташро гӯй*, meaning, "*tell the truth*."
⁸ *Дадат = Дадаат*, meaning, "*your father.*" *Буват = буваат*, meaning, "*your mother.*"

In northern dialects, questions can also be formed by adding the question particle "*-мӣ*" to the end of the sentence. It is never stressed and is always written as being separated from the word to which it is added by a hyphen:

– Ту писар дорӣ-*мӣ*?	– *Do you have a son?*
– Салим зан дорад-*мӣ*?	– *Is Salim married?*

In literary Tajiki, the question particles *оё* and *магар* ("*really?*") are also sometimes used to form questions. They usually come at the start of the sentence and express doubt or surprise:

– *Оё* Шумо падар доред?	– *Do you have a father?*
– *Магар* ӯ шавҳар дорад?	– *Does she really have a husband?*

The conjunction *ё* ("*or*") is also used to form specific questions:

– Шумо писар доред *ё* духтар?	– *Do you have a son or a daughter?*
– Ин писар *ё* духтар?	– *Is this a boy or a girl?*

Positive and negative responses to questions

?	+	-
Шумо падар доред?	Ҳа, ман падар дорам.	Не, ман падар надорам.
(*Have you got a father?*)	(*Yes, I've got a father.*)	(*No, I haven't got a father.*)
Ту шавҳар дорӣ?	Бале, ман шавҳар дорам.	Не, ман шавҳар надорам.
(*Have you got a husband?*)	(*Yes, I've got a husband.*)	(*No, I haven't got a husband.*)
Ӯ писар дорад?	Ҳа, ӯ писар дорад.	Не, ӯ писар надорад.
(*Has he got a son?*)	(*Yes, he's got a son.*)	(*No, he hasn't got a son.*)

The affirmative words "*ҳа*" and "*бале*" ("*yes*") are synonyms, but "*бале*" is the more literary form.

The Conjunction "Ва" ("-у" and "-ю")

In Tajiki, there are two forms of the conjunction "*and*": *ва* and "*-у*" ("*-ю*"). The conjunction *ва* is always written separately from the words it links:

Дӯст *ва* бародар.	*Friend and brother.*
Домод *ва* арӯс.	*Bride and groom.*
Карим *ва* Насим.	*Karim and Nasim.*

In contrast, the conjunctions "*-у*" and "*-ю*" are always written attached to the first of the two linked words. The conjunction "*-у*" is used following a consonant and "*-ю*" following a vowel:

Падар*у* писар.	*Father and son.*
Домод*у* арӯс.	*Bride and groom.*
Нигина*ю* Аниса.	*Nigina and Anisa.*
Бобо*ю* набера.	*Grandfather and grandson.*

It should be stated that the conjunction "*ва*" is mostly used to join sentences in literary Tajiki. In colloquial Tajiki, "*-у*" and "*-ю*" are normally used to join words. In the literary language, another variant "*-ву*" is also used following a vowel:

мо*ву* шумо.	*We and you.*
хола*ву* амма.	*Maternal and paternal aunts.*

МАШҚҲО / EXERCISES

1. Construct sentences based on the following table:
   Example: _Ман падар дорам. Номи падарам Валӣ аст._

| Ман | падар
модар
писар
хоҳар
амак
хола | дорам. | Номи | падарам
модарам
писарам
хоҳарам
амакам
холаам | Олим
Нор
Наим
Азиза
Аниса
Мӯниса | аст. |

2. Construct sentences based on the following table:
   Example: _Мадина шавҳар дорад. Номи шавҳараш Далер аст._

| Мадина
Акрам
Ҷон
Марк
Ҷил
Мо
Онҳо
Ту
Шумо
Ӯ | зан
шавҳар
бародар
хоҳар
модар
падар
писар
духтар
амма
тағо | дор…. | Номи | зан…
шавҳар…
бародар…
хоҳар…
модар…
падар…
писар…
духтар…
амма…
тағо… | Далер
Мижгона
Саттор
Ромиш
Алӣ
Сулҳия
Аббос
Мастон<Дилором
Таҳмина | аст. |

3. Fill in the following spaces (…) with appropriate words:
   Example: _Номи падарам Аҳрор аст._
   a. … падарам Аҳрор аст.   b. Мавзуна шавҳар … .
   c. Ӯ як … дорад.   d. Номи … Акрам Муҳаммад аст.
   e. Номи … Бахтиёр аст.   f. Номи занам Гуландом… .
   g. Ту модар … ?   h. Сафар бародар … хоҳар дорад?
   i. Номи … ту чӣ?

4. Fill in the following spaces (…) with appropriate words:
   Example: _Ман модар дорам._
   a. Ман … дорам.   b. Шумо … доред.   c. Онҳо … доранд.
   d. Парвиз … дорад.   e. Ту … дорӣ.   f. Мо … дорем.
   g. Эраҷу Искандар … доранд.

5. Complete the following sentences with the correct personal pronouns:
   Example: _Мо хоҳар дорем._
   a. … хоҳар дорем.   b. … бародар доред?   c. … падару модар доранд.
   d. … амак дорӣ?   e. … зан дорад.   f. … як писару як духтар дорам.

6. Complete the following sentences with the correct verb endings:
   Example: _Ҳалима бародар дорад._
   a. Ҳалима бародар дор… .   b. Ман хола дор … .   c. Мо тағо дор… .
   d. Онҳо фарзанд надор… .   e. Бародарам зан дор… .   f. Ту модар дор … .
   g. Шумо падар дор … ?   h. Хуршеда шавҳар дор … .

7. *Give positive and negative responses to the following questions:*
   Example: Шумо писар доред?
   ⇨ *Ҳа, ман писар дорам.*
   ⇨ *Не, ман писар надорам.*
   a. Рустам падар дорад?   b. Онҳо модар доранд?
   c. Ту бародар дорӣ?   d. Усмону Нозим хоҳар доранд?
   e. Шумо фарзанд доред?   f. Фарзона шавҳар дорад?

8. *Read the following text and express the same information in English:*
   Номи ман Диловар аст. Ман падару модар ва як хоҳар дорам. Номи падарам Иброҳим ва номи модарам Малоҳат аст. Хоҳарам Азиза ном дорад.[1] Ӯ шавҳар дорад. Номи язнаам Мурод аст. Онҳо як писару як духтар доранд. Номи ҷиянҳоям Фарҳод ва Фарзона аст.
   Ман амаку хола ҳам дорам. Номи амакам Шавкат ва номи холаам Шарифа аст.

9. *Read the proverbs below. Memorise any that you might be able to use in conversation:*

Фарзанди нағз - боғи падар, Фарзанди бад - доғи падар.	*A good child is his father's garden; a bad child is his sorrow.*
– Духтар чӣ гуна? – Модар намуна.	*– What's a daughter? – The model of her mother.*
Дӯстони нағз мисли фарзандони як падару модаранд.	*Good friends are like the children of one father and mother.*
Аз хеши дур ҳамсояи наздик беҳ.	*A close neighbour is better than a distant relative.*
Ҷанги зану шавҳар то лаби ҷогаҳ.	*A husband and wife's quarrelling only goes as far as the edge of the bed.*
Падар розӣ, модар розӣ - Худо розӣ.	*If the father is satisfied and the mother is satisfied, then is God also satisfied.*
Аз хурдон хато, аз бузургон ато.	*The young make mistakes; the great forgive.*

САНҶИШ   *QUIZ*

1. *Give answers to the following questions:*

1. – Шумо бародар доред?
   – ... .
2. – Наргис шавҳар дорад?
   – ... .
3. – Номи хоҳаратон чӣ?
   – ... .
4. – Ин писари Шумо?
   – ... .

8. – Онҳо бобо доранд?
   – ... .
9. – Номи модари ӯ чӣ?
   – ... .
10. – Шинос шавед: ин кас бародари ман Насим.
    – ... .
11. – Ин кас кӣ?
    – ... .

---
[1] *Хоҳарам Азиза ном дорад.* = *Номи хоҳарам Азиза аст.*

5. – Бародари Шумо зан дорад?
– ... .
6. – Ту амак дорӣ?
– ... .
7. – Номи ҷиянат чӣ?
– ... .
12. – Номи Шумо Азиз?
– ... .
13. – Ӯ хола дорад?
– ... .
14. – Номи холаи Парвона чӣ?
– ... .

2. Fill in the questions corresponding with the following answers:

1. – ... ?
– Не, ман хоҳар надорам.
2. – ... ?
– Ҳа, Сайф зан дорад.
3. – ... ?
– Ҳа, ман як писар дорам.
4. – ... ?
– Номи бародараш Хуршед аст.
5. – ... ?
– Ин набераи ман аст.
6. – ... ?
– Номи духтарам Фарангис аст.
7. – ... ?
– Ҳа, онҳо падару модар доранд.
8. – ... ?
– Не, ӯ амма надорад.
9. – ... ?
– Номи модари ӯ Мадина аст.
10. – ... ?
– Номи янгаам Мунира аст.
11. – ... ?
– Ҳа, Самад таѓо дорад.
12. – ... ?
– Номи ман Нодира аст.

3. *Make up dialogues using the material in lesson three and, if possible, role-play the situations with a language helper or other language partner.*

4. *Write a description about yourself similar to that in exercise 8.*

Дарси 4 — Lesson 4

Маориф – Касбу кор — *Education – Professions*

ШАРҲ — COMMENTARY

Children are usually part of a kindergarten (*боғча*) from the age of one-and-a-half and do not go to school (*мактаби миёна*) until they are seven years old. This has two divisions: elementary classes, the first four years (*синфҳои ибтидоӣ*), and upper classes, years five to eleven (*синфҳои болоӣ*). Some people leave school after year nine (so, at age 16) and are awarded a certificate (*аттестат* or *шаҳодатнома*) of incomplete school education (*маълумоти миёнаи нопурра*); those who study to year eleven (age 18) receive a certificate of school education (*маълумоти миёна*).

Having left school, there are then two ways into a profession: firstly, by studying at an institute or university (*донишгоҳ*) and, secondly, by training as an apprentice under an *усто* – a "*master.*" University degrees usually last four or five years, and two types of diploma (*диплом*) are awarded: blue (pass) and red (pass with distinction). Some places are now offering an alternative two-tier system equivalent to the B.A. and M.A.—a four year *бакалавр* and a two-year *магистра*. Those who continue their education beyond this level, do so as *аспирант*, either for three years of full-time study (*рӯзона*) or four years part-time (*ғоибона*). After this period, the *аспирант* may defend his thesis to become a "master of science" (*номзади илм*). The few who continue beyond this level may gain a doctorate after two or three years, to become *докторант*.

The second route of training—as an apprentice—is more traditional and is particularly found in the handicrafts. Fathers teach their sons the profession of their ancestors and by this means trades and professions are passed from one generation to the next. In addition, other people – neighbours, acquaintances, and relatives – bring their children to work as apprentices to skilled masters. The masters teach their trade to apprentices for a certain period of time, after which the apprentices are able to work by themselves. Professions that are passed on from one generation to the next or by apprentices training under a master are the most ancient of professions and include workmen, jewellers, copper-workers, carpenters, painters, butchers, bakers, sweet-makers, hairdressers, shoemakers, carpet-makers, and tailors of national clothes.

In recent years, technical institutes and colleges (*омӯзишгоҳ*) have also begun teaching these traditional professions. However, with the emergence of these, the importance of these traditional trades and professions has diminished. Folk craftsmen, of course, do not possess a diploma or certificate; their main orders come from individuals, and their products are to be seen in the local markets. These specialists, or masters, are called *усто* and to distinguish between them their particular profession is sometimes added to their title; for instance, *устои харрот* ("*a carpenter*"), *устои сартарош* ("*a hairdresser or barber*"), and *устои мӯзадӯз* ("*a shoemaker*"). Most of these masters work both in state workshops and carry out additional orders for other individuals. The form of payment for such work can be hourly, daily or by the job. Folk craftsmen also display their products in international exhibitions. In Tajikistan, there are a significant number of people who have won prizes in various competitions and exhibitions.

In historical cities, streets are often still named after the particular kind of craftsmen who traditionally worked in that street. For instance, in Istaravshan (north Tajikistan) there are famous streets of knife-makers, cotton-dyers, butchers, and so on.

ЛУҒАТ / VOCABULARY

Tajiki	English	Tajiki	English
ихтисос	speciality	вазифа	position, post
сафир	ambassador	вазир	minister
мудир	chairman, manager	раис	director, head
корманд	employee	корчаллон	businessman
котиб (fem.: котиба)	secretary legislator	савдогар (тоҷир)¹	merchant, dealer, tradesman
ҳуқуқшинос	pensioner	иқтисодчӣ	economist
нафақахӯр	interpreter	духтур	doctor
тарҷумон	teacher	рононда	driver
муаллим (fem.: муаллима)		донишҷӯ	student
аспирант	graduate student	шогирд	student; disciple
мактаббача	schoolchild	талаба (fem.: толиба)	pupil
коргар	employee, worker	деҳқон	peasant, farmer
ошпаз	cook	сартарош	hairdresser, barber
рассом	artist	наққош	painter
сароянда	singer	навозанда	musician
актёр (ҳунарманд)²	actor, actress	варзишгар	sportsman
суратгир	photographer	нависанда	author, writer
усто	master, foreman, skilled workman	шоир (fem.: шоира)	poet
		посбон	guard, watchman
механик	mechanic	меъмор	architect, builder
муҳандис	engineer	оҳангар	blacksmith
заргар	jeweller	кордгар	knife-maker
қассоб	butcher	нонвой	baker
қолинбоф	carpet-maker	дуредгар / харрот	carpenter
мӯзадӯз	shoemaker	дӯзанда	seamstress
шаҳр	city, town	ошхона	national cafe
бозор	market	мағоза	shop
донишгоҳ	university	мактаб	school
факулта	faculty	боғча	kindergarten
сафорат / сафоратхона	embassy	устохона	workshop
		корхона	workshop, enterprise
вазорат	ministry	ширкат	firm, company
ташкилоти байналмилалӣ	international organisation	беморхона / бемористон	hospital
идора	office	почта	post-office
бонк	bank	театр	theatre
сартарошхона	hairdresser's, barber's	кинотеатр	cinema
		автобаза	bus depot
нон	flat, round bread	орд	flour
шакар	sugar	қанд	sweets, candy
савод	literacy	босавод	literate
бесаводӣ	illiteracy	бесавод	illiterate
таълим / таълимот	teaching, instruction	таълимӣ	educational

¹ The first form is spoken Tajiki form; the word in parenthesis is the literary Tajiki word.
² The first form is a foreign word assimilated into Tajiki via Russian; the word in parenthesis is the literary Tajiki word. *Ҳунарманд* includes not just actors and actresses from film and theatre, but all artistes.

тафтиш	*inspection*	касбӣ	*professional*
диплом	*(university) degree*	рисола	*thesis*
хабар	*information, news*	хатм	*graduation*
машҳур	*well-known, famous*	нафақа	*pension*
серкор	*busy*	танбал	*lazy*
будан (бош)	*to be*	кардан (кун)	*to make, to do*
кор кардан	*to work, to do*	зиндагӣ кардан	*to live*
хондан (хон)	*to read, to study*	таҳсил кардан	*to study*
дифоъ кардан	*to defend (a thesis)*	хатм кардан	*to graduate*

Шумо дар куҷо кор мекунед?	Where do you work?
Ман дар мактаб кор мекунам.	I work in a school.
Ихтисоси Шумо чӣ?	What's your speciality?
Ман муҳандис.	I'm an engineer.
Шумо дар кадом вазифа кор мекунед? (Шумо кӣ?)	What's your position?
Ман муаллими донишгоҳ. (Ман дар вазифаи муаллим кор мекунам.)	I'm a university teacher. (I work as a university teacher.)
Шумо дар куҷо мехонед?	Where do you study?
Ман дар донишгоҳ мехонам.	I study at university.
Шумо духтур?	Are you a doctor?
Ҳа, ман духтур.	Yes, I'm a doctor.
Шумо кор мекунед?	Do you work?
Не, ман кор намекунам, ман мехонам.	No, I don't; I study.

СӮҲБАТҲО

DIALOGUES

1.
– Салом алейкум!
– Салом алейкум!
– Биёед шинос мешавем: номи ман Мансур.
– Бисёр хуб. Номи ман Сомон.
– Сомон, ихтисоси Шумо чӣ?
– Ман муаллим. Шумо чӣ?
– Ман муҳандис.

– *Hello.*
– *Hi.*
– *We've not met: my name's Mansur.*
– *Nice to meet you. My name's Somon.*
– *Somon, what do you do?*
– *I'm a teacher. And you?*
– *I'm an engineer.*

2.
– Ин кас кӣ?
– Ин кас дӯсти ман – Баҳодур.
– Баҳодур, Шумо дар куҷо кор мекунед?
– Ман дар сафорат кор мекунам.
– Вазифаи Шумо чӣ?
– Ман тарҷумон.

– *Who is this?*
– *This is my friend: Bahodur.*
– *Bahodur, where do you work?*
– *I work at an embassy.*
– *What's your position?*
– *I'm an interpreter.*

3.
– Шарифҷон, Шумо мехонед ё кор мекунед?
– Ман мехонам.
– Шумо дар куҷо мехонед?
– Ман дар донишгоҳ мехонам.

– *Sharifjon, do you study or work?*
– *I study.*
– *And where do you study?*
– *I study at university.*

– Шумо дар куҷо зиндагӣ мекунед? – Where do you live?
– Ман дар Душанбе зиндагӣ мекунам. – I live in Dushanbe.

4.
– Фароғат, Шумо бародар доред? – Faroghat, have you got a brother?
– Ҳа, ман бародар дорам. – Yes, I have.
– Номи бародари Шумо чӣ? – What's his name?
– Номи бародарам Нурулло. – His name's Nurullo.
– Нурулло кор мекунад? – Does Nurullo work?
– Ҳа, ӯ кор мекунад. – Yes, he does.
– Касби ӯ чӣ? – What does he do?
– Ӯ харрот. – He's a carpenter.

5.
– Файзулло, Шумо духтур? – Faizullo, are you a doctor?
– Не, ман духтур не, ман муаллим. – No, I'm not; I'm a teacher.
– Шумо дар куҷо кор мекунед? – Where do you work?
– Ман дар донишгоҳ кор мекунам. – I work in the university.

6.
– Зумрат, шинос шав, ин кас дугонаи ман – Мари. – Zumrat, let me introduce you, this is my friend: Mary.
– Хеле мамнунам. Мари, ихтисоси Шумо чӣ? – Nice to meet you. Mary, what do you do?
– Ман ҳуқуқшинос. – I'm a lawyer.
– Шумо дар куҷо кор мекунед? – Where do you work?
– Ман дар ташкилоти байналмилалӣ кор мекунам. Шумо кӣ? – I work for an international organisation. What about you?
– Ман тарҷумон. – I'm an interpreter.
– Шумо дар куҷо кор мекунед? – Where do you work?
– Ман дар сафорат кор мекунам. – I work at an embassy.

7.
– Сӯҳроб, ту кор мекунӣ ё мехонӣ? – Sührob, do you work or study?
– Ман кор мекунам. – I work.
– Дар куҷо кор мекунӣ? – Where do you work?
– Ман иқтисодчӣ, дар бонки миллӣ кор мекунам. – I'm an economist; I work in the national bank.
– Дӯсти ту Қаюм чӣ? Ӯ ҳам кор мекунад? – And your friend Qayum? Does he work, too?
– Не, ӯ дар коллеҷ мехонад. – No, he studies in college.

8.
– Шинос шав, Умарҷон, инҳо дӯстони ман. Шарофҷон тарҷумон аст, дар ташкилоти байналмилалӣ кор мекунад. Муҳаммад ронанда аст, ӯ дар автобаза кор мекунад. Асаду Самад донишҷӯ, ҳарду дар донишгоҳ мехонанд. – Let me introduce you, Umarjon; these are my friends. Sharofjon is an interpreter and works for an international organisation. Muhammad is a driver and works in a bus depot. Asad and Samad are university students.
– Аз дидани Шумо шодам. – Nice to meet you.
– Мо ҳам. Мебахшед, номи Шумо чӣ? – And you. Sorry, what's your name?
– Номи ман Умар. Ман ҳамкори Хуршед. – My name's Umar. I'm Khurshed's colleague.

– Шумо ҳам ҳуқуқшинос?
– Не, ман корчаллон.

– Are you a lawyer, too?
– No, I'm a businessman.

9.
– Сайф, тағои ту чӣ кор мекунад?
– Тағоям коргар. Ӯ дар корхона кор мекунад.
– Амакат чӣ кор мекунад?
– Амакам деҳқон.
– Бобоят ҳам кор мекунад?
– Не, ӯ нафақахӯр.

– Saif, what does your uncle do?
– My uncle's a worker. He works in a workshop.
– What does your {paternal} uncle do?
– My uncle's a farmer.
– Does your grandfather work, too?
– No. He's a pensioner.

10.
– Мадина, ту падару модар дорӣ?
– Ҳа.
– Номи онҳо чӣ?
– Номи падарам Султон, номи модарам Дилбар.
– Онҳо кор мекунанд?
– Ҳа.
– Дар куҷо кор мекунанд?
– Падарам ҳуқуқшинос, ӯ дар вазорат кор мекунад. Модарам духтур. Вай дар беморхона кор мекунад.
– Ту хоҳару бародар ҳам дорӣ?
– Ҳа, ман як бародар ва як хоҳар дорам.
– Онҳо ҳам кор мекунанд?
– Не, бародарам дар донишгоҳ таҳсил мекунад, хоҳарам дар мактаб мехонад.

– Madina have you got parents?
– Yes, I have.
– What are their names?
– My father's name's Sulton, my mother's name's Dilbar.
– Do they work?
– Yes.
– Where?
– My father's a lawyer; he works in one of the ministries. My mother's a doctor; she works in a hospital.
– Do you have a brother and a sister?
– Yes. I have one brother and one sister.
– Do they work?
– No, my brother studies at university and my sister's at school.

11.
– Баҳром, ин чӣ?
– Ин корхона.
– Дар ин ҷо киҳо кор мекунанд?
– Дар ин ҷо коргарони касбу кори гуногун – харротон, муҳандисон, ронандагон кор мекунанд.
– Он чӣ?
– Он театр.
– Дар он ҷо киҳо кор мекунанд?
– Дар он ҷо сарояндагон, актёрҳо, навозандагон кор мекунанд.
– Вай чӣ?
– Вай корхонаи ҳунарҳои дастӣ. Дар он оҳангарон, заргарон, қолинбофон, дӯзандагон кор мекунанд.

– Bahrom, what is this?
– It's a workshop.
– Who works here?
– People of various professions work here: carpenters, engineers, and drivers.

– And what's that?
– That's a theatre.
– And who works there?
– Singers, actors and musicians work there.

– What's that?
– That's a handicraft enterprise. Blacksmiths, jewellers, carpet-makers and seamstresses work there.

ГРАММАТИКА / GRAMMAR

Conjugation of Verbs: More Present-Future Tense

Conjugation of the verb "будан" ("to be") in the present-future tense

Version 1

Person	Singular	Plural
I	мебошам – *I am*	мебошем – *we are*
II	мебошӣ – *you are*	мебошед – *you are*
III	мебошад – *he/she is*	мебошанд – *they are*

Version 2

Person	Singular	Plural
I	(ман) …ам – *I am a …*	(мо) …ем – *we are …*
II	(ту) …ӣ – *you are a …*	(шумо) …ед – *you are …*
III	(ӯ) … аст – *he/she is a …*	(онҳо) …анд – *they are …*

In the second form of the verb *to be* (*будан*) in the present-future tense, just the copula suffixes are used in the place of the verb. This second form is the one most commonly used:

Ман коргарам.	=	Ман коргар мебошам.	–	*I am a worker.*
Ту коргарӣ.	=	Ту коргар мебошӣ.	–	*You are a worker.*
Ӯ коргар аст.	=	Ӯ коргар мебошад.	–	*He / she is a worker.*
Мо коргарем.	=	Мо коргар мебошем.	–	*We are workers.*
Шумо коргаред.	=	Шумо коргар мебошед.	–	*You are workers.*
Онҳо коргаранд.	=	Онҳо коргар мебошанд.	–	*They are workers.*

In colloquial Tajiki, the copula suffixes are frequently dropped:

Ман коргар. = Ман коргарам.
Падари ӯ коргар. = Падари ӯ коргар аст.

In literary Tajiki, there is a further third form of the verb used: *ҳастам, ҳастӣ, ҳаст, ҳастем, ҳастед, ҳастанд*; the negative form of which is: *нестам, нестӣ, нест, нестем, нестед, нестанд*. However it is very rare, so it hasn't been included here. *[Cf. the section "Аст" and "Ҳаст" later in this lesson.]*

Conjugation of regular verbs in the present-future tense

With the exception of *доштан*, described in the previous lesson, and *будан*, described above, the present-future tense is formed by adding the prefix "*ме-*" and the subject marker verb endings to the present tense verb stem. Verbs in the vocabulary lists are shown in the infinitive with their present tense verb stems in parentheses. For *кардан* (meaning *"to make, to do"* but usually occurring together with nouns and adjectives as part of compound verbs rather than on its own), the present tense verb stem is "*кун;*" thus:

Conjugation of the verb "кор кардан" ("to work") in the present-future tense

Person	Singular	Plural
I	кор мекунам	кор мекунем
II	кор мекунӣ	кор мекунед
III	кор мекунад	кор мекунанд

Conjugation of the verb "зиндагӣ кардан" ("to live") in the present-future tense

Person	Singular	Plural
I	зиндагӣ мекунам	зиндагӣ мекунем
II	зиндагӣ мекунӣ	зиндагӣ мекунед
III	зиндагӣ мекунад	зиндагӣ мекунанд

The present-future tense has a broad range of meaning and is used in situations that would require the present simple, the present continuous, or the future use of *"going to"* in English. See lesson six for more detail about use of the present-future tense:

Ман дар Хоруғ *зиндагӣ мекунам*.	I <u>live</u> in Khorugh.
Ӯ ҳоло дар бозор *кор мекунад*.	She's now <u>working</u> in the market.
Магар Шумо дар Тавилдара *кор мекунед*?	<u>Are</u> you really <u>going to work</u> in Tavildara?

It is important to note that verbs always come at the end of Tajiki sentences:

Ман дар донишгоҳ *кор мекунам*.   I work at the university.

The negative form of verbs are formed by adding the prefix "*на-*":

Ман *кор намекунам*.   I don't work.

To ask "where ... ?", the words "*дар куҷо ... ?*" are used, preceding the verb:

– Шумо *дар куҷо* кор мекунед?   – <u>Where</u> do you work?

Plural Forms of Nouns

Suffix "-ҳо"		
бозор	бозорҳо	*markets*
мактаб	мактабҳо	*schools*
вазорат	вазоратҳо	*ministries*
сафорат	сафоратҳо	*embassies*
Suffix "-он"		
модар	модарон	*mothers*
муаллим	муаллимон	*teachers*
сафир	сафирон	*ambassadors*
духтур	духтурон	*doctors*
Suffix "-гон"		
сароянда	сарояндагон	*singers*
нависанда	нависандагон	*writers*
дӯзанда	дӯзандагон	*seamstresses*
Suffix "-ён"		
бобо	бобоён	*grandfathers*
амрикоӣ	амрикоиён	*Americans*
Suffix "-вон"		
ҳинду	ҳиндувон	*Indians*

Notes:
1. The suffix "*-ҳо*" is universal and can be used with all nouns: *бозор-бозорҳо, коргар-коргарҳо, нависанда-нависандаҳо, бобо-бобоҳо, ҳинду-ҳиндуҳо*.
2. The suffix "*-он*" is used with nouns for rational beings and professions: *одам-одамон, коргар-коргарон*.
3. The suffixes "*-гон*", "*-вон*", and "*-ён*" are variants of the suffix "*-он*": "*-гон*" is used following the vowel "*а*" (e.g. *нависандагон*), "*-ён*" following the vowels "*о*" and "*ӯ*" (e.g. *бобоён, амрикоиён*), and "*-вон*" following the vowel "*у*" (e.g. *ҳиндувон*).
4. In colloquial Tajiki, the plural suffix is pronounced /-o/ after a consonant (e.g. *одамҳо* /odamo/, *муаллимҳо* /muallimo/) and /-ho/ after a vowel (e.g. *хонаҳо* /khonaho/, *ҳиндуҳо* /hinduho/).
5. In literary Tajiki, certain kinds of Arabic plural nouns are also used. The ways of forming Arabic plurals is comparatively complex and complicated. For more information, see the section "*A Brief Introduction to Tajiki Grammar*" at the end of the book.

"Аст" and "Ҳаст"

Аст and the negative form *нест* or, colloquially, *не* is the equivalent of "*is*" in English. It is used to make statements about things:

Ин китоб **аст**.	This <u>is</u> a book.
Китоб дар рӯйи миз **аст**.	The book <u>is</u> on the table.
Ин падари ман **аст**.	This <u>is</u> my father.
Номи модарам Ҳабиба **аст**.	My mother's name <u>is</u> Habiba.
Падарам дар хона **аст**.	My father <u>is</u> at home

In spoken Tajiki, *аст* is not usually said:

Ин китоб.	This is a book.
Ин модари ман.	This is my mother.
Номи ман Саид.	My name's Said.

Ҳаст, the negative form of which is also *нест*, is the equivalent of "*there is*" in English. It is used to make statements about the existence of things. (It should not to be confused with the rare third form the verb *будан* mentioned earlier in this grammar section):

– Дар хона кӣ **ҳаст**?	– Who <u>is (there)</u> at home?
– Дар хона падарам **ҳаст**.	– My father <u>is (there)</u> at home.
– Нон **ҳаст**?	– <u>Is there</u> any bread?
– Ҳа, **ҳаст**. / Не, **нест**.	– Yes, <u>there is</u>. / No, <u>there isn't</u>

The word *ҳаст* also sometimes appears in a plural form, *ҳастанд*, when used to talk about people:

Дар хона падару модарам **ҳастанд**. My parents <u>are (there)</u> at home.

However, plural nouns for non-living things simply use "*ҳаст*":

Дар мағоза нон ва панир **ҳаст**. <u>There is</u> bread and cheese in the shop.

МАШКҲО / EXERCISES

1. *Insert the correct form of the verb "кор кардан" in the spaces (...) below:*
    Example: Мо дар донишгоҳ кор мекунем.
    a. Мо дар донишгоҳ ... .   b. Шумо дар куҷо ... ?
    c. Онҳо дар вазорат ... .   d. Падару модарам дар беморхона ... .
    e. Хоҳарам дар мактаб ... .   f. Ҷон дар сафорат ... .
    g. Шумо дар бонк ... ?

2. *Give positive and negative responses to the following questions:*
    a) *Example: Шумо духтур?*
        ⇨ *Ҳа, ман духтур.*
        ⇨ *Не, ман духтур не, ман муҳандис.*
        a. Ӯ муаллим (аст)?   b. Онҳо ҳуқуқшинос?
        c. Шумо ронанда?   d. Онҳо кор мекунанд?
        e. Ту мехонӣ?   f. Бародарони ту коргаранд?
    b) *Example: Ин мактаб (аст)?*
        ⇨ *Ҳа, ин мактаб (аст).*
        ⇨ *Не, ин мактаб не, ин донишгоҳ (аст).*
        a. Ин вазорат?   b. Ин ширкат аст?   c. Ин бонк?
        d. Ин мағоза?   e. Вай сафорат аст?   f. Он мактаб аст?
        g. Он бозор аст?

3. *Construct sentences based on the following table, using the correct verb endings:*
    Example: Ман дар Душанбе зиндагӣ мекунам.

ман		Душанбе
онҳо		Лондон
шумо		Вашингтон
мо		Маскав
ӯ	дар	Тоҷикистон	зиндагӣ мекун... .
Аҳмад		Амрико
Филипп		Инглистон
ту		Италия
падарам		Хуҷанд
модарат		Бадахшон

4. *Change the following nouns into the plural:*
    Example: Муаллими мо ⇨ муаллимони мо.
    a. Коргари хуб.   b. Хоҳари ту.   c. Тарҷумони сафорат.
    d. Корманди ширкат.   e. Бародари ман.   f. Духтури беморхона.
    g. Муаллимаи мактаб. h. Донишҷӯйи донишгоҳ.

5. *Answer the following questions:*
    a. Шумо дар куҷо кор мекунед?
    b. Падари Шумо дар куҷо зиндагӣ мекунад?
    c. Модаратон кор мекунад?
    d. Шумо кор мекунед ё мехонед?
    e. Онҳо дар куҷо зиндагӣ мекунанд?
    f. Духтурон дар куҷо кор мекунанд?
    g. Муаллими онҳо дар куҷо зиндагӣ мекунад?

6. *Insert the word "аст" or "ҳаст" in the spaces (...) below, as appropriate:*
    Examples: Ин хона <u>аст</u>. Дар мағоза нон <u>ҳаст</u>?
    a. Ин падари ман ... .
    b. Падарам дар хона ... .
    c. Дар хона кӣ ... ?
    d. Дар хона бародарам ... .
    e. Китоб дар куҷо ... ?
    f. Китоб дар рӯйи миз ... .
    g. Дар мағоза шакар ... ?
    h. Ҳа, дар мағоза шакар ... .

7. *Fill in the following spaces (...) with appropriate words from the vocabulary list for lesson 4:*
    Example: Салима <u>духтур аст</u>. Ӯ дар <u>беморхона</u> кор мекунад.
    a. Ман ... . Ман дар ... кор мекунам.
    b. Бародарам ... . Ӯ дар ... кор мекунад.
    c. Рашид ... . Ӯ дар ... кор мекунад.
    d. Мо ... . Мо дар ... мехонем.
    e. Шумо ... ? Шумо дар ... кор мекунед?

8. *Read the following text and express the same information in English:*
    Номи ман Томас аст. Ихтисоси ман меъмор аст. Ман дар ташкилоти байналмилалӣ кор мекунам. Ҳоло дар Тоҷикистон зиндагӣ мекунам.
    Ман падару модар ва як бародар дорам. Падарам духтур аст. Ӯ дар беморхона кор мекунад. Модарам муаллима аст. Вай дар мактаб кор мекунад. Онҳо дар Берлин зиндагӣ мекунанд. Номи бародарам Марк аст. Марк муҳандис аст. Ӯ дар Амрико кор ва зиндагӣ мекунад.

9. *Read the proverbs below. Memorise any that you might be able to use in conversation:*

Ба як ҷавонмард чил ҳунар кам.	*A young man can easily learn forty professions.*[3]
Панҷ панҷааш ҳунар аст.	*He's a Jack of all trades.*[4]
Қадри зар заргар бидонад.	*A goldsmith knows the value of gold.*
Сад задани сӯзангар – як задани оҳангар.	*A hundred strokes of a needleworker is like one stroke of an ironworker.*
Ҷаври устод беҳ аз меҳри падар.	*The injustice of an instructor is better than the loving kindness of a father.*
Аз бекор – ҳама безор.	*Nobody needs idleness.*
Аз бекорӣ – кадукорӣ.	*It's better to plant pumpkins than to be idle.*
Кор кунӣ, роҳат меёбӣ.	*If you work, you'll find ease.*
Кори шаб – хандаи рӯз.	*Day-work is better than night-work.*[5]

---

[3] Literally: *"Forty jobs is not too much for a young man."*
[4] Literally: *"Each of his five fingers has a different profession."*
[5] Literally: *"Night work is the cause of the day's laughter."*

САНҶИШ   QUIZ

1. Give answers to the following questions:

1. – Ихтисоси Шумо чӣ?
   – ... .
2. – Падари Шумо дар куҷо кор мекунанд?
   – ... .
3. – Ӯ духтур аст?
   – ... .
4. – Шумо кор мекунед?
   – ... .
5. – Онҳо дар куҷо мехонанд?
   – ... .
6. – Расул дар куҷо зиндагӣ мекунад?
   – ... .
7. – Духтурон дар куҷо кор мекунанд?
   – ... .
8. – Дар хона кӣ ҳаст?
   – ... .
9. – Бародарони ӯ дар куҷо зиндагӣ мекунанд?
   – ... .
10. – Ӯ кӣ? (кист?)
    – ... .

2. Fill in the questions corresponding with the following answers:

1. – ... ?
   – Ҳа, ман кор мекунам.
2. – ... ?
   – Ман муаллим.
3. – ... ?
   – Модарам дар Канада зиндагӣ мекунад.
4. – ... ?
   – Ғайрат дар донишгоҳ мехонад.
5. – ... ?
   – Ҳа, ӯ сафир аст.
6. – ... ?
   – Ҳа, дар мағоза нон ҳаст.
7. – ... ?
   – Ин китоб аст.
8. – ... ?
   – Не, ӯ духтур не, ӯ муҳандис аст.
9. – ... ?
   – Номи бародарам Довуд аст.
10. – ... ?
    – Ӯ дар шаҳр зиндагӣ мекунад.

3. *Make up dialogues using the material in lesson four and, if possible, role-play the situations with a language helper or other language partner.*

4. *Write a description about yourself similar to that in exercise 8.*

Дарси 5 — Lesson 5

Хона – Ҳавлӣ – Боғ — House – Courtyard – Garden

ШАРҲ — COMMENTARY

Homes in Tajikistan are generally of two kinds: traditional houses and apartments. Traditional houses, *ҳавлӣ*, are usually privately-owned, have a courtyard or garden, and consist of several rooms. More than one family usually live in such a house – parents with their sons and daughter-in-laws, for example. Walls of traditional houses are normally constructed out of mud, bricks, or cement. Rooms are typically arranged around a central courtyard, each having its own hallway or anteroom. In front of them, there will often be a veranda, which also serves as a place for sitting and resting during the summer. It is not the custom of people in the East, Tajiks included, to sleep in a Western-style bed (known as a *кат* or, by the Russian word, *кроват*). Instead, they make their bed from quilts (*кӯрпа*). During the day, the *кӯрпа* are piled on top of a chest (*сандуқ*) and covered with a special blanket; this pile is called a *тахмон*. For storing household items, shelves are built, sometimes as a cupboard set into the wall.

To heat rooms in the winter, Tajiks traditionally use a *сандалӣ*. A *сандалӣ* is a low, square table under which they place their feet in a special pit. In the middle of this pit there is a small hole for placing coal-dust, which burns slowly and without a flame. Above the *сандалӣ*, a *кӯрпа* is laid and the Tajiks sit with their legs beneath it. Naturally, these days, electric heaters and coal burners are also used. Like other Central Asian people groups, Tajiks usually sit on long, narrow quilts (*кӯрпача*). The tablecloth may either be laid on the floor or on a low national table.

Houses are normally single-storied, although many also have a basement. As time goes on, two-storied houses are also increasingly being built. *Ҳавлӣ* are built very close together in and around cities and are frequently semi-detached, so that the walls of the *ҳавлӣ* are often shared with those of neighbours. People often grow fruit trees and plant produce such as cucumbers, tomatoes, peppers, chillies, and herbs in their *ҳавлӣ*.

Apartment blocks are mostly found in cities. In such buildings there are a number of apartments, in each of which a different family usually lives. Apartments typically consist of up to five rooms.

ЛУҒАТ — VOCABULARY

ҳавлӣ	house, garden, yard	квартира	apartment
хона	house, room; apartment	дахлез	anteroom; room leading to another
утоқ	room	ошёна	floor, storey
дар	door	дарвоза	gate
девор	wall	тиреза	window
шифт	ceiling	фарш	floor
таҳхона [подвал][1]	cellar, basement	[чердак]	attic, loft
бом	roof	айвон	verandah

---

[1] Words shown in square brackets are Russian words used in colloquial Tajiki.

Tajik	English	Tajik	English
зина, остона	step	зинапоя	stairs
боғ	garden	ҳавз	pool (swimming)
қуфл /qulf/	lock	калид	key
гараж	garage		
меҳмонхона	living room	диван	sofa
курсӣ	chair	курсии нарм	armchair
миз	table	мизи миллӣ	low national table
қолин	carpet, rug (for floor or wall)	палас / палос	synthetic carpet, rug (for floor)
парда	curtain	сурат	picture
барқ	electricity	гармкунак	radiator, heater
радио	radio	телевизор	television
магнитофон	tape player	видеомагнитофон / видео	video, VCR
ҷевони китоб	bookcase		
раф	book-shelf	шамъ	candle
гулдон	vase		
хонаи хоб	bedroom	соати зангдор	alarm-clock
чароғ / лампочка	lamp	соати деворӣ	wall-clock
рахти хоб/ҷойгаҳ	Tajiki bed	гаҳвора	cradle
кӯрпа	quilt	кӯрпача	quilt for sitting on
болишт	pillow, cushion	чилди болишт	pillow-case
кампал [одеяло]	blanket	рӯҷо	sheet
ҷевони либос / комод	chest-of-drawers	либосовезак	coat-hanger; coat-hook; wardrobe
мизи ороиш	dressing-table	оина	mirror
аз	from	ба	to
бо	with	бе	without
то	to; until; as far as	барои	for
дар	in, at	дар даруни	in, inside
дар болои	above	дар таги / дар зери	under
дар рӯйи	on	дар мобайни	between
дар тарафи рости	to the right of	дар тарафи чапи	to the left of
дар кунҷи	in the corner of	дар пушти	behind
як – якум	one – first	ду – дуюм	two – second
се – сеюм	three – third	чор – чорум	four – fourth
панҷ – панҷум	five – fifth	шаш – шашум	six – sixth
ҳафт /haf/ – ҳафтум	seven – seventh	ҳашт /hash/ – ҳаштум	eight – eighth
нӯҳ /nü/ – нӯҳум	nine – ninth	даҳ /da/ – даҳум	ten – tenth
зиндагӣ кардан	to live	иҷора гирифтан	to rent
рафтан (рав)	to go	истодан (ист)	to stay; to stop
даромадан (даро)	to enter, to come in, to go in	баромадан (баро)	to go out, to come out, to get out
нишастан (нишин, шин)	to sit	хобидан (хоб) / хоб кардан	to sleep; to go to sleep
тоза кардан	to clean	шона кардан	to comb
гӯш кардан	to listen	тамошо кардан	to watch
даргирондан (даргирон)	to switch on; to turn on	хомӯш кардан / куштан (куш)	to switch off; to turn off
тела додан	to push	кашидан (каш)	to pull
гузоштан (гузор)	to put	дӯст доштан	to love; to like

додан (деҳ)²	to give	чогаҳ андохтан/ партофтан	to lay the bed
шаҳр	city, town	қишлоқ / деҳ / деҳа	village
хиёбон	avenue	кӯча	street
соҳибхона	house owner	иҷорашин	lodger
танҳо / тоқа	alone	мустаҳкам	stable, firm, strong
калон	big; large	майда / хурд	small
васеъ	wide	зебо	beautiful, smart
равшан	light; bright	торик	dark

СӮҲБАТҲО / DIALOGUES

1.
– Салом, Манучеҳр!
– Салом, Илҳомҷон!
– Чӣ хел ту, нағз-мӣ?
– Раҳмат, ҷӯра, худат чӣ хел?
– Бад не, мешавад.
– Илҳомҷон, ту ҳоло дар куҷо зиндагӣ мекунӣ?
– Ман ҳоло дар Душанбе зиндагӣ мекунам.
– Хонаи Шумо дар куҷо?
– Дар кӯчаи Зарафшон.
– Дар ҳавлӣ зиндагӣ мекунӣ ё дар хона?
– Дар хонаи сеутоқа.
– Хонаи Шумо дар ошёнаи³ чандум?
– Дар ошёнаи дуюм.

– Hello Manuchehr.
– Hi Ilhomjon.
– How are you? Are you OK?
– Yes, fine thanks. How are you?
– Not bad.
– Ilhomjon, where are you living at the moment?
– I'm currently living in Dushanbe.
– Where's your house?
– In Zarafshon St.
– Do you live in a courtyard or an apartment?
– I live in a three-room apartment.
– Which floor do you live on?
– On the second floor.

2.
– Зулайҳо, хонаи Шумо чӣ хел?
– Нағз.
– Чанд утоқ дорад?
– Чор.
– Шумо дар хона телевизор доред?
– Албатта.
– Радио чӣ?
– Радио ҳам дорем.

– Zulaiho, what's your house like?
– It's nice.
– How many rooms does it have?
– Four.
– Have you got a television at home?
– Of course.
– What about a radio?
– We've also got a radio.

3.
– Ҳалим, ту дар шаҳр зиндагӣ мекунӣ ё дар қишлоқ?
– Ман дар шаҳр зиндагӣ мекунам.
– Падару модарат чӣ?

– Halim, do you live in a city or in a village?
– I live in a city.
– And your parents?

---

² The present tense stem of the verb *додан* is *деҳ*; however, this is only used in the imperative; for other forms of the verb the form *диҳ* is used. E.g. *китобро деҳ* but *китобро медиҳам*.

³ Floors of a building are counted in Tajiki in the same way as in American; i.e. the floor at which a person enters a building is the "first" floor (cf. "ground" floor in British English), the next floor up is the "second" floor (cf. "first" floor in British English), etc.

– Падару модарам дар қишлоқ зиндагӣ
   мекунанд.
– Онҳо ҳавлӣ доранд?
– Ҳа, ҳавлии калон доранд.
– Ҳавлӣ боғ дорад?
– Ҳа, як боғи зебо дорад.
– Ту бо кӣ зиндагӣ мекунӣ?
– Ман тоқа.

– My parents live in a village.
– Do they have a house?
– Yes, they have a big house.
– Does it have a garden?
– Yes, it's got a pretty garden.
– Who do you live with?
– I live alone.

4.
– Китоб дар куҷост?
– Китоб дар рӯйи миз аст.
– Қолин дар куҷост?
– Қолин дар рӯйи фарш аст.
– Ҷевони китоб дар куҷост?
– Ҷевони китоб дар тарафи рости хона.

– Телевизор дар куҷо истодааст[4]?
– Телевизор дар болои миз истодааст.

– Where is the book?
– The book is on the table.
– Where is the carpet?
– The carpet is on the floor.
– Where is the bookcase?
– The bookcase is on the right side of the
   room.
– Where is the television?
– The television is on the table.

5.
– Адиба, хонаи Шумо чанд утоқ дорад?
– Хонаи мо чор утоқ дорад.
– Меҳмонхонаи Шумо калон аст?
– Ҳа, калон.
– Он чанд дару чанд тиреза дорад?
– Меҳмонхона як дару се тиреза дорад.

– Дар меҳмонхона чиҳо доред?
– Як миз, шаш курсӣ, ҷевони китоб.
– Телевизор ҳам доред?
– Албатта.

– Adiba, how many rooms has your house got?
– It's got four rooms.
– Is your living-room large?
– Yes, it's quite big.
– How many doors and windows has it got?
– The living-room's got one door and three
   windows.
– What's in the living-room?
– One table, six chairs, and a bookcase.
– Have you also got a television?
– Of course.

6.
– Шамсиддин, салом!
– Салом, Икромҷон!
– Шумо нағз-мӣ?
– Раҳмат, мешавад. Шумо чӣ?
– Бад не.
– Икромҷон, Шумо падару модар доред?
– Ҳа.
– Хоҳару бародар чӣ?
– Ман се бародару як хоҳар дорам.
– Номи онҳо чӣ?
– Номи бародаронам Имомҷон,
   Камолҷон ва Нозимҷон, номи хоҳарам
   Норӣ.
– Шумо ҳама дар як хона зиндагӣ
   мекунед?

– Hi Shamsiddin.
– Hi Ikromjon.
– How are you?
– Fine, thanks. And you?
– Not bad.
– Ikromjon, are your parents still alive[5]?
– Yes.
– Have you got any brothers and sisters?
– I've got three brothers and one sister.
– What are their names?
– My brothers' names are Imomjon, Kamoljon
   and Nozimjon, and my sister's name is Nori.
– Do you all live in one house?

---

[4] *Истодааст* can be used instead of *аст* for objects that stand upright; this question thus means the same as "*Телевизор дар куҷост?*"
[5] Literally: "*Do you have a father and mother?*"

– Не, мо ду хона дорем, дар як хона падару модарам бо бародарону хоҳарам зиндагӣ мекунанд. Дар хонаи дигар ману занам зиндагӣ мекунем.
– Магар Шумо зан доред?
– Ҳа. Шумо чӣ?
– Не, ман ҳанӯз муҷаррад.

– No, we have two apartments. My parents live in one with my brothers and sister. My wife and I live in the other.
– Are you really married[6]?
– Yes. What about you?
– No, I'm still single.

7.
– Юсуф, Шумо ҳоло дар куҷо зиндагӣ мекунед?
– Ман ҳоло дар Душанбе зиндагӣ мекунам.
– Хонаи Шумо чанд утоқ дорад?
– Хонаи ман сеутоқа.

– Yusuf, where do you live (now)?
– I live in Dushanbe.
– How many rooms has your house got?
– My house has three rooms.

8.
– Падару модаратон дар куҷо зиндагӣ мекунанд?
– Онҳо дар Фаронса зиндагӣ мекунанд.
– Дар ҳавлӣ зиндагӣ мекунанд?
– Ҳа, онҳо ҳавлии зебо доранд. Дар рӯйи ҳавлӣ боғ, ҳавз, гараж доранд.

– Where do your parents live?
– They live in France.
– Do they live in a house with a yard?
– Yes, they have a beautiful yard. It's got a garden, a pond, and a garage.

9.
– Биёед шинос мешавем: номи ман Искандар. Номи Шумо чӣ?
– Хеле мамнунам. Номи ман Диловар.
– Ман ҳам шодам. Диловар, Шумо дар куҷо зиндагӣ мекунед?
– Ман дар Хуҷанд зиндагӣ мекунам. Шумо чӣ?
– Ман дар Душанбе.
– Шумо дар ҳавлӣ зиндагӣ мекунед?
– Ҳа.
– Ҳавлии Шумо чанд хона дорад?
– Мо ду хонаю ду даҳлез дорем. Шумо чӣ?
– Мо дар хонаи панҷутоқа зиндагӣ мекунем.

– We've not met: my name is Iskandar. What's your name?
– Pleased to meet you. My name is Dilovar.
– I'm pleased to meet you too. Dilovar, where do you live?
– I live in Khujand. And you?
– I live in Dushanbe.
– Do you live in a house with a yard?
– Yes, I do.
– How many rooms has it got?
– We've got two main rooms and two anterooms. What about you?
– We live in a house with five rooms.

ГРАММАТИКА

GRAMMAR

Prepositions

There are two sorts of prepositions in Tajiki: simple and compound. Simple prepositions are single words: e.g. *аз, ба, бо, бе, дар, то,* and *барои.* Compound prepositions are usually formed from the simple prepositions *дар, ба* or *аз* in conjunction with additional words showing the position, as shown in the following table. In general, *дар* is used when referring to a person or thing that is located in the place indicated by the preposition, whereas *ба* is used when referring to the movement of a person or thing in the direction indicated; *аз* is

---

[6] Literally: *"Do you really have a wife?"*

used to denote motion across, from, or through somewhere. Examples are given below, contrasting the different forms derived from *боло*.

Ошёнаи *боло* бисёр торик аст.	The <u>top</u> floor is very dark.
Болои гаҳвора рӯйпӯши зебо ҳаст.	There's a beautiful cover <u>over</u> the cradle.
Дар болои ин хона чердак дорем.	We've got an attic <u>above</u> this room.
Парранда *ба болои* бом нишаст.	The bird sat <u>on</u> the roof.
Гӯштро *аз болои* биринҷ мемонем.	We spread the meat <u>over</u> the rice.

The simple prepositional form lacking *дар* or *ба* is used in the same way as the *дар* compound preposition, and thus indicates location. So, in the preceding examples, the sentences, "*Дар болои гаҳвора рӯйпӯши зебо ҳаст,*" and "*Болои ин хона чердак дорем*" are equally possible.

Construction of prepositions

Base word	Preposition	Meaning	Compound prepositions
рӯ(й)	рӯйи	on	дар/ба/аз рӯйи
назд	назди	near	дар/ба/аз назди
паҳлӯ(й)	паҳлӯи	beside; next to	дар/ба/аз паҳлӯи
лаб	лаби	beside; by (an edge)	дар/ба/аз лаби
сӯ(й)	сӯйи	to, towards	дар/ба/аз сӯйи
боло	болои	above; on top of	дар/ба/аз болои
поён	поёни	at the bottom of	дар/ба/аз поёни
зер	зери	under; beneath	дар/ба/аз зери
таг	таги	under; beneath	дар/ба/аз таги
берун	беруни	out; outside	дар/ба/аз беруни
дарун	даруни	in; inside	дар/ба/аз даруни
пеш	пеши	in front of	дар/ба/аз пеши
пушт	пушти	behind	дар/ба/аз пушти
ақиб	ақиби	behind	дар/ба/аз ақиби
қафо	қафои	behind	дар/ба/аз қафои
мобайн	мобайни	in the centre of	дар/ба/аз мобайни
байн	байни	between	дар/аз байни
тараф	тарафи	on/to the side of	дар/ба/аз тарафи
		on/to the right/left of	дар/ба/аз тарафи рости/чапи
гирд	гирди	around	дар/ба гирди
кунҷ	кунҷи	in the corner	дар/ба/аз кунҷи

The Direct Object Marker "*-ро*"

The inflectional suffix "*-ро*" is frequently used in Tajiki and identifies direct objects – that is, the person or thing that a verb acts upon; in English, the direct object usually follows the verb:

Ту*ро* дӯст медорам[7].	I love <u>you</u>.
Мӯят*ро* шона кун.	Comb <u>your hair</u>.

---

[7] Note that while the verb *доштан* does not take the prefix "*-ме*" in the present-future tense when the verb stands on its own (and thus means "*to have*"), it <u>does</u> take the usual present-future tense prefix "*-ме*" when it acts as an auxiliary verb (i.e. when it is combined with a noun or adjective to form a compound verb). For more on compound verbs, see lesson nine.

(For more information about prepositions and the direct object marker "-ро", see the section "A Brief Introduction to Tajiki Grammar" at the end of the book.)

Question Particles

Various words are used to form questions. The most frequently used are the following:

Question particles	English equivalents	Examples	Translation
Кӣ? / Кихо?*	Who?	Ин кӣ? Онҳо кихо?	Who is this? Who are they?
Чӣ? / Чихо?*	What?	Вай чӣ? Инҳо чихо?	What is that? What are these?
Чанд?	How many?	Ту чанд бародар дорӣ?	How many brothers do you have?
Чӣ қадар?	How much?	Чӣ қадар орд дорӣ?	How much flour have you got?
Кай?	When?	Кай ба хона меравӣ?	When are you going home?
Кадом?	Which?	Кадом китобро дӯст медорӣ?	Which book do you like?
Чаро? / Барои чӣ?	Why?	Чаро ту кор намекунӣ?	Why aren't you working?
Дар кучо?	Where? (in)	Ӯ дар кучо кор мекунад?	Where does he work?
Ба кучо?	Where? (to)	Онҳо ба кучо мераванд?	Where are they going?
Аз кучо?	Where? (from)	Ту аз кучо?	Where are you from?
Аз кай?	Since when? / How long?	Аз кай Салим дар ин ҷо зиндагӣ мекунад?	How long has Salim lived here?
То кай?	Until when? / How long?	То кай Шумо дар Душанбе меистед?	How long are you going to stay in Dushanbe?
Чандум?†	Which? / What?	Шумо дар ошёнаи чандум зиндагӣ мекунед?	On which floor do you live?

Notes:
* In Tajiki, the question particles *кӣ* and *чӣ* also have plural forms:
    – Дар хона *кӣ* ҳаст?   – <u>Who</u> is at home?
    – Дар ин ҷо *кихо* зиндагӣ мекунанд?   – <u>Who</u> lives here? (plural)
    – Ин *чӣ*?   – <u>What</u> is it?
    – Ту *чихо* дорӣ?   – <u>What</u> have you got? (plural)
† The question particle *чандум* is used to ask about the order of things:
    – Имрӯз чандум?   – <u>What</u> is the date today?
      – Имрӯз якум.   – Today is the first.
    – Ту дар синфи чандум мехонӣ?   – In <u>what</u> year are you studying?
      – Ман дар синфи дахум мехонам.   – I'm studying in the tenth year.

Imperatives

In Tajiki, imperatives are formed from the present tense verb stem and can be singular or plural. Only second person forms exist, a singular form for the second person singular (*ту* form) and a plural form for the second person plural (*шумо* form):

E.g. *Хон! – Хонед!*   – Read!   *Рав! – Равед!*   – Go!

Китобро хон! – Read the book! (speaking to one person)
Ба хона равед! – Go home! (speaking to more than one person)

In colloquial Tajiki, the suffix "*-етон*" is also used for the second person plural:
Гиретон. – Help yourselves.

Sometimes the more literary prefix "*би-*" is used with imperatives:
Бихон! – Бихонед! – Read!
Бирав! – Биравед! – Go!

The negative imperative is formed by adding the negative prefix "*на-*":
Ин корро накун! – Don't do that! Stop that!

In literary Tajiki, the prefix "*ма-*" is also used to form the negative:
Марав аз ман! – Don't leave me!
Ғам махӯр! – Don't worry!

МАШКҲО / EXERCISES

1. **Construct sentences based on the following table, using the correct verb endings:**
   Example: <u>Мо ду қолин дорем.</u>

ман		хона	
ту	як	ҳавлӣ	
ӯ	ду	диван	
Давлат	се	қолин	дор....
мо	чор	радио	
Шумо	панҷ	телевизор	
онҳо			

2. **Construct sentences based on the following table, using the correct verb endings:**
   Example: <u>Ӯ дар ошёнаи сеюм зиндагӣ мекунад.</u>

ӯ		якум	
ман		дуюм	
ту		сеюм	
Шумо	дар ошёнаи	чорум	зиндагӣ мекун....
Собиру Раҳим		панҷум	
мо		шашум	
онҳо		ҳаштум	
Фарангис		даҳум	

3. **Fill in the following spaces (...) with appropriate prepositions:**
   Example: *Китоб <u>дар рӯйи</u> миз аст.*
   a. Диван ... утоқ аст.   b. Миз ... утоқ аст.
   c. Қолин ... фарш аст.   d. Ҳавз ... ҳавлӣ аст.
   e. Соати зангдор ... хонаи хоб аст.   f. Парда ... тиреза аст.
   g. Хонаи мо ... хиёбони Рӯдакӣ аст.   h. Телевизор ... миз аст.

4. Change the following verbs into the imperative and make sentences using them:
 Example: дарро (қуфл кардан) ⇨ *дарро қуфл кун!*
  дарро қуфл кунед!
   a. Хонаро (тоза кардан).   b. Ба хона (даромадан).
   c. Телевизорро (тамошо кардан). d. Аз хона (баромадан).
   e. Баркро (хомӯш кардан).   f. Ба хона (рафтан).
   g. Китобро ба рӯйи миз (гузоштан).

5. Use appropriate adjectives to describe the following nouns and make sentences using them:
 Example: хона ⇨ *хонаи калон.* ⇨ *Мо хонаи калон дорем.*
  ⇨ *Хонаи мо калон аст.*

nouns:	хона	утоқ	ҳавлӣ	миз	қолин	айвон	гараж
adjectives:	зебо	калон	хурд	васеъ	равшан	торик

6. Answer the following questions:
  a. Номи Шумо чӣ?
  b. Шумо дар куҷо кор мекунед?
  c. Шумо дар куҷо зиндагӣ мекунед?
  d. Шумо хона доред?
  e. Хонаи Шумо чанд утоқ дорад?
  f. Шумо дар ошёнаи чандум зиндагӣ мекунед?
  g. Хонаи Шумо чанд дар дорад?
  h. Шумо чанд тиреза доред?
  i. Шумо дар хона миз доред?
  j. Шумо чанд курсӣ доред?
  k. Дар ҳавлии Шумо боғ ҳаст?
  l. Дар боғи Шумо ҳавз ҳаст?

7. Read the following text and express the same information in English:
 Номи ман Мари аст. Оилаи мо калон аст. Ман падару модар, ду бародар ва як хоҳар дорам. Номи падарам Мартин ва номи модарам Верена аст. Онҳо дар шаҳри Лондон зиндагӣ мекунанд. Падарам нафақахӯр ва модарам соҳибхоназан[8] аст. Номи бародаронам Ҷорҷ ва Андруй аст. Ҷорҷ духтур аст. Ӯ дар бемористон кор мекунад. Андруй дар донишгоҳ мехонад. Хоҳарам Рибекка ном дорад. Ӯ ҳам дар донишгоҳ мехонад. Падару модарам бо Андруй ва Рибекка дар ҳавлии калон зиндагӣ мекунанд. Ҷорҷ зан ва як писар дорад. Онҳо дар шаҳри Ливерпул зиндагӣ мекунанд.
 Ман ҳоло дар Тоҷикистон, дар шаҳри Душанбе зиндагӣ мекунам. Ихтисоси ман ҳуқуқшинос аст. Ман дар ташкилоти байналмилалӣ кор мекунам. Ман дар Душанбе як хонаи дуутоқа дорам. Хонаи ман дар хиёбони Рӯдакӣ аст. Хонаи ман утоқи хоб ва меҳмонхона дорад.
 Меҳмонхонаи ман калон, васеъ ва равшан аст. Дар ин утоқ як миз, ду курсӣ, як диван, ду курсии нарм аст. Дар рӯйи фарш қолини зебо ҳаст. Дар рӯйи миз телевизор истодааст. Дар як кунҷи хона ҷевони китоб истодааст. Дар он бисёр китобҳо ҳастанд. Ман радио ва видеомагнитофон низ[9] дорам. Меҳмонхона як дару ду тиреза дорад.
 Хонаи хоб хурд аст. Дар як кунҷи он рахти хоби ман истодааст. Дар рӯйи рахти хоб, болои кӯрпа кампали зебо ҳаст. Дар назди рахти хоб мизи ороиш истодааст. Хонаи хоби ман як дару як тиреза дорад. Он ҳам зебо ва равшан аст.

---

[8] *Соҳибхоназан* means "*housewife.*"
[9] *Низ* means "*also, too.*"

8. Read the proverbs below. Memorise any that you might be able to use in conversation:

Хона нахар, ҳамсоя хар.	You don't buy a house, you buy your neighbours.
Дарро задам, девор кафид.	I slammed the door and the wall cracked.
Девор муш дорад, муш – гӯш (дорад).	The wall has mice – and mice have ears.
Гапи хона ба бозор рост намеояд.	Whatever is said at home shouldn't be said in public.
Хонаю палос, одаму либос.	A house and carpets – a man and clothes.
Хонашери майдонғариб.	The lion at home is a stranger in the square.[10]

САНҶИШ / QUIZ

1. Give answers to the following questions:

1. – Шумо хона доред?
   – … .
2. – Хонаи ӯ чанд утоқ дорад?
   – … .
3. – Миралӣ дар ошёнаи чандум зиндагӣ мекунад?
   – … .
4. – Ҳавлии Шумо калон аст ё хурд?
   – … .
5. – Телевизор дар куҷост?
   – … .
6. – Хонаи падару модари Шумо дар куҷост?
   – … .
7. – Онҳо чанд мизу курсӣ доранд?
   – … .
8. – Меҳмонхонаи ӯ равшан аст?
   – … .
9. – Сайфиддин чанд хона дорад?
   – … .
10. – Хонаи хоби Шумо чанд рахти хоб дорад?
    – … .
11. – Комёру Тоҳир ба куҷо мераванд?
    – … .
12. – Хонаи Мӯниса айвон дорад?
    – … .
13. – Дар даруни ҷевон чӣ ҳаст?
    – … .
14. – Дар хона киҳо ҳастанд?
    – … .

2. Fill in the questions corresponding with the following answers:

1. – … ?
   – Ҳа, мо магнитофон дорем.
2. – … ?
   – Не, хонаи мо чор утоқ дорад.
3. – … ?
   – Турсун бо падару модараш дар ҳавлӣ зиндагӣ мекунад.
4. – … ?
   – Як дару ду тиреза дорад.
5. – … ?
   – Ин хонаи устоди ман аст.
8. – … ?
   – Бародарам як диван дорад.
9. – … ?
   – Ҷевон дар кунҷи хона аст.
10. – … ?
    – Писарам дар Маскав зиндагӣ мекунад.
11. – … ?
    – Мо гараж надорем.
12. – … ?
    – Миз дар мобайни хона аст.

---

[10] That is, *"He's strong in his own home, but afraid in the street."*

6. – ... ?
   – Не, ҳавлии ӯ боғ надорад.
7. – ... ?
   – Мо дар ошёнаи дуюм зиндагӣ мекунем.

13. – ... ?
    – Марҳамат, дароед.
14. – ... ?
    – Хонаи мо дар кӯчаи Исмоили Сомонӣ аст.

3. *Make up dialogues using the material in lesson five and, if possible, role-play the situations with a language helper or other language partner.*

4. *Write a description about yourself similar to that in exercise 7.*

Дарси 6 / Lesson 6

Хона – Ҳавлӣ – Боғ (идома) / House – Courtyard – Garden (continued)

ШАРҲ / COMMENTARY

Country people in Tajikistan mainly live in *ҳавлӣ* (houses with courtyards). Besides the main residence, *ҳавлӣ* also have other structures, such as storerooms, cattle-shed, *танӯр* (bread-oven), and woodstoves. A *танӯр* is round, is made from a special mud, has a chimney, and is used for baking bread. *Танӯр* are either built on the ground or stand on legs, and can be up to a couple of metres high. Bread baked in a *танӯр* has a distinctive flavour. In Tajikistan and throughout Central Asia, there are various types of bread. Frequently, *оташдон* (wood-stoves for cooking outdoors) are built into the side of *танӯр*. A semi-spherical cauldron – or *дег* – is placed above the *оташдон* for cooking food. *Дег* come in a range of sizes, the largest of which can be used to cook over 60 kilos of rice. As well as *оташдон*, *ӯчоқ* are also used to cook food outdoors. These are cylinders made out of thin metal; a fire is made inside the cylinder and a *дег* sits on top. *Ӯчоқ* come in a range of sizes to match those of *дег* and are very convenient as they can be carried from one place to another. Food is mostly cooked over firewood. National meals are usually cooked from start to finish in just one *дег*; the most common of these is *ош* (or, *палов*). (More information about national dishes is given later.)

Most country people raise farmyard animals in their *ҳавлӣ* – for instance, cows, sheep, goats, and chickens. When it is hot, they put their livestock out to graze in the hills. In the morning they gather the animals from all the houses in a village and take them out to pasture, bringing them back in the evening. Such a group of animals is called a *пода* (herd). Usually a special person, the *подабон* takes the animals out to graze, but in some places the men of the village take turns looking after them.

ЛУҒАТ / VOCABULARY

хонаи дастшӯӣ / ҳаммом[1]	bathroom	хало [туалет][2] / ҳоҷатхона	toilet
дастшӯяк	sink	душ	shower
[ванна]	bathtub	оина	mirror
об	water	чумаки об	tap
сачоқ / дастпоккун	towel	шампун	shampoo
собун	soap; washing-up liquid	хамири [пастаи] дандон	toothpaste
собуни ҷомашӯӣ	laundry detergent; washing powder	чӯткаи дандон	toothbrush
ришгирак	razor, shaver	теғи алмос	razor blade
шустан (шӯ, шӯй)	to wash	оббозӣ кардан	to bathe; to shower
душ кардан	to have a shower	ҳаммом кардан	to have a bath

[1] Originally, *ҳаммом* referred simply to public baths, but has come to be used for "*bathroom*" also.
[2] Words shown in square brackets are Russian words used in colloquial Tajiki.

кушодан (кушо)	to open	пӯшидан (пӯш)	to close
маҳкам кардан	to close, to lock	куфл кардан	to lock
доштан (дор)	to hold	риш гирифтан	to shave
чакидан (чак)	to drip	хушк кардан	to dry
тоза	clean	чиркин	dirty
тар	wet	хушк	dry
ошхона	kitchen	хӯрок / авқот	meal, food
табақ	big national plate	табақча	plate
чойник	teapot; kettle	чойники барқӣ	electric kettle
пиёла	national cup	чойҷӯш	metal kettle
коса	national bowl	кружка	mug
истакон	glass	қадаҳ	wineglass
зарф	dishes	кошуқ	spoon
корд	knife	панҷа [вилка]	fork
дег	semi-spherical cauldron	кафгир	a large metal spatula
		каструл	saucepan
тоба	frying pan	тахтача	cutting board
бонка /banka/	jar; tin	шиша	bottle
патнус / лаганд	tray	лаълӣ	small serving plate
тағора	baby bath; large bowl for dough, or for washing	чевон	cupboard
		миска / тағорача	bowl for washing
		мошини ҷомашӯӣ	washing machine
гӯгирд	matches	дарзмол / газмол	iron
газ	gas; gas-stove	тафдон [духовка]	oven
гӯштқимакунак	meat grinder, mincer	яхдон	refrigerator, fridge
элак	sieve {for flour etc.}	чанг	dust, dirt
ҷорӯб	broom	чангкашак	vacuum cleaner
ахлот	rubbish, trash	сатили порӯб	wastepaper basket
чой дам кардан	to make/stew tea	нӯшидан (нӯш)	to drink
хӯрдан (хӯр)	to eat	чашидан (чаш)	to taste
пухтан (паз)	to cook, to bake	бирёндан (бирён) / бирён кардан / зирбондан (зирбон)	to fry
ҷӯшондан (ҷӯшон)	to boil		
реза кардан	to chop, to slice		
шикастан (шикан)	to break into pieces	пора кардан	to cut into pieces
рӯфтан (рӯб)	to sweep	пур кардан	to fill
ҷӯшонда	boiled	бирён	fried
гарм	hot	хунук	cold
ширгарм	luke warm	оҳанин	metal (adj.)
чинӣ	china (adj.)	шишагин	glass (adj.)
пластмасӣ	plastic (adj.)	резина	rubber (adj.)
камтар / кам	little	бештар / беш	more
тез	quickly, fast	оҳиста	slowly
пур	full	лабрез	full, overflowing
боғ	garden (with trees), country-house	боғбон	gardener
дарвоза	gate	девор	fence
дарахт	tree	мева	fruit
дарахти мевадор	fruit tree	дарахти бемева	tree without fruit
гул	flower	ниҳол	seedling
пал / хота	vegetable-garden	алаф / сабза	grass

Tajik	English	Tajik	English
нардбон /norbon/	ladder	канаб	rope
кафел	tile	шиша	glass (in window)
тахта	board	хишт	brick
санг	stone	лой	mud, clay
қабат	layer	ғалбер	sieve {for wheat etc.}
қубур [труба]	pipe	нали об [водопровод]	water outlet, water-pipe
ҳавз	pool		
оташ / алав / алоб	fire, flame	оташдон /oshton/	wood-stove
танӯр	bread-oven	анбор	store-room
асбоб	tool, instrument	оғил	stable, cattle-shed
болға	hammer	мех	nail, screw
арра	saw	табар	axe
анбӯр	pliers	калид	spanner
бел	spade	каланд	hoe
кат	an outside seating area resembling a western double bed	теша	a small tool used for straightening or breaking pieces of wood
саг	dog	пишак / гурба	cat
гов	cow	гӯсфанд	sheep
буз	goat	хар	donkey
парранда	bird	асп	horse
шудгор кардан	to plough, to till	парвариш кардан	to grow (smth)
коридан (кор) / коштан (кор) / кишт кардан	to sow	сабзидан (сабз)	to germinate, grow (by itself)
		шинондан (шинон)	to plant
чидан / чиндан (чин)	to pick	об додан/мондан	to water
		гов дӯшидан (дӯш)	to milk a cow
омадан (ой)	to come		
пухта, пухтагӣ	ripe	хом	unripe, green
сиёҳ	black	сафед	white
сурх	red	кабуд	blue
сабз	green	зард	yellow
гулобӣ	pink	қаҳваранг	brown

СӮҲБАТҲО   DIALOGUES

1. Conversation between a mother and her daughter [northern dialect]

– Фарангис? — *Farangis?*
– Лаббай[3], бувачон. — *Yes, Mum?*
– Канӣ ту, ин ҷо биё! — *Where are you? Come here.*
– Мана ман, ин ҷо. — *Here I am.*
– Ту дар куҷо будӣ? — *Where were you?*
– Ман дар боғ будам. — *I was in the garden.*
– Дар боғ чӣ кор кардӣ? — *What were you doing?*
– Гул чидам. — *I picked some flowers.*
– Гулҳоро ба гулдон мону дегу табақҳоро шӯй! — *Put them in the vase and wash the dishes.*

---

[3] *Лаббай* ("*yes*") – This word is used when someone calls your name. It is sometimes also used when answering a telephone call.

– Ҳозир⁴ мешӯям. – I'll do it right now.
– Баъд хонаро ҳам рӯб! – Then sweep the house.
– Хуб шудаст.⁵ – OK.

2.
– Салом, Парвона! – Hello, Parvona.
– Салом, Нодира! – Hi, Nodira.
– Ту аз куҷо омадӣ? – Where are you coming from?
– Аз хона. – From home.
– Дар хонаатон кӣ ҳаст? – Who's in your house?
– Модарам. – My mother.
– Модарат чӣ кор мекунад? – What's your mother doing?
– Модарам хӯрок мепазад. – My mother's preparing a meal.
– Ту ҳам хӯрок мепазӣ? – Can you cook too?
– Ҳанӯз не. Ту чӣ? – Not yet. What about you?
– Ман гоҳ-гоҳ мепазам. – I cook occasionally.

3.
– Дилшод, ту дар куҷо зиндагӣ мекунӣ? – Dilshod, where do you live?
– Ман дар шаҳр зиндагӣ мекунам. – I live in the city.
– Падару модарат чӣ? – And your parents?
– Падару модарам дар қишлоқ зиндагӣ мекунанд. – They live in the village.
– Онҳо ҳавлию боғ доранд? – Have they got a garden?
– Ҳа, доранд. – Yes, they have.
– Гову гӯсфанд ҳам доред? – Have you got cows and sheep, too?
– Ҳа, мо дар қишлоқ ду гову шаш гӯсфанд дорем. – Yes, we've got two cows and six sheep in the village.
– Сагу гурба чӣ? – And dogs or cats?
– Саг дорем, вале гурба надорем. – We have a dog, but not a cat.
– Чаро? – Why?
– Мо гурбаро дӯст намедорем. – We don't like cats.

4.
– Тоҷигул, Шумо дар ҳавлӣ зиндагӣ мекунед? – Tojigul, do you live in a house with a yard?
– Ҳа, мо ҳавлии калон дорем. – Yes, we have a large yard.
– Ҳавлии Шумо боғ дорад? – Has it got a garden?
– Ҳа, дорад. – Yes, it has.
– Шумо дар боғ бисёр дарахт доред? – Are there many trees in your garden?
– Дар боғи мо даҳ дарахти мевадор ва ду дарахти бемева ҳаст. – Our garden's got ten fruit trees and two other trees.
– Шумо пал ҳам доред? – Have you also got a vegetable-garden?
– Не, надорем. – No, we haven't.

5.
– Фарид, хонаи Шумо чанд утоқ дорад? – Farid, how many rooms are in your house?
– Хонаи мо се утоқ дорад. – Our house has three rooms.
– Ошхонаи Шумо калон аст? – Is your kitchen large?

---

⁴ *Ҳозир* – in colloquial Tajiki this conveys the same sense as *"right now, immediately."*
⁵ "*Хуб шудаст*" or "*Хуб майлаш*" has the same meaning in colloquial Tajiki as "*OK*" in English, as used to show agreement.

– Ҳа.
– Дар ошхона Шумо чиҳо доред?
– Яхдон, чевон, газ ва дастшӯяк дорем. Дар даруни чевон коса, чойник, пиёла, табақ ва табақчаҳои бисёр дорем.

– Мошини ҷомашӯӣ ҳам доред?
– Не, надорем.
– Чангкашак чӣ?
– Дорем.

6.
– Бо корд чӣ кор мекунанд?
– Бо корд реза мекунанд.
– Бо қошуқ чӣ кор мекунанд?
– Бо қошуқ хӯрок мехӯранд.
– Бо панҷа чӣ?
– Бо панҷа ҳам.
– Хӯрокро дар чӣ мепазанд?
– Хӯрокро дар дег мепазанд.
– Нонро дар чӣ мепазанд?
– Нонро дар танӯр мепазанд.

7.
– Салом, Саттор Раҳимович!
– Салом, Салимзода, чӣ хел Шумо?
– Раҳмат, ман нағз, Шумо чӣ?
– Ман ҳам бад не.
– Шумо дар куҷо будед?
– Дар боғ будам, камтар кор кардам.

– Шумо боғ ҳам доред?
– Бале, мо як боғи калон дорем.
– Чӣ хел нағз! Дар боғ чӣ кор кардед?
– Замин шудгор кардам, се-чор ниҳол шинондам, ба дарахтҳо об додам.
– Шумо дар боғ зиндагӣ мекунед?
– Не, мо дар шаҳр хона дорем, дар он ҷо зиндагӣ мекунем. Дар боғи мо боғбон зиндагӣ мекунад.
– Боғи Шумо дар куҷост?
– Дар кунҷи шаҳр аст.
– Хайр Саттор Раҳимович, аз дидани Шумо шод шудам!
– Ман ҳам. То боздид, Салимзода!

– Yes.
– What have you got in your kitchen?
– We've got a fridge, a cupboard, an oven, and a sink. In the cupboard we've got a lot of bowls, teapots, cups, and big and small plates.
– Have you got a washing machine?
– No, we haven't.
– What about a vacuum cleaner?
– Yes, we've got one of those.

– What do you do with a knife?
– We cut with it.
– What do you do with a spoon?
– We eat with a spoon.
– What about with a fork?
– We eat with a fork too.
– What do you cook food in?
– We cook food in the "cauldron."
– What do you bake the bread in?
– We bake bread in the "bread-oven."

– Hello, Sattor Rahimovich.
– Hi, Salimzoda. How are you?
– I'm fine, thanks. What about you?
– I'm not bad either.
– Where have you been?
– I was at the country-house, I did a little work out there.
– You've got a country-house as well?
– Yes, we have a large country-house.
– How nice! What did you do out there?
– I turned over the soil, planted three or four seedlings, and watered the trees.
– Do you live in your country-house?
– No, we have a house in the city, we live there. A gardener lives in our country-house.
– Where is your country-house?
– It's on the edge of the city.[6]
– Goodbye, Sattor Rahimovich. I'm glad I saw you.
– Me too. See you, Salimzoda.

---

[6] Literally: "*It's in the corner of the city.*"

GRAMMAR

Indefinite Nouns

In Tajiki, there is no special form for definite nouns. The start of all nouns is the same, whether definite or indefinite. Indefinite nouns are formed in the following ways:

1.	мард + -е	⇨	марде	}	= *a man*
2.	як + мард		як мард		
3.	як + мард + -е		як марде		

The first form shown is the literary form and the second is the colloquial form; the third is rarely used. Usually, when an adjective is associated with a noun, the indefinite suffix "*-е*" is attached to the adjective:

марди доное /donoye/	*a wise man*
духтари зебое /zeboye/	*a beautiful girl*
ҳавлии калоне	*a large yard*

Remember: the indefinite suffix "*-е*" is never stressed.

Infinitives

All Tajiki infinitives end in the suffix "*-ан*". Tajiki verbs have two stems: a past tense verb stem and a present tense verb stem. The past tense verb stem is easily formed by removing the suffix "*-ан*" from the infinitive. However, it is more difficult to make the present tense verb stem for, as in English, there are many irregular verbs in Tajiki. Therefore, present tense verb stems are given in parentheses in the vocabulary lists.

Present-Future Tense

The present-future tense is formed from the present tense verb stem with the addition of the prefix "*ме-*" and the subject marker verb endings:

Conjugation of the verb "рафтан" ("to go") in the present-future tense

ме-	рав	-ам	(ман) меравам	*I go*
ме-	рав	-ӣ	(ту) меравӣ	*you go*
ме-	рав	-ад	(ӯ, вай) меравад	*he/she goes*
ме-	рав	-ем	(мо) меравем	*we go*
ме-	рав	-ед	(шумо) меравед	*you go*
ме-	рав	-анд	(онҳо) мераванд	*they go*

If the present tense verb stem ends in a vowel, the subject marker verb endings change slightly, as shown in the following table:

Conjugation of the verb "омадан" ("to come") in the present-future tense

ме-	о	-ям	(ман) меоям /meoyam/	I come
ме-	о	-й	(ту) меой /meoyi/	you come
ме-	о	-яд	(ӯ, вай) меояд /meoyad/	he/she comes
ме-	о	-ем	(мо) меоем /meoyem/	we come
ме-	о	-ед	(шумо) меоед /meoyed/	you come
ме-	о	-янд	(онҳо) меоянд /meoyand/	they come

1. The present-future tense is used for statements and for actions that are habitual:

Мо одатан чойи кабуд[7] *менӯшем*.   We usually <u>drink</u> green tea.
Падарам зуд-зуд ба шаҳр *меравад*.   My father often <u>goes</u> to the city.

2. The present-future tense is used for continuing actions. In these cases, the present-future tense is similar to the present continuous tense in English:

Ҳоло ман дар донишгоҳ *кор мекунам*.   Now I<u>'m working</u> at the university.
Додо дар Душанбе *зиндагӣ мекунад*.   Dodo <u>is living</u> in Dushanbe.

3. The present-future tense is used to express actions that will take place in the future. In these cases an adverb of time is usually used with the verb; e.g. *пагоҳ* (tomorrow), *ҳафтаи оянда* (next week), *баъди ду рӯз* (after two days) etc. In these cases, the present-future tense is similar to the future in English:

Ман пагоҳ ба Хуҷанд *меравам*.   I <u>am going</u> to Khujand tomorrow.
Ҳафтаи оянда Қаюм аз Амрико *меояд*.   Next week Qayum <u>is going to come</u> from America.
Баъди ду рӯз мо ба Масков *меравем*.   In two days we <u>are going</u> to Moscow.

Simple Past Tense

The simple past tense is formed by adding the subject marker verb endings to the past tense verb stem:

Conjugation of the verb "рафтан" ("to go") in the simple past tense

рафт	-ам	(ман) рафтам	I went
рафт	-ӣ	(ту) рафтӣ	you went
рафт	-	(ӯ, вай) рафт	he/she went
рафт	-ем	(мо) рафтем	we went
рафт	-ед	(шумо) рафтед	you went
рафт	-анд	(онҳо) рафтанд	they went

The simple past tense is used to describe completed past actions. The Tajiki simple past tense is comparable with the English simple past tense:

Мо ба мактаб *рафтем*.   We <u>went</u> to school.
Падарам аз шаҳр *омад*.   My father <u>came</u> from the city.
Модарам нон *пухт*.   My mother <u>cooked</u> bread.
– Ту хонаро *рӯфтӣ*?   – <u>Did</u> you <u>sweep</u> the house?

---

[7] In literary Tajiki, "*green tea*" is *чойи сабз*.

МАШКҲО   EXERCISES

1. Change the tenses of the following verbs between simple past and present-future:
Example: Ман ба кор меравам ⇨ <u>Ман ба кор рафтам.</u>
   a. Умед ба бозор рафт.   b. Падарам дар Тошканд кор мекунад.
   c. Ӯ аз Амрико омад.   d. Онҳо дар шаҳр зиндагӣ мекунанд.
   e. Нигора хонаро рӯфт.   f. Салим дар донишгоҳ хонд.
   g. Мо шаш миз дорем.   h. Мо чой нӯшидем.
   i. Карим дарро кушод.   j. Модарам хӯрок мепазад.

2. Give positive and negative responses to the following questions:
Example: Шумо хона доред?
             ⇨<u>Ҳа, мо хона дорем.</u>
             ⇨<u>Не, мо хона надорем.</u>
   a. Падари Шумо духтур аст?   b. Номи Шумо Мазбут?
   c. Онҳо аз Лондон омаданд?   d. Онҳо бародар доранд?
   e. Ту дар донишгоҳ мехонӣ?   f. Мухтор ҳуқуқшинос аст?
   g. Модари ӯ духтур аст?   h. Номи бародарат Шодӣ аст?
   i. Хонаи Ҷалол калон аст?   j. Собир Раҳимович устод аст?
   k. Шумо дар ҳавлӣ гову гӯсфанд доред?

3. Construct sentences based on the following table, using the correct verb endings:
   a) Example: <u>Таҳмина аз Лондон омад. Таҳмина ба Лондон рафт.</u>

онҳо		Тоҷикистон	
шумо		Амрико	
ман		Хуҷанд	
Муҳиб	аз	Лондон	омад....
Таҳмина	ба	Ӯзбекистон	рафт....
ту		Масків	
мо		Ню-Йорк	
ӯ		Ҳиндустон	

   b) Example: <u>Падарам ба Покистон меравад.</u>
                  <u>Падарам аз Покистон меояд.</u>

Одил		Душанбе	
падарам		Кӯлоб	
ману Фирӯз		Вашингтон	
ту	ба	Тошканд	мерав....
ӯ	аз	Қазоқистон	мео....
мо		Австралия	
шумо		Канада	
ман		Берлин	

4. Construct sentences based on the following table, using the correct verb endings:
Example: _Мо дар боғ даҳ дарахт дорем._

мо		як	дарахт
онҳо		ду	телевизор
падару модарам	дар ҳавлӣ	се	гов
Назира	дар хона	чор	миз
ту	дар боғ	панҷ	чевон
шумо	дар ошхона	шаш	қолин
Ҷамол ва Ҷамила	дар меҳмонхона	ҳафт	курсӣ	дор....
Манучеҳр		ҳашт	гӯсфанд
Саъдӣ		нӯҳ	коса
ман		даҳ	пиёла
			тиреза

5. Answer the following questions:
  a. Насаби (фамилияи) Шумо чист?   b. Онҳо дар куҷо кор мекунанд?
  c. Ихтисоси Маннон чист?   d. Темур дар куҷо кор мекунад?
  e. Бародарат ҳавлӣ дорад?   f. Хӯрокро кӣ пухт?
  g. Нурия ба куҷо меравад?   h. Падарат аз куҷо омад?
  i. Хонаи Шумо дар куҷост?   j. Онҳо чанд бародар доранд?
  k. Шумо чанд қолин доред?   l. Ин писар аст ё духтар?
  m. Телевизор дар куҷост?   n. Саноат шавҳар дорад?
  o. Шумо сагро дӯст медоред?   p. Девор чӣ хел аст?

6. Use appropriate adjectives to describe the following nouns and make sentences using them:
Example: _дарахт_ ➪ _дарахти сабз_ ➪ _дарахт сабз аст._

Nouns:	шаҳр	хона	тиреза	китоб	гӯсфанд	духтар	писар
	гул	дарахт	миз	диван	қолин	саг	гурба
	гов	боғ	чой	пиёла	курсӣ	об	нон
Adjectives:	нағз	бад	зебо	калон	хурд	гарм	чинӣ
	шишагин	сурх	сиёҳ	сафед	нарм	хунук

7. Read the following text and express the same information in English:
Номи ман Ҷамшед аст. Ман дар Қӯрғонтеппа зиндагӣ мекунам. Падарам дар ташкилоти байналмилалӣ кор мекунад. Ӯ тарҷумон аст. Модарам соҳибхоназан аст. Ман ду бародар ва як хоҳар дорам. Бародаронам дар донишгоҳ мехонанд. Хоҳарам дар мактаб мехонад.
 Мо ҳавлии калон дорем. Дар рӯйи ҳавлӣ гулу дарахтони бисёр ҳастанд. Мо як оғил дорем. Дар он як гову се гӯсфанд ҳастанд. Дар як кунҷи ҳавлӣ танӯрхона дорем. Модарам дар он нон мепазад. Мо анбор ҳам дорем. Каланду теша, белу аррaро дар он ҷо мегузорем. Дарвозаи ҳавлии мо калон аст. Девори ҳавлӣ сафед аст. Мо ҳавлии худро дӯст медорем.

8. Read the proverbs below. Memorise any that you might be able to use in conversation:

Як гулу сад харидор   ———   _One flower has a hundred buyers._ [8]

Гули сари сабад.   ———   _The best flower in the basket._ [9]

---

[8] That is, "_a woman has a hundred admirers._"
[9] That is, "_the best person in the group._"

Кордро аввал ба худат зан, дард накунад, ба дигар кас зан.	*First strike yourself with the knife; if it doesn't hurt, then hit someone else.*
Оби лаби дар қадр надорад.	*Water from the doorframe has no value.*
Дег ба дег гӯяд: рӯят сиёх.	*One pot said to another: your face is black.*
Оши ҳамсоя бомаза аст.	*A neighbour's osh is delicious.*
Об дар кӯзаву мо ташналабон мегардем, Ёр дар хонаву мо гирди ҷаҳон мегардем.	*There's water in the jug and we wander about thirsty, A friend's in the house and we wander around the world.*

ХОНИШ / READING

Read the following text, retell it in Tajiki in your own words, and discuss the question that follows:

Хонаи худ

Дар замонҳои қадим як подшоҳ буд. Ӯ як писар дошт. Вақте ки писараш калон шуд, подшоҳ хост, ки ӯро ба ҷойи худ тайёр кунад. Донишу ҷаҳонбинии писараш кофӣ набуд. Подшоҳ рӯзе писарашро чег заду ба ӯ маслиҳат дод, ки ба кишварҳои дуру наздик сафар кунад. Пеш аз гусел кардан ба писараш гуфт:

– Ба ту як маслиҳат дорам: Ба ҳар шаҳре, ки рафтӣ, барои худат як хона соз.

Писар маслиҳати падарро қабул кард ва ба сафар рафту пас аз як сол баргашт. Подшоҳ пурсид:

– Гуфтаҳои маро иҷро кардӣ?

Гуфт:

– Бале. Дар Бағдод, дар соҳили дарё як қасре сохтам, ки аз қасри подшоҳи он кишвар зеботар аст. Дар Миср ба шакли аҳромҳои қадима қасри дигаре сохтам. Дар Ҳиндустон кӯшиш кардам, ки қасри ман мисли Тоҷ-Маҳал бошад…

Подшоҳ афсӯс хӯрду гуфт:

– Писарам, ту ҳанӯз барои подшоҳӣ тайёр нестӣ. Маънои суханҳои ман он буд, ки дар ҳар кишвар барои худат дӯсти наздике пайдо кунӣ. Хонаи дӯст мисли хонаи худ аст. Ҳамсоя агар дӯст бошад, кишварат ободу зебо мешавад.

Vocabulary:

замонҳои қадим	ancient times	вақте ки	when
подшоҳ	king	калон шудан	to grow up
хостан (хоҳ)	to want	ба ҷойи худ	for his position
тайёр кардан	to prepare	дониш	knowledge
ҷаҳонбинӣ	worldview	кофӣ	enough, adequate
чег задан	to call	маслиҳат	advice
маслиҳат додан	to advise	қабул кардан	to accept
кишвар(ҳо)	country (-ies)	дур	far
наздик	near	сафар кардан	to travel
гусел кардан	to see off	сохтан (соз)	to build
баргаштан (баргард)	to come back	қаср	palace

зеботар	more beautiful	пурсидан (пурс)	to ask
иҷро кардан	to execute, fulfil	соҳил	bank, shore
Миср	Egypt	ба шакли	in the shape of
аҳром(ҳо)	pyramid(s)	Ҳиндустон	India
кӯшиш кардан	to try	мисли	like
афсӯс хӯрдан	to regret	тайёр	ready, prepared
маъно	meaning	сухан	word, speech
ҳар	each, every	барои худат	for yourself
пайдо кардан	to find, discover	ободу зебо	flourishing, prosperous

Translation of some expressions and idioms:

Хост, ки ба ҷойи худ тайёр кунад.	He wanted him to take his place.
Маслиҳат дод, ки ба кишварҳои дуру наздик сафар кунад.	He advised him to visit countries far and near.
Пас аз як сол баргашт.	After one year, he returned.
Ки аз қасри подшоҳи он кишвар зеботар аст.	That is more beautiful than the palace of the king there.
Ба шакли аҳромҳои қадима қасри дигаре сохтам.	I built another palace in the shape of the ancient pyramids.
Хонаи дӯст мисли хонаи худ аст.	The house of a friend is like your own house.
Агар ҳамсоя дӯст бошад, кишварат ободу зебо мешавад.	If your neighbour is a friend, your country will prosper and flourish.

Discuss the following question:
Маънои суханҳои подшоҳ чӣ буд? Ба фикри Шумо ин дуруст аст ё не?

More useful vocabulary:

Ба фикри Шумо	In your opinion	дуруст	true; right
нодуруст	false; incorrect		

САНҶИШ / QUIZ

1. Give answers to the following questions:

1. – Шумо чанд дег доред?
   – … .
2. – Ошхонаи Шумо васеъ аст?
   – … .
3. – Ориф ҳавлӣ дорад?
   – … .
4. – Онҳо чанд гов доранд?
   – … .
5. – Падару модарат дар шаҳр зиндагӣ мекунанд ё дар қишлоқ?
   – … .
6. – Рустам аз куҷо омад?
   – … .
7. – Шумо чӣ хӯрдед?
   – … .
8. – Хонаро кӣ тоза кард?
   – … .
9. – Ту ба дарахтон об додӣ?
   – … .
10. – Хӯрокро кӣ пухт?
    – … .
11. – Шумо гулро дӯст медоред?
    – … .
12. – Онҳо ба куҷо мераванд?
    – … .

2. Fill in the questions corresponding with the following answers:

1. – … ?
   – Ҳа, хоҳарам шавҳар ва ду фарзанд дорад.
7. – … ?
   – Падару модарам дар Бадахшон зиндагӣ ва кор мекунанд.

2. – ... ?
– Ман аз Душанбе омадам.
3. – ... ?
– Яъқуб дар Лондон зиндагӣ мекунад.
4. – ... ?
– Не, мо ҳавлӣ надорем.
5. – ... ?
– Дар ҳавлии мо се гӯсфанд ҳаст.
6. – ... ?
– Ҳа, ӯ аз Лондон омад.
8. – ... ?
– Аҳмад ба Алмаато рафт.
9. – ... ?
– Онҳо дар боғашон ҳашт дарахти мевадор доранд.
10. – ... ?
– Мо даҳ коса дорем.
11. – ... ?
– Мо нони гарм хӯрдем.
12. – ... ?
– Лаббай?

3. *Make up dialogues using the material in lesson six and, if possible, role-play the situations with a language helper or other language partner.*

4. *Write a description about yourself similar to that in exercise 7.*

5. *Describe one of the rooms in your home in detail.*

Дарси 7 — Lesson 7

Вақт – Фасл – Обу ҳаво — Time – Seasons – Weather

ШАРҲ — COMMENTARY

In Muslim countries, Saturday is the first day of the week, Friday being the day of rest. Of the words used in Tajiki for the days of the week, that used for "Friday" (*ҷумъа*) is an Arabic word, derived from the word *ҷамъ*, meaning "*gathering.*" On Fridays, Muslims gather in their city's central mosques (*масҷидҳои ҷомеъ*) to say their *намоз* (*five-times-a-day Muslim prayer*). In Tajikistan, only a minority tend to attend Friday prayers (*намози ҷумъа*), although these are becoming more popular, and Monday is the first day of the week, as Saturdays and Sundays are the days of rest.

In the life of Tajiks, the market (*бозор*) has a special place. The *бозор* mainly happens at the weekends. For this reason, people now refer to Sundays as "*market day*" (*рӯзи бозор*). In some cities and regions, goods are also bought and sold on certain other days. In such areas, people also refer to *ҷумъабозор*, (*Friday market*) *панҷшанбебозор*, (*Thursday market*) etc.

In connection with time, there are six main divisions of the day. Such divisions are imprecise, varying as the day lengthens and shortens, but are approximately as follows: *саҳар* – 3^{00}-6^{00}, *пагоҳӣ* – 6^{00}-10^{00}, *рӯз, пешин* – 10^{00}-16^{00}, *бегоҳӣ* – 16^{00}-19^{00}, *шом* – 19^{00}-22^{00}, *шаб* – 22^{00}-3^{00}.

Today in Tajikistan the European calendar is used. However, before the Soviet era, Tajikistan, like most of the Islamic world, used the Islamic *ҳиҷрӣ* calendar. The Islamic calendar is calculated from 622 AD, the time that the Islamic prophet Mohammed fled from Mekka to Medina – that is, his *hegira* (*ҳиҷрат*). There are two types of Islamic calendar: solar and lunar. Days in the solar year are reckoned the same as days in the Gregorian calendar; i.e. there are 365 days per year, 366 in leap years. The solar calendar, like the ancient Persian calendar, starts on the 21st of March. March 21st is celebrated in Persian and Turkish-speaking countries as the New Year – a festival called *Наврӯз*. To calculate the Islamic solar year, 622 (or 621) years simply need to be subtracted from the Gregorian calendar year. The solar months, as listed in the following table, are still used by the older generation today:

1	Ҳамал	31	21.3-20.4	7	Мизон	30	23.9-22.10
2	Савр	31	21.4-21.5	8	Акраб	30	23.10-21.11
3	Ҷавзо	31	22.5-21.6	9	Қавс	30	22.11-21.12
4	Саратон	31	22.6-22.7	10	Ҷадӣ	30	22.12-20.1
5	Асад	31	23.7-22.8	11	Далв	30	21.1-19.2
6	Сунбула	31	23.8-22.9	12	Хут	30/29	20.2-20.3

The lunar calendar is determined by the phases of the moon and is always ten days shorter than the usual solar calendar. The most significant of the lunar months is *Рамазон*, during which many Tajiks observe the Muslim month of dawn-to-dusk fasting. Some of the other months are used as names for children born in those months (e.g. the names *Раҷаб* (m.) and *Раҷабмоҳ* (f.)) The full list of names for the lunar months is as follows:

1	Муҳаррам	*30 рӯз*	7	Рачаб	*30 рӯз*
2	Сафар	*29 рӯз*	8	Шаъбон	*29 рӯз*
3	Рабеъ-ул-аввал	*30 рӯз*	9	Рамазон	*30 рӯз*
4	Рабеъ-ус-сонӣ	*29 рӯз*	10	Шаввол	*29 рӯз*
5	Чумоди-ул-аввал	*30 рӯз*	11	Зил-каъда	*30 рӯз*
6	Чумоди-ул-охир	*29 рӯз*	12	Зил-хичча	*29 рӯз*

Until the spread of Islam in ancient Persia, special Persian months were used. Even now this form of calendar is still officially used in Iran; in Tajikistan these months are only usually found in historical books. The original Iranian calendar also starts on March 21st. Iranian months are similar to the corresponding solar months with respect to the number of days in each, as shown along with the names of the original Iranian months in the following table:

1	Фарвардин	*31 рӯз*	7	Меҳр	*30 рӯз*
2	Урдубиҳишт	*31 рӯз*	8	Обон	*30 рӯз*
3	Хурдод	*31 рӯз*	9	Озар	*30 рӯз*
4	Тир	*31 рӯз*	10	Дай	*30 рӯз*
5	Мурдод	*31 рӯз*	11	Баҳман	*30 рӯз*
6	Шаҳривар	*31 рӯз*	12	Исфанд	*30/29 рӯз*

The statue of Ismo'il I (892-907AD) in Dushanbe's central square, erected in 1999 as part of celebrations commemorating the 1100th anniversary of the Samanid dynasty (819-999 AD), the first native dynasty to arise in Persia after the Arab conquest.

The dynasty is renowned for the impulse that it gave to Persian national sentiment and learning. Under the leadership of Isma'il I, who established semiautonomous rule over Eastern Persia, the Tajik cities of Bukhara (the Samanid capital) and Samarkand became major cultural centres and Persian literature flourished.

ЛУҒАТ / VOCABULARY

январ[1]	*January*		июл	*July*
феврал	*February*		август	*August*
март	*March*		сентябр	*September*
апрел	*April*		октябр	*October*
май	*May*		ноябр	*November*
июн	*June*		декабр	*December*

---

[1] The names of Tajiki months are derived from the Russian names.

Tajik	English	Tajik	English
душанбе /dushambe/	Monday	панҷшанбе /panshambe/	Thursday
сешанбе /seshambe/	Tuesday	ҷумъа	Friday
чоршанбе /chorshambe/	Wednesday	шанбе /shambe/	Saturday
		якшанбе /yakshambe/	Sunday
баҳор	spring	тирамоҳ	autumn
тобистон	summer	зимистон	winter
ҳазора / ҳазорсола	millennium	аср	century
сол	year	фасл	season {of the year}
моҳ	month	ҳафта	week
рӯз	day	шаб	night
соат	hour	дақиқа	minute
рӯз(ҳо)и корӣ	working day(s)	сония	second
рӯзи таваллуд / зодрӯз	birthday	рӯз(ҳо)и дамгирӣ / истироҳат	weekend
муддат / вақт	a period of time	мавсим / вақт	time, season
бор / маротиба / дафъа	time, occasion	тамаддун	civilisation
		сулола	dynasty
имрӯз	today	имшаб	tonight
дирӯз / дина	yesterday	дишаб	last night
пагоҳ / фардо	tomorrow	парерӯз / парер	the day before yesterday
пасфардо / пагоҳи дигар	the day after tomorrow	имсол	this year
таърихи рӯз / сана	date	парерсол	the year before last
саҳар	pre-dawn	саҳарӣ	in the early morning
пагоҳ	morning	пагоҳӣ	in the morning
нисфирӯз	midday	нисфирӯзӣ	in the afternoon
пешин	afternoon	шом	late evening
бегоҳ	early evening	бегоҳӣ	in the evening
нимашаб / нисфишаб	midnight, middle of the night	нисфишабӣ	in the night, at night
офтоббаро	sunrise	офтобшин	sunset
порсол / соли гузашта	last year	ҳафтаи гузашта	last week
соли оянда	next year	ҳафтаи оянда	next week
як рӯз пеш	one day ago	ду сол пеш	two years ago
баъди ду рӯз / ду рӯз баъд / пас аз ду рӯз	in two days / after two days	баъди се моҳ / се моҳ баъд / пас аз се моҳ	in three months / after three months
ҳамеша / ҳама вақт	always, every time	дер-дер / ягон-ягон	rarely
зуд-зуд / тез-тез	often	гоҳ-гоҳ / баъзан	sometimes
маъмулан / одатан	usually	доим / доимо	usually, regularly
ҳар замон	regularly, often	доимӣ	usual, regular
то ҳол / то ҳозир / ҳанӯз	until now, (not) yet	нав	new; only just, recently
		ҳеҷ гоҳ / ҳеҷ вақт	never
таваллуд шудан	to be born	таваллуд кардан	to give birth
бедор шудан	to wake up	бедор кардан	to wake (smb)

Tajiki	English	Tajiki	English
хобидан (хоб) / хоб кардан	to go to sleep	истироҳат кардан / дам гирифтан	to rest
дароз кашидан	to lie down	ғанаб кардан	to have a nap
нишастан (шин, нишин)	to sit	сайругашт / гардиш кардан	to go for a walk
аз хоб хестан (хез)	to get up	аз ҷо хестан	to stand up
донистан (дон)	to know	баргаштан (баргард) / бозгаштан (бозгард)	to return, to come back
шумурдан (шумур, шумор)	to count		
азон хондан	to call to prayer		
ҳаво	air	обу ҳаво	weather
офтоб	sun	моҳ / моҳтоб	moon
ситора	star	замин	Earth
осмон	sky	абр	cloud
борон	rain	ях	ice
барф	snow	жола /jola/	hail
сел	downpour, torrent	тӯфон	storm, flood
раъду барқ	thunder-storm	туман	mist, fog
боришот	precipitation	шабнам	dew
бебориш	dry (weather)	тирукамон	rainbow
шамол / бод	wind	насим	breeze
гирдбод	tornado, whirlwind	дараҷа	degree (°C)
ҳарорат	temperature	ҳароратсанҷ	thermometer
дурахшидан (дурахш) / нур пошидан (пош)	to shine	баромадан (...и офтоб / моҳ)	to rise (sun / moon)
дидан (бин)	to see	борон (/барф /жола) боридан	to rain (/snow /hail)
ях кардан / ях бастан (банд)	to freeze	об шудан	to melt
вазидан (ваз)	to blow	ҷунбидан (ҷунб)	to move, stir
гарм	hot, warm	хунук / сард	cold, chilly
салқин	cool	абрнок	cloudy
хушк	dry	тар	wet
сахт	hard	нам / намнок	damp, humid
равшан	light	торик	dark
хатарнок	dangerous	лағжонак	slippery

Шумора   ***Numerals***

Tajiki	English	Tajiki	Pronunciation
адад / рақам	number	0 - сифр, нол	zero, nought
1 - як		11 - ёздаҳ	/yozda/
2 - ду		12 - дувоздаҳ	/duvozda/
3 - се		13 - сенздаҳ	/senzda/
4 - чор		14 - чордаҳ	/chorda/
5 - панҷ		15 - понздаҳ	/ponzda/
6 - шаш		16 - шонздаҳ	/shonzda/
7 - ҳафт	/haf/	17 - хабдаҳ	/habda/
8 - ҳашт	/hash/	18 - ҳаждаҳ	/hazhda/
9 - нӯҳ	/nü/	19 - нуздаҳ	/nuzda/
10 - даҳ	/da/	20 - бист	/bist/

21 - бисту як	50 - панҷоҳ	100 - сад
22 - бисту ду	60 - шаст	101 - яксаду як
23 - бисту се	70 - ҳафтод	200 - дусад
30 - сӣ	80 - ҳаштод	300 - сесад
31 - сиву як	90 - навад	400 - чорсад
40 - чил	95 - наваду панҷ	1000 - ҳазор

407 - чорсаду ҳафт
565 - панҷсаду шасту панҷ

1990 – ҳазору нӯҳсаду навад
2124 - ду ҳазору яксаду бисту чор

Ифодаи вақт[2]

7:00 – соат расо[3] ҳафт / соат ҳафти пагоҳӣ
8:15 – соат ҳашту понздаҳ дақиқа /
соат аз ҳашт понздаҳта[4] гузашт
9:30 – соат нӯҳу сӣ дақиқа /
соат нӯҳу ним; соат нимта кам даҳ
12:35 – соат дувоздаҳу сиву панҷ дақиқа /
соат бисту панҷта кам як
16:50 – соат шонздаҳу панҷоҳ дақиқа /
соат даҳта кам панҷ
19:00 – соат нуздаҳ / соат ҳафти бегоҳ /
соат ҳафти бегоҳӣ
23:00 – соат бисту се / соат ёздаҳи шаб
12:00 – нисфирӯз / соат дувоздаҳ
24:00 – нисфишаб / нимашаб шуд / соат
дувоздаҳи шаб
– Соат чанд?
– Соат даҳ.
– Кай? / (Дар) соати чанд?
– (Дар) соати се.
– Соат надоред?

Telling the time

It's seven o'clock
It's a quarter past eight

It's nine thirty

It's twelve thirty five /
It's twenty five to one
It's ten to five

It's 7pm

It's 11pm
It's midday
It's midnight

– What time is it?
– It's ten o'clock.
– When? / (At) what time?
– (At) three o'clock.
– What time is it? {*if asking a stranger*}

СӮҲБАТҲО

1.
– Салом, Олимҷон!
– Салом, муаллим! Шумо чӣ хел?
– Нағз, раҳмат, ту чӣ?
– Бад не, мешавад.
– Ту дар куҷо будӣ?
– Ман дар Алмаато будам.
– Кай омадӣ?
– Ду рӯз пеш.
– Кай ба дарс меоӣ?
– Аз пагоҳ, муаллим.
– Албатта биё.
– Майлаш, меоям.

DIALOGUES

– *Hello, Olimjon.*
– *Hi, teacher. How are you?*
– *Fine, thanks. And you?*
– *Not bad.*
– *Where have you been?*
– *I was in Almaty.*
– *When did you come back?*
– *Two days ago.*
– *When will you come for classes?*
– *Tomorrow, teacher.*
– *Be sure you come.*
– *OK, I will.*

---

[2] Colloquial Tajiki forms are given after the slash "*/*".
[3] ***Расо*** means "*exactly*."
[4] The suffix "***-ma***" is used for counting things.

– Хайр!	– Goodbye.
– Худо ҳофиз!	– Bye.

2.

– Салом, Мунираҷон!	– Hello, Munirajon.
– Салом, дугона. Нағз-мӣ ту?	– Hello, friend. How are you?
– Раҳмат, нағз. Ту чӣ?	– Fine, thanks. And you?
– Ман ҳам нағз.	– I'm fine too.
– Медонӣ, Мунира, пагоҳ рӯзи таваллуди Ситора.	– Munira, do you know that tomorrow is Sitora's birthday?
– Не-е?	– Are you sure?
– Ҳа, дугонаҷон. Биё пагоҳ ба хонаи ӯ меравем.	– Yes. Let's go and visit her tomorrow.
– Майлаш, соати чанд меравем?	– OK. What time?
– Соати даҳ.	– At ten o'clock.
– Хайр то пагоҳ!	– See you tomorrow.
– Хайр!	– Goodbye.

3.

– Сайёра, рӯзи таваллуди ту чандум?	– Saiyora, when's your birthday?
– Чоруми март. Аз они ту чӣ?	– The fourth of March. And yours?
– Даҳуми декабр.	– The tenth of December.
– Ту дар зимистон таваллуд шудай?	– Were you born in the winter?
– Ҳа. Ту чӣ?	– Yes, and you?
– Ман аввали баҳор таваллуд шудаам.	– I was born at the start of spring.

4.

– Розия, ту чанд хоҳару бародар дорӣ?	– Rozia, how many brothers and sisters have you got?
– Ду хоҳару як бародар дорам. Ту чӣ?	– I've got two sisters and a brother. And you?
– Ман се бародар дорам. Розия, ту рӯзи таваллуди онҳоро медонӣ?	– I've got three brothers. Rozia, do you know when their birthdays are?
– Албатта. Хоҳари калониам – Ҷамила бистуми апрел таваллуд шудааст. Хоҳари дуюмам Малика якуми август ва бародарам – Фахриддин дуюми май таваллуд шудаанд. Ту ҳам рӯзи таваллуди бародаронатро медонӣ?	– Of course. My older sister, Jamila, was born on the twelfth of April, my second sister, Malika, was born on the first of August and my brother, Fakhriddin, on the second of May. Do you know your brothers' birthdays too?
– Ҳа, медонам. Ҳасану Ҳусейн дар як рӯз – бисту ҳаштуми июл ва бародари хурдиам – Шаҳриёр панҷуми сентябр таваллуд шудаанд.	– Yes, I do. Hasan and Husein were born on the same day – the twenty eighth of July – and my little brother, Shahriyor, was born on the fifth of September.

5.

– Анна, ту дар куҷо зиндагӣ мекунӣ?	– Anna, where do you live?
– Ман дар Инглистон, дар шаҳри Ливерпул зиндагӣ мекунам.	– I live in England, in Liverpool.
– Обу ҳавои он ҷо чӣ хел аст?	– What's the weather like there?
– Зимистонаш хунук, тобистонаш гарм аст.	– Winters are cold, but summers are warm.
– Дар зимистон барф бисёр меборад?	– Does in snow much in the winter?
– Ҳа.	– Yes, it does.
– Борону жола ҳам меборад?	– Does it rain and hail too?

– Баҳору тирамоҳ борон бисёр меборад, жола гоҳ-гоҳ меборад.
– Ҳавои тобистон чанд дараҷа гарм аст?
– Моҳҳои июн, июл 20-25 дараҷа ва моҳи август то 30 дараҷа гарм мешавад.

– *In spring and autumn it rains a lot and it occasionally hails.*
– *What temperature is it in the summer?*
– *It's 20-25°C in June and July and up to 30°C in August.*

6.
– Наҷмиддин, ту имрӯз радио гӯш кардӣ?
– Ҳа, чӣ буд?
– Намедонӣ, дар бораи обу ҳаво чӣ гуфтанд?
– Медонам. Имрӯз ҳавои гарми беборишмешавад. Ҳарорат аз 30 то 35 дараҷа гарм мешавад.
– Раҳмат, ҷӯра.
– Саломат бош.

– *Najmiddin, did you listen to the radio today?*
– *Yes, why?*
– *Do you know what they said about the weather?*
– *I do. Today the weather is going to be hot and dry. The temperature is going to get up to around 30 to 35°C.*
– *Thanks!*
– *See you.*

7.
– Ҷаҳонгир, ту одатан кай аз хоб мехезӣ?
– Ман одатан соати шаши пагоҳӣ аз хоб мехезам.
– Ту кай наҳор мехӯрӣ?
– Соатҳои шашу ним – ҳафт.
– Ту дар куҷо кор мекунӣ?
– Ман дар вазорат кор мекунам.
– Кори Шумо кай сар мешавад?
– Соати ҳашт.
– Хӯроки пешинро ту дар куҷо мехӯрӣ?
– Дар идора.
– Дар як рӯз чанд соат кор мекунед?
– Мо одатан дар як рӯз ҳашт соат кор мекунем.
– Ту кай ба хона бармегардӣ?
– Тахминан соатҳои панҷ – панҷу ним.
– Бегоҳӣ ту чӣ кор мекунӣ?
– Одатан бегоҳиҳо китоб мехонам ё телевизор тамошо мекунам ё дар боғ сайругашт мекунам.
– Шумо одатан кай хоб мекунед?
– Мо одатан соати ёздаҳи шаб хоб мекунем.

– *Jahongir, what time do you usually get up?*
– *I usually get up at six o'clock in the morning.*
– *And when do you have breakfast?*
– *At six thirty or at seven a.m.*
– *Where do you work?*
– *I work in one of the ministries.*
– *When does your work start?*
– *At eight o'clock.*
– *And where do you have your lunch?*
– *At the office.*
– *How long do you work each day?*
– *We usually work eight hours a day.*

– *And when do you return home?*
– *About five, five-thirty.*
– *What do you do in the evening?*
– *I usually read books, watch television or have a walk in the garden.*

– *What time do you usually go to bed?*
– *We usually go to bed at eleven o'clock in the evening.*

8.
– Шоиста, Шумо чандсола?
– Ман бисту дусола.
– Шавҳари Шумо чандсола?
– Шавҳарам бисту панҷсола.
– Шумо чанд фарзанд доред?
– Ман ду писар дорам.
– Писарони Шумо чандсола?
– Писари нахустинам чорсола ва писари дуюмам ҳафтмоҳа.

– *Shoista, how old are you?*
– *I'm 22.*
– *And your husband?*
– *He's 25.*
– *How many children have you got?*
– *I've got two sons.*
– *And how old are they?*
– *My first son is 4 years old and my second is 7 months old.*

9.

– Хонум, Шумо чандсола?	– Lady, how old are you?
– Аз зан сол намепурсанд.[5]	– People don't ask a lady's age.
– Мебахшед. Шумо шавҳар доред?	– I'm sorry. Are you married?
– Ба кори ман дахолат накунед.	– Mind your own business![6]
– Мебахшед. Аз ман наранҷед, ман гапи бад нагуфтам...	– I'm sorry. Don't be offended – I didn't say anything bad...

ГРАММАТИКА / GRAMMAR

Numbers

Compound numbers are formed using the conjunctive suffix "-*у*" ("-*ю*"): *бисту се, панҷоҳу як, ҳаштоду ҳафт, яксаду чилу ҳафт*. The "hundreds" are written as single words: *дусад, сесад, чорсад ..., нӯҳсад*. However, the "thousands" are written separately: *ду ҳазор, се ҳазор, чор ҳазор, ..., бист ҳазор*, etc.

When asking someone's age, the suffix "-*а*" is added to the number in the answer

    Шумо чандсола? – Ман сию дусола.   *How old are you? – I'm thirty-two.*

When using numbers with nouns, the noun should be in the singular. Compare this with the English:

    чор дарахт – four trees [tree]   панҷ одам - five people [person]

So-called "numerators" are often used with numbers. The most important of these are the following:

Numerator	Types of noun	Example	Translation
-та / -то	countable nouns	дуто корд, панҷта китоб	two knives, five books
дона	countable nouns	се дона себ, ду дона дафтар	three apples, two notebooks
кас / нафар	people	чор кас, даҳ нафар	four people, ten people
сар	animals, grapes	даҳ сар гов, як сар ангур	ten cows, one bunch of grapes
бех	trees	як бех себ	one apple tree
даста	flowers	як даста гул	one bouquet of flowers

Ordinal numbers

Ordinal numbers are formed in Tajiki by use of the suffix "-*ум*" ("-*юм*"):

    сенздаҳ ⇨ *сенздаҳум (13-13th)*   яксаду як ⇨ *яксаду якум (101-101st)*
    бисту панҷ ⇨ *бисту панҷум (25-25th)*   дусаду сӣ ⇨ *дусаду сиюм (230-230th)*

---

[5] Another useful expression for use when trying to avoid undesired approaches is "*Ин аз рӯи одоб нест.*" ("*It's not polite to ask that.*")

[6] Literally: "*Don't interfere in my business.*" Similar responses, meaning the same thing, are "*Ин кори ман,*" and "*Ин кори ту нест.*" A stronger response for women to use when a strange man asks whether she is married and that should shame even the more persistent is "*Ин ҳаёти оилавии ман.*" ("*This is personal.*" – Literally: "*This is my family life.*")

Ordinal numbers come after nouns, being connected by the *izofat*, "*-и*":
    соли якум, рӯзи панҷум, фарзанди дуюм, etc.
Dates are always connected with the month by means of the *izofat*, "*-и*":
    чоруми март, бисту панҷуми май, etc.
Ordinal numbers can also be formed by using the additional suffix "*-ин*" in combination with the first form shown above. This kind of ordinal comes before nouns and is most common in literary Tajiki:
    панҷумин сол = соли панҷум, дахумин рӯз = рӯзи дахум, etc.
For the ordinal "*first*," two additional words are also used: *аввал – аввалин*, and *нахуст – нахустин*:
    аввалин рӯз = рӯзи аввал ("*the first day*),
    нахустин бор = бори нахуст ("*the first time*").
The words *аввалан* and *сониян* are also used to express the meanings "*firstly*," and "*secondly*", respectively.

Fractions

When writing decimal fractions in Tajiki, a comma is used to separate the fraction from the whole part of the number, not a point. Compare:
    Tajiki: 10,27;   0,7;   101,42;   4,0005.
    English: 10.27;   0.7;   101.42;   4.0005.
The way for reading fractions in Tajiki is given below:

1/2	як таксими ду	аз ду як хисса	ним
1/3	як таксими се	аз се як хисса	сеяк
1/4	як таксими чор	аз чор як хисса	чоряк
3/4	се таксими чор	аз чор се хисса	
0,1		нолу аз дах як, аз дах як хисса	
1,3		яку аз дах се	
2,5		дую аз дах панҷ	дую ним
4,75		чору аз сад хафтоду панҷ	
2,0003		дую аз дах хазор се	

The word *нисф* is also used when counting half of something; e.g. *нисфи нон* ("*half a loaf of bread*").

Mathematical symbols

+	–	×	:	=
ҷамъ, плюс	тарх, минус	зарб	таксим	баробар
addition, plus	subtraction, minus	multiplication	division*	equals

* Note: this is a different symbol to those used in English.

    3+5=8   се ҷамъи панҷ баробари хашт
    10–4=6   дах тархи чор баробари шаш
    5×5=25   панҷ зарби панҷ баробари бисту панҷ
    20:4=5   бист таксими чор баробари панҷ

The word for percentage is "*фоиз*;" e.g. 40%: чил *фоиз*

МАШКҲО   *EXERCISES*

1. *Construct sentences based on the following table, using the correct verb endings:*
   Example: <u>Бародарам 20 сентябр таваллуд шудааст.</u>[7]

ман	3	январ	
Мавҷуда	8	феврал	
бародарам	11	март	
хоҳарам	16	апрел	таваллуд шуда....
Неъмат	19	май	
шумо	22	июн	
бародарони Ризо	25	июл	

2. *Construct sentences based on the following table, using the correct verb endings:*
   Example: <u>Мо дар як ҳафта панҷ рӯз кор мекунем.</u>

мо			5	
онҳо		рӯз	8	
Малика	дар як	ҳафта	10	рӯз
Расулу Раҳим		моҳ	20	соат
падарам			15	кор мекун....

3. *Construct sentences based on the following table, using the correct verb endings:*
   Example: <u>Ҷовид дирӯз аз Душанбе омад.</u>
   <u>Ҷовид пагоҳ ба Душанбе меояд.</u>
   <u>Ҷовид шанбеи гузашта ба Хуҷанд рафт.</u>
   <u>Ҷовид баъди ду рӯз ба Хуҷанд меравад.</u>

Ҷовид	имрӯз		Душанбе	
мо	дирӯз		Хуҷанд	мео....
падару модарам	пагоҳ	аз	Алмаато	мерав....
шумо	ду рӯз пеш	ба	Бишкек	омад....
онҳо	баъди ду рӯз		Бадахшон	рафт....
Нигина	ҳафтаи оянда		Қӯрғонтеппа	
ту	шанбеи гузашта		Масков	

4. *Change the following verbs to the appropriate tense:*
   a. Дирӯз барф (боридан).
   b. Имрӯз ҳаво гарм (шудан).
   c. Падарам пагоҳ ба Масков (рафтан).
   d. Дар фасли баҳор бисёр борон (боридан).
   e. Ҳафтаи гузашта мо ба Лондон (рафтан).
   f. Ту кай аз Хуҷанд (омадан)?
   g. Ман ҳар рӯз соати 6 аз хоб (хестан).
   h. Бародарам панҷ сол дар Амрико зиндагӣ (кардан).

5. *Read and write the numbers below in Tajiki:*
   a. 27, 48, 52, 63, 76, 89, 91, 104, 112, 123, 134, 277, 347, 481, 502, 604, 700, 799, 845, 911, 1027, 1110, 2040.
   b. 1, 11, 111, 1111, 11111, 111111.   c. 2, 12, 22, 222, 2222, 22222.
   d. 3, 13, 33, 333, 3333, 33333.   e. 4, 14, 44, 444, 4444, 44444.
   f. 5, 15, 55, 555, 5555, 55555.   g. 6, 16, 66, 666, 6666, 66666.

---

[7] This verb tense will be studied in lesson twelve; for now, just use it as the expression for "was/were born."

h. 7, 17, 77, 777, 7777, 77777.   i. 8, 18, 88, 888, 8888, 88888.
j. 9, 19, 99, 999, 9999, 99999.
k. 10, 20, 30, 40, 50, 60, 70, 80, 90, 100, 200, 10000, 20000.

6. Read the following numbers and write them in words:

0,3	1,7	2,08	5,25	10,0001	27,75	120,243
1/2	1/3	2/3	3/4	1/4	1/5	270,0101
2/7	3/5	4/7	5/6	8/9		

7. Read and write the following times in Tajiki:

6:00	6:12	7:10	8:25	9:35	10:55	11:30
12:15	13:40	14:10	15:37	16:42	17:05	18:20
19:45	20:00	21:21	22:45	23:30	00:15	

8. Calculate the following sums and write the equations with their answers in Tajiki words:

220+170	78–42	12×14	840:3
340+1220	720–441	20×40	945:5
176+2760	850–192	120×241	700:10
980+371	841–272	780×4	1050:50

9. Answer the following questions:

A) a. – Шумо кай аз хоб мехезед?
   b. – Шумо кай наҳор (хӯроки пешин, хӯроки шом) мехӯред?
   c. – Шумо кай ба кор меравед?
   d. – Шумо дар куҷо кор мекунед?
   e. – Шумо дар як рӯз чанд соат кор мекунед?
   f. – Кори Шумо кай сар (тамом) мешавад?
   g. – Шумо кай ба хона бармегардед?
   h. – Бегоҳиҳо Шумо чӣ кор мекунед?
   i. – Шумо одатан кай хоб мекунед?

B) a. – Дирӯз Шумо кай аз хоб хестед?
   b. – Дина Шумо кай ба кор рафтед?
   c. – Дирӯз Шумо чанд соат кор кардед?
   d. – Дирӯз Шумо кай ба хона омадед?
   e. – Дирӯз бегоҳӣ Шумо чӣ кор кардед?
   f. – Дирӯз Шумо кай хоб кардед?

10. Read the proverbs below. Memorise any that you might be able to use in conversation:

Офтобро бо доман пӯшида намешавад.	*You can't clothe the sun with a skirt.*
Дар рӯзи шамол – фарёд ҳайф.	*It's pointless to shout on a windy day.*
Аз борон гурехта ба барф афтодан.	*Running from the rain, to fall into the snow.*
Соле, ки накӯст, аз баҳораш пайдост.	*A good year is evident from the spring.*
Як рӯзи баҳор, пур кунад анбор.	*One day of spring may fill the storehouse.*
Чӯҷаро дар тирамоҳ мешумуранд.	*They count the chicks in the autumn.*
Бузак, намур, ки баҳор мешавад.	*Little goat, don't die before the spring.*[8]

---

[8] Said to someone who makes a lot of promises but never fulfils them.

Вақтат рафт, бахтат рафт.	*Once your time has passed, you've lost your chance.*
Андак-андак хеле шавад, Қатра-қатра селе шавад.	*Little-by-little will become a lot; Drop-by-drop will become a downpour.*
Бо моҳ шинӣ, моҳ шавӣ, Бо дег шинӣ, сиёҳ шавӣ.	*Sit with the moon and you'll become like the moon; sit with a pot and you'll become black.*
Абр агар аз қибла хезад, сахт борон мешавад, Шоҳ агар одил набошад, мулк вайрон мешавад.	*If a cloud rises from Kiblah[9], it will rain hard; if a king is not righteous, his kingdom will fall into ruin.*

ХОНИШ / READING

Read the following text and complete the task that follows:

Рӯзи корӣи ман

Ман ҳар рӯз соати 6(-и пагоҳӣ) аз хоб мехезам. Дасту рӯямро мешӯям ва сипас наҳор мехӯрам. Соати 7-у ним ба кор меравам. Кори мо ҳар рӯз соати 8 сар мешавад. Ман дар Донишгоҳи давлатии миллии Тоҷикистон, дар факултаи шарқшиносӣ кор мекунам. Кори мо соати 1(-и рӯз) тамом мешавад. Соати 2 ба хона бармегардам ва хӯроки пешин мехӯрам. Аз соати се то соати панҷ истироҳат мекунам. Ман дар ҳавои тоза гардиш карданро дӯст медорам. Бегоҳиҳо бо фарзандонам бозӣ мекунам. Мо одатан соати ҳафти бегоҳ хӯроки шом мехӯрем. Аз соати ҳафту ним то соати 9 ман бо кори худ машғул мешавам. Агар имконият бошад, телевизор тамошо мекунам. Ман ва аҳли оилаам одатан соати 11 хоб мекунем.

Vocabulary:

дасту рӯ	hands and face	сипас	then
наҳор / ноништа	breakfast	хӯроки пешин[10]	lunch
хӯроки шом	dinner	одатан / маъмулан	usually
машғул шудан	to be occupied	кори худ	one's own work
имконият	possibility	сар шудан	to begin
тамом шудан	to end	факулта	faculty
шарқшиносӣ	oriental studies	ҳавои тоза	fresh air
бозӣ кардан	to play	агар	if
аҳли оила	members of the family	тамошо кардан	to watch

Translation of some expressions and idioms:

Дасту рӯямро мешӯям.	*I wash (my hands and face).*
Дар ҳавои тоза гардиш мекунам.	*I have a walk in the fresh air.*

---

[9] That is, Mecca, the direction of the sea, relative to Tajikistan.
[10] In spoken Tajiki, the Russian word *обед* /abet/ is widely used to mean "*lunch*" and "*lunchbreak*." People do not normally use separate names for different meals. Instead they simply say *хӯрок хӯрдан* or *авқот хӯрдан*.

Агар имконият бошад …   *If it is possible, …*
Бо кори худ машғул мешавам.   *I do my own work.*
Донишгоҳи давлатии миллии   *Tajik State National University.*
  Тоҷикистон.

Draw a timeline showing all the activities described in the text and, where appropriate, the corresponding time of day. The first activity is shown below as an example:

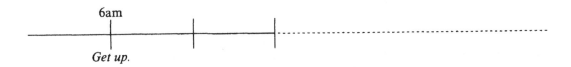

САНҶИШ / QUIZ

1. Give answers to the following questions:

1. – Шумо кай таваллуд шудаед?
   – … .
2. – Имрӯз чандум аст?
   – … .
3. – Имрӯз кадом рӯз аст? / Имрӯз чандшанбе?
   – … .
4. – Онҳо кай ба Тоҷикистон омаданд?
   – … .
5. – Шумо кадом фаслҳоро дӯст медоред?
   – … .
6. – Соат чанд?
   – … .
7. – Ҳоло баҳор аст ё зимистон?
   – … .
8. – Як соат чанд дақиқа аст?
   – … .
9. – Моҳи январ чанд рӯз аст?
   – … .
10. – Дирӯз Шодӣ ба куҷо рафт?
    – … .
11. – Падаратон кай аз Алмаато омад?
    – … .
12. – Дирӯз Шумо чӣ хӯрдед?
    – … .

2. Fill in the questions corresponding with the following answers:

1. – … ?
   – Ман рӯзи якшанбе омадам.
2. – … ?
   – Падарам якуми феврал таваллуд шудааст.
3. – … ?
   – Имрӯз панҷшанбе аст.
4. – … ?
   – Мо одатан соати шаш аз хоб мехезем.
5. – … ?
   – Борон дар баҳор ва тирамоҳ меборад.
6. – … ?
   – Ҳа, тобистони Тоҷикистон гарм аст.
7. – … ?
   – Имрӯз 20 август аст.
8. – … ?
   – Мо соати ҳафти пагоҳӣ наҳор кардем.
9. – … ?
   – Алишер дирӯз аз Амрико омад.
10. – … ?
    – Соат аз ду даҳта гузашт.
11. – … ?
    – Мо дар як рӯз ҳашт соат кор мекунем.
12. – … ?
    – 4 зарби 4 16 мешавад.

3. *Make up dialogues using the material in lesson seven and, if possible, role-play the situations with a language helper or other language partner.*

4. *Describe your working day in Tajiki using the past and present-future tenses.*

Дарси 8 — Lesson 8

Кишварҳо – Миллатҳо Забонҳо
Countries – Nationalities Languages

ШАРҲ — COMMENTARY

Until the Soviet era, one part of what is now Tajikistan (the central and southern part) was within the emirate of Bukhara; the other part (the northern part and mountains in the east) was part of the Russian province of Turkestan. In 1924, national boundaries were drawn up, dividing Central Asia into the separate countries of Turkmenistan, Kazakstan, Uzbekistan, and Kirghizstan. At that time, Tajikistan was an autonomous region of Uzbekistan. In 1929 Tajikistan was transformed into a separate nation, the northern part being added to it at that time. Following the collapse of the former Soviet Union, Tajikistan announced its independence on 9th September 1991. Tajikistan has four regions: the "central dependent districts" (*ноҳияҳои тобеи марказ*), *Суғд* (formerly, *Ленинобод*; with its centre in *Хуҷанд*), *Хатлон* (centred on *Қӯрғонтеппа*) and the autonomous region of *Кӯҳистони Бадахшон* (centred on *Хоруғ*). [For a map of the country and its regions, see the appendices.]

Tajikistan measures 143,100 km², of which 93% is mountainous. It has a population of over six million. Tajiks represent the majority (about 60%), other people groups including Uzbeks, Russians, Kirghiz, and Turkmen. It borders Kirghizstan to the north, Uzbekistan to the north and west, Afghanistan to the south and China to the east.

Most ancient countries have their own names in Tajiki, particularly, eastern countries, Muslim countries, and the larger countries of Europe. The names of other countries (Africa, South America, and the rest of Europe) have been assimilated into Tajiki from Russian. In recent years, the names of some of these countries and continents have changed and Tajiki forms have been derived from their original names: e.g. *Англия* ⇨ *Инглистон*, *Франция* ⇨ *Фаронса*, *Германия* ⇨ *Олмон*, *Венгрия* ⇨ *Маҷористон*, *Европа* ⇨ *Аврупо*, *Америка* ⇨ *Амрико*, etc. It should also be noted that the English names of cities and regions in Tajikistan (and other Central Asian countries) used to be derived from their Russian names. For this reason, there are a lot of mistakes made in transliterations of the names of Tajiki cities and areas. For instance, *Қӯрғонтеппа* became in English, via the Russian, *Kurgan-tube*, and *Кӯҳистони Бадахшон* became *Gorno-Badakhshan*, etc. Even the name of the country, *Тоҷикистон*, has been Russified in English to *Tajikistan*, instead of, as it should be, *Tojikiston*.

The names of most people groups and nationalities are formed by the addition of the suffix "*-ӣ*" (or "*-гӣ*" or "*-вӣ*" following an "*а*" or "*я*") to the name of the country: e.g. *Амрико* ⇨ *амрикоӣ*, *Юнон* ⇨ *юнонӣ*, *Миср* ⇨ *мисрӣ*, *Эрон* ⇨ *эронӣ*. Where the country name is formed by the addition of a suffix, the name of the people is usually formed by removing the suffix: e.g. *Тоҷикистон* ⇨ *тоҷик*, *Ҳиндустон* ⇨ *ҳинду*, *Инглистон* ⇨ *англис (инглис)*, *Туркия* ⇨ *турк*. In Tajiki there are also plurals for nationalities and names of people groups: e.g. *амрикоиҳо*, *русҳо*, *тоҷикон*, *ҳиндувон*, *туркҳо*, *австралиягиҳо*, *шотландиҳо*. When talking about the people of a nation, the words *халқ* or *мардум* are sometimes used: e.g. *халқи Чин*, *мардуми Фаронса*, *халқи Олмон*, *мардуми Корея*. Note that, unlike in English, the names of peoples and nationalities are not written with a capital: e.g. *тоҷикон*, *русҳо*, *арабҳо*, *муғулҳо*.

ЛУҒАТ — VOCABULARY

Country	Nationality / people	Language	English (country)
Австралия	австралиягӣ	англисӣ	Australia
Австрия	австриягӣ	немисӣ	Austria
Албания	албанӣ	албанӣ	Albania
Алҷазоир	алҷазоирӣ (араб)	арабӣ	Algiers
Амрико	амрикой	англисӣ	America
Ангола	анголӣ	португалӣ	Angola
Арабистони Саудӣ	араб	арабӣ	Saudi Arabia
Аргентина	аргентинӣ	испанӣ	Argentina
Арманистон	арман	арманӣ	Armenia
Афғонистон	афғон	дарӣ/пашту	Afghanistan
Белгия	белгиягӣ	фламандӣ / немисӣ / фаронсавӣ	Belgium
Белоруссия	белорус	белорусӣ	Byelorussia
Бразилия	бразилиягӣ	португалӣ	Brazil
Британияи Кабир / Бритониё	британиягӣ	англисӣ	Great Britain
Булғория	булғор	булғорӣ	Bulgaria
Ветнам	ветнамӣ	ветнамӣ	Vietnam
Голландия / Хулланд	голландӣ / хулландӣ	голландӣ / хулландӣ	Holland
Гурҷистон	гурҷӣ	гурҷӣ	Georgia
Дания	даниягӣ	даниягӣ	Denmark
Иёлоти Муттаҳидаи Амрико (ИМА)	амрикой	англисӣ	United States of America
Инглистон	англис / инглис	англисӣ	England
Индонезия	индонезиягӣ	индонезӣ	Indonesia
Ирландия	ирландӣ	англисӣ / ирландӣ	Ireland
Ироқ	араб / ироқӣ	арабӣ	Iraq
Исландия	исландӣ	исландӣ	Iceland
Испания	испанӣ	испанӣ	Spain
Исроил	яҳудӣ	яҳудӣ	Israel
Италия / Итолиё	италиягӣ	итолиёӣ	Italy
Канада	канадагӣ	англисӣ	Canada
Корея	кореягӣ	кореягӣ	Korea
Куба	кубагӣ	испанӣ	Cuba
Қазоқистон	қазоқ	қазоқӣ	Kazakstan
Қирғизистон	қирғиз	қирғизӣ	Kirghizstan
Лаос	лаосӣ	лаосӣ	Laos
Латвия	латвиягӣ	латвиягӣ	Latvia
Литва	литвагӣ	литвонӣ	Lithuania
Лубнон	лубнонӣ (араб)	арабӣ	Lebanon
Малайзия	малайзиягӣ	малайӣ	Malaysia
Маҷористон / Венгрия	маҷористонӣ / венгриягӣ	маҷорӣ	Hungary
Мексика	мексикой	испанӣ	Mexico
Миср	мисрӣ/араб	арабӣ	Egypt
Молдова	молдовагӣ	молдовӣ	Moldavia

Муғулистон	муғул	муғулӣ	Mongolia
Норвегия	норвегиягӣ	норвегӣ	Norway
Озарбойҷон	озарбойҷонӣ	озарбойҷонӣ	Azerbaijan
Олмон	олмонӣ / немис	немисӣ	Germany
Покистон	покистонӣ	урду	Pakistan
Полша	полшагӣ	полшагӣ	Poland
Португалия	португалиягӣ	португалӣ	Portugal
Руминия	румин	руминӣ	Rumania
Русия	рус	русӣ	Russia
Словакия	словак	словакӣ	Slovakia
Сурия	суриягӣ (араб)	арабӣ	Syria
Тоҷикистон	тоҷик	тоҷикӣ	Tajikistan
Туркия	турк	туркӣ	Turkey
Туркманистон	туркман	туркманӣ	Turkmenistan
Украина	украин	украинӣ	Ukraine
Уругвай	уругвайӣ	испанӣ	Uruguay
Уэлс	уэлсӣ	англисӣ / уэлсӣ	Welsh
Ӯзбекистон	ӯзбек	ӯзбекӣ	Uzbekistan
Фаронса	фаронсавӣ	фаронсавӣ	France
Филиппин	филиппинӣ	филиппинӣ	Philippines
Финляндия	финн	финнӣ	Finland
Ҳиндустон	ҳинду	ҳиндӣ	India
Чехия	чех	чехӣ	Czech Republic
Чили	чилиягӣ	испанӣ	Chile
Чин / Хитой	чинӣ / хитой	чинӣ / хитой	China
Швейсария	швейсариягӣ	немисӣ / итолиёӣ / фаронсавӣ / рето-романӣ	Switzerland
Шветсия	швед	шведӣ	Sweden
Шотландия	шотландӣ	англисӣ / шотландӣ	Scotland
Эрон	эронӣ	форсӣ	Iran
Эстония	эстонӣ	эстонӣ	Estonia
Югославия	югослав	сербухорватӣ / хорватӣ / сербӣ / македонӣ / словенӣ	Yugoslavia
Юнон	юнонӣ	юнонӣ	Greece
Япония / Ҷопон	японӣ	японӣ	Japan

китъа	continent	Арктика	Arctic
Аврупо	Europe	Амрико	America
Австралия	Australia	Африқо	Africa
Антарктида	Antarctica	Осиё	Asia
уқёнус	ocean	Уқёнуси Ҳинд	Indian Ocean
Уқёнуси Атлас (Атлантика)	Atlantic Ocean	Уқёнуси Яхбастаи Шимолӣ	Arctic Ocean
Уқёнуси Ором	Pacific Ocean	баҳр	sea
кӯл	lake	дарё	river
кӯҳ	mountain	биёбон	desert
экватор	equator	қутб	pole
давлат / кишвар	country, state	минтақа	region, area
ватан	motherland, homeland	диёр	land, region, country

миллат	nation, nationality	ҷумҳур	republic
мамлакат	country, state	ноҳия (pl.: навоҳӣ)	district, region
вилоят	region, province (in Tajikistan)	музофот	province
		ҳудуд / қаламрав	territory
сарҳад / марз	frontier, border	иёлат	state, region
намоянда(гон)	representative(s)	душман	enemy
халқ / мардум	people	аҳолӣ	population
забон	language	забони миллӣ	national language
забони модарӣ	native language	забони расмӣ / давлатӣ	official language
зодгоҳ	place of birth		
гуфтан (гӯй)	to say, to tell	шунидан (шунав)	to hear
омӯхтан (омӯз)	to learn	фаҳмидан (фаҳм)	to understand
навиштан (навис)	to write	хондан (хон)	to read
тавонистан (тавон)	to be able	тарҷума кардан	to translate
		ҳамсарҳад будан	to share a border
шимол – шимолӣ	north – northern	ҷануб – ҷанубӣ	south – southern
шарқ – шарқӣ	east – eastern	ғарб – ғарбӣ	west – western
шимолу шарқӣ	north-eastern	шимолу ғарбӣ	north-western
ҷанубу шарқӣ	south-eastern	ҷанубу ғарбӣ	south-western
обӣ / баҳрӣ	sea (adj.)	ҳамсарҳад	bordered
наздик	near	дур	far
баланд	high	паст	low

СӮҲБАТҲО

DIALOGUES

1.

– Бобоҷон, шинос шав, ин кас дӯсти ман Франческо.
– Хеле шодам. Ман Бобоҷон.
– Бобоҷон, Шумо тоҷик?
– Ҳа, ман тоҷик. Миллати Шумо чӣ?
– Ман итолиёӣ.
– Шумо дар куҷо зиндагӣ мекунед?
– Пештар дар Рим зиндагӣ мекардам. Ҳоло дар Душанбе зиндагӣ мекунам. Бобоҷон, Шумо дар Италия будед?
– Не, набудам. Франческо, Шумо кай ба Тоҷикистон омадед?
– Се моҳ пеш.
– Шумо забони тоҷикиро хуб медонед?
– Не, ҳанӯз намедонам.

– Bobojon, let me introduce you: this is my friend Francesco.
– Nice to meet you. I'm Bobojon.
– Bobojon, are you Tajik?
– Yes, I'm Tajik. What's your nationality?
– I'm Italian.
– Where do you live?
– I used to live in Rome, but now I live in Dushanbe. Bobojon, have you been to Italy?
– No, I haven't. Francesco, when did you come to Tajikistan?
– Three months ago.
– Do you speak Tajiki well?
– No, not yet.

2.

– Биёед, шинос мешавем: номи ман Ҷек, ман амрикоӣ.
– Хеле мамнунам, номи ман Аҳрор. Ман тоҷик.
– Аҳрор, Шумо дар куҷо таваллуд шудаед?

– We've not met: My name's Jack; I'm American.
– Nice to meet you. My name is Ahror; I'm Tajik.
– Ahror, where were you born?

– Зодгоҳи ман Қӯрғонтеппа аст. Шумо чӣ?
– Ман дар Чикаго таваллуд шудаам. Забони модарии Шумо чӣ?
– Тоҷикӣ. Аз они Шумо чӣ?
– Англисӣ.

3.
– Салом, Хушбахт!
– Салом, Антон! Ту чӣ хел? Корҳоят нағз-мӣ?
– Нағз, ҷӯра, худат чӣ хел?
– Бад не, мешавад. Антон, кай боз¹ туро надидам, ту дар куҷо будӣ?
– Ман дар Фаронса будам. Дина баргаштам.
– Ту дар Париж будӣ?
– Ҳа.
– Ту забони фаронсавиро медонӣ?
– Не, мо як тарҷумон доштем.
– Чанд рӯз он ҷо будед?
– Як ҳафта.
– Хайр, чӣ хел? Маъқул шуд?²
– Хеле. Париж бисёр шаҳри зебо будааст, одамонаш хуб.
– Хайр, ҷӯра, сӯхбат боқӣ!³
– Хайр, то боздид!

4.
– Роберт, забони модарии ту чӣ?
– Англисӣ.
– Ту боз кадом забонҳоро медонӣ?
– Ман боз забонҳои фаронсавӣ ва русиро медонам. Забони модарии ту чӣ?
– Забони модариам тоҷикӣ.
– Забони англисиро дар куҷо омӯхтӣ?
– Ман чор сол дар донишгоҳ хондам, се моҳ дар Инглистон будам.
– Дар кадом шаҳр будӣ?
– Дар Лондон.
– Ту забони русиро ҳам медонӣ?
– Ҳа, аксари тоҷикон забони русиро медонанд.

– I was born in Qurghonteppa. What about you?
– I was born in Chicago. What's your native language?
– Tajiki. And yours?
– English.

3.
– Hello, Khushbakht.
– Hello, Anton. How are you? Is your work going well?
– Yes, fine. What about you?
– Not bad. Anton I haven't seen you for ages. Where have you been?
– I was in France. I came back yesterday.
– Did you go to Paris?
– Yes.
– Do you speak French?
– No, we had an interpreter.
– How long did you stay there?
– For one week.
– Well, did you like it?
– Yes. Paris is a very beautiful city, and the people are very polite.
– Goodbye. See you!
– Goodbye.

4.
– Robert, what's your native language?
– English.
– Which other languages do you know?
– I also know French and Russian. What's your native language?
– My native language is Tajiki.
– Where did you learn English?
– I studied at university for four years, and was in England for three months.
– Which city were you in?
– In London.
– Do you know Russian too?
– Yes, the majority of Tajiks know Russian.

---

[1] "*Кай боз*" – Literally, "*Since when,*" this is a colloquial expression meaning the same as "*чанд вақт шуд, ки*" and "*чанд муддат аст, ки*" ("*How long is it since*"). "*Кай боз туро надидам*" is thus equivalent to "*Long time, no see.*"
[2] "*Маъқул шуд?*" ("*Did you like it?*") – This is a colloquial expression meaning "*to like*": e.g. "*Ин ба ман маъқул*" – "*I like it.*"
[3] "*Сӯхбат боқӣ*" – Literally, "*Conversation is remaining,*" this expression is sometimes used when saying goodbye and the speakers want to talk to each other again.

5.

– Биёед, шинос мешавем: номи ман Алфред.
– Хеле мамнунам, номи ман Вероника. Алфред, Шумо аз куҷо?
– Ман аз Швейсария. Шумо чӣ?
– Ман аз Мексика. Алфред, забони модарии Шумо чӣ?
– Забони модариам олмонӣ.
– Забони олмонӣ забони расмии Швейсария аст?
– Дар Швейсария се забони расмӣ ҳаст: олмонӣ, итолиёӣ ва фаронсавӣ. Забони модарии Шумо чӣ?
– Забони модарии ман испанӣ аст.
– Шумо боз кадом забонҳоро медонед?
– Ман боз забонҳои англисӣ ва русиро медонам. Шумо чӣ?
– Ман ҳам забони англисиро медонам. Забони тоҷикиро мефаҳмам, аммо хуб гап зада наметавонам.

– We've not met: My name is Alfred.
– Nice to meet you. My name's Veronica. Where are you from, Alfred?
– I'm from Switzerland. And you?
– I'm from Mexico. Alfred, what is your native language?
– It's German.
– Is German the official language of Switzerland?
– There are three official languages in Switzerland: German, Italian and French. What's your native language?
– My native language is Spanish.
– What other languages do you know?
– I also know English and Russian. What about you?
– I know English too. I can understand Tajiki, but I can't speak it well.

6.

– Исфандиёр, инҳо дӯстони ту?
– Ҳа. Шинос шав: ин Марта, ӯ олмонидухтар аст. Ҳоло вай дар Душанбе кор ва зиндагӣ мекунад. Ин Ван Ли. Пештар дар Пекин зиндагӣ мекард, ҳоло дар Душанбе, дар корхонаи муштараки Тоҷикистону Хитой кор мекунад. Ин Роберт. Ӯ англис аст. Вай ҳам дар Тоҷикистон кор мекунад.
– Аз дидани шумоён[4] шодам. Номи ман Чек. Ман амрикоӣ. Соли гузашта ба Тоҷикистон омадам.
– Бисёр хуб. Чек, шумо пеш аз ба Тоҷикистон омадан дар Амрико зиндагӣ мекардед?
– Не, чор сол пеш аз Амрико ба Африко, ба Миср рафтам ва дар он ҷо дар як ташкилоти байналмилалӣ се сол кор кардам.
– Зодгоҳи Шумо кадом шаҳр?
– Ман дар Вашингтон таваллуд шудаам.
– Забони модарии Шумо англисӣ?
– Не, падару модарам аслан аз Олмонанд.
– Шумо забони олмониро ҳам медонед?

– Isfandiyor, are these your friends?
– Yes. Let me introduce you: this is Martha. She's German. She currently works and lives in Dushanbe. This is Van Li. He used to lived in Peking, but now he works in a Tajik-Chinese joint enterprise. This is Robert. He's English and also works in Tajikistan.
– I am glad to meet you all. My name's Jack. I'm American. I came to Tajikistan last year.
– Nice to meet you. Jack, before you came to Tajikistan, did you live in America?
– No, four years ago, I left America and went to Africa – to Egypt – and worked in an international organisation there for three years.
– Which city were you born in?
– I was born in Washington.
– Is your native language English?
– No, my parents are originally from Germany.
– Do you know German too?

---

[4] *Шумоён* is a form of respectful address sometimes used for the second person plural.

– Албатта, олмонӣ забони модарии ман аст.	– Of course: German is my native language.
– Аз сӯхбат бо Шумо шодем, Роберт.	– I enjoyed talking with you, Robert.
– Ман ҳам. Хайр, хуш бошед!	– Me too. Goodbye.
– То боздид!	– See you.

ГРАММАТИКА / GRAMMAR

Descriptive Past

The descriptive past tense (or, as it is sometimes referred to in English, the past imperfect tense) is formed from the past tense verb stem and the prefix "*ме-*" together with the subject marker verb endings:

Conjugation of the verb "рафтан" ("to go") in the descriptive past tense

ме-	рафт	-ам	(ман) мерафтам	
ме-	рафт	-ӣ	(ту) мерафтӣ	used to go /
ме-	рафт	-	(ӯ, вай) мерафт	would go /
ме-	рафт	-ем	(мо) мерафтем	was (were) going /
ме-	рафт	-ед	(шумо) мерафтед	went
ме-	рафт	-анд	(онҳо) мерафтанд	

1. The descriptive past is used to express past actions that were habitual or regular:

| Соли гузашта ман ҳар ҳафта ба бародарам мактуб *менавиштам*. | Last year I <u>used to write</u> letters to my brother every week. |
| Солҳои донишҷӯӣ мо бисёр китоб *мехондем*. | We <u>used to read</u> lots of books when we were students. |

2. The descriptive past is used when describing past situations:

| Он солҳо мо дар Токио *зиндагӣ мекардем*. Падарам дар донишгоҳ *кор мекард*. Модарам соҳибхоназан *буд*.[5] | At that time, we <u>lived</u> in Tokyo. My father <u>worked</u> in a university. My mother <u>was</u> a housewife. |

The descriptive past is used when talking about an unspecified duration of time in the past. Compare the following two pairs of sentences:

Дирӯз ман ба Эдвард мактуб *навиштам*.	Yesterday I <u>wrote</u> a letter to Edward.
Вакте ки ман дар Испания будам, ҳар ҳафта ба Эдвард мактуб *менавиштам*	When I was in Spain, I <u>used to write</u> letters to Edward every week.
Мо панҷ сол дар Канада *зиндагӣ кардем*.	We <u>lived</u> in Canada for five years.
Солҳои ҳафтодум мо дар Канада *зиндагӣ мекардем*.	In the seventies, we <u>lived</u> in Canada.

---

[5] In the descriptive past, the verbs "*будан*" and "*доштан*" do not take the prefix "*ме-*".

Comparatives and Superlatives

1. Comparatives are formed by adding the suffix "*-тар*" to adjectives:

калон	big	калонтар	bigger
беҳ	good	беҳтар	better
бад	bad	бадтар /batar/	worse
зебо	beautiful	зеботар	more beautiful

Ин миз *аз* он миз **калонтар** аст. — This table is <u>bigger</u> <u>than</u> that table.
Имрӯз ҳаво **гармтар** аст. — Today is <u>hotter</u>.
Тошканд **нисбат ба** Алмаато **наздиктар** аст. — Tashkent is <u>nearer</u> <u>than</u> Almaty.

2. Superlatives are formed by adding suffix "*-ин*" to the comparative form of adjectives:

калонтар	bigger	калонтарин	the biggest
беҳтар	better	беҳтарин	the best
бадтар	worse	бадтарин	the worst
зеботар	more beautiful	зеботарин	the most beautiful

Superlatives can come both before and after nouns. When before a noun, it doesn't take an *izofat*, "*-и*":

зеботарин духтар = духтари зеботарин – *the most beautiful girl.*
Тобистон **гармтарин** фасли сол аст. — Summer is <u>the hottest</u> season of year.
Ватикан **хурдтарин** давлати ҷаҳон аст. — The Vatican is <u>the smallest</u> country in the world.
Уқёнуси **калонтарини** дунё Уқёнуси Ором аст. — The world's <u>largest</u> ocean is the Pacific.

Superlatives can also be formed using the phrase *аз ҳама*. In this case, simple adjectives and comparatives can also be used instead of the superlative "*-тарин*" form:

Тобистон фасли аз ҳама гарм аст. — Summer is <u>the hottest</u> season.
Зулфия талабаи аз ҳама беҳтар аст. — Zulfiya is <u>the best</u> pupil of all.

Derivational Suffixes

Word-building using the suffix "*-ӣ*" (-гӣ, -вӣ)

1. The suffix "*-ӣ*" ("*-гӣ*") forms abstract nouns from nouns, adjectives, and numbers:

дӯст	friend	дӯстӣ	friendship
бародар	brother	бародарӣ	brotherhood
зинда	alive	зиндагӣ	life
зебо	beautiful	зебоӣ	beauty
сад	hundred	садӣ	a hundred

2. The suffix "-ӣ" ("-гӣ" and "-вӣ") forms adjectives from nouns:

даст	hand	дастӣ	hand-made, manual
шаҳр	city (n)	шаҳрӣ	city (adj.)
хона	house	хонагӣ	domestic, household
замона	epoch, period	замонавӣ	modern
афсона	fairy-tale (n)	афсонавӣ	fairy-tale (adj)

Word-building using the suffix "-истон"

The suffix "*-истон*" is used to form the names of places:

гул	flower	гулистон	flower-garden
тоҷик	Tajik	Тоҷикистон	Tajikistan
кӯҳ	mountain	кӯҳистон	mountains
қабр	grave	қабристон	cemetery

МАШҚҲО   EXERCISES

1. *Construct sentences based on the following table:*
   Example: <u>Пойтахти Ветнам шаҳри Ханой аст.</u>

	Канада		Пекин	
	Фаронса		Қоҳира	
Пойтахти	Хитой	шаҳри	Оттава	аст.
	Миср		Деҳлӣ	
	Ҳиндустон		Париж	

2. *Complete the following sentences, as shown in the example:*
   a) *Example:* Виктор аз Русия аст. Забони модарии ӯ <u>русӣ</u> аст.
      a. Марчелло аз Италия аст. Забони модарии ӯ … аст.
      b. Стивенсон аз Шветсия аст. Забони модарии ӯ … аст.
      c. Камол аз Ӯзбекистон аст. Забони модарии ӯ … аст.
      d. Мо аз Мисрем. Забони модарии мо … аст.
      e. Онҳо аз Мексикаанд. Забони модарии онҳо … аст.
      f. Муҳаммад Ҷовидхон аз Покистон аст. Забони модарии ӯ … аст.
      g. Ким аз Корея аст. Забони модарии ӯ … аст.
   b) *Example:* Томсон англис аст. Ватани ӯ <u>Инглистон</u> аст.
      a. Грейс амрикой аст. Ватани ӯ … аст.
      b. Мо тоҷикем. Ватани мо … аст.
      c. Онҳо русанд. Ватани онҳо … аст.
      d. Раҷ хинду аст. Ватани ӯ … аст.
      e. Меҳмет Савран турк аст. Ватани ӯ … аст.

3. *Transform the following sentences, as shown in the example:*
   Example: Мо забони англисиро медонем. ⇨ <u>Мо бо англисӣ гап зада метавонем.</u>
      a. Падарам забони фаронсавиро медонанд.
      b. Ванг Чуан забони хитоиро медонад.
      c. Нигора забони немисиро медонад.
      d. Онҳо забони форсиро намедонанд.
      e. Марселло забони испаниро медонад.
      f. Мансур забони қирғизиро намедонад.

4. **Construct sentences using comparative adjectives based on the following tables:**
   a) *Example: Тобистон аз зимистон гармтар аст.*

дӯст		Лондон	дарозтар	
Париж		шаб	донотар	
Зоир	аз	Назира	зеботар	аст.
Зайнаб		душман	калонтар	
рӯз		Бадриддин	беҳтар	

   b) *Example: Бародарам нисбат ба ман калонтар аст.*

Осиё		тирамоҳ	калонтар	
Антарктида		модарам	зеботар	
Швейсария	нисбат ба	Аврупо	хунуктар	аст.
баҳор		Дания	беҳтар	
падарам		Австралия		

5. **Create new words from the following nouns and adjectives, using the suffixes "-ӣ" ("-гӣ", "-вӣ") and "-истон", as appropriate; then write a sentence using each of the new words:**

хона	девор	шаҳр	сафед	сиёҳ	баҳор	давлат	об	баҳр	дӯст
тоҷик	ӯзбек	афғон	англис	қазоқ	марказ[6]	ҷануб	шарқ	модар	оила.

6. **Transform the following sentences, as shown in the example:**
   Example: Душанбе шаҳри калон аст.
   ⇨ *Душанбе калонтарин шаҳр аст.*
   ⇨ *Душанбе шаҳри аз ҳама калон аст.*
   a. Баҳор фасли зебо аст.
   b. Дилором духтари доно аст.
   c. Хитой давлати калон аст.
   d. Ин қолинӣ зебо аст.
   e. Марк дӯсти наздики ман аст.
   f. Уқёнуси Ором калон аст.

7. **Answer the following questions:**
   a. – Шумо дар куҷо зиндагӣ мекунед?
   b. – Ватани Шумо куҷост?
   c. – Забони модарии Шумо чӣ?
   d. – Кишвари Шумо дар кадом китъа аст?
   e. – Пойтахти давлати Шумо кадом шаҳр аст?
   f. – Кишвари Шумо бо кадом давлатҳо ҳамсарҳад аст?
   g. – Дар ватани Шумо кӯҳҳо ҳастанд?
   h. – Дар ватани Шумо кадом миллатҳо зиндагӣ мекунанд?
   i. – Забони расмии кишвари Шумо чӣ?

---

[6] *Марказ* means "*centre.*"

8. Read the following text and then express the same information in English:

Номи ман Алберто аст. Ман сию дусола мебошам. Ман зан ва як писар дорам. Номи занам Мария аст. Ӯ сисола аст. Номи писарам Малдини аст. Ман муҳандис мебошам. Занам духтур аст. Писарам дар мактаб мехонад. Мо пештар дар шаҳри Рим зиндагӣ мекардем. Ҳоло мо дар шаҳри Неапол зиндагӣ мекунем. Падару модари мо дар Рим зиндагӣ мекунанд. Мо ҳар моҳ як маротиба ба назди падару модарамон меравем. Забони модарии мо итолиёӣ аст. Ман забони англисиро низ медонам. Занам забони фаронсавиро медонад. Неапол нисбат ба Рим хурдтар аст, аммо барои[7] зиндагӣ беҳтар аст.

9. Read the proverbs below. Memorise any that you might be able to use in conversation:

Забон донӣ - ҷаҳон донӣ.	*If you know a language, you may know the world.*
Сафар кардан ҷаҳон дидан аст.	*To travel is to see the world.*
Пораи хоки ватан аз тахти Сулаймон беҳ.	*A piece of dirt from your homeland is better than the throne of Soloman.*
Одами беватан - булбули бечаман.	*A man without a homeland is like a nightingale without a garden.*
Захми табар меравад, захми забон мемонад.	*An axe wound will heal, but a hurt of the tongue will stay.*
Сухан бисёр дону андаке гӯй, Якеро сад магӯ, садро яке гӯй.	*Conversation should be concise and full of insights: don't say one thought a hundred times; fill one speech with a hundred ideas.*

САНҶИШ / QUIZ

1. Give answers to the following questions:

1. – Фазилат, забони модарии Шумо кадом аст?
 – ... .

2. – Шумо дар куҷо таваллуд шудед?
 – ... .

3. – Фарангис, ту кадом забонҳоро медонӣ?
 – ... .

4. – Фаронса дар кадом қитъа аст?
 – ... .

5. – Зодгоҳи Шумо кадом шаҳр аст?
 – ... .

6. – Ӯ забони англисиро медонад?
 – ... .

7. – Олмон калон аст ё Испания?
 – ... .

8. – Калонтарин шаҳри кишвари Шумо кадом аст?
 – ... .

9. – Миллати падару модари Шумо кадом аст?
 – ... .

10. – Марк забони тоҷикиро дар куҷо омӯхт?
 – ... .

11. – Баландтарин кӯҳи ҷаҳон кадом аст?
 – ... .

12. – Гармтарин қитъа кадом аст?
 – ... .

---

[7] *Барои* means *"for."*

2. *Fill in the questions corresponding with the following answers:*

1. – ... ?
   – Тоҷикистон бо Ӯзбекистон, Қирғизистон, Хитой ва Афғонистон ҳамсарҳад аст.
2. – ... ?
   – Не, ман забони русиро намедонам.
3. – ... ?
   – Миллати Марк немис аст.
4. – ... ?
   – Падару модарам дар Ҳиндустон зиндагӣ мекунанд.
5. – ... ?
   – Пештар Мари дар Эрон кор мекард.
6. – ... ?
   – Бародарам аз ман калонтар аст.
7. – ... ?
   – Ман дар Хуҷанд таваллуд шудаам.
8. – ... ?
   – Хунуктарин қитъа Антарктида аст.
9. – ... ?
   – Ватани Жан Фаронса аст.
10. – ... ?
    – Забони давлатии Гурҷистон гурҷӣ аст.
11. – ... ?
    – Маскав аз Алмаато дуртар аст.
12. – ... ?
    – Не, намедонам.

3. *Make up dialogues using the material in lesson eight and, if possible, role-play the situations with a language helper or other language partner.*

4. *Write a description about yourself similar to that in exercise 8.*

Дарси 9 / Lesson 9

Узвҳои бадан / Parts of the Body

ШАРҲ / COMMENTARY

One of the most important characteristics of the Tajiki language is the many meanings conveyed by the words used for the parts of the body and their prevalence in the language. For instance, consider the word "*сар*": in addition to referring to part of the body, the head, it can also be found in many expressions, such as *сар шудан* (to begin), *сари роҳ* (the end of the street, on the corner), *як сар гӯсфанд* (one sheep), *як сар ангур* (a bunch of grapes), *сар ба сар шудан* (to quarrel), *сари калобаро гум кардан* (to not know what to do), *сари сатр* (start of a line of text), *сари вақт* (on time, punctual), *сар супурдан* (to give oneself for a cause), *сар додан* (to let go, to divorce, to launch), *сар аз тан ҷудо кардан* (to kill). In addition, the word *сар* appears as the root in many compound words: e.g. *сарпӯш* (cover, lid), *сардор* (head, leader), *сармуҳандис* (chief engineer), *сардухтур* (head doctor), *сармутахассис* (chief specialist), *сарвазир* (prime minister), *сархуш / сармаст* (tipsy), *саргаранг* (crazy), *саросар / сар то сар* (everywhere, in all of ...), *сару либос* (clothes). The same sorts of lists could be compiled for other words, such as *дил*, *чашм*, *даст*, and *по*. There are many interesting expressions containing parts of the body, a few of which are given below:

чашм ба роҳ будан	to wait for
чашми касе гирифтан / чашм расидан	to be given the evil eye, to be jinxed
чашм ало кардан	to wish someone ill, to envy
чашм равшан шудан	to be "blooming" (about a new mother), to look healthy (after being ill)
дил сари каф ниҳодан (неҳ (них))	to take a risk
дил гум задан	to be lost in nostalgic reflection or to wish for something that cannot be
дил бохтан	to like, to love
дилтанг шудан	to be sad
аз даст додан	to lose (metaphorically; not about possessions)
ба даст овардан	to gain; to conquer
хуни ҷигар хӯрдан	to be distressed, depressed
мижа таҳ накардан.	to have a sleepless night

As can be imagined, such use means there are many proverbs and sayings that make reference to parts of the body. Some of these appear later in this lesson.

ЛУҒАТ / VOCABULARY

рӯй / рӯ	face	бинӣ	nose
чашм	eye	гӯш	ear
даҳон	mouth	лаб	lip
забон	tongue	дандон	tooth

Lesson 9: Parts of the Body

сар	head	ком	gum
майна	brain	нохун	fingernail, toenail
даст	hand, arm	ангушти даст	finger
пой / по	foot, leg	ангушти по	toe
пӯст	skin	каф	palm
рухсор	cheek	манах̣	chin
мӯй / мӯ	hair	пешонӣ	forehead
риш	beard	мӯйлаб	moustache
қош / абрӯ	eyebrow	мижа (pl. мижгон)	eyelash
бадан / тан	body	тахтапушт / пушт	back
китф /kift/	shoulder	зону	knee
гардан	neck	гулӯ	throat
сина	breast, chest	шикам	abdomen, belly
меъда	stomach	рӯда	intestine
дил	heart	шуш	lung
ҷигар	liver	гурда	kidney
хун	blood	раг	vein
доштан (дор)	to have	бардоштан (бардор)	to lift, to raise
бурдан (бар)	to carry	(нохун) гирифтан (гир)	to cut (nails)
буридан (бур)	to cut	шона кардан	to comb
(мӯй) тарошидан (тарош)	to cut (hair)		
шустан (шӯй)	to wash	шумурдан (шумур)	to count
зистан (зӣ) / зиндагӣ кардан	to live	мурдан (мур, мир)	to die
		куштан (куш)	to kill
гиря кардан	to cry	дод задан (зан)	to shout
хандидан (ханд)	to laugh	табассум кардан	to smile
бӯсидан (бӯс)	to kiss		
рост (дасти рост)	right	чап (дасти чап)	left
дароз	long	кӯтоҳ	short
калон	large	хурд	small
васеъ	broad	танг	narrow
баланд	high	паст	low
қадбаланд	tall	қадпаст	short
хароб / лоғар	thin	фарбеҳ	fat
зӯр / боқувват	strong	заиф	weak (also: "the weaker sex")
ботамкин	gentle, calm		
чиркин / ифлос	dirty	тоза	clean
кӯр / нобино	blind	кар	deaf
гунг	dumb	кал	bald
гирён	crying	хандон	smiling
нуронӣ	shiny	монда / хаста	tired
луч	naked	чингила	curly

| СӮҲБАТҲО | DIALOGUES |

1.

– Салом, Карима!
– Салом, Соҳира, ту чӣ хел?
– Нағз дугона, ту чӣ?
– Раҳмат, ман ҳам нағз.
– Карима, ба ту чӣ хел мардон маъқул?
– Ба ман? Ман мардони қадбаланду доноро нағз мебинам. Ту чӣ?
– Ба ман мардони хушрӯю ҳунарманд маъқул.

– Hello, Karima.
– Hello, Sohira, how are you?
– Fine, and you?
– I'm all right, thanks.
– Karima, what kind of men do you like?
– Me? I like tall, clever men. What about you?
– I like handsome, skilful men.

2.

– Ҷек, ту забони тоҷикиро медонӣ?
– Ҳа, медонам.
– «Eye» ба тоҷикӣ чӣ мешавад?
– «Чашм».
– «Face» чӣ?
– «Face»-ро ба тоҷикӣ «рӯй» мегӯянд.
– «Heart»-ро ба тоҷикӣ чӣ мегӯянд?
– «Дил».
– Раҳмат, Ҷек.
– Намеарзад.

– Jack, do you know Tajiki?
– Yes, I do.
– So what is "eye" in Tajiki?
– "Chashm."
– And what is "face"?
– "Face" in Tajiki is "rüy."
– And what is "heart" in Tajiki?
– "Dil."
– Thanks, Jack.
– Not at all.

3.

– Салом, Ҷаъфар! Шинос шав, ин кас ҳамкори нави мо – Робия.
– Чӣ хел номи зебо, аз шиносой бо Шумо шодам, Робия.
– Ташаккур, номи Шумо чӣ?
– Номам Ҷаъфар.
– Номи Шумо ҳам зебо, Ҷаъфар.
– Раҳмат Робия. Аммо Шумо... Фақат номатон не, балки чашму рӯю қомати Шумо ҳам хеле зебо...
– Ташаккур, Шумо ба гаппартой усто будед...
– Не, Робия, ин ҳақиқат аст.
– Раҳмат, Ҷаъфар. Мебахшед, ман бояд равам. Хайр, сӯҳбат боқӣ!
– Хайр, то боздид!

– Hello, Ja'far! Let me introduce you to our new colleague, Robiya.
– What a nice name! I'm pleased to meet you, Robiya.
– Thanks, what's your name?
– My name's Ja'far.
– Your name's nice too, Ja'far.
– Thanks, Robiya. But you... Not only your name, but your eyes, face and stature are very beautiful too.
– Thanks for the compliment!
– But, Robiya, it's the truth!
– Thanks, Ja'far. Excuse me, I must go now. Goodbye, we'll talk again!
– See you!

4.

– Медонӣ, Ибодҷон, дина ман бо як духтари бисёр зебо шинос шудам.
– Хайр чӣ? Духтарони зебо бисёранд.
– Дуруст мегӯй, аммо он духтар тамоман дигар хел. Чашмони калони сиёҳ дорад, қомати мавзун, мӯйҳои дароз. Ба як нигоҳ ошиқ шудам...

– Ibodjon, guess what? I met a wonderful girl yesterday.
– So? There are many beautiful girls.
– You're right, but this girl was different. She has big black eyes, a shapely figure and long hair. I fell in love at first sight...

– Табрик! Ақалан номашро медонӣ?

– Ҳа, номаш ҳам бисёр зебо – Дилшода.
– Дилшода? Намедонӣ, ӯ кор мекунад ё мехонад?
– Ӯ дар донишгоҳ мехонад.
– Дар кадом донишгоҳ мехонад?
– Дар донишгоҳи тиббӣ.
– Донишгоҳи тиббӣ? Насабашро медонӣ?
– Як дақиқа. Агар хато накунам, Аминзода. Ҳа, ҳа, Аминзода… Ибодҷон, ба ту чӣ шуд?
– Ӯ хоҳари ман аст!

– *Congratulations! Do you at least know her name?*
– *Yes, her name is very beautiful too – Dilshoda!*
– *Dilshoda? Do you know whether she works or studies?*
– *She studies at university.*
– *At which university is she studying?*
– *At the medical university.*
– *At the medical? Do you know her surname?*
– *Just a moment. If I'm not mistaken, her surname is Aminzoda. Yes, yes, Aminzoda… What's the matter with you, Ibodjon?*
– *She's my sister!*

ГРАММАТИКА / GRAMMAR

Compound Verbs

Many Tajiki verbs are compound verbs and these are divided into two categories: nominal and verbal. Information about verbal compound verbs will be given in lesson thirteen. Nominal compound verbs are formed by associating nouns and adjectives with basic auxiliary verbs such as *кардан* (*намудан*), *шудан* (*гардидан*), *хӯрдан*, *доштан*, and *додан*.

Nominal particle	Auxiliary verb	Nominal compound verb	Meaning
ором		ором кардан	to calm
зиндагӣ		зиндагӣ кардан	to live
ранг		ранг кардан	to paint
сар	кардан	сар кардан	to start
қуфл		қуфл кардан	to lock
калон		калон кардан	to raise [a child]
сабз		сабз шудан	to grow
ором	шудан	ором шудан	to quieten down
об		об шудан	to melt
ғам		ғам хӯрдан	to be anxious
шамол	хӯрдан	шамол хӯрдан	to catch a cold
дӯст		дӯст доштан	to love
нигоҳ	доштан	нигоҳ доштан	to keep, hold
фиреб		фиреб додан	to lie
азоб	додан	азоб додан	to cause trouble

Used in this way, the auxiliary verbs *кардан* and *намудан* are synonyms of each other, as are *шудан* and *гардидан*: i.e. *калон кардан* = *калон намудан* (*to raise, to bring up*), *калон шудан* = *калон гардидан* (*to grow, to grow up*).

Active and Passive Verbs

Verbs in the passive voice are formed in Tajiki through the use of auxiliary verbs. The main verb appears as a past participle[1], formed by dropping the final "*-н*" from the "*-ан*" of the infinitive:

Active		Passive	
хондан	to read	хонда шудан	to be read
гирифтан	to take	гирифта шудан	to be taken
сохтан	to build	сохта шудан	to be built
куштан	to kill	кушта шудан	to be killed

Ман хона *сохтам*.	I <u>built</u> a house.
Хона *сохта шуд*.	The house <u>was built</u>.
Ман хона *месозам*.	I <u>am going to build</u> a house.
Хона *сохта мешавад*.	The house <u>is going to be built</u>.

For nominal compound verbs that use the auxiliary verbs *кардан* and *намудан*, the passive voice is formed by substituting these with the auxiliary verbs *шудан* and *гардидан*:

Active		Passive	
гарм кардан	to warm up	гарм шудан	to become warm
об кардан	to melt	об шудан	to melt (by itself)
қуфл кардан	to lock	қуфл шудан	to be locked
сар кардан	to begin	сар шудан	to be started

Модарам обро *гарм кард*.	My mother <u>heated</u> the water.
Оби чойник *гарм шуд*.	The water in the kettle <u>became hot</u>.
Модарам обро *гарм мекунад*.	My mother <u>is heating</u> the water.
Оби чойник *гарм мешавад*.	The water in the kettle <u>is heating up</u>.

Usually the phrase *аз тарафи* is used with the passive in order to identify the agent of the verb; *аз тарафи* is thus the equivalent of "*by*" in English:

Ман *аз тарафи* ҳукумати Амрико ба Вашингтон даъват шудам.	I was invited to Washington <u>by</u> the American Government.

Absolute Future Tense

The absolute future tense is formed by using the auxiliary verb *хостан* followed by the past tense verb stem of the main verb. It is used for actions that will happen exclusively in the future. The auxiliary verb *хостан* takes the subject marker verb endings and always comes before the verb stem. This verb form is a feature of literary Tajiki and is not used in colloquial Tajiki. In colloquial Tajiki, future ideas are expressed using the present-future tense (as described in lesson six).

---

[1] A participle is a word combining the properties of a verb and an adjective.

Conjugation of the verb "рафтан" ("to go") in the absolute future tense

хоҳ-	-ам	рафт	(ман) хоҳам рафт	*I will go*
хоҳ-	-ӣ	рафт	(ту) хоҳӣ рафт	*you will go*
хоҳ-	-ад	рафт	(ӯ, вай) хоҳад рафт	*he/she will go*
хоҳ-	-ем	рафт	(мо) хоҳем рафт	*we will go*
хоҳ-	-ед	рафт	(шумо) хоҳед рафт	*you will go*
хоҳ-	-анд	рафт	(онҳо) хоҳанд рафт	*they will go*

When used in this way as an auxiliary part of the absolute future tense, the verb *хостан* loses its original meaning of "*to want*" and merely conveys information about the person and number of the subject of the verb:

Ман ба Маскав *хоҳам рафт*.   *I will go to Moscow.*
Фирӯз баъд аз се рӯз *хоҳад омад*.   *Firüz will come after three days.*

To form the negative in the absolute future tense, the prefix "*на-*" is joined to the auxiliary verb, *хостан*:

Ман *нахоҳам* рафт.   *I will not go.*
Ту *нахоҳӣ* гуфт.   *You will not say.*

МАШКҲО   EXERCISES

1. *Choose appropriate adjectives for the following nouns and make a sentence from each:*
   Example: **Чашмони кабуд.**   **Чашмони Наргис кабуд аст.**

Nouns:	рӯй	чашм	лаб	рухсор	гӯш
	даст		кад	дил	мӯй
Adjectives:	зебо		сиёҳ	сурх	баланд
	паст			пок	дароз

2. *Complete the following table by writing the verbs in the other tenses, using the same person and number as shown for each verb:*
   Example: рафтан : рафтам ⇨ *меравам* : *мерафтам* : *хоҳам рафт*

гуфтан	*гуфтӣ*			
кор кардан		*кор мекунад*		
нишастан	*нишастем*			
омадан			*меомаданд*	
дидан				*хоҳед дид*
нӯшидан			*менӯшидед*	
рӯфтан		*мерӯбам*		
навиштан	*навишт*			
зиндагӣ кардан			*зиндагӣ мекарданд*	
хандидан		*механдад*		
хондан				*хоҳам хонд*

3. **Construct sentences based on the following table, using the correct verb endings:**
   Examples: <u>Падарам фардо аз Душанбе хоҳад омад.</u>
   <u>Падарам фардо ба Душанбе хоҳад рафт.</u>

мо	фардо		Эрон	
шумо	ҳафтаи оянда		Хитой	
Сулхия	баъди ду рӯз		Помир	
Чан	пасфардо	аз	Ҳиндустон	хоҳ… омад.
Микело	пагоҳ	ба	Фаронса	хоҳ… рафт.
онҳо	пагоҳи дигар		Токио	
хоҳарат	соли оянда		сафар	
ту	се рӯз баъд		кор	

4. **Transform the verbs in the following sentences from the present-future to absolute future tense:**
   Example: Бародарам аз Масков меояд.
   ⇨ <u>Бародарам аз Масков хоҳад омад.</u>
   a. Фардо мо ба Қӯрғонтеппа меравем.
   b. Пас аз як ҳафта Мартин аз Австралия меояд.
   c. Ман дар Душанбе панҷ сол зиндагӣ мекунам.
   d. Ҳаким ин гапро ба ҳеҷ кас намегӯяд.
   e. Онҳо чойи гарм менӯшанд.
   f. Фароғат ба мактаб меравад.

5. **Change the tense of the verbs in the following sentences, as shown in the example:**
   Example: Ман дар Душанбе кор мекунам.
   ⇨<u>Ман дар Душанбе кор кардам.</u>
   ⇨ <u>Ман дар Душанбе кор мекардам.</u>
   ⇨ <u>Ман дар Душанбе кор хоҳам кард.</u>
   a. Падарам дар Берлин зиндагӣ мекунад.
   b. Онҳо аз Амрико омаданд.
   c. Дилноза дар донишгоҳ мехонад.
   d. Томас ба Швейсария хоҳад рафт.
   e. Гулнор ба Хосият мактуб навишт.
   f. Ситора писар таваллуд кард.

6. **Make sentences using the verbs in the imperative:**
   Example: Як пиёла чой (додан). ⇨ <u>Як пиёла чой диҳед.</u>
   a. Гапи маро (гӯш кардан).   b. Дасту рӯятро (шустан).
   c. Аз хоб (хестан).   d. Марҳамат, (даромадан).
   e. Илтимос, дарро (пӯшидан).   f. Ин китобро (хондан).
   g. Ба наздам (омадан).   h. Ин гапро ба ҳеҷ кас (нагуфтан).
   i. Ту ба назди ӯ (нарафтан).   j. Ин ҷо (нишастан).

7. **Transform the following verbs into the passive voice:**
   Example: навиштан ⇨ <u>навишта шудан.</u>

   | хондан | дидан | шунидан | гуфтан | ранг кардан |
   | даъват кардан | гарм кардан | об кардан | қуфл кардан | куштан. |

8. **Read the proverbs below. Memorise any that you might be able to use in conversation:**

Як даст бесадост.	One hand is silent.[2]
Дигар-дигару чигар-чигар.	Someone else is someone else, one's own beloved is one's own beloved.
Панҷ панҷа баробар нест.	The five fingers are not the same.
Дар чашми худ кӯҳ намебинад, Дар чашми ман кох мебинад.	In his own eye he can't see a mountain, But in my eye he can see a piece of straw.
Лайлиро бо чашмони Маҷнун бояд дид.	One should see Laili with the eyes of Majnun.[3]
Гӯшт бе устухон намешавад.	Meat doesn't come without bones.
Гӯштро аз нохун ҷудо карда намешавад.	You can't separate meat from the claw.
Сар раваду сир не.	It's better to separate the head from the body than to reveal a secret.
Агар бинӣ набошад, чашм чашмро мехӯрад.	If there was no nose, one eye would consume the other.[4]
Забони сурх сари сабз медиҳад барбод.	The red tongue kills the living head.[5]
Гапро ба гӯш ҳалка кардан.	To put the words like a ring into an ear.[6]
Фарзанди бад чӣ гуна аст? Мисли ангушти шашум – агар бурранд, дард мекунад, агар монанд, айб бувад.	What is a bad child? He's like a sixth finger – if cut off, it hurts; if left, it's a disgrace.
Сар амон бошад, тоқӣ ёфт мешавад.	If the head is sound, a hat can be found for it.[7]

---

[2] That is, "*It takes two to make an argument.*"
[3] *Лайлӣ* and *Маҷнун* are the "Romeo and Juliet" of Persian literature.
[4] This can refer to two people who don't get along or can mean "*The eye is never satisfied.*"
[5] That is, "*The tongue is a person's worst enemy.*"
[6] That is, "*To not forget what was said.*"
[7] That is, health is more important than everything else, used particularly in connection with a single person who has not yet found a spouse.

ХОНИШ — READING

1. Read the following text, and discuss the question that follows:

Таъбири хоб

Подшоҳе хоб дид, ки ҳамаи дандонҳояш афтодааст. Фолбинеро даъват кард ва маънои хоби худро аз ӯ пурсид. Фолбин гуфт:
— Ҳамаи хешу табори Шумо дар пеши чашматон хоҳанд мурд.

Подшоҳ дар ғазаб шуд ва фармон дод, ки сари фолбинро аз тан чудо кунанд. Фолбини дигареро даъват кард ва аз ӯ ҳам маънои хоби худро пурсид. Фолбини дуюм гуфт:
— Шумо бар ивази корҳои некатон нисбат ба ҳамаи хешовандони худ дарозтар умр хоҳед дид.

Подшоҳ хурсанд шуд ва фармуд, ки ба фолбин тӯҳфаи хубе диҳанд.

Vocabulary:

таъбир	*interpretation*	хоб дидан	*to have a dream*
афтодан	*to fall out*	даъват кардан	*to invite*
тӯҳфа	*present, gift*	фолбин	*fortune-teller*
хешу табор / хешовандон	*relatives*	дар ғазаб шудан	*to become angry*
фармон додан	*to (give an) order*	умр дидан	*to live*
хурсанд шудан	*to be happy*	фармудан (фармо)	*to order*

Translation of some expressions and idioms:

Маънои хоби худ аз ӯ пурсид.	*Asked him the meaning of his dream.*
Сари фолбинро аз тан чудо кунанд.	*They should kill the fortune-teller.*
Бар ивази корҳои некатон ... умри дароз хоҳед дид.	*Because of your good works ... you will have a long life.*
Дар пеши чашматон хоҳанд мурд.	*They will die in your sight.*

Discuss the following questions:

Оё дар байни таъбирҳои фолбинҳо фарқе ҳаст?

Ба назари тоҷикон, хобҳо маъно доранд. Агар хоби бад бинанд, ин хобро ба оби равон бояд нақл кунанд ва мегӯянд, ки хобашон бо воситаи ин хел нақлкунӣ дар оянда иҷро намешавад. Вақте ки Шумо хоб мебинед, чӣ кор мекунед?

More useful vocabulary:

фарқ	*difference*	назар	*opinion, view*
маъно доштан	*to mean, to signify*	равон	*flowing, running*
бояд	*must, should*	нақл кардан	*to tell, to narrate*
бо воситаи	*by means of*	нақлкунӣ	*act of telling*
иҷро шудан	*to be fulfilled*	аломат / нишон / нишона	*sign, omen, portent*
бовар кардан	*to believe*		

2. Read the following text, and discuss the question that follows:

Беҳтарин аъзо

Рӯзе Хоҷа ба Луқмон[8] гуфт:
– Гӯсфанде бикуш ва беҳтарин аъзои онро барои ман биёр.
Луқмон гӯсфанде кушт ва дилу забони онро ба назди Хоҷа бурд.
Рӯзи дигар Хоҷа гуфт:
– Гӯсфанде бикуш ва бадтарин аъзои онро барои ман биёр.
Луқмон гӯсфанди дигаре кушт ва боз дилу забони онро ба назди Хоҷа бурд.
Хоҷа ҳайрон шуду гуфт:
– Ин чӣ маънӣ дорад?
Луқмон гуфт:
– Ҳеҷ чиз беҳтар аз дилу забон нест, агар онҳо пок бошанд ва ҳеҷ чиз бадтар аз дилу забон нест, агар онҳо нопок бошанд.

Vocabulary:

аъзо (pl.: узвҳо)	parts	Хоҷа	Boss, Master
ҳеҷ чиз	nothing	пок (нопок)	pure (impure)

Translation of some expressions and idioms:

Гӯсфанде бикуш.	Kill a sheep.
Барои ман биёр.	Bring me.
Ба назди Хоҷа бурд.	Brought to the master.
Хоҷа ҳайрон шуду гуфт.	The master was surprised and said.
Ин чӣ маънӣ дорад?	What does it mean?
Агар онҳо пок бошанд.	If they are pure.

Discuss the following:

Дар ин ҳикоят дилу забон маънои рафтору гуфторро доранд. Якчанд мисоли рафтору гуфтори пок ва нопокро нақл кунед.

More useful vocabulary:

ҳикоят	story, tale	якчанд	several, a few
мисол	example	рафтор	behaviour
гуфтор	speech	масал	fable, parable
мақол	saying, proverb		

---

3. Read the poem, and discuss the question that follows:

Ёд дорам, ба вақти зодани ту,
Ҳама хандон буданду ту гирён.
Ончунон зӣ, ки вақти мурдани ту,
Ҳама гирён шаванду ту хандон.
Саъдӣ

Vocabulary and expressions:

ёд доштан	to remember
ба вақти зодани ту	at the time of your birth
Ончунон зӣ, ки ...	Live in such a way that ...

---

[8] *Луқмон*, or *Луқмони Хаким* is the name used for any wise person in stories and folk tales.

Discuss the following:
Ба фикри Шумо, аз рӯйи маънои ин шеър, мо чӣ тавр бояд зиндагӣ кунем?

More useful vocabulary:

шеър	*poem*	чӣ тавр	*how, in what way*

САНҶИШ / QUIZ

1. Give answers to the following questions:

1. – Ту чанд дандон дорӣ?
   – ... .
2. – Қади ӯ баланд аст ё паст?
   – ... .
3. – Бародарат аз Париж кай хоҳад омад?
   – ... .
4. – Ба ту чӣ хел духтарҳо маъқул?
   – ... .
5. – Кӣ зеботар аст, Дилором ё Назокат?
   – ... .
6. – Ин мактуброр кӣ навишт?
   – ... .
7. – Чаро ту гиря мекунӣ?
   – ... .
8. – Ту монда шудӣ ё не?
   – ... .
9. – Мартин кай ба Австрия меравад?
   – ... .
10. – Як даст чанд ангушт дорад?
    – ... .
11. – Ту бо дасти рост менависӣ ё бо дасти чап?
    – ... .
12. – Чашмони Аня чӣ хеланд?
    – ... .

2. Fill in the questions corresponding with the following answers:

1. – ... ?
   – Духтарам понздаҳсола аст.
2. – ... ?
   – Ман писарони қадбаландро дӯст медорам.
3. – ... ?
   – Собир аз Асад донотар аст.
4. – ... ?
   – Мӯйҳои ӯ сиёҳу кӯтоҳ аст.
5. – ... ?
   – «Foot»-ро ба тоҷикӣ «пой» мегӯянд.
6. – ... ?
   – Чашмони ӯ кабуданд.
7. – ... ?
   – Падарам қоматбаланд аст.
8. – ... ?
   – Аҳмад фардо аз Тошканд хоҳад омад.
9. – ... ?
   – Ҳа, ин духтар ба ман маъқул.
10. – ... ?
    – Инро ба ман Салим гуфт.
11. – ... ?
    – Ҳа, ман ҳар рӯз дандонҳоямро мешӯям.
12. – ... ?
    – Дирӯз омадам.

3. Make up dialogues using the material in lesson nine and, if possible, role-play the situations with a language helper or other language partner.

4. Write short dialogues using the words and expressions in the commentary. If possible, keep a list of any other compound words and expressions you come across that include parts of the body, including examples to show the context in which they are used.

Дарси 10 — Lesson 10

Шаҳр – Кӯча — The City – The Street

ШАРҲ — COMMENTARY

Tajikistan is an agricultural country. A large part of its population live in the country. The largest city in Tajikistan is Dushanbe, a comparative new city formed in 1924 when Tajikistan was established as an autonomous country. Previously, in the location of what is now Dushanbe, there were three villages, the largest of which was named Dushanbe, after the market that was held there every Monday. In the 1920s and 30s, many people were brought from more developed Tajiki cities – such as Bukhara, Samarkand, and the Sughd region in northern Tajikistan – to provide the capital with the technical skills and expertise it needed. During the days of the Soviet Union, the city developed rapidly and it is now the political, scientific, cultural, and industrial centre of Tajikistan. The city's population is very mixed and its native population is very small, most people having come to the capital from other parts of the country. Indeed, it is possible to find representatives from every region of Tajikistan in Dushanbe. This heterogeneity results in what is one of the most fascinating aspects of life in Dushanbe – namely, that there is no single way of life. The people have come from a variety of cities and regions and they continue to observe their own original customs and traditions.

In Tajikistan there are many ancient cities, rich in history. From among these, Khujand and Istaravshan, Panjakent and Shahriston (in northern Tajikistan), Hisor and Kulob are perhaps most noteworthy. In addition to these, the cities of Samarkand and Bukhara (in Uzbekistan), and Marv and Chorjui (in Turkmenistan) are also acknowledged as ancient centres of Tajiki science and culture. During the Soviet period, modern cities were built in Tajikistan, with large industrial complexes and hydroelectric power stations, including Ghafurov, Qairoqqum (in northern Tajikistan), Norak and Tursunzoda, Yovon and Roghun.

Streets in Tajikistan are mostly named after famous politicians, scientists, and authors. As a result of changes in politics, many names of cities and streets have been changed. For instance, from the middle of the 1930s to the start of the 1960s, Dushanbe was known as *Сталинобод* and, as late as the 1990s, *Хуҷанд* was known as *Ленинобод*. In Dushanbe, *Ленин* Avenue has become *Рӯдакӣ* Avenue, *Путовский* Avenue has become *Исмоили Сомонӣ* Avenue, and so on.

As was the case with the names of countries, many errors arose in the transcription of street names into English as a result of basing these on the Russian names. Russian changed the names of streets into the genitive case, so that various suffixes were added to their names. When writing such names in English now, the original form of the name should be used: e.g. *Pavlov St.* should be written instead of *Pavlova St.*, *Qarotegin St.* instead of *Karateginskaya St.*, etc.

In Dushanbe there are various types of public transport: buses (*автобус*), trolley-buses (*троллейбус*), vans that follow and can be stopped anywhere along set routes (*микроавтобус*) and taxis. In all of these, fares are paid in cash. The former system whereby passengers purchased tickets has been discontinued. However, it is still possible to use month passes for the public buses and trolley-buses. The first three of these forms of transport each have their own standard rate for fares. When using a taxi, passengers should determine the price with the driver in advance, so as to avoid potential argument later.

A маршрутка *and trolley-bus, passing one of Dushanbe's department stores,* Садбарг.

In colloquial Tajiki, the **микроавтобус** are referred to as **маршрутка**. Passengers stop one of these as it drives past in the same way as one would hail a taxi. Payment is passed to the front after getting on and passengers have to tell the driver when they want to get off, usually using an expression such as "*ҳамин ҷо истед,*" "*дар истгоҳ манъ кунед,*" or "*дар гардиш нигоҳ доред.*"

If you do not know how to get to a particular location, you may ask a passer-by on the street; various expressions for asking and giving directions are provided in the *dialogues* in this lesson.

ЛУҒАТ / *VOCABULARY*

нақлиёт	*transport*	поезд / катор[1]	*train*
такси	*taxi*	вагон	*wagon (of a train)*
автобус	*bus*	троллейбус	*trolley-bus*
мошин / мошини сабукрав	*car*	трамвай	*tram*
		микроавтобус / маршрутка	*"microbus" (see commentary)*
мошини боркаш	*truck*	ҳавопаймо [самолёт][2]	*aeroplane*
мотосикл	*motorbike*		
дучарха [велосипед]	*bicycle*	чархбол	*helicopter*
чарха	*wheel*	аробача	*trolley*
ароба	*cart*	бензинфурӯшӣ	*petrol station, petrol seller*
бензин	*petrol*		
солярка /salyarka/	*diesel*	карасин	*kerosine*
равғани мошин	*oil*		
роҳ	*road, path*	кӯча	*street*
роҳи мошингард	*roadway*	хиёбон	*avenue, main street*
чорраҳа	*crossroads, intersection*	чароғаки роҳ [светофор]	*traffic lights*
гузаргоҳ	*crossing, crosswalk*	пиёдагард	*pavement*
гардиш	*turning, corner*	кунҷ	*corner*
кӯпрук / пул	*bridge*	туннел	*tunnel*
метро	*subway*	ҷӯй / ҷӯ	*ditch, irrigation ditch*
фаввора	*fountain*	чанг	*dust, dirt*
истгоҳ	*station, bus-stop*	майдон	*square*
истгоҳи роҳи оҳан [вокзал /vagzal/]	*railway station*	фурудгоҳ / майдони ҳавоӣ [аэропорт]	*airport*
чойхона	*choikhona*	қаҳвахона	*cafe*
мағоза [магазин]	*shop*	ресторан	*restaurant*

---

[1] *Қатор*, literally meaning "*row, line,*" is used in literary Tajiki to mean "*train.*"
[2] Words shown in square brackets are Russian words used in colloquial Tajiki.

фурӯшгоҳ [универмаг]	department store	тарабхона	restaurant with music
бозор	market	универсам	supermarket
бино	building	меҳмонхона	hotel
бонк	bank	почта	post office
мубодилаи арз	currency exchange	дорухона	chemist
китобхона	library	беморхона	hospital
китобфурӯшӣ / мағозаи китоб	bookshop	[госпитал]	military hospital
музей	museum	намоишгоҳ [галерея]	gallery
театр	theatre	кино / кинотеатр	cinema
консерт	concert	кино / филм	film
боғ	park	боғи ҳайвонот	zoo
масҷид	mosque	калисо	church
милиса	policeman	ҷарима [штраф]	fine, penalty
роҳгузар	passer-by	харита	map
маҳалла	neighbourhood; district	нишонӣ / суроға [адрес]	address
марказ	centre	атроф / гирду атроф	suburbs; outskirts
чипта [билет]	ticket	касса	ticket office
гузаштан (гузар)	to cross	интизор шудан	to wait
гаштан (гард)	to turn	фаромадан (фаро) / фуромадан (фуро)	to get off
савор шудан	to get on		
савора рафтан	to ride	киро намудан	to hire
истодан (ист)	to stop	парвоз кардан	to fly
харидан (хар)	to buy	нишон додан	to show
фиристодан (фирист) {бо почта}	to send {by post}	пардохтан (пардоз) / пул додан	to pay
рондан (рон) / ҳай кардан	to drive	дароз кардан	to pay (through someone else)
тез	quickly	оҳиста	slowly
бузург / калон	great, huge	муҳим	important
баланд {овоз}	loud {noise}	ором / тинҷ	quiet, peaceful
олуда	polluted	тоза	clean
асфалтпӯш	asphalted	тахминан / тақрибан	about, approximately
ҷойгир	located		

СӮҲБАТҲО

DIALOGUES

1. [colloquial]
– Мебахшед, Шумо ҳозир мефуроед?
– Не.
– Биёед, ҷоямона[3] иваз кунем.
– Марҳамат, гузаред.

– *Excuse me, are you getting off now?*
– *No.*
– *Can we change places?*
– *Certainly.*

---

[3] **Ҷоямона** is a colloquial form of **ҷоямонро**.

2. *[colloquial]*
– Шумо истгоҳи ояндаба⁴ мефуроед?
– Ҳа, мефуроям.
– Пештар гузаред, тайёр шавем.
– Майлаш, ҳозир.

– *Are you getting off at the next stop?*
– *Yes I am.*
– *Please, move forward so we're ready.*
– *OK, I'll do so now.*

3.
– Намедонед, то фурӯшгоҳи марказӣ (СУМ)⁵ чанд истгоҳи дигар ҳаст?
– Баъди як истгоҳ фуроед.
– Раҳмат.
– Саломат бошед.

– *Do you know how many bus stops there are to "SUM"?*
– *You should get off after one stop.*
– *Thanks.*
– *Not at all.*

4.
– Намедонед, ин троллейбус то сафорати Амрико меравад?
– Намедонам, шояд равад. Беҳтараш аз дигар кас пурсед.

– *Do you know whether this trolley-bus goes to the American Embassy?*
– *I don't know; maybe it does. You should ask someone else.*

5.
– Намедонед, то сафорати Туркия чӣ хел рафтан мумкин?
– Ба троллейбуси 1 ё автобусҳои 3, 42 шинед. Дар истгоҳи «Ватан» фуроеду камтар ақиб биёед. Сафорати Туркия дар сари роҳ аст.
– Раҳмат.

– *Do you know how to go to the Turkish Embassy?*
– *Take trolley-bus number 1 or bus number 3 or 42. Get off at "Vatan" and go back a little. The Turkish Embassy is on the corner.*
– *Thanks.*

6.
– Мебахшед, пурсидан мумкин?
– Марҳамат.
– То бозори «Саховат» чӣ хел рафтан мумкин?
– Ба он тарафи роҳ гузареду ба автобуси 29 ё 18 шинед.
– Раҳмати калон.
– Намеарзад.

– *Excuse me, can I ask you a question?*
– *Of course.*
– *How can I get to "Sakhovat" market?*
– *Cross the street and take bus number 29 or 18.*
– *Thank you very much.*
– *Not at all.*

7. *[colloquial]*
– Мебахшед, намедонед хонаи Сайфиддин дар куҷо?
– Не, ман инҷой нестам.⁶ Аз ягон каси дигар пурсед.
– Ҳеҷ гап не, раҳмат.

– *Excuse me, do you know where Saifiddin lives?*
– *No, I don't live here. Please ask someone else.*
– *Never mind. Thank you.*

8.
– Мебахшед, як чиза пурсам.
– Марҳамат.

– *Excuse me, can I ask you something?*
– *Go ahead.*

---

⁴ *Истгоҳи ояндаба* is a colloquial form of *дар истгоҳи оянда*.
⁵ СУМ – this is Russian and means "*central department store.*"
⁶ A colloquial way of saying, "*Не, ман ин ҷо зиндагӣ намекунам.*"

– Мехмонхонаи бехтарин дар Душанбе кадом аст?
– Ба фикрам, бехтаринаш мехмонхонаи «Душанбе». Аммо мехмонхонахои «Точикистон» ва «Авесто» низ бад нестанд.
– Намегӯед, то мехмонхонаи «Душанбе» чӣ хел рафтан мумкин?
– Ба автобусхои 3, 40, 42, 23 ва троллейбуси 1 савор шавед. Дар истгохи «Мехмонхонаи Душанбе» ё «Садбарг»[7] мефуроед.
– Бо маршруткахо хам рафтан мумкин?
– Албатта. Ба он чо микроавтобусхои 8 ва 3 мераванд.
– Рахмати калон ба Шумо.
– Саломат бошед.

– Which is the best hotel in Dushanbe?
– I think the best hotel is the "Dushanbe." But the "Tajikistan" and "Avesto" hotels aren't bad either.
– Can you tell me how to get to the "Dushanbe hotel"?
– Get on bus number 3, 40, 42 or 23 or trolley-bus number 1 and get off at the "Dushanbe hotel" or "Sadbarg."
– Can I go there by "marshrutka"?
– Of course. Numbers 3 and 8 go there.
– Thank you very much.
– Goodbye!

9.
– Мебахшед, мумкин бошад, тезтар хай кунед.
– Тинчӣ-мӣ?
– Ха, тинчӣ. Ман бояд пас аз дах дакика дар фурудгох бошам.
– Парво накунед, Худо хохад[8] пас аз дах дакика ба он чо мерасем.

– Excuse me, could you drive more quickly, please?
– Is everything OK?
– Yes, but I have to be at the airport in ten minutes.
– Don't worry, Lord willing, we'll be there in ten minutes.

10.
– Сино, ту медонӣ, донишгохи давлатӣ дар кучост?
– Ха, медонам, аммо бинохои донишгох хеле бисёранд, ба ту кадом факулта лозим?
– Ба ман факултаи физика лозим.
– Факултаи физика дар пахлӯи бинои асосӣ аст. Он дар хиёбони Рӯдакӣ.
– Намегӯӣ, ба он чо чӣ хел равам?
– Он дур нест. Рост рав, тахминан баъд аз 300 метр дар тарафи рост мебинӣ.
– Рахмат, чӯра[9].
– Саломат бош.

– Sino, do you know where the State University is?
– Yes, but there are many university buildings. Which faculty do you need?
– I need the physics faculty.
– That faculty is very close to the main building. It's on Rudaki Ave.
– Could you tell me how to get there?
– It is not far. Go straight, and after about 300m you'll see it on your right.
– Thanks.
– Bye.

11.
– Мебахшӣ, ин автобус то беморхонаи «Қараболо»[10] меравад?

– Excuse me, does this bus go to the "Qarabolo" hospital?

---

[7] A general repair store that has now become a department store.
[8] "*Худо хохад*" (or "*Иншоллоҳ*") means "*Lord willing.*"
[9] Words such as **чӯра**, **холаҷон**, **писарам**, and **бачам**, used to show respect or affection, have not been translated since there are no universal sociolinguistic equivalents, although "*love*" and "*mate*" in parts of England and "*sugar*" in parts of America, along with other such terms of endearment and respect, serve similar functions.
[10] *Қараболо* is the spoken form of *Қарияи Боло*, meaning "*Upper Village,*" the name of one of Dushanbe's largest hospitals.

– Не, холаҷон⁹, ин намеравад.
– Писарам⁹, ман аз ин ҷо не, ба ман роҳа нишон те¹¹.
– Холаҷон⁹, ба автобуси 18 ё 29 шинед, баъди 2 истгоҳ фуроед.
– Илоҳӣ барака ёбӣ, бачам⁹.

– No, it doesn't.
– I don't live here, would you tell me the way?
– You should take a number 18 or 29 bus and get off after 2 bus stops.
– God bless you!

12.
– Биёед шинос шавем: ман Ирена, аз Бразилия.
– Хеле мамнунам. Номи ман Ригина, ман аз Испания.
– Аз шиносӣ бо Шумо шодам. Ригина, Шумо дар Бразилия будед?
– Афсӯс, ки не. Аммо бисёр рафтан мехоҳам. Шумо чӣ, дар Испания будед?
– Не, ман ҳам набудам. Худо хоҳад, шояд баъди шиносӣ ба кишварҳои ҳамдигар равем.
– Кошкӣ.¹²

– We've not met: I'm Irena, from Brazil.
– I'm very pleased to meet you. My name is Rigina; I'm from Spain.
– I'm pleased to meet you too. Rigina, have you been to Brazil?
– Sadly, no. But I'd really like to go there. What about you? Have you been to Spain?
– No, I haven't been there either. Lord willing, once better acquainted, maybe we'll go to each other's countries.
– If only!

13.
– Мебахшед, то сафорати Олмон дур-мӣ?
– Не, дур не, пиёда рафтан мумкин. Тахминан 50 метр рост равед, баъд ба тарафи чап гардед. Сафорат дар тарафи рост аст.
– Раҳмати калон.
– Намеарзад.

– Excuse me, is the German Embassy far from here?
– No, it isn't. You can go on foot. Go straight ahead about 50m, then turn left. The Embassy is on your right.
– Thanks a lot.
– Not at all.

ГРАММАТИКА

GRAMMAR

The Past Participle

The past participle¹³ has a special place in the Tajiki language. It is used both independently and in compound verbs to express certain verb tenses. The past participle is formed by adding the suffix "*-a*" to the past tense verb stem:

рафт	рафта	*gone*
гуфт	гуфта	*said*
дид	дида	*seen*
пӯшид	пӯшида	*closed*

---

¹¹ "*Роҳа нишон те*" is the spoken form of "*Роҳро нишон деҳ*," meaning "*Show me the way.*"
¹² *Кошкӣ* (or *кош*) means "*If only.*"
¹³ A participle is a word combining the properties of a verb and an adjective.

Used independently, the past participle can also function as an adjective:

| дари пӯшида | closed door | соли гузашта | last year |
| меваи пухта | ripe fruit | марди омада | a man who has come |

For this adjectival use of the past participle, there is a second form used especially in colloquial Tajiki, that is formed by adding the additional suffix "-*гӣ*" to the first form of participle:

| кори шудагӣ | finished work | китоби хондагӣ | a book that's been read |
| хонаи рӯфтагӣ | a cleaned house | | |

The past participle is particularly common in compound sentences – that is, when a subject is followed by more than one predicate. In such cases, the Tajiki past participle is similar to the English present participle. Compare the following:

Бачаҳо ба рӯйи ҳавлӣ *баромаданд* ва бозӣ карданд.	The children <u>went out</u> to the yard and played.	Бачаҳо ба рӯйи ҳавлӣ *баромада*, бозӣ карданд.	<u>Going out</u> to the yard, the children played.
Ӯ китобро рӯйи миз *гузошт*у аз хона баромад.	He/she <u>put</u> the book on the table and went out.	Ӯ китобро рӯйи миз *гузошта*, аз хона баромад.	<u>Putting</u> the book on the table, he/she went out.
Ҷомӣ маро *диду* гуфт «... .»	Jomi <u>saw</u> me and said "... ."	Ҷомӣ маро *дида* гуфт «... .»	<u>Seeing</u> me, Jomi said, "... ."

The past participle is also used to build verb tenses and sometimes with modals, as described in the following pages.

Present Continuous Tense

The present continuous tense is used to describe actions that, at the time of speaking, have begun but are not completed. It is formed from the past participle of the main verb followed by the auxiliary verb *истодан*, which is used to express the person and number of the subject. The subject marker verb endings are suffixed to the past participle of the auxiliary verb *истодан*:

Conjugation of the verb "рафтан" ("to go") in the present continuous tense

рафта	истода-	-ам	(ман) рафта истодаам	I am going
рафта	истода-	-ӣ	(ту) рафта истодаӣ	you are going
рафта	истода-	-аст	(ӯ, вай) рафта истодааст	he/she is going
рафта	истода-	-ем	(мо) рафта истодаем	we are going
рафта	истода-	-ед	(шумо) рафта истодаед	you are going
рафта	истода-	-анд	(онҳо) рафта истодаанд	they are going

In some cases, the present continuous is comparable to the present-future tense:

| Падарам дар вазорат *кор мекунад*. | Падарам дар вазорат *кор карда истодааст*. | My father is working in one of the ministries. |
| Ҳоло ман дар Душанбе *зиндагӣ мекунам*. | Ҳоло ман дар Душанбе *зиндагӣ карда истодаам*. | I am currently living in Dushanbe. |

Since the auxiliary verb *истодан* does not possess its original meaning of *"to stay, to stop"* when used in this way, it is usually abbreviated in colloquial Tajiki. The way the present continuous tense is pronounced varies significantly with different dialects: for instance, ***рафтестам*** and ***рафтосам*** (examples of central/southern dialects) and ***рафтосиям*** and ***рафсодам*** (examples of northern dialects) all mean *"I am going."*

Modal Verbs

In Tajiki, there are four modal verbs: ***тавонистан***, ***хостан***, ***боистан***, and ***шоистан***. The last two of these are only used in the forms *бояд* and *шояд* (although the form *мебоист* from *боистан* is also very occasionally encountered). The modals ***тавонистан*** and ***хостан*** are like other verbs in that they are conjugated to show the person and number of the subject, as shown in the following tables. The form given in the first column of the tables is the general form, used in both literary and colloquial Tajiki; the form in the second column is characteristic of literary Tajiki:

*Conjugation of the verb "*тавонистан*" ("to be able") in the past tense*

рафта тавонистам	тавонистам равам	I was able to go
рафта тавонистӣ	тавонистӣ равӣ	you were able to go
рафта тавонист	тавонист равад	he/she was able to go
рафта тавонистем	тавонистем равем	we were able to go
рафта тавонистед	тавонистед равед	you were able to go
рафта тавонистанд	тавонистанд раванд	they were able to go

*Conjugation of the verb "*тавонистан*" ("to be able") in the future tense*

рафта метавонам	метавонам равам	I can go
рафта метавонӣ	метавонӣ равӣ	you can go
рафта метавонад	метавонад равад	he/she can go
рафта метавонем	метавонем равем	we can go
рафта метавонед	метавонед равед	you can go
рафта метавонанд	метавонанд раванд	they can go

In colloquial Tajiki, the present-future form of ***тавонистан*** is pronounced /metonam/, /metoni/, etc.

*Conjugation of the verb "*хостан*" ("to want") in the past tense*

рафтан хостам	хостам равам	I wanted to go
рафтан хостӣ	хостӣ равӣ	you wanted to go
рафтан хост	хост равад	he/she wanted to go
рафтан хостем	хостем равем	we wanted to go
рафтан хостед	хостед равед	you wanted to go
рафтан хостанд	хостанд раванд	they wanted to go

Conjugation of the verb "хостан" ("to want") in the future tense

рафтан мехоҳам	мехоҳам равам	*I want to go*
рафтан мехоҳӣ	мехоҳӣ равӣ	*you want to go*
рафтан мехоҳад	мехоҳад равад	*he/she want to go*
рафтан мехоҳем	мехоҳем равем	*we want to go*
рафтан мехоҳед	мехоҳед равед	*you want to go*
рафтан мехоҳанд	мехоҳанд раванд	*they want to go*

It should be noted that in the first form, in which the modal follows the main verb, the past participle of the main verb is used with the modal *тавонистан* (e.g. *рафта тавонистам*, *рафта метавонам*), but the infinitive of the main verb is used with the modal *хостан* (e.g. *рафтан мехоҳам*, *рафтан хостам*). Also, in the first form only the modal verb is conjugated but in the second form both the main verb and the modal are conjugated.

In the first form, the main verb and the modal are always used together, whereas in the second form, in which the modal precedes the main verb, other words in the sentence can come in between the two:

Ман пагоҳ ба Норак *рафта* *метавонам*.	Ман пагоҳ ба Норак *метавонам* *равам*.	Ман *метавонам* пагоҳ ба Норак *равам*.	*I can go to Norak tomorrow.*
Ман пагоҳ ба Норак *рафтан* *мехоҳам*.	Ман пагоҳ ба Норак *мехоҳам* *равам*.	Ман *мехоҳам* пагоҳ ба Норак *равам*.	*I want to go to Norak tomorrow.*

Use of the modal "бояд" ("must") in the past tense: conjecture

бояд рафта бошам	*I must have gone*
бояд рафта бошӣ	*you must have gone*
бояд рафта бошад	*he/she must have gone*
бояд рафта бошем	*we must have gone*
бояд рафта бошед	*you must have gone*
бояд рафта бошанд	*they must have gone*

Use of the modal "бояд" ("must") in the past tense: obligation

бояд мерафтам	*I had to go / should have gone*
бояд мерафтӣ	*you had to go / should have gone*
бояд мерафт	*he/she had to go / should have gone*
бояд мерафтем	*we had to go / should have gone*
бояд мерафтед	*you had to go / should have gone*
бояд мерафтанд	*they had to go / should have gone*

– Исмат канӣ?
 – Намедонам. Соат аз панч гузашт, *бояд* ба хона *рафта бошад*.
Дина ба бонк *бояд мерафтам*, лекин касал будам.

– Where's Ismat?
 – I don't know. It's gone five. <u>He must have gone</u> home.

<u>I should have gone</u> to the bank yesterday but I was ill.

Use of the modal "бояд" ("must") in the future tense

бояд равам	I have to / should go
бояд равӣ	you have to / should go
бояд равад	he/she has to / should go
бояд равем	we have to / should go
бояд равед	you have to / should go
бояд раванд	they have to / should go

Имрӯз *бояд* ба почта *равам*. *I have to go to the post office today.*

In place of the second form given above for the modal *бояд* (i.e. *бояд мерафтам*, etc.), the word *даркор* or *лозим* is more commonly used in colloquial Tajiki:

бояд мерафтам ⇨ рафтанам даркор буд / рафтанам лозим буд, etc.

Дирӯз ту *бояд* ба вазорат *мерафтӣ*.	Дирӯз ба вазорат *рафтанат даркор буд*.	You had to go to the ministry yesterday.

In this case, the infinitive of the main verb is used, together with the possessive suffixes to show the person and number of the subject (e.g. *рафтанам даркор буд*, *рафтанат даркор буд*, *рафтанаш даркор буд*, etc.). The verb *буд* remains unchanged, irrespective of the number and person of the subject, and indicates that the verb is being used in the past tense.

Without the verb *буд*, this form is also used for the future tense; i.e.:

рафтанам даркор ⇨ бояд равам,   рафтанат даркор ⇨ бояд равӣ, etc.

Use of the modal "шояд" ("might") in the past tense: conjecture

шояд рафта бошам	I might have gone
шояд рафта бошӣ	you might have gone
шояд рафта бошад	he/she might have gone
шояд рафта бошем	we might have gone
шояд рафта бошед	you might have gone
шояд рафта бошанд	they might have gone

Use of the modal "шояд" ("might") in the past tense: conditional

шояд мерафтам	perhaps I would have gone
шояд мерафтӣ	perhaps you would have gone
шояд мерафт	perhaps he/she would have gone
шояд мерафтем	perhaps we would have gone
шояд мерафтед	perhaps you would have gone
шояд мерафтанд	perhaps they would have gone

– Равшан канӣ?
– Намедонам. Соат аз як гузашт, *шояд* барои хӯрок хӯрдан *рафта бошад*.

– Where's Ravshan?
– I don't know. It's gone one. <u>She might have gone</u> to lunch.

Агар нағз хоҳиш мекардӣ, *шояд мерафт*.

If you had asked him nicely, <u>perhaps he would have gone</u>.

Use of the modal "шояд" ("might") in the future tense

шояд равам	I might go
шояд равӣ	you might go
шояд равад	he/she might go
шояд равем	we might go
шояд равед	you might go
шояд раванд	they might go

Пагоҳ ба назди вазир *шояд равам*.   <u>I might go</u> *see the minister tomorrow.*

The modal *шояд* is used to denote the subjunctive—that is, to express hypothesis or contingency. In colloquial Tajiki, there are two other means by which the subjunctive can also be indicated. The first, similar to the use of *даркор* or *лозим* in place of *бояд* stated above, is the use of *мумкин* instead of *шояд*:

шояд равам ⇨ мумкин равам, etc.

| Имрӯз ман *шояд* ба бозор *равам*. | Имрӯз ман *мумкин* ба бозор *равам*. | *I might go to the market today.* |

The second alternative to the use of *шояд* in colloquial Tajiki is to combine the second form of the past participle (e.g. *рафтагӣ*) with the abbreviated form of the copula, "*-ст*", and the subject marker verb endings, as shown below. The future tense form is distinguished from the past tense form by taking the prefix "*ме-*":

рафтагистам	*I might have gone / perhaps I would have gone*
рафтагистӣ	*you might have gone / perhaps you would have gone*
рафтагист	*he/she might have gone / perhaps he/she would have gone*
рафтагистем	*we might have gone / perhaps we would have gone*
рафтагистед	*you might have gone / perhaps you would have gone*
рафтагистанд	*they might have gone / perhaps they would have gone*

мерафтагистам	*I might go*
мерафтагистӣ	*you might go*
мерафтагист	*he/she might go*
мерафтагистем	*we might go*
мерафтагистед	*you might go*
мерафтагистанд	*they might go*

Падарам фардо *меомадагист*.   *My father <u>might come</u> tomorrow.*
Онҳо кайҳо *рафтагистанд*.   *They <u>might have gone</u> a long time ago.*
– Намедонед, вай дар ҷои кораш бошад ё не?   *– Do you know whether he's at work or not?*
– Намедонам, *будагист*.   *– I don't know; <u>perhaps he is</u>.*

МАШКҲО   EXERCISES

1. *Rewrite the following sentences using the present-future tense:*
   Example: *Автобуси 3 то майдони ҳавой (рафтан).*
       ⇨ *Автобуси 3 то майдони ҳавой <u>меравад</u>.*
   a. Мо одатан чойи кабуд (нӯшидан).
   b. Падарам ҳар рӯз соати 8 ба кор (рафтан).
   c. Модарам одатан аз ҳама пештар (хестан).

d. Ӯ ба падару модараш зуд-зуд мактуб (навиштан).
e. Дар тобистон ҳаво гарм (шудан).
f. Шумо кай ба Рим (рафтан)?
g. Ҳавлиро одатан кӣ (рӯфтан)?
h. То бозори «Саховат» автобусҳои 18, 25, 28 ва 29 (рафтан).

2. *Rewrite the following sentences using the simple past tense:*
   Example: Дирӯз мо қаҳва (нӯшидан).
   ⇨ *Дирӯз мо қаҳва <u>нӯшидем</u>.*
   a. Падарам ду рӯз пеш аз Покистон (омадан).
   b. Ман имрӯз соати 6-и пагоҳӣ (аз хоб хестан).
   c.Ману Солеҳ бо автобуси 29 ба бозори «Саховат» (рафтан).
   d. Дирӯз Иқболро (надидан).
   e. Мебахшед, ман Шуморо (нафаҳмидан).
   f. Кӣ (омадан)?
   g. Бародарат кай ба Хуҷанд (рафтан)?
   h. Шумо ӯро (надидан)?

3. *Rewrite the following sentences using the present continuous tense:*
   Example: Ман китоб (хондан).
   ⇨ *Ман китоб <u>хонда истодаам</u>.*
   a. Душанбе рӯз то рӯз беҳтар (шудан).
   b. Ту чӣ кор (кардан)?
   c. Онҳо ба куҷо (рафтан)?
   d. Маҳбуба ба кӣ мактуб (навиштан)?
   e. Шумо чӣ (хӯрдан)?
   f. Ҳаво гарм (шудан).
   g. Мо дар донишгоҳ (хондан).

4. *Rewrite the following sentences using the descriptive past tense:*
   Example: Пештар мо дар Бадахшон зиндагӣ (кардан).
   ⇨ *Пештар мо дар Бадахшон зиндагӣ <u>мекардем</u>.*
   a. Он солҳо мо дар донишгоҳ (таҳсил кардан).
   b. Соли гузашта Файзулло зуд-зуд ба бародараш мактуб (навиштан).
   c. Вакте ки ман ҷавон будам, бисёр футболбозӣ (кардан).
   d. Дар мактаби миёна ӯ аъло[14] (хондан).
   e. Пештар мо тез-тез ба Хуҷанд, ба назди падару модарамон (рафтан).

5. *Rewrite the following sentences using the absolute future tense:*
   Example: Пагоҳ ман Фаррухро (дидан).
   ⇨ *Пагоҳ ман Фаррухро <u>хоҳам дид</u>.*
   a. Бародарат кай аз Берлин (омадан).
   b. Тоҷикистон ободу зебо (шудан).
   c. Дар тобистон меваҳо (пухтан).
   d. Ту (намурдан).
   e. Ӯ ба ин ҷо (наомадан).
   f. Ман инро ҳаргиз[15] ба падарам (нагуфтан).
   g. Заррина фардо маро (дидан).

---

[14] *Аъло* means "*best, excellent.*"
[15] *Ҳаргиз* means "*never.*"

6. *Rewrite the following sentences using the subjunctive:*
   Example: *Рухшона шояд пагоҳ ба шаҳр (рафтан).*
   ⇨ *Рухшона шояд пагоҳ ба шаҳр равад.*
   a. Ман шояд туро (надидан).
   b. Онҳо шояд инро (надонистан).
   c. Шояд ин хонаи Рустам (будан).
   d. Дилором шояд ҳафтаи оянда аз Масқав (омадан).
   e. Шояд ман ӯро (дидан).
   f. Ӯ шояд бо такси (омадан).

7. *Rewrite the following sentences using the correct form of the verb in parenthesis and "тавонистан":*
   Example: *Ман ин гапро ба ту (нагуфтан).*
   ⇨ *Ман ин гапро ба ту гуфта наметавонам.*
   ⇨ *Ман наметавонам ин гапро ба ту гӯям.*
   a. Ӯ фардо ба хонаи мо (наомадан).
   b. Фазлиддин ин корро (кардан).
   c. Онҳо ҳафтаи оянда ба театр (рафтан).
   d. Шумо дар Тоҷикистон бисёр кӯҳҳоро (дидан).
   e. Писарам (хондан ва навиштан).

8. *Rewrite the following sentences using the correct form of the verb in parenthesis and "хостан":*
   Example: *Ман ӯро (дидан).*
   ⇨ *Ман ӯро дидан мехоҳам.*
   ⇨ *Ман мехоҳам ӯро бинам.*
   a. Паула забони тоҷикиро (омӯхтан).
   b. Мо ба Фаронса (рафтан).
   c. Ту забони англисиро (донистан)?
   d. Ҷобир дар донишгоҳ (таҳсил кардан).

9. *Rewrite the following sentences using the appropriate form of the verb:*
   Example: *Шояд вай дирӯз ба хонаи падараш (рафтан).*
   ⇨ *Шояд вай дирӯз ба хонаи падараш рафта бошад.*
   a. Мансур шояд ин хабарро (шунидан).
   b. Онҳо шояд кайҳо аз он ҷо (омадан).
   c. Намедонам, шояд як-ду бор (дидан).

10. *Construct questions based on the following sentences, as shown in the example:*
    Example: *Комрон дирӯз ба Прага рафт.*
    ⇨ *Кӣ дирӯз ба Прага рафт?*
    ⇨ *Комрон кай ба Прага рафт?*
    ⇨ *Комрон дирӯз ба куҷо рафт?*
    a. Бародарам имрӯз аз Лондон меояд.
    b. Мо пагоҳӣ Ҷамолро дидем.
    c. Дилафрӯз панҷ сол дар Украина зиндагӣ кард.
    d. Писарам 10 декабр дар шаҳри Қӯрғонтеппа таваллуд шудааст.

САНҶИШ / QUIZ

1. Give answers to the following questions:

1. – Ин автобус то бозори «Баракат» меравад?
   – ... .
2. – Шумо дар истгоҳи оянда мефуроед?
   – ... .
3. – Мумкин як чизро пурсам?
   – ... .
4. – Меҳмонхонаи «Тоҷикистон» дар куҷост?
   – ... .
5. – То сафорати Олмон чанд истгоҳ аст?
   – ... .
6. – Ба фурудгоҳ кадом автобусҳо мераванд?
   – ... .
7. – Аз Душанбе то Қӯрғонтеппа чанд соат роҳ аст?
   – ... .
8. – Шумо ба кор бо автобус меравед?
   – ... .
9. – Кинотеатри «Ватан» дар куҷост?
   – ... .
10. – Шумо дар Япония будед?
    – ... .
11. – Ҳавопаймо аз Мюнхен кай ба Душанбе меояд?
    – ... .
12. – Кадом театрҳои Душанберо медонед?
    – ... .

2. Fill in the questions corresponding with the following answers:

1. – ... ?
   – Ба автобуси 26 савор шавед.
2. – ... ?
   – Мебахшед, намедонам.
3. – ... ?
   – Бозори «Саховат» дар қисмати[16] ҷанубии шаҳр аст.
4. – ... ?
   – Автобус аз Қӯрғонтеппа соати панҷ меояд.
5. – ... ?
   – Се истгоҳ.
6. – ... ?
   – Не, намефуроям.
7. – ... ?
   – Не, ман мошин надорам.
8. – ... ?
   – Дар Душанбе 10 донишгоҳ ҳаст.
9. – ... ?
   – Тахминан сад метр рост равед, баъд ба тарафи чап гардед.
10. – ... ?
    – Мағозаи китоб дар хиёбони Рӯдакӣ аст.
11. – ... ?
    – Дар кӯчаи Чехов.
12. – ... ?
    – Қаҳвахонаи «Ҳаловат» дар хиёбони Исмоили Сомонӣ аст.

3. Make up dialogues using the material in the lesson ten and, if possible, role-play the situations with a language helper or other language partner.

4. Describe your home town in Tajiki.

---

[16] *Қисмат* means "*part.*"

Дарси 11 / Lesson 11

Бозор / Market

ШАРҲ / COMMENTARY

In the life of Eastern people, including Tajiks, the market holds a special place and there are markets in every city and their suburbs. Some markets only take place on certain days of the week, most frequently on Sundays, while others operate every day. For this reason, people often refer to Sunday as *рӯзи бозор* – "*market day*." In ancient cities, such as Khujand and Istaravshan (formerly Uroteppa), markets consist of different sections, in each of which particular goods are sold. The names of each section are taken from the name of the goods sold there. For instance, *растаи қаннодӣ* ("*sweet section*"), *растаи гӯштфурӯшӣ* ("*meat section*"), *растаи мевачот* ("*fruit section*"), *растаи сабзавот* ("*vegetable section*"), *растаи равған* ("*oil section*"), *растаи ширу чурғот* ("*dairy section*"), *растаи оҳангарӣ* ("*metal items section*"), and *растаи орд* ("*flour section*"). Either inside or beside the market there are usually various stalls or workshops where household items are made and sold such as baskets, knives, combs, coal-shovels, sickles, axes, hammers, hoes, etc. Markets for food, animals, and industrial goods are normally located in different places. At markets it is also possible to find various teahouses (*чойхона*), national cafes (*ошхона*), kebab stands, and *sambüca* stands. In the past, there were stables (*сарой*) close to markets, where men would leave their horses, donkeys, and carts. Even now, some cities still have such *сарой*.

Buying and selling begin early in the morning and continue until quite late. The price of goods is not fixed and each customer must haggle a price with the vendor before buying anything. If an agreed price can't be reached with one trader, the purchaser can simply move on and continue haggling with other vendors. An interesting feature of Tajiki markets is that before buying fruit or other food (including sweets and dairy products) the customer may taste what is being sold, to see what it's like. In markets selling farmyard animals (such as cows and sheep) there is a special person called the *даллол*. *Даллол* act as brokers between vendors and purchasers and try to get an agreement between the two sides through their reasoning and pleasing words. As a reward for their service, they usually receive a commission, called *ҳаққи хизмат* ("*payment for services*"), from the trader. In markets it is possible to buy not only things for daily needs but also various industrial goods.

There are two types of vendor in markets: wholesale and retail. Usually wholesalers do their business at the start of the day. Retailers buying wholesale then do their business afterwards. The cost of wholesale goods is always cheaper than retail.

The largest markets in the capital are *Саховат*, *Шоҳмансур*,[1] *Роҳи Абрешим*,[2] *Баракат*, and *Султони Кабир*. In addition, goods are sold wholesale in the south of the city on Fridays – a market known as *Чумъабозор*. Most neighbourhoods also have their own small markets.

In the decade following independence, the monetary system changed three times. Until 1993, the Soviet system of Russian money continued to be used and was known by both its Russian name, the *рубл*, and the Tajiki word *сӯм*. In August 1993, use of the old Soviet currency was discontinued in Russia and a new Russian currency was introduced in its place,

---

[1] The old name for this market was "*Бозори сабз*" ("*Green Market*") and it is still usually referred to by its former Russian name, *Зелёный* /Zelyoni/.
[2] Usually known by the name of the district where it is located, "*Ҳаштоду ду*" ("*Eighty-two*").

although the former currency continued to be used in Tajikistan until January 1994. At that time, the new Russian currency was also adopted in Tajikistan. Then, in May 1995, a new Tajiki currency was introduced: the Tajiki *рубл*, although most referred to it as the *сӯм*. Finally, in November 2000, a new Tajiki currency was introduced, the small unit taking its name from that of the currency used in the Samanid dynasty, the *дирам*, and the large unit simply named after the dynasty, the *сомонӣ*. One *сомонӣ* is worth one hundred *дирам*, and both exist primarily as notes, although some coins are also in circulation.

ЛУҒАТ / VOCABULARY

мева / мевачот	*fruit*	сабзавот	*vegetables*
себ	*apple*	нок / муруд	*pear*
зардолу	*apricot*	шафтолу	*peach*
олу	*plum*	олуча	*cherry*
гелос	*sweet cherry*	биҳӣ	*quince*
тарбуз	*watermelon*	харбуза	*melon*
ангур	*grape*	анор	*pomegranate*
анчир	*fig*	хурмо	*persimmon, date*
тут	*mulberry*	кулфинай, [клубника][3]	*strawberry*
малина	*raspberry*	марминчон	*blackberry*
лимӯ / лимон	*lemon*	афлесун	*orange*
мандарин	*satsuma, tangerine*	ананас	*pineapple*
банан	*banana*	мавиз	*raisins*
зардолукок	*dried apricots*	нахӯдак	*dried chick peas*
мағз	*nuts*	бодом	*almond*
чормағз	*walnut*	писта	*pistachios*
помидор	*tomato*	бодиринг	*cucumber*
салат	*lettuce*	каланфур	*chilli*
сир / сирпиёз [чеснок]	*garlic*	каланфури булғорӣ[4]	*green pepper, bell pepper*
пиёз	*onion*	пиёзи кабуд	*spring onions*
боимчон	*aubergine, egg-plant*	лаблабу	*beetroot*
картошка	*potato*	сабзӣ	*carrot*
нахӯд	*chick peas*	лӯбиё	*beans*
карам	*cabbage*	гулкарам	*cauliflower*
каду	*pumpkin*	турб	*green radish*
шалғам	*turnip*	шалғамча [редиска]	*radish*
чукрӣ	*rhubarb*		
биринҷ	*rice*	макарон	*pasta*
тухм	*egg*	ҳасиб	*a type of sausage*
равған	*oil*	маска / равғани зард	*butter, margarine*
равғани растанӣ	*vegetable oil*		
шир	*milk*	панир	*cheese*
қаймоқ [сметана]	*cream*	чакка	*solid sour yoghurt (mixed with water as a side-dish)*
чурғот / дӯғ [кефир]	*sour curdled milk*		

---

[3] Words shown in square brackets are Russian words used in colloquial Tajiki.
[4] In colloquial Tajiki, *қаланфури булғорӣ* is usually abbreviated to *булғорӣ* or *балғарӣ*.

асал	honey	мураббо	jam
сирко [уксус]	vinegar	нос	oral snuff
намак	salt	мурч	ground pepper
кабудӣ	green herbs	зира	caraway seeds
райҳон	basil	кашнич	coriander
пудина	mint	шибит	dill
харидан (хар)	to buy	фурӯхтан (фурӯш)	to sell
сарф кардан	to spend, to waste (money)	пул додан	to pay
мондан (мон) / гузоштан (гузор)	to put	баркашидан (баркаш) / кашидан (каш)	to weigh
гирифтан (гир)	to take	чашидан (чаш)	to taste
буридан (бур)	to cut	пӯст кандан (кан)	to peel
тоза кардан	to clean	чидан (чин)	to pick
хушк	dried	тар / тару тоза	fresh
пухта, пухтагӣ	ripe	сероб	juicy
ширин	sweet	турш	sour
тунд / тез	spicy hot	талх	bitter
шӯр	pickled; salty	хом	raw
сахт	hard	мулоим	soft
вазнин	heavy	сабук	light
арзон	cheap	қимат	expensive
дӯстдошта	favourite	бомаза	tasty, delicious
барин / мисл	like, similar	кулӯла / лӯнда	rounded
кило	kilo	килобайъ	by the kilo
бандча	small bundle or bunch	линга / линча / халта	sack
дона	piece	борхалта	bag
тарозу	scales	санги тарозу	(measuring) weight
нарх	price, cost	вазн	weight (in grams)
арзиш	value	пул / сӯм (дирам, сомонӣ)	money (units of Tajiki currency)
кармонча / ҳамён	wallet, purse		

СӮҲБАТҲО

DIALOGUES

1. [northern dialect]

– Тарбузҳо чандпулӣ шуд?
– Интихоб кунед, савдо мекунем.
– Ана, ҳаминашба чанд пул диҳам?
– Ҳаштод дирам.
– Инсоф кунед! Арзонтар кунед.
– Чанд пул метид[5]?
– Чил.
– Аз ҳад зиёд арзон кардед.
– Охираш чанд пул мешад?
– Ҳафтод.
– Шасту панҷ медиҳам.

– How much are the watermelons?
– Choose one and we'll negotiate.
– OK, how much is this one?
– 80 dirams.
– Be fair! Come down in price.
– How much are you offering?
– 40.
– That's a lot less than it's worth.
– What's your last price?
– 70.
– I'll give you 65 for it.

---

[5] "*Метид*" is a spoken form of *медиҳед*.

– Гиред, майлаш.
– Пулаша гиред.
– Марҳамат, бақияша⁶ гиред. Ош шавад!

– OK, take it.
– Here's the money.
– Here's your change. Enjoy the food!

2. [exchange between northern and southern dialect speakers]
– Кабудӣ чанд пул шуд?
– Чор бандчаш даҳ дирам.
– Панҷтогӣ намешавад?
– Майлаш гиред.
– Булғорӣ чанд пул?
– Даҳ донааш даҳ дирам.
– Дувоздаҳто мегирам.
– Майлаш, гиред. Қаланфури тез ҳам мегиред?
– Чандпулӣ?
– Панҷ дона даҳ дирамда⁷.
– Не, даркор не. Чанд пул диҳам?
– Чиҳо гирифтед?
– Панҷ бандча кабудӣ ва дувоздаҳ дона балғарӣ.
– Бист дирам мешавад.
– Пулаша гиред.
– Раҳмат.

– How much are the greens?
– Four bundles for 10 dirams.
– How about five for the same price?
– OK, take them.
– How much are the green peppers?
– Ten for 10 dirams.
– I'll take twelve.
– Fine. Do you also want some chillies?
– How much?
– Five for ten dirams.
– No, I don't need any. How much do I owe?
– What did you get?
– Five bundles of greens and twelve peppers.
– 20 dirams.
– Take your money.
– Thanks.

3.
– Салом алейкум!
– Салом алейкум, марҳамат!
– Себ чанд пул?
– Аввал чашида бинед, себи бисёр ширин.

– Hello.
– Hi. What can I do for you?
– How much is a kilo of apples?
– First have a taste and see – these are very sweet apples.

– Чанд пул шуд?
– Барои Шумо сӣ дирам медиҳам.
– Арзонтар намешавад?
– Чанд кило мегиред? Бисёртар гиред, арзонтар мекунам.
– Ду килош панҷоҳ дирам, мешавад?
– Хайр биёед, ман розӣ.
– Марҳамат, пулаша гиред.
– Ош шавад!

– How much are they?
– I'll sell them to you for 30 dirams.
– Can't you make them cheaper?
– How many kilos will you buy? If you buy more, I'll make them cheaper.
– Will you sell me two kilos for 50 dirams?
– OK, I agree.
– Here's the money.
– Enjoy the food!

4.
– Салом алейкум!
– Салом! Ба Шумо чӣ даркор?
– Як-ду кило ангур.
– Марҳамат, чашида бинед. Асал мехӯред.
– Нархаш чанд пул?
– Як килош ҳафтод дирам.

– Hello.
– Hi. What do you need?
– A couple of kilos of grapes, please.
– Please, have a taste. They're like honey.⁸
– How much are they?
– 70 dirams per kilo.

---

⁶ "*Бақияша*" is a colloquial form of *бақия* +"*-аш*" +"*-ро*", that is "*the change.*"
⁷ "*Ба даҳ дирам*" – this is pronounced "*даҳ дирамба*" in northern dialects and "*даҳ дирамда*" in central and southern dialects.
⁸ Literally: "*You'll eat honey!*"

– Ин қадар қимат?
– Чанд пул медиҳед?
– Як килошба шаст дирам медиҳам.
– Чанд кило кашам?
– Ду кило.
– Марҳамат.
– Пулаша гиред.
– Хуш омадед!

5.
– Марҳамат, орди нағз дорем.
Орди Қазоқистон дорем, аз они Русия ҳам ҳаст. Мана инаш орди Нов. Аз кадомаш кашем?
– Орди Русия чанд пул?
– Килобайъ мегиред ё халташ-катӣ?[10]

– Як халта мегирам.
– Як халта гиред, сӣ сомониба медиҳем.
– Бисту нӯҳ сомонӣ медиҳам.
– Не, намешавад.
– Охираш бисту нӯҳуним, мешад-мӣ?
– Хайр, биёед.
– Марҳамат, пулаша ҳисоб кунед.
– Дуруст, раҳмат.

6.
– Салом алейкум!
– Салом, ако, марҳамат, чӣ даркор?
– Ин картошкаҳои кучо?
– Картошкаи Ғарм, ако. Ягон камбудӣ надорад. Се-чор кило кашам-мӣ?

– Нархаш чанд пул?
– Як килош бист дирам.
– Бисёр қимат-ку?
– Чанд кило мегиред?
– Се килошба панчоҳ дирам медиҳам.
– Хайр, биёед, гуфти Шумо шавад.
– Сабзӣ чанд пул?
– Шумоба понздаҳдирамӣ медиҳам.
– Не, нашуд. Се килошба чил дирам медиҳам.
– Майлаш, биёед.
– Ҳамаш чанд пул шуд?
– Навад дирам мешавад.
– Мана, пулаша гир.
– Раҳмат, акоҷон, боз биёед.

– Isn't that expensive?
– How much will you give?
– 60 dirams per kilo.
– How many kilos should I weigh out?
– Two kilos.
– There you are.
– Here's your money.
– Come again.[9]

– Here you are; we've got good flour. We've got flour from Kazakstan and also from Russia. Here, this flour's from Nov. Which would you like?
– How much is the Russian flour?
– You want to buy it by the kilo or by the sack?

– I'm going to get one sack.
– We'll sell you one sack for thirty somoni.
– How about twenty-nine somoni?
– No, I can't do that.
– My last offer's twenty-nine and a half, OK?
– OK.
– Here, count the money.
– It's right, thank you.

– Hello.
– Hi. What do you need?
– Where are these potatoes from?
– They're from Gharm. There's nothing wrong with them. Shall I weigh three or four kilos for you?
– How much are they?
– 20 dirams per kilo.
– That's expensive, isn't it?
– How many kilos will you buy?
– I'll give you 50 dirams for three kilos.
– OK. As you say.
– How much are carrots?
– I'll let you have them for 15 dirams.
– No. How about three kilos for 40 dirams?

– OK.
– What's the total?
– 90 dirams.
– Here you are.
– Thank you; come again.

---

[9] Literally: "*You're welcome!*"
[10] *Катӣ*, or *қатӣ* is a postposition of colloquial Tajiki meaning the same as the preposition *бо* ("*with*").

7.

– Зардолукоқи нағз доред?
– Не, акаҷон, камтар болотар равед, он ҷо ҳаст.
– Раҳмат, бародар.
– Намеарзад.

– *Do you have some good dried apricots?*
– *No, but if you go a little further on, there are some there.*
– *Thank you.*
– *Not at all.*

ГРАММАТИКА / GRAMMAR

Derivational Affixes (continued)

In lesson eight information was given about words constructed with the suffix "*-ū*" ("*-gū*" and "*-vū*") and "*-истон*". Prefixes and suffixes are also used to construct nouns and adjectives, the most important of which are indicated in tables 11.1 to 11.4.

Use of adjectives as nouns

Most Tajiki adjectives can be used as nouns in texts[11]. The most important indicator that such adjectives are being used as nouns is the presence of either one of the plural suffixes ("*-ҳо*", "*-он*") or the indefinite article suffix ("*-е*"), though these are not always necessarily used. Compare the following examples:

Падарам марди *донишманд* аст.	*My father is a <u>wise</u> man.*	Дирӯз *донишмандони* амрикоӣ ба Тоҷикистон омаданд.	*Yesterday, American <u>scientists</u> came to Tajikistan.*
Аз дӯсти *нодон* душмани *доно* беҳтар аст.	*A <u>wise</u> enemy is better than a <u>foolish</u> friend.*	*Доно* ба иморати сухан машғул аст, *нодон* ба иморати бадан.	*The <u>wise</u> care about new ideas, the <u>fool</u> about his stomach.*[12]

The conditional mood – use of "*агар*"

Conditional verbs in Tajiki usually take the word ***агар***. They normally take one of two tenses: past or future; although in colloquial Tajiki they are also used in the present tense. In the future tense, the subjunctive form of the verb (formed by combining the present tense stem with the subject marker verb endings) follows the word ***агар***:

агар равам	*if I go*
агар равӣ	*if you go*
агар равад	*if he/she goes*
агар равем	*if we go*
агар равед	*if you go*
агар раванд	*if they go*

---

[11] (A process called "*субстантиватсия*")
[12] This is a proverb, literally meaning, "*The wise are busy making conversation; the fool with his body.*"

Lesson 11: The Market

Table 11.1 Noun prefix

Prefix	Root	New Noun	Meaning
ҳам-	кор	ҳамкор	colleague
	соя	ҳамсоя	neighbour
	сол	ҳамсол	peer

Note: In Tajiki there is only the one prefix for forming nouns.

Table 11.2 Noun suffixes

Suffix	Root	New Noun	Meaning
1. Suffixes that form the name of a place:			
-истон	гул	гулистон	flower garden
	тоҷик	Тоҷикистон	Tajikistan
-зор	дарахт	дарахтзор	grove
	алаф	алафзор	meadow, pasture
-гоҳ	дониш	донишгоҳ	university
	фурӯш	фурӯшгоҳ	department store
-дон	қанд	қанддон	sugar-bowl
	намак	намакдон	saltcellar
2. Suffixes that form the name of a profession:			
-гар	кор	коргар	worker
	оҳан	оҳангар	blacksmith
-чӣ	чойхона	чойхоначӣ	tea-house manager
	шикор	шикорчӣ	hunter
-бон	дарвоза	дарвозабон	gatekeeper, goalkeeper
	боғ	боғбон	gardener
3. Suffixes that form abstract nouns:			
-иш	дон	дониш	knowledge
	хон	хониш	reading
4. Other suffixes, forming various types of noun:			
-а	даст	даста	bunch
	ҳафт	ҳафта	week
	гӯш	гӯша	corner
-ор	рафт	рафтор	behaviour
	гуфт	гуфтор	speech
	гуноҳ	гуноҳгор	sinner
-гор	талаб	талабгор	one who seeks to obtain something
	хост	хостгор	matchmaker
5. Suffixes that only change the quality or quantity of nouns:			
-ча	хона	хонача	small house, doll's house, sandcastle
	бозӣ	бозича	toy
	корд	кордча	small knife

Table 11.3 Adjective prefixes

Prefix	Root	New Adjective	Meaning
Prefixes used to show possession of a quality:			
бо-	ақл	боақл	clever, sensible
	одоб	боодоб	polite
	истеъдод	боистеъдод	talented
ба-[13]	ақл	баақл	clever, wise
	одоб	баодоб	polite
	маза	бамаза	tasty, delicious
Prefixes used to show the absence of a quality:			
бе-	ақл	беақл	stupid, foolish
	шарм	бешарм	shameless
	гуноҳ	бегуноҳ	innocent, guiltless
но-	дон	нодон	ignorant, stupid
	тарс	нотарс	fearless

Table 11.4 Adjective suffixes

Suffix	Root	New Adjective	Meaning
Suffixes used to describe something made from a substance or material:			
-ин	санг	сангин	stone
	чӯб	чӯбин	wooden
	хишт	хиштин	brick
Suffixes that describe the state of a thing:			
-гин	хашм	хашмгин	angry, furious
	ғам	ғамгин	sorrowful, sad
-нок	нам	намнок	humid
	дард	дарднок	painful
-манд	дониш	донишманд	wise, learned
	ҳунар	ҳунарманд	skilful, clever
	сарват	сарватманд	rich
-о[14]	дон	доно	wise, clever
	бин	бино	one who can see
Suffixes used to show a relation to something:			
-а	ранг	ранга	coloured
	тобистон	тобистона	for summer, summer's
-она	бача	бачагона	children's
	дӯст	дӯстона	friendly

---

[13] The prefixes "*бо-*" and "*ба-*" perform the same function.
[14] The suffix "*-о*" forms new adjectives from the present tense stem of verbs.

In the main clause, that follows this conditional clause, the verb most often takes the present-future tense:

Агар ба шаҳр равӣ, бародарамро *мебинӣ*.	If you go to the city, you'll see my brother.
Агар имрӯз корамон тамом шавад, пагоҳ *истироҳат мекунем*.	If we finish our work today, tomorrow we're going to rest.
Агар борон наборад, дар боғ *кор мекунам*.	If it doesn't rain, I'm going to work in the garden.
Агар розӣ бошед, ман пагоҳ *меоям*.	If you agree, I'll come tomorrow.
Агар имконият бошад, имрӯз ба бозор *меравем*.	If possible, we're going to the market today.

In the following examples, the main clause of the sentence is in the imperative:

Агар бародарамро бинӣ, аз ман салом *гӯй*.	If you see my brother, say "hi" to him.
Агар ба бозор равӣ, ду-се кило себ *хар*.	If you go to the market, buy two or three kilos of apples.
Агар нахоҳед, ин корро *накунед*.	If you don't want to, don't do this task.
Агар пулатон набошад, ба мағоза *наравед*.	If you don't have enough money, don't go to the shop.

In colloquial Tajiki the word *агар* is sometimes omitted from the sentence:

Нахоҳӣ, нарав.	If you don't want to, don't go.
Хоҳӣ, биё, нахоҳӣ, не.	If you want to, come; if you don't want to, don't.

When speculating about what might happen or what could have happened, both verbs take the descriptive past tense:

агар мерафтам	if I had gone / if I went
агар мерафтӣ	if you had gone / if you went
агар мерафт	if he/she had gone / if he/she went
агар мерафтем	if we had gone / if we went
агар мерафтед	if you had gone / if you went
агар мерафтанд	if they had gone / if they went

Агар ӯро *медидам*, ин гапро *мегуфтам*.	If I had seen him, I would have told him this.
Агар дирӯз *меомадӣ*, Хайёмро *медидӣ*.	If you had come yesterday, you would have seen Khayom.
Агар нағз *мехондед*, кайҳо забони тоҷикиро ёд *мегирифтед*.	If you had studied well, you would have learnt Tajiki long ago.
Агар пули бисёр *медоштем*, як ҳавлӣ *мехаридем*.	If we'd had more money, we would have bought a house.
Агар 1.000.000 доллар *медоштам*, дар тамоми ҷаҳон сайругашт *мекардам*.	If I had $1,000,000, I would travel the whole world.

As can be seen by comparing the last two examples, the difference between "real" conditionals (things that might have been, had circumstances been different) and "unreal" conditionals (things that are impossible or very unlikely to happen) must be determined from the context.

In literary language, especially in poems, the word *агар* is sometimes abbreviated to *гар* or *ар*:

Гар ту моро дӯст медорӣ, биё.	If you love me, come.

The conditional is also used in other ways. For further information, see the section "A Brief introduction to Tajiki Grammar."

МАШҚҲО — EXERCISES

1. **Construct sentences based on the following table, using the correct verb endings:**
   Example: <u>Ман ҳар рӯз аз бозор ду кило себ мехарам.</u>

Ман			як		себ	
Шумо	ҳар рӯз		ду		анор	
Мо			се	кило	орд	
Онҳо	зуд-зуд	аз бозор	чор	дона	ангур	мехар....
Ту	ҳамеша		даҳ		нон	
Сабур			бист	халта	харбуза	
Вай	баъзан		се-чор		тарбуз	
Модарам			панҷ-шаш		сабзӣ	

2. **Rewrite the following sentences using the correct form of the verb in parenthesis:**
   a. Мо пештар ҳар рӯз аз бозор нон (харидан), ҳоло модарам дар танӯр нон (пухтан).
   b. Пагоҳ ман ба бозор (рафтан) ва чор кило себ, ду кило бодиринг ва се кило картошка (харидан).
   c. Онҳо дар боғашон панҷ дарахти себ, чор дарахти зардолу, ду токи ангур[15] ва шаш дарахти нок (доштан).
   d. Маҳмуд дирӯз панҷоҳ кило себ ва сӣ кило шафтолу (фурӯхтан).
   e. Падарам аз бозор ду тарбузу ду харбуза (овардан).

3. **Answer the following questions:**
   a. Шумо кадом меваҳоро дӯст медоред?
   b. Дар шаҳри Шумо кадом бозорҳо ҳастанд?
   c. Як кило себ дар шаҳри Шумо чанд пул аст?
   d. Шумо кадом бозорҳои Душанберо медонед?
   e. Як кило ангур 30 дирам ва як кило анор 50 дирам аст. Ду кило ангуру се кило анор чанд пул мешавад?
   f. Кадом мева аз ҳама ширин аст?
   g. Дирӯз Шумо аз бозор чӣ харидед?

4. **Create new words by adding the suffixes to the words listed and give the meaning of the new word formed:**
   a. The suffix "-ӣ" ("-гӣ"):

дӯст	бародар	сафед	бад	зебо	нағз	мард
доно	кабуд	ҷавон	пир	гарм	хунук	хона
шаҳр	баҳор	об	замин	даст	кор	мактаб
давлат	китоб	Америко	Олмон	Душанбе	тоҷик	англис

   b. The suffix "-истон":

арман	қирғиз	афғон	тоҷик	гул	қабр	торик	баҳор	кӯҳ	кӯдак

   c. The suffix "-зор":

гул	дарахт	себ	ток	мева	кабудӣ	алаф

   d. The suffix "-гоҳ":

ист	гузар	дониш	кор	фурӯш	хоб

---

[15] In Tajiki, a grapevine is called a "*токи ангур.*"

e. The suffix "-*иш*":

хон (*from* хондан)	дон (донистан)	омӯз (омӯхтан)	рав (рафтан)	санҷ (санҷидан)	бур[16] (буридан)

5. *Create new words by adding the prefixes to the words listed and give the meaning of the new word formed:*
   a. The prefix "*ҳам-*":

кор	сол	роҳ	синф	дил	забон	соя	хона

   b. The prefix "*бе-*":

кор	хона	мева	фарзанд	зан	шавҳар	падар	модар	намак

6. *Rewrite the sentences using verbs in the conditional mood:*
   Example: Имрӯз ман ба мактаб меравам ва муаллимро мебинам.
   ⇨ *Имрӯз агар ба мактаб равам, муаллимро мебинам.*
   a. Модарам дирӯз ба бозор рафт ва себу ангур харид.
   b. Саттор ба хонаи мо меояд ва мо ҳарду кор мекунем.
   c. Ту бисёр мехонӣ ва бисёр чизро медонӣ.
   d. Дари хона қуфл аст ва дар хона касе нест.
   e. Сӯхроб дирӯз ба Хуҷанд рафт ва Майклро дид.

7. *Change the tense of the verbs in the following sentences, as shown in the example:*
   Example: Амин картошка фурӯхт.
   ⇨ *Амин картошка мефурӯшад.*
   ⇨ *Амин картошка фурӯхта истодааст.*
   ⇨ *Амин картошка хоҳад фурӯхт.*
   a. Бародарам ба ман мактуб навишт.
   b. Падарам ба бозор меравад.
   c. Саймон ва Тим ба Шветсия хоҳанд рафт.
   d. Мо дар вазорат кор карда истодаем.

8. *Read the following text and express the same information in English:*
   Номи ман Илҳом аст. Ман падару модар ва як хоҳар дорам. Падарам, Иброҳим, 47-сола аст. Ӯ дар вазорат кор мекунад. Модарам, Аниса, 45-сола аст. Вай соҳибхоназан аст. Хоҳарам, Ануша, 16-сола аст. Вай аз ман ду сол хурдтар аст. Вай дар мактаб мехонад. Ман ҳам дар мактаб мехонам. Оилаи мо дар Душанбе, дар хонаи сеҳуҷрагӣ[17] зиндагӣ мекунад. Хонаи мо дар кӯчаи Борбад аст. Бозори «Саховат» ба хонаи мо хеле наздик аст. Мо зуд-зуд ба ин бозор меравем. Аз бозор меваҷоту сабзавот ва дигар чизҳои лозимӣ мехарем. Дар Тоҷикистон тамоми сол меваҳои тару тоза ҳастанд. Ҳамчунин аз бозор бисёр меваҳои хушк - мағз, зардолукок, мавиз, бодом, чормағз, писта ва ғайра харидан мумкин аст. Рӯзҳои истироҳат мо ба боғи марказӣ меравем ва он ҷо истироҳат мекунем. Мо шаҳри худ - Душанберо дӯст медорем.

---

[16] Note: the "*р*" of the present verb stem of *буридан* doubles when it takes a suffix; cf. note at the end of the "*Arabic Plurals*" section of "*A Brief Introduction to Tajiki Grammar*" at the end of the book.
[17] *Ҳуҷра* means the same as *утоқ*, so *сеҳуҷрагӣ* means "three-roomed."

ХОНИШ — READING

Read the following stories, retell them in Tajiki in your own words, and discuss the question that follows each of them:

Сето нон

Марде ҳар рӯз аз бозор се нон мехарид. Фурӯшандагон дар ҳайрат шуданду аз ӯ пурсиданд:
– Мебахшед, амак, чаро Шумо ҳар рӯз сето нон мехаред?
Мард гуфт:
– Як нонро барои адои қарз медиҳам, як нонро қарз медиҳам, як нонро ману занам мехӯрем.
Аммо фурӯшандагон аз ин суханҳои ӯ чизе нафаҳмиданд.
Пас аз чанд рӯз боз пурсиданд:
– Мебахшед, амак, мо маънои сухани Шуморо нафаҳмидем.
Мард як табассум карду гуфт:
– Як нонро ба падару модарам медиҳам, ин адои қарз аст, зеро онҳо дар хурдсолиам ба ман медоданд. Як нонро ба фарзандонам медиҳам, ин қарз аст, чунки онҳо дар пиронсолӣ ба мо хоҳанд дод. Акнун фаҳмидед?
– Раҳмат, амак, суханҳои Шумо пандомӯз аст.

Vocabulary:

ҳайрат	perplexity	қарз	debt
адои қарз	repayment of debt	табассум	smile
зеро / чунки	for, because of	хурдсолӣ	young age
пиронсолӣ	old age	акнун	now
пандомӯз	moralistic		

Translation of some expressions and idioms:

Аз суханҳои Шумо чизе нафаҳмидем. / Маънои суханҳои Шуморо нафаҳмидем.	There's something you said that we didn't understand. / We didn't understand what you said.
Акнун фаҳмидед?	Now do you understand?
Суханони Шумо пандомӯз аст.	What you say has a good moral.

Discuss the following:

Ҷавонон ба падару модарашон ва пиронсолони дигар чӣ хел эҳтиром карда метавонанд?

More useful vocabulary:

эҳтиром кардан	to respect, to honour

То ки дигарон хӯранд

Бачаи хурдсоле аз назди боғ мегузашт. Дид, ки мӯйсафеде дарахт мешинонад. Пурсид:
– Бобоҷон, Шумо чӣ кор карда истодаед?
– Дарахтҳои себу зардолу мешинонам.
– Охир Шумо пир шудед, меваҳои онро намехӯред-ку?
– Дигарон шинонданд, мо хӯрдем, мо мешинонем, то ки дигарон хӯранд.

Vocabulary:

| шинондан | *to plant* | то ки | *so that* |

Translation of some expressions and idioms:

Охир Шумо пир шудед, меваҳои онро намехӯред-ку? — *But you are old; you won't eat its fruit, will you?*
Дигарон шинонданд. — *Others planted.*

Discuss the following:
Ба назари Шумо, маънои асосии ин ҳикоят чист?

САНҶИШ / QUIZ

1. Give answers to the following questions:

1. – Ба Шумо чӣ даркор?
   – ... .
2. – Як кило анор чанд пул?
   – ... .
3. – Ба бозори «Баракат» чӣ хел рафтан мумкин?
   – ... .
4. – Арзонтар намешавад?
   – ... .
5. – Шумо аз бозор чӣ харидед?
   – ... .
6. – Дар Душанбе кадом бозорҳо ҳастанд?
   – ... .
7. – Ин орди куҷо?
   – ... .
8. – Се килош як сомонӣ, мешавад?
   – ... .
9. – Шумо маъмулан аз кадом бозор меваю сабзавот мехаред?
   – ... .
10. – Ту кай ба бозор меравӣ?
    – ... .
11. – Падарат аз бозор чӣ овард?
    – ... .
12. – Ин автобус то бозори «Шоҳмансур» меравад?
    – ... .

2. Fill in the questions corresponding with the following answers:

1. – ... ?
   – Не, ман ба бозор намеравам.
2. – ... ?
   – Ду кило себу чор кило ангур харидам.
3. – ... ?
   – Агар бисёр гиред, арзон мекунам.
4. – ... ?
   – Ба автобуси 29 ё 18 шинед.
5. – ... ?
   – Мебахшед, намедонам.
6. – ... ?
   – Як килош чил дирам
7. – ... ?
   – Падарам дирӯз ба бозор рафт.
8. – ... ?
   – Аввал чашида бинед, асал барин ширин.
9. – ... ?
   – Як соат пеш омадам.
10. – ... ?
    – Не, ин бозори «Саховат» не.
11. – ... ?
    – Раҳмат, боз биёед.
12. – ... ?
    – Бақияша гиред.

3. Make up dialogues using the material in lesson eleven and, if possible, role-play the situations with a language helper or other language partner.

4. Write a description about yourself similar to that in exercise 8.

Дарси 12

Дар мағоза

Lesson 12

At the Shop

ШАРҲ

COMMENTARY

During the Soviet period, every shop was owned by the state and prices were fixed. Most interestingly, the price of goods was the same throughout the Soviet Union, irrespective of where they were made. For instance, the price of sugar, which was produced in the Ukraine, cost the same in the Ukraine itself, in Central Asia, in Siberia, and in the Far East.

Shops specialised in selling one particular item and took their name from this item: for instance, *мағозаи китоб* ("*bookshop*"), *мағозаи гӯшт* ("*butcher's*"), *мағозаи хӯрокворӣ* ("*grocery store*"), *мағозаи нон* ("*bakery*"), *мағозаи газворҳо* ("*textiles shop*"), *мағозаи пойафзол* ("*shoe shop*"), *мағозаи молҳои хоҷагӣ* ("*home-made goods shop*"), *мағозаи молҳои сохтмон* ("*outlet for building materials*"), *мағозаи ҷавоҳирот* ("*jeweler's*"), etc. Now, most shops can be separated into one of two groups: food shops and industrial products shops. Only in the largest shops can departments for special vendors be seen. In addition to these, however, there are also special shops selling furniture, factory-made goods, home-made goods, and jewellery.

Now, since almost all shops are privately owned, prices are no longer fixed. As in the markets, customers haggle with retailers in shops to obtain a reasonably cheap price. Consequently, it is possible to hear about various prices for the same item even in the same shop. Usually, goods in shops in the centre of town are more expensive than in shops close to or inside the markets. When buying an item, it is better to find out the price in a number of departments or shops and then to choose where to buy it.

Most shops have a sign announcing: «*Чизи фурӯхташуда баргардонида ё иваз карда намешавад*» - "*No refunds or exchanges.*" However, it is sometimes possible to negotiate with retailers so that if you don't like the purchased item they will replace it or give a refund.

ЛУҒАТ

VOCABULARY

хӯрокворӣ	groceries, food	мағозаи хӯрокворӣ	grocery
молҳо / молҳои саноатӣ	goods / industrial goods	мағозаи молҳои саноатӣ	shop (not selling food)
мағозаи китоб	book shop	фурӯшгоҳ [универмаг]¹	department store
даромадгоҳ	entrance	баромадгоҳ	exit
киоск	kiosk	дӯкон / устохона	workshop
шӯъба	department / section of a store	«Олами кӯдакон»²	"Childrens' World"
харидор	customer	фурӯшанда	retailer
чиз	thing	дона	piece, item
бонка /banka/	jar, tin	шиша	bottle; glass
куттӣ	box / pack	зарф	dishes, tableware
арзон	cheap	қимат	expensive

---

[1] Words shown in square brackets are Russian words used in colloquial Tajiki.
[2] A specialist shop in the centre of Dushanbe selling children's goods.

нарх	price, cost	бақия	change
андоза [размер]	size	ранг	colour
навъ	sort	вазн	weight
ягон / ягон хел	any / some kind of	зарурият	necessity
харидан (хар)	to buy	фурӯхтан (фурӯш)	to sell
санчидан (санч) / пӯшида дидан	to try, to test	ба ... зебидан (зеб)	to suit smb.
		пӯшидан (пӯш)	to dress (oneself)
маслиҳат додан	to give advice (to smb.)	маслиҳат кардан	to ask advice, to consult

– ... чанд пул? / ... чанд сӯм?	– How much does ... cost?
– Чанд пул шуд?	– What's the total?
– Ба Шумо чӣ даркор?	– What do you need?
– Ба ман ... диҳед.	– Give me a ..., please.
– Марҳамат, гиред.	– Here you are. [offering]
– (Ба ман) маъқул.	– I like it.

Навиштаҷоти болои мағозаҳо ва дӯконҳо **Shop signs**

нон	bread	гӯшт	meat
тӯҳфаҳо	gifts; souvenirs	ҷавоҳирот	jewellery
молҳои сохтмон	building materials	молҳои хоҷагӣ	everyday things
мебел	furniture	газворҳо	textiles, fabrics
пойафзол	shoes	таъмири пойафзол	shoe repair
соат	watches	таъмири соат	watch repair
гӯшти гов	beef	гӯшти гӯсфанд	mutton
қима	mince, minced meat	гӯшти лахм	deboned meat
мурғ	chicken	моҳӣ	fish
тухм	egg	[икра]	caviar
нон	flat, round bread	[хлеб]	loaf of bread
кулча	bread roll; biscuit	[батон]	long loaf of bread
чаппотӣ	thin, flat bread	орд	flour
панир	cheese	намак	salt
шакар	sugar	қанд	sugar; sweets
набот[3]	"nabot"	ҳалво[4]	halva
шир	milk	яхмос	ice-cream
чой	tea	қаҳва	coffee
шарбат [сок]	juice	пиво	beer
арақ	vodka, spirits	шароб / май [вино]	wine
либос	clothes	матоъ	material
[свитер]	sweater, jumper	чемпир	cardigan
шим	trousers	доман [юбка]	skirt
майка	vest; T-shirt	синабанд	bra
курта	dress, shirt	рӯмол	headscarf
куртка	leather jacket, coat	рӯмолча	handkerchief
кастум	suit	эзор / почома	ladies' underwear
пичак	jacket	ҷома	men's full-length velvet coat
пӯстин	fur-coat	халат	dressing gown, robe
палто	overcoat	тугма	button
боронӣ [плаш]	rain-coat		

---

[3] **Набот** is a national sweet made of crystalised sugar.
[4] **Ҳалво** is a national sweetmeat made with sesame seeds and honey.

тоқӣ / тӯппӣ	national hat	салла	turban
кулоҳ	hat	телпак	winter-hat
шарф	scarf	дастпӯшак	glove
галстук	tie	чатр	umbrella
ҷӯроб	thick socks	пайпоқ	thin socks
пойафзол / туфлӣ	shoes	[колготки] /kalgotki/	tights
калӯш	national shoe	маҳсӣ /massi/	long national boot
патинка	boots	мӯза	long boots
мардона	men's	занона	women's
бачагона	children's	зимистона	for winter
тобистона	for summer	баҳорӣ	for spring
нағз	good	ганда	bad
қимат	expensive	арзон	cheap
сабук	light	вазнин	heavy
гарм	hot	салқин	cool
нав / тоза	fresh, new	бомаза	tasty, delicious
фоиданок	useful, healthy	зарур	necessary
қоим	suitable	беранг	colourless
сиёҳ	black	сафед	white
сабз	green	зард	yellow
сурх	red	кабуд	blue
гулобӣ	pink	осмонӣ	light blue
қаҳваранг	brown	норинҷӣ	orange
хокистарӣ	grey	фомил / фомилӣ	black {tea}[5]
безеб	ugly, unattractive	атлас	"atlas" silk[6]
дағал / дурушт	coarse, rough	маҳин	delicate, soft, thin
пахта; пахтагӣ	cotton (n; adj)	пашм; пашмин	wool; woollen
абрешим; абрешимӣ	silk (n; adj)	чарм; чармин	leather (n; adj)
китоб	book	китоби бадеӣ	novel, fictional book
китоби дарсӣ	textbook	саҳифа	page (of a book)
луғат	dictionary	боб	chapter (of a book)
дафтар	note-book	ҷилд	volume (of a book)
рӯзнома [газета]	newspaper	шумора	edition (of book, newspaper, etc.)
маҷалла [журнал]	magazine		
конверт / лифофа	envelope	марка	stamp
коғаз	paper	ручка	pen
қалам	pencil	бӯр	chalk
телевизор	television	дарзмол / газмол	iron (for clothes)
радио	radio	магнитофон	tape recorder
компютер	computer	кассета	cassette
суратгирак	camera	плёнка / фотоплёнка	camera film
сумка	bag, purse		
соат	watch	айнак	glasses
ангуштарин	ring	гарданбанд	necklace
ҳалқа / гӯшвор / гӯшвора	earring	дастпона	bracelet
		сигор / сигарет	cigarettes
собун	soap	шампун	shampoo

---

[5] *Чойи фомил* or *чойи фомилӣ* is literary Tajiki for "*black tea*," colloquially *чойи сиёҳ*.
[6] *Атлас* is a traditional multi-coloured stripe-patterned silk material found throughout Central Asia.

атр /atir/	*perfume*	гул	*flower*
садбарг	*rose*	лола	*tulip*
наргис	*daffodil*	мехчагул	*carnation*

СӮҲБАТҲО / DIALOGUES

1. *[northern dialect]*

– Шумо майкаи мардона доред?
– Не, надорам.
– Намедонед, дар куҷо бошад?
– Ҳо, ана вай магазинба равед, будагист⁷.
– Раҳмат.
– Намеарзад.

– *Have you got any men's T-shirts?*
– *No, I haven't.*
– *Do you know where there are any?*
– *Yes, go to that shop, they should have some.*
– *Thanks.*
– *Not at all.*

2.

– Мебахшед, Шумо луғати русӣ-тоҷикӣ доред?
– Ҳа, дорам.
– Дидан мумкин?
– Марҳамат.
– Нархаш чанд пул?
– Даҳ сомонӣ, мехаред?
– Ҳа, мегирам. Мана, пулаша ҳисоб кунед.
– Дуруст. Барои харидатон раҳмат.
– Саломат бошед.

– *Excuse me, have you got a Russian-Tajiki dictionary?*
– *Yes, I have.*
– *Can I see it?*
– *Please do.*
– *How much is it?*
– *Ten somoni. Are you going to buy it?*
– *Yes, I'll take it. Here – count the money.*
– *It's right. Thanks for your custom.*
– *Goodbye.*

3. *[northern dialect]*

– Мебахшед, вай галстука як бор нишон тид⁸.
– Ҳамина?
– Не, ҳо ана ваяша.⁹
– Марҳамат.
– Ин чанд пул?
– Дувоздаҳ сомонӣ.
– Ин қадар қимат? Арзонтар кунед.
– Чойи шудаш¹⁰ ёздаҳ сомонӣ. Мегиред-мӣ?
– Майлаш, мегирам. Мана, пулаш.
– Раҳмат! Насиб кунад!¹¹
– Саломат бошед!

– *Excuse me, can you show me that tie?*
– *This one?*
– *No, that one.*
– *Here you are.*
– *How much is it?*
– *Twelve somoni.*
– *That's expensive! Make it cheaper.*
– *My last price is eleven somoni. Will you buy it?*
– *OK, I'll take it. Here's the money.*
– *Thanks. Enjoy wearing it!*
– *Goodbye.*

4. *[southern dialect]*

– Чӣ тиям, ака?
– Ягон арақи тоза дорӣ?
– Барои Шумо меёбам. Ана марҳамат.

– *What can I offer you, sir?*
– *Have you got some good vodka?*
– *I'll have a look for you. Here you are.*

---

⁷ *Будагист* means the same as "*шояд бошад*" – "there should be some."
⁸ "*Тид*" is a colloquial form of *диҳед*.
⁹ "*Ваяша*" is a colloquial form of *ваяиро = вай + "-аш" + "-ро"*
¹⁰ "*Чойи шудаш*" means the same as *охираш*: "my (literally, 'its') last price."
¹¹ "*Насиб кунад*" is a blessing expressing the hope that someone would enjoy what they have bought, or built, etc.

– Чанд пул?	– How much?
– Яку ним сомонӣ.	– 1.5 somoni.
– Ма, пулаша гир.	– Here you are.
– Боз ягон чиз тиям?	– Can I get you anything else?
– Не, дигар ҳеҷ чиз лозим не.	– No, I don't need anything else.
– Хуш омадед, ака!	– Goodbye.

5.

– Ин орди куҷо?	– Where's this flour from?
– Орди Қазоқистон.	– It's from Kazakstan.
– Килош чанд пул?	– How much per kilo?
– Панҷоҳ дирам. Чанд кило баркашам?	– 50 dirams. How many kilos shall I measure?
– Панҷ кило кашед. Чанд пул мешавад?	– Weigh out five kilos. How much will that be?
– Панҷ килош? Ҳозир ҳисоб мекунам…дуву ним сомонӣ.	– Five kilos? I'll calculate it…2.5 somoni.
– Марҳамат, пулаш.	– Here's the money.
– Баќияша гиред.	– And here's your change.

6. [colloquial]

– Салом алейкум. Марҳамат, биёед.	– Hello. Please, come in.
– Салом алейкум, ягон шиму куртаи бачагона доред?	– Hello. Have you got any trousers and shirts for a boy
– Писаратон чандсола?	– How old is your son?
– Даҳсола.	– He's ten.
– Барои даҳсолаҳо мана инаш бисёр нағз. Як бинед.	– This is a very nice outfit for a ten-year-old. Take a look.
– Дӯхту рангаш маъкул, лекин метарсам, ки хурд набошад.	– It's made well and is a good colour, but I'm afraid it might be a bit small.
– Хурд набудагист, лекин агар хурд бошад, биёред, калонтарашба алиш[12] карда метиям[13].	– It shouldn't be too small, but if it is, bring it back and I'll change it for a larger one.
– Нархаш чанд пул?	– How much is it?
– Шим даҳ сомонӣ, курта панҷ сомонӣ.	– Ten somoni for the trousers, five somoni for the shirt.
– Арзонтар намекунед?	– Can't you make it cheaper?
– Не, ман ҷойи шудаша гуфтам, ин моли тоза.	– No, I told you the last price; it's a good item.
– Хайр, майлаш, мегирам, лекин агар хурд бошад пагоҳ меорам.	– OK, I'll take it, but if it's too small I'll bring it back tomorrow.
– Майлаш, биёред, дигараша мегиред.	– Fine, if you bring it back, I'll give you another.
– Мана, пулаша ҳисоб кунед.	– Here, count the money.
– Ҳа, дуруст, насиб кунад.	– Yes, it's right. I hope they're OK.
– Саломат бошед.	– Goodbye.

---

[12] *Алиш кардан* is colloquial Tajiki, meaning the same as *иваз кардан* – "to change."
[13] "*Метиям*" is a colloquial, abbreviated form of *медиҳам* – "I will give" (or "I give").

7.

– Ба Шумо чӣ даркор?
– Ягон шими нағз доред?
– Ҳа, ҳаст. Ба Шумо кадом рангаш маъқул?
– Хокистарӣ.
– Андозааш[14] чанд?
– Андозаи 48.
– Марҳамат, як бинед.
– Пӯшида дидан мумкин?
– Ҳа, албатта. Ба ин ҷо гузаред.
– Мебахшед, ин камтар хурд. Калонтараш ҳаст?
– Мана инаша бинед. Андозаи 50.
– Ба фикрам инаш қоим. Чанд пул?
– Панҷоҳ сомонӣ.
– Марҳамат, пулаша гиред.

– What do you need?
– Have you got some good trousers?
– Yes, there are some. What colour would you like?
– Grey.
– What size?
– Size 48.
– Here, take a look at these.
– Can I try them on?
– Of course. Go in here.
– I'm sorry, these are a little small. Do you have a larger pair?
– Here, try these. They're size 50.
– I think they'll do. How much?
– Fifty somoni.
– Here you are.

8.

– Марҳамат, чӣ тиям?
– Як кило гӯшту як қуттӣ чойи кабуд.

– Марҳамат, боз ягон чиз даркор?
– Равғани зарду панир доред?
– Албатта.
– Нимкилой диҳед.
– Марҳамат. Боз?
– Дигар ҳеҷ чиз лозим не. Ҳамааш чанд пул шуд?
– Ҳозир ҳисоб мекунем: як кило гӯшт – се сомонӣ, як қуттӣ чой – 70 дирам, ним кило равған як сомониyu ҳаштод дирам ва ним кило панир як сомониyu навад дирам. Ҳамагӣ – ҳафт сомониyu чил дирам мешавад.
– Марҳамат, пулаша гиред.
– Ин шаст дирам бақияаш. Барои харидатон раҳмат.
– Саломат бошед.

– What can I get you?
– One kilo of meat and one packet of green tea.
– There you are. Anything else?
– Have you got any butter and cheese?
– Of course.
– Give me half a kilo of each.
– There you are. Anything else?
– I don't need anything else. What's the total?

– Let me count: one kilo of meat – three somoni, one packet of tea – 70 dirams, half a kilo of oil – one somoni 80 dirams, and half a kilo of cheese – one somoni 90 dirams. A total of seven somoni 40 dirams.

– There you are.
– Here's 60 dirams change. Thanks for your custom.
– Thanks. Goodbye.

9. *[northern dialect]*

– Салом алейкум.
– Салом. Марҳамат, чӣ даркор?
– Мебахшед, барои омӯхтани компютер ягон китоби нағз доред-мӣ?
– Як китоби нағз дорам, аз англисӣ тарҷума шудагӣ.
– Номаш чӣ?
– Номаш «Микрософт оффис».
– Як бор нишон тид.

– Hello.
– Hi. What do you need?
– Excuse me, do you have a good book for learning about computers.
– I've got one good book that's been translated from English.
– What's it called?
– "Microsoft Office."
– Can you show it to me?

---

[14] Or, more colloquially, *Размераш*.

- Марҳамат.
- Китоби нағз будаст, нархаш чанд пул?
- Бист сомонӣ.
- Ваҳ, ин қадар қимат?
- Ба нархаш меарзад, китоби бисёр фоиданок, компютера нағз ёд мегиред. Ҳамин охиринаш аст, ҳамаша фурӯхта тамом кардам.
- Мебахшед, ман ҳозир ин қадар пул надорам. Агар розӣ бошед, як тараф гирифта монед, пагоҳ омада мегирам.
- Ман розӣ, фақат камтар пешпардохт монед.
- Панҷ сомонӣ монам мешавад?
- Ҳа, майлаш. Пагоҳ биёеду гиред.
- Хайр, то пагоҳ.
- Хайр.

- Certainly.
- It's a good book – how much?
- 20 somoni.
- Wow! That's expensive!
- It's worth the price as it's a very useful book and you'll learn a lot about computers. This is the last one; I've sold all the others.
- I'm afraid I don't have that kind of money right now. If you agree, please lay it to one side and I'll return for it tomorrow.
- That's fine, please leave a small deposit.
- Will five somoni do?
- Yes, fine. Come and get it tomorrow.
- Bye. See you tomorrow.
- Bye.

10.
- Салом, Адам!
- Салом, Темурҷон! Куҷо рафта истодай?
- Ба бозори «Саховат». Ту ягон бор ба он ҷо рафтай?
- Не, ҳанӯз нарафтаам.
- Биё, агар вақтат бошад, ҳамроҳ равем.
- Майлаш, рафтем!

- Hi Adam.
- Hi Temur. Where are you going?
- To "Sakhovat" market. Have you ever been there?
- No, I haven't been there yet.
- Come, if you have time, let's go together.
- OK, let's go.

11.
- Салом, Фаррух!
- Салом, Маркос! Шунидам, ки ту ба ватан мерафтай, рост аст?
- Ҳа, Фаррух, пагоҳ бояд равам. Мехоҳам ба падару модарам ягон савғо барам. Ту чӣ хел маслиҳат медиҳӣ?
- Ба падарат як корди хушрӯ гир, аммо ба модарат, рости гап, намедонам чӣ маслиҳат диҳам. Агар хоҳӣ, ягон ҷӯроби помирӣ хар, бисёр ҷӯробҳои нағзу гарм, дар зимистон мепӯшад.
- Барои маслиҳати нағз раҳмат, Фаррух. Ин чизҳоро аз куҷо харидан мумкин?
- Аз мағозаи «Тӯҳфаҳо», ё аз бозор.
- Мағозаи «Тӯҳфаҳо» дар куҷо?
- Дар рӯбарӯйи фурӯшгоҳи марказӣ.
- Раҳмати калон, Фаррух!
- Намеарзад. Хайр, роҳи сафед, Маркос, ҳар замон мактуб навис!
- Албатта. Ту ҳам навис. Хайр, саломат бош.
- Худо Ҳофиз!

- Hi Farrukh.
- Hi Marcus. I heard that you're going back to your home country; is that right?
- Yes, Farrukh, I should be off tomorrow. I want to give my parents a present. What would you suggest?
- You should get a beautiful knife for your father but, to be honest, I don't know what to suggest for your mother. If you want, you could get some Pamiri socks – they're nice and warm, so she could wear them in winter.
- Thanks for the good ideas, Farrukh. Where can I buy these things?
- From the "Gifts" shop or the market.
- Where is the "Gifts" shop?
- Opposite the central department store.
- Thanks very much Farrukh.
- Not at all. Have a good trip, Marcus, and write often!
- Of course. You write to me too. Bye.
- God bless.

ГРАММАТИКА — GRAMMAR

Narrative Past Tense

The narrative past tense (or, as it is sometimes referred to in English, the present perfect tense) is formed from the past participle and the subject marker verb endings:

Conjugation of the verb "рафтан" ("to go") in the narrative past tense

рафта-	-ам	(ман) рафтаам	I have gone
рафта-	-ӣ	(ту) рафтаӣ	you have gone
рафта-	-аст	(ӯ, вай) рафтааст	he/she has gone
рафта-	-ем	(мо) рафтаем	we have gone
рафта-	-ед	(шумо) рафтаед	you have gone
рафта-	-анд	(онҳо) рафтаанд	they have gone

1. The narrative past tense is used to describe actions that happened repeatedly in the past or that have never happened:

   Ман борҳо ин филмро *дидаам*. — I *have seen* this film a number of times.
   Падарам чанд маротиба ба Фаронса *рафтааст*. — My father *has been* to France a number of times.
   Мо ин китобро *нахондаем*. — We *haven't read* this book.

2. The narrative past tense is used to describe past actions that you have not actually been witness to, but heard from someone else, read somewhere, or found out another way second-hand. For instance, if you say, "*Аҳмад омад*" ("*Ahmad came*"), this means that you have seen him and know for sure that he has come; but if you say, "*Аҳмад омадааст*" ("*Ahmad has come*"), this means that you have not actually seen him yet but have heard that he has come:

   Онҳо ҳафтаи гузашта *омадаанд*. — They *(apparently) came* last week.
   Ин гапро ба Ҳумо Умеда *гуфтааст*. — Umeda *(apparently) told* this to Humo.
   Дирӯз Таманно ба Хуҷанд *рафтааст*. — Yesterday Tamanno *(apparently) went* to Khojand.

3. In colloquial Tajiki, in simple sentences, the second form of past participle (cf. lesson ten) can be used in place of the narrative past tense:

   Ман ин китобро *хондагӣ*. — I *have read* this book.
   Падарам ба шаҳр *рафтагӣ*. — My father *has gone* to town.
   Вай *омадагӣ*. — He *has come*.

As with the use of pronominal suffixes (cf. lesson two), the initial "*a*" of the subject marker verb endings is dropped in colloquial Tajiki when they follow a vowel:

рафтааст ⇨ /raftast/   *будааст* ⇨ /budast/

Past Perfect Tense

The past perfect is used to describe actions that took place in the comparatively distant past or an action that preceded another past action—that is, the first of two past actions. It is formed from the past participle and the verb *будан*, which takes the subject marker verb endings:

Conjugation of the verb "рафтан" ("to go") in the past perfect

рафта	буд-	-ам	(ман) рафта будам	I had gone
рафта	буд-	-ӣ	(ту) рафта будӣ	you had gone
рафта	буд		(ӯ, вай) рафта буд	he/she had gone
рафта	буд-	-ем	(мо) рафта будем	we had gone
рафта	буд-	-ед	(шумо) рафта будед	you had gone
рафта	буд-	-анд	(онҳо) рафта буданд	they had gone

Бори аввал ман ба Париж тобистони соли 1985 *рафта будам*.	The first time I <u>went</u> to Paris was in the summer of '85.
– Ин қадар камнамо? Ягон ҷо *рафта будед*?	– It's ages since I've seen you! <u>Have</u> you <u>been</u> away somewhere?
Охирин бор ӯ ба падараш як моҳ пеш мактуб *навишта буд*.	The last time he <u>wrote</u> a letter to his father was a month ago.
Ҳафтаи гузашта Ғулом бо занаш ба хонаамон *омада буданд*.	Ghulom and his wife <u>had come</u> to our house a week ago.
Дӯсти Шумо дишаб, ҳанӯз пеш аз омадани Шумо рафта буд.	By the time you came last night, your friend had left.

In most situations, it is very difficult to distinguish between the simple past tense (e.g. *рафтам*) and the past perfect (e.g. *рафта будам*). The difference in their usage is something only really acquired through conversational practice. Compare the following sentences:

– Дирӯз ман китоби Айнӣ– «Ғуломон»-ро *хондам*.	– Yesterday I <u>read</u> Aini's book, "Slaves."
– Ман онро хеле пеш аз ту – соли гузашта *хонда будам*.	– I <u>read</u> it last year – long before you.
– Моҳи гузашта ман бо падарам ба Самарқанд *рафтам*. Бисёр шаҳри аҷоиб, ба ман бисёр маъқул шуд.	– Last month I <u>went</u> to Samarkand with my father. I liked it; it's a very interesting city.
– Дуруст мегӯӣ, мо ҳам соли гузашта *рафта будем*. Дар ҳақиқат шаҳри қадимаи таърихӣ будааст.	– You're right, last year we also <u>went</u> there. It is indeed an ancient, historical city.

МАШҚҲО   EXERCISES

1. Construct sentences based on the following table, using the correct verb endings:
   Example: <u>Ман ҳар рӯз аз магоза нону шир мехарам.</u>

Ту			шиму кастум	
Шумо	зуд-зуд		ширу нон	
Онҳо	ҳар рӯз		паниру равған	
Вай	ҳар ҳафта	аз магоза	китобу дафтар	
Мо	ҳар сол	аз бозор	сабзавоту мева	мехар....
Дӯст ва Ёр	ҳамеша		тарбузу харбуза	
Ман	баъзан		қанду асал	
Падарам			пойафзол	

2. *Construct sentences based on the following table, using the correct verb endings:*
   Example: <u>Ба ман як кило шакару ним кило равған диҳед</u>.

Ба ман	ним як се панҷ даҳ сад	дона халта грамм кило	тухм шакар орд равған гӯшт панир	диҳед.

3. *Complete the following sentences using the correct form of the verb "харидан":*
   Example: Мо маъмулан нонро аз мағоза … .
   ⇨ <u>Мо маъмулан нонро аз мағоза *мехарем*.</u>
   a. Мо одатан меваю сабзавотро аз бозори «Саховат» … .
   b. Пештар онҳо нонро аз мағоза … , ҳоло аз нонвойхона … .
   c. Дирӯз модарам аз мағоза барои ман ду шиму як курта ва як майка … .
   d. Пагоҳ рӯзи таваллуди модарам аст, ман барои ӯ як даста гул … .
   e. – Ту чӣ кор карда истодаӣ?   – Ман луғати тоҷикӣ-англисӣ … .
   f. Агар пулам расад[15], боз ду кило себ … .

4. *Rewrite the following sentences using the narrative past tense:*
   Example: Ин корро ман (накардан).
   ⇨ <u>Ин корро ман *накардаам*.</u>
   a. Мо ҳанӯз ба Фаронса (нарафтан).
   b. Бародарам дирӯз ба Бухоро (рафтан).
   c. Ман китоби Бобоҷон Ғафуров «Тоҷикон»-ро борҳо (хондан).
   d. Шунидам, ки Филип ҳафтаи оянда ба Душанбе (омадан).
   e. – Кӣ ба ту ин маслиҳатро (додан)?

5. *Transform the verbs in the following sentences from the simple past tense to the past perfect tense, making other changes as appropriate:*
   Example: Дирӯз ман ба Хоруғ рафтам.
   ⇨ <u>Моҳи гузашта ман ба Хоруғ *рафта будам*.</u>
   a. Ҳафтаи гузашта падарам аз Масков омад.
   b. Ду рӯз пеш Ҳамид барои кӯдакаш либоси бачагона харид.
   c. Онҳо имрӯз соати даҳ ба вазорат рафтанд.
   d. Хоҳарчаам рӯйи ҳавлиро рӯфт.
   e. Рашид дирӯз аз бозор як халта орд ва даҳ кило шакар овард.
   f.Ману Комёр имсол ба донишгоҳ дохил шудем[16].

6. *Rewrite the following sentences, using appropriate prepositions in the spaces (…):*
   a. Ман дирӯз … мағозаи китоб як «Луғати русӣ-англисӣ» харидам.
   b. Падарам … ман як шиму кастум овард.
   c. … Душанбе … Хуҷанд 320 километр аст.
   d. Зафар пагоҳ … Америко меравад.
   e. Ин суханҳоро … ӯ ман нагуфтаам.
   f. Падару модари Эрик … Шветсия зиндагӣ мекунанд.
   g. Дирӯз ту … куҷо будӣ?

---

[15] "*Агар пулам расад*" means "*If I have enough money.*"
[16] *Дохил шудан* means "*to enter (university).*"

7. *Choose appropriate adjectives for the following nouns and make a sentence from each:*
   Example: Қалам ⇨ <u>Қалами сурх</u> ⇨ <u>Ман қалами сурх харидам (мехарам / хоҳам харид / харида истодаам).</u>

Nouns:	курта китоб	майка калам	палто дарзмол	шим	чӯроб телевизор
Adjectives:	мардона хуб	занона ранга	бачагона сабз	тобистона сурх	гарм сиёҳ

8. *Rewrite the following sentences, using words in place of the numbers:*
   Example: Нархи як майка 2 сомонию 50 дирам аст.
   ⇨ *Нархи як майка <u>ду</u> сомонию <u>панҷоҳ</u> дирам аст.*
   a. Нархи як кило шакар 1 сомонию 45 дирам ва як кило набот 1 сомонию 90 дирам аст.
   b. Як дона тухм 17 дирам ва як кило гӯшт 3 сомонию 20 дирам аст.
   c. Як шиму костуми нағз аз 50 то 160 сомонӣ аст.
   d. Дирӯз ман аз бозор ба 11 сомонию 36 дирам меваю сабзавот харидам.
   e. Як яхдон 2100 сомонӣ ва як мошини ҷомашӯй 1050 сомонӣ аст.
   f. Нархи қолинҳои Қайроққум аз 120 то 300 сомонӣ аст.

9. *Give ten appropriate answers to the question:*
   Шумо дирӯз аз мағоза ё бозор чӣ харидед?

САНҶИШ / QUIZ

1. *Give answers to the following questions:*

1. – Шумо ба занатон дар рӯзи таваллудаш чӣ тӯҳфа мекунед?
   – …

2. – Ба мағозаи «Ҷавоҳирот» чӣ хел рафтан мумкин?
   – …

3. – Вай дар кадом мағоза кор мекунад?
   – …

4. – Як кило шакар чанд пул?
   – …

5. – Луғати русӣ-тоҷикиро аз кучо харидан мумкин?
   – …

6. – Нархи ин галстук чанд пул?
   – …

7. – Мағозаи «Олами кӯдакон» дар куҷо?
   – …

8. – Аз куҷо халати занонаи хуб ёфтан мумкин?
   – …

9. – Дар кадом мағозаҳо нархи пойафзол арзонтар аст?
   – …

10. – Шумо чанд курта харидед?
    – …

11. – Ин орди куҷо? Як халтааш чанд пул?
    – …

12. – Ба Шумо чӣ даркор?
    – …

2. *Fill in the questions corresponding with the following answers:*

1. – … ?
   – Бисёртар гиред, арзон мекунам.

2. – … ?
   – Ба автобуси 26 савор шавед ва дар истгоҳи охирин фуроед.

3. – … ?
   – Модарам ду куртаи занона харид.

7. – … ?
   – Не, намедонам.

8. – … ?
   – Як кило себ 40 дирам ва як кило шафтолу 50 дирам аст.

9. – … ?
   – Ҳа, дорем.

4. – ... ?
   – 72 дирам.
5. – ... ?
   – Не, ҷойи шудаш шаш сомонӣ.
6. – ... ?
   – Ҳа, андозаи хурдтар ҳам дорем.

10. – ... ?
    – Ин шиму кастуми покистонӣ.
11. – ... ?
    – Не, надорем.
12. – ... ?
    – Нон дорем, аммо панир тамом шуд.

3. *Make up dialogues using the material in lesson twelve and, if possible, role-play the situations with a language helper or other language partner.*

Дарси 13

Дар ресторан, ошхона, қаҳвахона, чойхона

Lesson 13

At the Restaurant, Cafe, and Tea-House

ШАРҲ / COMMENTARY

There are three types of public food establishment: restaurants (*ресторан*), national cafes (*ошхона* and *қаҳвахона*), and tea-houses (*чойхона*). *Чойхона* are the most common places to eat and rest. In the cities and their environs, it's possible to find a *чойхона* in almost every street or neighbourhood. *Чойхона* are not only places for drinking tea and eating food, but in the evenings men sit there to chat. Older men in particular pass a lot of their time in *чойхона*. In times past, travellers could also stay at *чойхона* just as at a hotel. Now, *чойхона* are places both for eating breakfast and lunch and, on certain evenings, for meeting up with people the same age. In Tajiki, the word *чой* has a broad range of meaning, not simply restricted to the drinking of tea. In *чойхона*, besides tea and bread, it also signifies other national dishes that are served to customers. Among Tajiks the expressions "*як пиёла чой кунам*" and "*як пиёла чойба марҳамат кунед*" are very widely used to invite someone as a guest.

Ошхона are the second most numerous type of public food establishment. In *ошхона* they usually prepare national dishes. *Ошхона* are found on the corner of streets, along large streets in cities, and close to factories and large organisations. Usually, the range of food prepared in *ошхона* is not great – normally just three or four main dishes are served, although they also offer various kinds of salads and non-alcoholic drinks.

Қаҳвахона, in terms of the service they provide, are similar to *ошхона*. However, in addition to meals and fruit juice, most *қаҳвахона* also offer alcoholic drinks. One of the most important differences between *қаҳвахона* and *ошхона* is that European meals are served instead of national meals.

Ресторан are similar to restaurants in other countries. The largest ones are usually found close to the largest hotels. These days, in the largest and busiest streets, an increasing number of small, private *ресторан* are appearing. When reading restaurant menus, the names of dishes based on those found in the West can usually be recognised through their similar sounding names, e.g. *гамбургер* ("*hamburger*"), *чизбургер* ("*cheeseburger*"), *гуляш* ("*goulash, stew*"), and *бифстроган* ("*beef stroganoff*").

Every country has its own special national dishes and in Tajikistan there are also various types of national food, the most important of which are *оши палов*[1], *кабоб*, *манту*, *угро*, and *кичирӣ*. Naturally, it is not possible to describe in detail how to prepare each of these here in this book. Finally, it should also be noted that most national dishes are shared by the various Central Asian peoples. If you live in Central Asia, you will be able to taste all of these.

ЛУҒАТ / VOCABULARY

хӯрокҳои миллӣ	*national dishes*	хӯрокҳои умумӣ	*general food*
кабоб / шашлик	*kebab* / shashlik	сихкабоб	*shish kebab*

---

[1] The main meaning of the word *ош* is all food in general. Used in this way, there are many phrases, such as *оши суюк* (dishes cooked with water – as opposed to *оши қуюк*, dishes cooked without any or with only a little water), *оши угро*, and *ош шавад*. However, in colloquial Tajiki, the word *ош* is also used to mean pilau, *палов*.

лӯлакабоб	minced-meat kebab	танӯркабоб	kebab cooked in an oven
шӯрбо	soup, stew		
палов / ош / оши палов	pilau / osh	шавла /shüla/	osh, reheated with water
манту	steamed meat-filled dough balls	тушбера	small boiled meat-filled dough balls
угро	noodles, noodle soup	угропалов	noodles
лағмон	spaghetti soup	санбӯса /sambüsa/	triangular meat-filled pastries
кичирӣ	a meal cooked from rice, chick-peas and mung beans	хамир	dough
		мастова	soup with rice, eaten with yoghurt
қурутоб	a dish made with an oil-based bread, onions, vegetable oil, and chakka	хонума	thinly-layered meat and dough, rolled and steamed
картошкабирён	fried potatoes	мурғбирён	fried chicken
бифштекс	steak, burger	тухмбирён	fried eggs
карамшӯрбо	cabbage-soup	моҳишӯрбо	fish-soup
пити	a Caucasian soup with cherries	забон	tongue
нӯшоба	soft drink	оби минералӣ	mineral water
шарбат	juice, syrup	компот	stewed fruit
чой	tea	қаҳва	coffee
шир	milk	чакка	solid sour yoghurt, mixed with water as a side-dish
қаймоқ	cream		
нӯшокии спиртӣ / нӯшокӣ	spirits	арақ	vodka, spirits
виски	whiskey	коняк	cognac
ром	rum	ликёр	liqueur
шампон	champagne	шароб / май [вино]²	wine
пиво	beer	коктейл	cocktail
намак	salt	мурч, қаланфур	pepper
мураббо	jam	яхмос	ice-cream
корд	knife	панҷа [вилка]	fork
қошуқ	spoon	табақча	small plate
пиёла	bowl-like cup	коса	bowl
чойник	teapot	шиша	bottle
дастархон	tablecloth	стакан, истакон	glass
сачоқ	napkin, serviette	қадаҳ	wine-glass
сачоқи коғазин [салфетка]	paper napkin	фармоиш [заказ]	order
пурсидан (пурс)	to ask	хоҳиш кардан	to desire, want
нишастан (нишин, шин)	to sit	фармоиш додан / фармудан (фармо)	to order
хӯрдан (хӯр)	to eat	чашидан (чаш)	to taste
нӯшидан (нӯш)	to drink	сӯхтан (сӯз)	to burn
даромадан (даро)	to enter	баромадан (баро)	to leave; to go up
ҳисобӣ кардан	to add up (the bill)		

---

² Words shown in square brackets are Russian words used in colloquial Tajiki.

ташна	*thirsty*	гурусна	*hungry*
тунук	*thin*	ғафс	*thick*

СӮҲБАТҲО / *DIALOGUES*

1.

– Мебахшед, пурсидан мумкин?
– Марҳамат.
– Намедонед ошхона ё ресторани наздиктарин дар куҷост?
– Шумо хӯроки миллӣ хӯрдан мехоҳед ё аврупой?
– Хӯрокҳои миллӣ бошад, беҳтар.
– Ин тавр бошад, тахминан чорсад метр рост равед ва баъд ба тарафи чап гардед. Он ҷо як ошхонаи миллӣ ҳаст, номаш «Фарангис». Дар он ҷо хӯрокҳои хуби миллӣ тайёр мекунанд.
– Раҳмат ба Шумо.
– Саломат бошед.

– *Excuse me, can I ask something?*
– *Go ahead.*
– *Do you know where the closest cafe or restaurant is?*
– *Do you want to eat national or European food?*
– *National food would be better.*
– *In which case, go straight ahead for about 400m and then turn left. There's a national* oshkhona *called "Farangis." They prepare very good national food.*
– *Thank you.*
– *You're welcome.*

2.

– Марҳамат, хуш омадед. Ба ин ҷо гузашта шинед. Чӣ фармоиш доред?
– Номгӯи хӯрокҳо ҳаст?
– Албатта, марҳамат.
– Ба ман як лағмону як порс манту биёред.
– Хуб шудаст. Боз чӣ мехоҳед?
– Як истакон шарбати себу як нон.
– Салату чой ҳам биёрам?
– Не, лозим не.
– Ҳозир меорам.

– *Welcome. Have a seat. What would you like?*
– *Have you got a menu?*
– *Of course, here you are.*
– *Bring me a plate of spaghetti and a portion of* mantu.
– *OK. Would you like anything else?*
– *One glass of apple juice and some bread.*
– *Shall I bring some salad and tea also?*
– *No, it's not necessary.*
– *I'll bring it right away.*

3.

– Чӣ хӯрокҳо доред?
– Барои якум шӯрбо, лағмон, мастова. Барои дуюм оши палов, манту.
– Ба мо ду шӯрбо ва ду оши палов.
– Аз нӯшокиҳо чӣ биёрам?
– Кока-Кола.
– Нон чӣ қадар лозим?
– Дуто бас.
– Нӯшокии спиртӣ мехоҳед?
– Дусад грамм арақ биёред.
– Хуб шудаст, ҳозир меорам.
– Мебахшед, як салати нағз ҳам биёред.
– Хуб.

– *What food have you got?*
– *For starters, soup, spaghetti, and* mastova. *For main course, osh and* mantu.
– *Bring us two soups and two osh.*
– *What drinks should I bring?*
– *Coca-Cola.*
– *How much bread would you like?*
– *Two pieces will do.*
– *Do you want any spirits?*
– *Bring 200 grams of vodka.*
– *OK, right away.*
– *Sorry, please also bring a good salad.*
– *OK.*

4.

– Хуш омадед, чӣ мефармоед?	– Welcome. What would you like?
– Рауф, ту чӣ мехоҳӣ?	– What would you like, Rauf?
– Ман оши палов мехоҳам.	– I want osh.
– Довуд, ту чӣ?	– What about you, Dovud?
– Ман манту мехӯрам.	– I'll have mantu.
– Асрор?	– Asror?
– Ба ман як порс лӯлакабоб.	– A portion of minced-meat kebab for me.
– Хуб, ба мо ду оши палов, як порс манту, як порс лӯлакабоб.	– OK: bring us two portions of osh, one of mantu, and one of minced-meat kebab.
– Боз чӣ мехоҳед? Нӯшоба, салат, нӯшокӣ?	– What else would you like? Soft drinks, salad, alcoholic drinks?
– Рауф? Довуд? Асрор?	– Rauf? Dovud? Asror?
– Худат ҳар чӣ хоҳӣ, фармоиш деҳ.	– Order whatever you like.
– Ин тавр бошад, як шиша оби минералӣ ва чор истакон биёред.	– Bring us a bottle of mineral water and four glasses.
– Дигар чиз лозим не?	– Nothing else?
– Ҳоло ҳозир ҳаминаш кифоя.	– That will do for now.
– Хуб шудаст, ҳозир меорам.	– Fine. I'll be right back.

5.

– Марҳамат, хӯрокҳои фармудаи Шумо.	– Here's your order.
– Саломат бошед.	– Thank you.
– Нӯши ҷон! Боз ягон фармоиш доред?	– Enjoy your meal. Do you need anything else?
– Ҳоло не. Лозим шавад, ҷеғ мезанем.	– Not right now. If we need any, we'll call.
– Мо дар хизмати Шумо.	– We're at your service.
– Раҳмат.	– Thank you.

6.

– Мебахшед, мумкин бошад, бо мо ҳисобӣ кунед.	– Excuse me, can you calculate our bill?
– Ҳамааш 12 сомониию 20 дирам мешавад.	– The total's 12 somoni 20 diram.
– Бисёр хуб, марҳамат ҳисоб кунед.	– Fine. Check the money.
– Дуруст. Хуш омадед, боз биёед.	– It's right. Goodbye. Come again.
– Ташаккур, саломат бошед.	– Thank you. Goodbye.

7.

– Роберто, ту чӣ хел хӯрокҳои миллии тоҷикиро медонӣ?	– Roberto, what national Tajiki foods do you know?
– Оши палов, манту, кабоб, хонума.	– Osh, mantu, kebab, and khonuma.
– Хонума? Ин чӣ хел хӯрок?	– Khonuma? What is that?
– Ту ягон бор нахӯрдаӣ?	– You haven't had it?
– Не.	– No.
– Ин як хӯроки аҷибу бомаза. Қимаро рӯйи хамири тунук гузошта, онро мепечонанд ва дар деги манту мепазонанд. Баъди тайёр шуданаш ба болои он пиёзи дар равған зирбондашударо мегузоранду бо чакка мехӯранд.	– It's a very interesting and tasty meal. Mince is spread on a thin dough, which is wrapped up and steamed in a mantu pot. After it's ready, fried onions are served on top and it's eaten with chukka.
– Ту худат тайёр карда метавонӣ?	– Can you make it?
– Не, ман онро дар хонаи Зафар хӯрда будам. Бисёр маъкул шуд.	– No, I've had it at Zafar's house. It was very nice.

8.

– Салом, Раҷаб.	– Hi Rajab.
– О, Мавлонҷон! Салом алейкум! Шумо чӣ хел, нағз-мӣ? Саломатиҳо чӣ хел? Кай боз надидам, куҷо будед?	– Oh, Mavlon! Hello. Are you well? How are you? It's been a while since I last saw you – where have you been?
– Аз сафари Япония баргаштам. Як моҳ дар он ҷо будам.	– I've just returned from a trip to Japan; I was there for a month.
– Эҳе, чӣ хел нағз!	– Hey – very nice!
– Ҳа, дӯстам, бисёр тамошо кардам, як кишвари афсонавӣ.	– Yes, I saw a lot; it's a fairy-tale land.
– Биёед, Мавлонҷон, агар вакт дошта бошед, ба ягон ҷо рафта хӯроки пешин мехӯрем ва дар айни замон сӯҳбат мекунем.	– Come, Mavlon, if you have time, let's go somewhere for lunch and chat.
– Бо ҷону дил. Фақат ҳисобӣ кардан тани ман.	– I'd love to[3]. Only I'll get the bill.
– Ин хел бошад, ба ресторани «Тоҷикистон» меравем, харҷ агар аз кисаи меҳмон бувад, Ҳотами Той шудан осон бувад!	– In which case, we'll go to the "Tajikistan" restaurant; if someone else is footing the bill, I'll order lots![4]
– Марҳамат, ҳар ҷо, ки хостед, ба ҳамон ҷо меравем!	– Fine, we'll go wherever you want!

ГРАММАТИКА   **GRAMMAR**

More Compound Verbs

In lesson nine it was stated that there are two types of compound verb in Tajiki: nominal and verbal. Information about nominal compound verbs (e.g. *кор кардан*, *калон кардан*, *об шудан*, etc.) was given in that lesson; now verbal compound verbs will be considered. This type of verb is usually formed from two verbs. In relation to their grammatical function and the way they express their meaning, they can be further separated into two groups. The first group contains conjugated verbs consisting of a main verb and an auxiliary verb that is only used to convey the tense and the person and number of the subject: e.g. *рафта будам* ("*I had gone*"), *гуфта истодаӣ* ("*you are saying*"), *хоҳад рафт* ("*he will go*"), etc. The second group consists of verbs in which both the constituent verbs convey their original meaning. With this kind, the first verb constituting the compound verb takes the past participle while the second verb is conjugated as normal. These kinds of verbs are used for synchronous actions:

омада	нишаст	he came and sat down
рафта	гӯ	go and say ...
харида	хӯрдем	we bought and ate ...
навишта	мегирам	I'm taking it down in writing

---

[3] Literally, "*With heart and soul.*"
[4] *Ҳотами Той* is the name used in Tajiki literature to represent a generous man who does good works, so this expression literally means "*if someone else is paying, things will be as easy as if Hotami Toi were paying!*"

Падарам ба ман як курта *харида дод*.	*My father <u>bought</u> a dress for me.*
Ӯ маро диду ба наздам *омада нишаст*.	*He saw me and <u>came sat</u> next to me.*
Гуфтаҳои маро як-як *навишта гир*.	*<u>Write down</u> my words one by one.*
Рафта бин, ки Марсел омадааст ё не.	*<u>Go and see</u> if Marcel has come or not.*
Онҳо маро *дида хандиданд*.	*They <u>saw</u> me <u>and laughed</u>.*
Дирӯз мо оши палов *пухта хӯрдем*.	*Yesterday we <u>cooked and ate</u> osh.*
Фараҳноз *омада гуфт*, ки пагоҳ ба Мюнхен меравад.	*Farahnoz <u>came and said</u> that she's going to Munich tomorrow.*
Ман ба санг *пешпо хӯрда ғалтидам*.	*I <u>stubbed my foot</u> against a stone <u>and fell</u>.*

As can be seen, the way in which such verbs are expressed in English varies. In some cases, only the first of the verbs is translated; in other cases both are translated with the addition of the conjunction "*and*." Yet other cases have their own way of being best expressed in English.

More Pronouns

The reflexive pronoun "худ" ("self")

The pronoun *худ* expresses both reflexivity and possession in Tajiki. As a reflexive pronoun, it can come before or after the personal pronouns:

ман худам	худи ман	худам	*(I) myself*
ту худат	худи ту	худат	*(you) yourself*
ӯ худаш	худи ӯ	худаш	*(he/she) himself / herself*
мо худамон	худи мо	худамон	*(we) ourselves*
шумо худатон	худи шумо	худатон	*(you) yourselves*
онҳо худашон	худи онҳо	худашон	*(they) themselves*

Ман худам ин корро мекунам.	*I'm going to do this work <u>myself</u>.*
Ту худат ба ман гуфта будӣ.	*<u>You</u> told me <u>yourself</u>.*
Ҳоло *худи онҳо* аз ин ходиса хабар надоранд.	*Right now they don't even know anything about the accident <u>themselves</u>.*
Агар бовар накунед, *худатон* рафта бинед.	*If you don't believe it, you can go see for <u>yourself</u>.*

As these examples show, all three forms can function as the subject of a sentence. However, when *худ* is used as a possessive pronoun, only the third form is normally used (the second form is also used, but very rarely). Used in this way, it always follows the noun:

Ин китоби *худам* аст.	*This is <u>my</u> book.*
Ӯ ба мошини *худаш* савор шуд.	*He came in <u>his own</u> car.*
Онҳо ҳавлии *худашонро* фурӯхтанд.	*They sold <u>their</u> house.*
Ба ҳар кас фарзанди *худаш* азиз аст.	*Everyone thinks <u>their own</u> children are precious.*

In literary language, especially in poems, there are two other forms of the pronoun *худ*—namely *хеш* and *хештан*:

Бо модари *хеш* меҳрубон бош,	*You should always have compassion on <u>your</u> mother,*
Омодаи хидматаш ба ҷон бош.	*You should always be ready to help her.*

Other types of pronouns

1. Demonstrative

ин	this	– Ин мард кист?	– Who is <u>this</u> man?
чунин	this kind of; such	Чунин одамро ман бори аввал мебинам.	This is the first time I've seen <u>such</u> a man.
ҳамин	this (exact)	Ҳамин китобро ба ман деҳ	Give <u>this</u> book to me.
он	that	Он зан хоҳари ӯст.	<u>That</u> woman is his sister.
ҳамон	that (exact)	Ту ҳамон касро шинохтӣ?	Do you know <u>that</u> person?

2. Nominative

ҳама	all; everyone	Ҳама омаданд.	<u>Everyone</u> came.
ҳар кас	everyone	Ҳар кас бояд инро донад.	<u>Everyone</u> should know this.
ҳар кӣ	everyone	Ҳар кӣ пурсад, ҷавоб деҳ.	<u>Everyone</u> who asks a question will get an answer.
ҳар чӣ	whatever; everything	Ҳар чӣ гӯӣ, ман розӣ.	<u>Whatever</u> you say, I agree.

3. Negative

ҳеҷ	not	Ҳеҷ ман ӯро надидаам.	I've <u>never</u> seen him.
ҳеҷ кас	no-one	Ҳеҷ кас ин корро намекунад.	<u>Nobody's</u> going to do this work.
ҳеҷ чиз	nothing	Ҳеҷ чиз беҳтар аз дилу забон нест.	<u>Nothing</u> is better than the heart and tongue.
ҳеҷ кадом	none	Ҳеҷ кадоми онҳоро ман намешиносам.	I don't know <u>any</u> of them.

4. Indefinite

баъзе	some	Баъзе одамон инро намедонанд.	<u>Some</u> people don't know this.
ягон	any	– Ягон кас наомад-мӣ?	– Has <u>anybody</u> come?
ким-кӣ	someone	– Ким-кӣ ба Шумо телефон кард.	– <u>Someone</u> phoned you.
ким-чӣ	something	Дар алафзор мо ким-чиро дидем.	We saw <u>something</u> in the meadow.
якчанд	several	Онҳо якчанд кас буданд.	There were <u>several</u> people.

5. Joint

якдигар	one another	Онҳо ҳамеша ба якдигар мактуб менависанд.	They always write to <u>each other</u>.
ҳамдигар	each other	Мо ҳамдигарро дӯст медорем.	We love <u>each other</u>.

МАШКҲО   EXERCISES

1. *Construct sentences based on the following table, using the correct verb endings:*
   Example: *Ман лӯлакабобро дӯст медорам.*

Ман	шӯрбо		
Ту	оши палов		
Маҳмуд	лӯлакабоб		
Ҳаким	манту	-ро	дӯст медор….
Мо	санбӯса		
Мунира	тушбера		
Онҳо	мурғбирён		
Шумо	шавла		

2. *Fill in the following spaces (…) with an appropriate form of the pronoun "худ":*
   Example: *Ин оши паловро ман … пухтам.*
   ⇨ *Ин оши паловро ман худам пухтам.*
   a. Ӯ … ин корро карда наметавонад.
   b. … мо бояд пагоҳ ба Кӯлоб равем.
   c. Ба ин кор … ӯ гунаҳкор аст.
   d. Латиф ба хонаи … даромад.
   e. Ман … ба донишгоҳ рафта метавонам.
   f. … Шумо аз куҷо?

3. *Rewrite the following sentences using the verbs shown and "тавонистан" in the appropriate forms:*
   Example: *Модарам хонума (пухтан).*
   ⇨ *Модарам хонума пухта метавонад.*
   ⇨ *Модарам метавонад хонума пазад.*
   a. Пагоҳ ман ба ресторани «Варзоб» (рафтан).
   b. Бародарам – Ёдгор оши палов (пухтан).
   c. Мо бо онҳо наҳор (кардан).
   d. Шумо ягон хел хӯроки миллии тоҷикӣ (пухтан)?
   e. Вай бо забони тоҷикӣ (навиштан)?

4. *Transform the following sentences, as shown in the example:*
   Example: *Модарам карамшӯрбо пухт.*
   ⇨ *Модарам карамшӯрбо пухтааст.*
   ⇨ *Модарам карамшӯрбо пухта буд.*
   ⇨ *Модарам карамшӯрбо мепазад.*
   ⇨ *Модарам карамшӯрбо пухта истодааст.*
   ⇨ *Модарам карамшӯрбо хоҳад пухт.*
   a. Ману Тоҳир дар ресторани «Тоҷикистон» кабоб хӯрдем.
   b. Хоҳарам аз пиёзу бодирингу помидор салати нағз тайёр мекунад.
   c. Ғаффор ва Шерзод ба қаҳвахонаи «Ҳаловат» рафта истодаанд.
   d. Ту чӣ хӯрдӣ?
   e. Бародарам дар ошхона кор мекунад.

5. *Fill in the following spaces (…) with the verbs "хӯрдан" and "нӯшидан" in the appropriate tense:*
   Example: *Ман ҳар рӯз пагоҳӣ тухмбирён … .*
   ⇨ *Ман ҳар рӯз пагоҳӣ тухмбирён мехӯрам.*
   a. Мо одатан чойи кабуд … .

b. Дирӯз ман бо бародарам дар қаҳвахонаи «Дидор» шӯрбо … . Ва оби минералии «Шоҳамбарӣ» … .
c. Бисёр ташна мондам, об … мехоҳам.
d. Ту бояд бисёртар тухму шир … .
e. Фардо мо ба боғи марказӣ меравем ва кабобу яхмос … .
f. Мардуми Аврупо бештар қаҳва … .
g. Онҳо ҳар пагоҳӣ дар наҳор нону асал … .

6. *Rewrite the sentences using verbal compound verbs following the example shown:*
    Example: Мо ба автобус баромадем ва нишастем.
        ⇨ Мо ба автобус *баромада нишастем.*
    a. Холаам модарамро дид ва гуфт.
    b. Бародарам ба ман як курта харид ва дод.
    c. Дирӯз мо оши палов пухтем ва хӯрдем.
    d. Ту худат ба хонаи Аҳмад рав ва пурс.
    e. Билл ба ман як шеър ба забони англисӣ навишт ва дод.

7. *Read the proverbs below. Memorise any that you might be able to use in conversation:*

Як мавизро чил қаландар хӯрдааст.	*Forty poor people have eaten one raisin.*
Ғараз аз тушбера гӯшт хӯрдан аст.	*The purpose of eating* tushbera *is to eat meat.*
Ба ҳар ош қатӣ шудан.	*To sit together to eat food.*⁵
Аввал таом, баъд калом.	*First eat, then talk.*
Алами ош аз мош гирифтан.	*For* osh *to vent its anger on mung beans.*
Кайвонӣ ду шуд, зубола гум шуд.	*If there are two women, the dough will be wasted.*⁶
Ба бача «ҳавлӣ» нагӯ, кӣ «ҳалво» мефаҳмад.	*Don't say "ḣavli" to the child who'll understand "ḣalvo" by it.*
Ба «ҳалво» гуфтан даҳон ширин намешавад.	*To say "ḣalvo" won't make the mouth sweet.*
Ба пулдор кабоб, ба бепул дуди кабоб.	*The one with money has kebabs, the one without money kebab smoke.*
На сих сӯзад, на кабоб.	*Don't burn the skewer or the kebab.*
Нона калон газу гапа калон назан.	*Eat a lot of bread, but don't boast.*
Нафси бад – балои ҷон.	*Greed is an enemy of the soul.*

---

⁵ Used to mean, "*Keep your nose out of my business.*"
⁶ That is, "*Too many cooks spoil the broth.*"

ХОНИШ

READING

1. Read the following text, retell it in Tajiki in your own words, and discuss the question that follows:

Худо хоҳад

Марди камбағале буд. Ӯ бо занаш дар як ҳавлии хурди назарногир зиндагӣ мекард. Мард оши паловро бисёр дӯст медошт, аммо барои зуд-зуд оши палов пухтан имконият надоштанд. Ӯ ҳар рӯзу ҳар ҳафта кам-кам барои оши палов маҳсулот ҷамъ мекард. Рӯзе, баъд аз он ки ҳамаи маҳсулот тайёр шуд, ба занаш фармуд, ки оши палов пазад. Вақте ки занаш ошро дам партофт, мард гуфт:

– Ана имрӯз оши палов мехӯрем!

Занаш дар ҷавоб гуфт:

– Худо хоҳад гӯед, мардак[7].

Мард гуфт:

– Ош дар дег тайёр аст, Худо хоҳад, нахоҳад, ош мехӯрем!

Ҳамин вақт дарвозаро тақ-тақ карданд. Бародари мард хабар дод, ки падари онҳо аз олам чашм пӯшидааст. Мард бо бародараш зуд аз хона баромада рафт. Падарро дафн карда, рӯзи дигар шабона ба хона баргашт ва дари ҳавлиро тақ-тақ зад. Занаш аз дарун пурсид:

– Кист?

– Худо хоҳад ман шавҳари ту, – ҷавоб дод мард.

Vocabulary:

камбағал	poor	назарногир	unattractive
имконият	possibility	ҷамъ кардан	to collect
маҳсулот	ingredients	тақ-тақ кардан/ задан	to knock
хабар додан	to inform	дафн кардан	to bury
шабона	at night, by night	ҷавоб додан	to answer, reply

Translation of some expressions and idioms:

Вақте ки ҳамаи маҳсулот тайёр шуд	When all the ingredients were ready
ошро дам партофтан	to cover the osh
Худо хоҳад, нахоҳад, мехӯрем.	Whether the Lord wills or not, we're going to eat.
аз олам чашм пӯшидан	to die

Discuss the following:

Баъзе вақт дар ҳаёти ҳар яке аз мо, ҳодисае рӯй медиҳад, ки барои мо бисёр муҳим аст ва баъди ин ҳодиса рафтор ё ҷаҳонбинии мо дигаргун мешавад. Оё дар ҳаёти Шумо чунин ҳодиса буд? Он ба ҷаҳонбинии Шумо чӣ гуна таъсир гузошт?

More useful vocabulary:

ҳаёт	life	ҳодиса	event, accident
рӯй додан	to happen	дигаргун шудан	to change
таъсир гузоштан	to influence	воқеа	incident, event
фоҷеа	tragedy	наҷот	escape, rescue

---

[7] *Мардак* and *занак* are form of address used in colloquial Tajiki between a husband and wife, meaning the same *мард* and *зан*.

2. Read the following. Then write a description of how to cook a dish from your country:

Тарзи пухтани оши палов

Маҳсулот:

    биринҷ - 1кг.,
    гӯшт - 400гр.,
    нахӯд - 150гр.,
    сир - 4 дона,
    равғани растанӣ - 250гр.,
    сабзӣ - 1кг.,
    пиёз - 3 дона,
    намак, зира.

4-5 соат пеш аз сар кардани пухтани ош нахӯдро дар оби гарм тар мекунанд. Сабзиро ба тарзи тунуку борик ва дароз-дароз реза мекунанд. Оташи дегро даргиронда, равғани доғкардашударо меандозанд. (Агар равған доғ нашуда бошад, онро аввал доғ мекунанд). Вақте ки равған дуд кард, ба он пиёзи резакардаро андохта, то сурх шуданаш мезирбонанд. Баъд гӯшти ба андозаи 100-150-граммӣ пора кардашударо меандозанд ва дар оташи паст бирён мекунанд. Агар ҳангоми бирён кардани гӯшт пиёз ба сиёҳ шудан наздик шавад, ба дег каме (ним пиёла) об меандозанд. Барои хубтар бирён шудани гӯшт ҳар замон онро бо кафгир мекобанд (тагу рӯ мекунанд). Пас аз нимбирён (нимпухта) шудани гӯшт ба болои он сабзии пешакӣ резакардаро меандозанд ва то мулоим шудани он бо кафгир мекобанд. Сипас, ба дег об меандозанд. Андозаи об ба қадре аст, ки маҳсулот дар об пурра ғӯр шавад ва каме аз он зиёдтар бошад. Нахӯди пешакӣ таршударо шуста, ба дег меандозанд. Намакро ба қадри лозимӣ илова мекунанд. Пас аз ба ҷӯш омадани об оташи онро паст мекунанд, то ки об сахт наҷӯшад. Дар ҳамин ҳол дегро камаш ним соат нигоҳ медоранд. Ин чизро «зирбаки ош» меноманд. Дар ин муддат биринҷро тоза карда, пеш аз ба дег андохтан онро 10-15 дақиқа дар оби гарм тар мекунанд. Барои ин биринҷро ба каструл ё ягон зарфи дигар андохта, як қошуқ намак меандозанд ва ба болояш оби гарм рехта, бо қошуқ чанд маротиба тагу рӯ мекунанд, то ки биринҷ ба ҳамдигар начаспад. Пеш аз ба дег андохтани биринҷ 3-4 сирпиёзро дар шакли бутуниаш аз пӯсти болояш тоза карда ба ҳар ҷойи дег меандозанд. Каме зира низ мепошанд. Биринҷро пеш аз андохтан 3-4 маротиба дар оби хунук мешӯянд. Сипас онро ба дег кам-кам тавре меандозанд, ки дар ҳамаи қисматҳои дег як хел ва баробар бошад. Ба болои биринҷ тақрибан 1 литр оби гарм рехта, оташи дегро баланд мекунанд. Ин ҳолат аз ҳама мушкилтар ва муҳимтар аст, зеро оби дег дар ҳама ҷо бояд як хел ҷӯшад. Пас аз он ки ҳама ҷойи дег як хел ҷӯшида, оби онро биринҷ мечаббад, оташи дегро паст мекунад ва биринҷро як маротиба аралаш карда, ҷӯшондани дегро давом медиҳанд. Барои он ки дар оташи паст ҳама ҷойи дег нағз ҷӯшад, ҳар ҷо-ҳар ҷойи онро бо қошуқи чӯбин ё чизи ба он монанд сӯрох мекунанд. Намаки ошро бори дигар санҷида, дар мавриди лозимӣ боз намак илова мекунанд. Вақте ки оби дег ҷӯшида тамом шуд, биринҷро дар мобайни дег ҷамъ карда, болои онро бо ягон зарф маҳкам мепӯшанд, ба тавре ки аз ягон ҷойи дег буғи об берун набарояд. Ин корро «дам партофтан» ё «дам кардан» меноманд. Оташи дегро боз ҳам пасттар мекунанд, то ки таги дег нагирад, яъне сӯхта сиёҳ нашавад. Дар ҳамин ҳол 20-25 дақиқа нигоҳ медоранд. Сарпӯши дегро гирифта, биринҷҳоро як маротиба тагу рӯ мекунад ва оши тайёршударо ба табақҳо мекашанд. Аввал ба табақ аз қисми болой биринҷ андохта, ба болои он зирбак мекашанд. Ба болои табақи ош гӯштро пора карда мегузоранд. Сирпиёзро пӯст канда, тоза мекунанд ва бо ош якҷоя мехӯранд. Ошро ҳамеша бо салат мехӯранд. Дар фаслҳои гарм онро аз пиёзу помидор ва бодиринги резакарда тайёр мекунанд. Дар зимистон салатро аз турбу лимӯ ва пиёзи резакарда тайёр мекунанд. Ҳамчунин помидору бодиринги шӯр дар ин фасл барои ош салати хуб аст. Тоҷикон маъмулан ошро бо даст, бе қошуқ мехӯранд.

Эзоҳ: Пухтани оши палов аз рӯйи тарзи муайян хеле мушкил аст. Аввалан, тарзҳои гуногуни пухтани оши палов мавчуданд. Масалан, дар баъзе ноҳияҳо аввалро гӯштро зирбонда, баъд пиёзро меандозанд. Дар ин маврид ранги ош сафедтоб меояд. Сониян, миқдори равғану об ба навъи биринҷ вобаста аст. Баъзе навъи биринҷҳо оббардор мешаванд, яъне обро бисёртар талаб мекунанд. Айнан ҳамин хел биринҷҳое ҳастанд, ки равғани бештареро талаб мекунанд. Ҳамчунин бояд гуфт, ки оши паловро бо равғани гӯсфанд ҳам мепазанд. Барои ин дунбаро пора-пора карда, ба дег меандозанд ва то равғани он баромадан мезирбонанд. Қисми боқимондаи он «ҷаза» ном дорад. Онро бо пиёзу нон мехӯранд ё ба хамир илова карда нон мепазанд. Ба оши палов илова кардани нахӯд, зира ва сирпиёз аз рӯйи хоҳиш аст, яъне оши паловро бе ин чизҳо пухтан низ мумкин аст.

Vocabulary:

тарз	manner, way	тар кардан	to soak
доғ кардан	to heat furiously	андохтан (андоз)	to put, to pour
дуд кардан	to smoke	сурх шудан	to brown
ҳангом	time, at the time	сиёҳ шудан	to burn
кофтан (коб)	to stir	тагу рӯ кардан	to stir up
нимбирён / нимпухта	half-cooked	пурра гӯр шудан	to be covered completely
ҳол, ҳолат	state, condition	часпидан (часп)	to stick
бутунӣ	entirety	пошидан (пош)	to sprinkle
боқимонда	remaining	қисмат	part
мушкил	difficult	чаббидан (ҷаб)	to absorb
аралаш кардан / омехтан (омез)	to mix, to mix up	давом додан	to continue
монанд	like, similar	сӯрох кардан	to make holes
илова кардан	to add	маҳкам пӯшидан	to cover tightly
буғи об	steam	яъне	namely, that is
кашидан (каш)	to serve	якҷоя	together
эзоҳ	explanatory note	муайян	certain, definite
мавчуд	existence	масалан	for example
миқдор	quantity	оббардор	absorbent
айнан	exactly	дунба /dumba/	fat tail of sheep

Translation of some expressions and idioms:

ба тарзи тунуку борик ва дароз-дароз реза кардан	to cut long and thin
равғани доғкардашуда	oil heated to burn off any impurities
пиёзи резакарда	chopped onions
гӯшти ба андозаи 100-150-граммӣ пора кардашуда	100-150 grams of chopped meat
сабзии пешакӣ резакарда	carrots chopped in advance
андозаи об ба қадре аст, ки …	the amount of water should be so that …
нахӯди пешакӣ таршуда	pre-soaked chick-peas
ба қадри лозимӣ	as necessary
ба ҷӯш омадан	to come to the boil
дар ҳамин ҳол дегро камаш ним соат нигоҳ доштан	to keep the pot like this for at least half an hour
аз пӯсти болояш тоза кардан	to remove the skin
кам-кам тавре андохтан	to add little-by-little
як хел	even, evenly

дар мавриди лозимӣ	*if necessary*
оши тайёршуда	*the cooked* osh
ба ... вобаста аст	*depends on ...*
ҳамчунин бояд гуфт, ки ...	*it should be additionally stated that ...*

САНҶИШ / QUIZ

1. Give answers to the following questions:

1. – Марҳамат, ба ин ҷо шинед. Чӣ мефармоед?
   – ...
2. – Нӯшокии спиртӣ биёрам?
   – ...
3. – Ресторани «Фароғат» дар куҷост?
   – ...
4. – Боз ягон фармоиш доред?
   – ...
5. – Марк, ту чӣ хӯрдан мехоҳӣ?
   – ...
6. – Оби минералӣ доред?
   – ...
7. – Шумо кадом хӯрокҳои миллии тоҷикиро медонед?
   – ...
8. – Ба мо боз ду порс кабоб биёред.
   – ...
9. – Бо мо ҳисобӣ кунед.
   – ...
10. – Ту оши палов пухта метавонӣ?
    – ...
11. – Як порс шӯрбо чанд пул аст?
    – ...
12. – Хуш омадед, боз биёед.
    – ...

2. Fill in the questions corresponding with the following answers:

1. – ... ?
   – Хуб шудаст, ҳозир мебиёрам.
2. – ... ?
   – Ҳамааш 7 сомонию 50 дирам мешавад.
3. – ... ?
   – Дар хиёбони Рӯдакӣ.
4. – ... ?
   – Оши палов, шӯрбо, манту, кабоб.
5. – ... ?
   – Ҳа, албатта.
6. – ... ?
   – Чойхона дар он тарафи роҳ.
7. – ... ?
   – Боз як порс кабоб биёред.
8. – ... ?
   – Не, ман намедонам.
9. – ... ?
   – Дирӯз мо ба ошхона рафтем.
10. – ... ?
    – Шарбати себ, Кока-кола, Пепси
11. – ... ?
    – Араки русӣ, шароб, виски.
12. – ... ?
    – Дигар ҳеҷ чиз лозим нест.

3. Make up dialogues using the material in lesson thirteen and, if possible, role-play the situations with a language helper or other language partner.

Дарси 14 — Lesson 14

Дар меҳмонхона — In the Hotel

ШАРҲ — COMMENTARY

There is little difference between hotels and the manner of their service in Tajikistan and in other countries. However, the quality of their service is not up to the standards of other countries. In recent years, Tajikistan's hotels have encountered several problems that will require some time before they are eliminated. The system for how to receive and treat guests is the same as it was in the Soviet era. For instance, in the time of the Soviet Union, Russian was used in all the republics. Consequently, even now in Tajikistan's hotels Russian is used most of the time on registration forms and when addressing guests. However, current demands mean that English is now also beginning to be used in the largest hotels.

Since service used to be in Russian, Tajiki words and special technical terms for receiving guests were not used. As far as is possible, the country is now trying to replace such Russian terms with Tajiki ones. You will possibly never hear hotel staff using certain of the words given in this lesson, for it is most likely that in the near future Tajiki will be used in the hotel trade. Nevertheless, since they are currently still part of spoken Tajiki, they are included here.

The statue of Sadriddin Aini (1878-1954) in front of the capital's "Hotel Dushanbe."
Aini is the most outstanding Tajik representative of the Jadid *movement for school reform and general public "enlightenment."*

Most of the large hotels in Tajikistan are state-owned. In recent years, small privately operated hotels have also begun springing up in large towns and cities. These kinds of hotel do not have restaurants, but the owners will often take orders for food.

Near airports and other places where there are lots of people, local residents also rent out their own homes as hostels or temporary accommodation. This kind of leasing of rooms and houses has become very widespread in recent years.

ЛУҒАТ — VOCABULARY

меҳмонхона	hotel, guest-house	шабонарӯз	24-hour; day
шиноснома	passport	варақаи зист	registration form
нишонӣ / суроға [адрес][1]	address	таърихи рӯз / сана	date
		рақам	number
ошёна	floor	утоқ	room
телефон	telephone	пешхизмат, хизматгорзан	maid, waitress
директор	director		
мудир	manager	навбатдори ошёна	floor duty officer
дарбон	porter	сартарош	barber, hairdresser

---

[1] Words shown in square brackets are Russian words used in colloquial Tajiki.

қабулгоҳ	reception	сартарошхона	barber's, hairdresser's
ресторан	restaurant		
даромадгоҳ	entrance	баромадгоҳ	exit
зинапоя	staircase	лифт	lift, elevator
телевизор	television	яхдон	fridge
барқ [свет]	electricity	васлак [розетка]	socket
калиди барқ	light switch	ҳоҷатхона, ҳало [туалет]	toilet
[ванна] / ташноб	bath		
оби гарм	hot water	оби хунук	cold water
кат [каравот]	bed	рӯйчо	sheet
болишт	pillow, cushion	кампал [одеяло]	blanket
собун	soap	шампун	shampoo
истакон	glass	сачоқ	napkin, serviette
парда	curtain	ойина / оина	mirror
ҷевон	cupboard, chest of drawers	либосовезак	wardrobe, coat-hanger
пешакӣ ҷо гирифтан / [брон кардан]	to reserve, to make a reservation	дам гирифтан, истироҳат кардан	to rest
		хобидан (хоб)	to sleep
пур кардан	to fill, to fill in	бедор шудан	to wake up (oneself)
имзо кардан/ гузоштан	to sign	бедор кардан	to wake up (someone else)
қуфл кардан	to lock	супурдан (супур / супор)	to give
пӯшидан (пӯш)	to wear		
берун баромадан	to go outside	тамошо кардан	to watch
ба иҷора додан	to lease, to rent out	иҷора гирифтан	to rent, to hire
гарм	hot, warm	хунук	cold
равшан	light	торик	dark
сахт	hard	мулоим / нарм	soft
тоза	clean, fresh	чиркин / ифлос	dirty
маъқул	pleasant	даркор / лозим	necessary, needed
қулай	comfortable	ноқулай	uncomfortable
оддӣ	simple, economy	люкс	luxury
яккаса / якнафара	single (room)	дукаса / дунафара	double (room)
хусусӣ	private	шахсӣ	private, personal

СӮҲБАТҲО   DIALOGUES

1.

– Такси!
– Марҳамат шинед. Куҷо барам?
– То меҳмонхонаи «Тоҷикистон», – чанд пул мешавад?
– Панҷ сомонӣ.
– Не, бисёр қимат гуфтед.
– Чанд пул медиҳед?
– Се сомонӣ медиҳам.
– Ақалан чор сомонӣ диҳед, охир бензин қимат аст.

– Taxi!
– Get in. Where shall I take you?
– How much to Hotel Tajikistan?

– Five somoni.
– No, you ask for too much.
– How much will you give?
– Three somoni.
– At least give four somoni – petrol's expensive, you know.

– Майлаш, розӣ.
– Шинед, рафтем.

– OK. I agree.
– Have a seat; let's go.

2.

– Сипеҳрҷон, намедонӣ дар Душанбе кадом меҳмонхонаҳои нағз ҳаст?
– Меҳмонхонаҳои беҳтарини Душанбе «Авесто», «Тоҷикистон» ва «Душанбе» мебошад.
– Меҳмонхонаи «Душанбе» дар куҷост?
– Дар майдони Айнӣ.
– Ба он ҷо чӣ хел рафтан мумкин?
– Ба автобусҳои 3, 42 ё троллейбуси 1 савор шав, дар истгоҳи «Ватан» фуро. Баъд тахминан 100 метр рост рав, меҳмонхона дар тарафи дасти рост аст.
– Намедонӣ, нархи як утоқи яккаса барои як шабонарӯз чанд пул аст?
– Аниқ намедонам. Аммо ба фикрам аз 40 то 70 доллари амрикоӣ аст.

– Sipehr, do you know which are good hotels in Dushanbe?
– The best hotels in Dushanbe are the "Avesto", "Tajikistan" and "Dushanbe."
– Where's hotel "Dushanbe"?
– In Aini square.
– How can I get there?
– Take bus number 3 or 42 or trolleybus number 1 and get off at the "Vatan" stop. Then walk straight on for about 100m and the hotel is on the right.
– Do you know how much it costs for a single room for one night?
– I'm not sure, but I think between 40 and 70 U.S. dollars.

3.

– Салом алейкум!
– Салом алейкум, биёед, хуш омадед!
– Ман аз Фаронса омадам. Мехоҳам се рӯз дар Душанбе меҳмон шавам.
– Бисёр хуб, номи Шумо чӣ?
– Номи ман Франсуа аст.
– Хеле мамнунам, ба Шумо утоқи яккаса лозим?
– Ҳа, яккаса.
– Утоқи оддӣ ё люкс?
– Агар мумкин бошад, люкс.
– Майлаш, дар ошёнаи дуюм утоқҳои люкси хуб дорем. Шумо шиносномa доред?
– Албатта.
– Марҳамат, ин варақаи зистро гиреду пур кунед…
– Бинед, пур кардам, дуруст аст?

– Ҳозир мебинам. Ҳа, ҳамааш дуруст аст. Ин ҷо имзо гузоред.
– Марҳамат.
– Ин калиди утоқи Шумо.
– Мебахшед, зинапоя ё лифт дар куҷо?
– Рост он тарафтар равед, аз тарафи дасти чап лифт ҳаст, дар паҳлӯи лифт аз тарафи чап зинапоя ҳаст.
– Раҳмат.
– Ба Шумо истироҳати хуш орзу мекунам.

– Hello.
– Hello – Come in – Welcome!
– I'm from France. I want to stay in Dushanbe for three days.
– Very good. What's your name?
– My name's Francois.
– Nice to meet you. Do you need a single room?
– Yes, a single.
– An economy of luxury room?
– If it's possible, a luxury one.
– OK. We have some good luxury rooms on the second floor. Have you got a passport?
– Of course.
– Please fill in this registration form.
– Here you are. I've finished. Is everything correct?
– I'll have a look. Yes, everything's in order. Just sign here.
– There you are.
– This is your room key.
– Excuse me, where are the stairs or the lift?
– Go farther down there – the lift is on your left, and the stairs are next to the lift, to the left.
– Thank you.
– I wish you a pleasant stay.

4.

– Мебахшед, телефони ман кор намекунад.
– Шумо дар кадом утоқ зиндагӣ мекунед?
– Дар утоқи 452.
– Ман ҳозир ба устои телефон мегӯям, телефони шуморо соз мекунад.
– Раҳмат, фақат агар мумкин бошад, тезтар биёяд.
– Хуб шудаст.

– Excuse me, my phone doesn't work.
– Which room are you staying in?
– In room 452.
– I'll tell the telephone repairman right away to fix your phone.
– Thank you; only, if possible, have him come quickly.
– Of course.

5.

– Мебахшед, ман мехоҳам либосамро дарзмол кунам.
– Бисёр хуб. Шумо метавонед худатон дарзмол кунед. Барои ин ба навбатдори ошёна муроҷиат кунед, ӯ ба шумо дарзмол медиҳад. Ё метавонед фармоиш диҳед, барои ин либосҳоро ба хизматгорзан супоред.
– Раҳмат.

– Excuse me, I'd like to iron my clothes.
– OK. You may iron them yourself – in which case, you should see the duty officer on your floor and she will give you an iron. Or else you can have it done – in which case, give the clothes to the maid.
– Thank you.

6.

– Салом алейкум, навбатдори ошёна Шумо-мӣ?
– Ҳа, ман. Ягон гап доштед?
– Бале. Дар утоқи ман собун нест.
– Наход? Мебахшед, хизматгорзан шояд фаромӯш кардааст, ҳозир ба ӯ мегӯям, мебарад. Бори дигар мебахшед.
– Ҳеҷ гап не.

– Hello, are you the duty officer for the floor?
– Yes, that's me. Do you need something?
– Yes. There's no soap in my room.
– Really? I'm sorry, the maid must have forgotten; I'll tell her right away to bring some. Apologies once again.
– That's OK.

7.

– Мебахшед, агар мумкин бошад маро соати шаши саҳар бедор кунед.
– Хуб шудаст, Шумо дар кадом утоқ?
– Ошёнаи сеюм, утоқи 326.
– Бисёр нағз. Албатта бедор мекунам.
– Пешакӣ раҳмат ба Шумо.
– Саломат бошед.

– Excuse me, if possible, could you wake me at six o'clock in the morning.
– That's fine. Which room are you in?
– Third floor, room 326.
– Very good. I'll be sure to wake you.
– Thanks in advance.
– You're welcome.

8.

– Салом алейкум.
– Салом. Чӣ хизмат?
– Мебахшед, пурсидан мумкин?
– Марҳамат.
– Дар ин меҳмонхона ресторан ҳаст?
– Ҳа, албатта. Мо ду ресторан дорем: яке дар ошёнаи якум, дар тарафи чап, дар охири бино. Дигаре дар ошёнаи панҷум, дар тарафи рости бино.
– Он ҷо кай наҳор хӯрдан мумкин?

– Hello.
– Hi. What can I do for you?
– Excuse me, can I ask a question?
– Certainly.
– Is there a restaurant in this hotel?
– Yes, of course. We have two restaurants: one is on the first floor, on the left, at the end of the building. The other is on the fifth floor, on the right.
– When is it open for breakfast?

– Наҳор аз соати 8:00 то соати 9:30, хӯроки пешин аз 12:00 то 13:30 ва хӯроки шом аз 18:30 то 20:00.
– Ташаккур.
– Намеарзад.

– *Breakfast is between 8 and 9.30, lunch from 12 to 1.30, and dinner from 6.30 to 8.*
– *Thank you.*
– *Not at all.*

9.
– Мебахшед, пурсидан мумкин?
– Марҳамат.
– Дар ин меҳмонхона сартарошхона ҳаст?
– Ҳа, албатта. Дар ошёнаи якум, дар тарафи рости баромадгоҳ.
– Раҳмати калон.
– Саломат бошед.

– *Excuse me, can I ask you something?*
– *Go ahead.*
– *Is there a hairdresser's in this hotel?*
– *Yes, of course. On the first floor, through the right entrance.*
– *Thank you very much.*
– *You're welcome.*

10.
– Салом алейкум.
– Салом алейкум, марҳамат дароед.
– Мебахшед, кӣ охирин?
– Ман.
– Ман баъди Шумо.
– Майлаш, ин ҷо гузашта шинед.

...

– Марҳамат, навбати кӣ?
– Навбати ман.
– Гузаред, ин ҷо шинед. Чӣ хизмат?

– Мӯйҳоямро камтар паст кунед.
– Хуб шудаст. Ҳама ҷояшро як хел паст кунам?
– Ҳа.
– Мӯйҳоятонро шустан мехоҳед?
– Не, лозим не.
– Ришатонро ҳам гирам?
– Не.

...

– Марҳамат, кані як бинед. Чӣ хел?
– Бад не, фақат, ба фикрам, ин тарафаша камтари дигар гиред.
– Хуб, майлаш ... Акнун чӣ хел?
– Мешавад. Ҳаққи хизмат чанд пул?
– Ду сомонӣ.
– Марҳамат. Раҳмат, усто.
– Саломат бошед. Боз биёед.

– *Hello.*
– *Hello, come on in.*
– *Who's the last in line?*
– *I am.*
– *I'm after you, then.*
– *Fine, have a seat here.*

...

– *Who's next?*
– *It's my turn.*
– *Come have a seat here. What can I do for you?*
– *I'd like my hair cut a little shorter.*[2]
– *OK. Do you want it all cut the same length?*
– *Yes.*
– *Do you want your hair washed?*
– *No thanks, that's not necessary.*
– *Shall I also cut your beard?*
– *No.*

...

– *There you are, take a look. How is it?*
– *Not bad – only, I think you should take a little more off this side.*
– *OK, fine ... Now how is it?*
– *That will do. How much for your services?*
– *Two somoni.*
– *There you are. Thank you.*
– *You're welcome. Come again.*

---

[2] Other useful responses include: "***Ақибаша камтар паст кунед***" ("*Take a little off the back*"); "***Пешаша камтар гиред. Ақибаша бисёртар гиред***" ("*Just take a little off the top, but more from the back*"); and "***Болои гӯшро нагиред***" ("*Don't cut around the ears*").

ГРАММАТИКА / GRAMMAR

Complex Sentences: Conjunctions.

In Tajiki there are two types of conjunctions: coordinate and subordinate; the former type correspond with what are known as *conjunctions* in English grammar, the latter type to a large extent with *relative pronouns*, although Tajiki does not actually have a relative pronoun. With respect to the role of conjunctions, complex sentences may also be separated into coordinate and subordinate (or relative) classes. This latter type, subordinate clauses, will be considered in later lessons.

There are three types of "coordinate" conjunctions: "copulative," "disjunctive," and "contrastive."

"Copulative" conjunctions

ва, -у, -ю	and	Ману падарам ба бозор рафтем *ва* мева харидем.	*My father <u>and</u> I went to the market <u>and</u> bought some fruit.*
ҳам ... ҳам	both ... and	Бародарам *ҳам* мехонад, *ҳам* кор мекунад.	*My brother is <u>both</u> studying <u>and</u> working.*
на ... на	neither ... nor	Ман *на* ӯро мешиносам, *на* падарашро.	*I don't know <u>either</u> him <u>or</u> his father.*
чи ... чи	whether ... or, both ... and	Ҳама ӯро мешиносанд ва ҳурмат мекунанд, *чи* калону *чи* хурд.	*Everyone knows and respects him, <u>both</u> great <u>and</u> small.*
натанҳо ...балки	not only ... but	Чеймс *натанҳо* забони тоҷикиро медонад, *балки* озодона гап ҳам мезанад.	*James <u>not only</u> knows the Tajiki language, <u>but</u> also speaks it fluently.*

The conjunctions "*ҳам ... ҳам*", "*на ... на*", "*чи ... чи*" and "*натанҳо ... балки*" are called "*paired conjunctions*," for each pair is always used together as a whole unit. Note that when the conjunction "*на ... на*" is used, the verb is used in the affirmative form – *that is, a double negative would be incorrect*. If one verb is used for both clauses, it should only be used once, as part of the first clause. For instance:

Ман *на* хӯрок мепазам, *на* хонаро мерӯбам.	*I <u>neither</u> cook <u>nor</u> sweep the house.*
Ман *на* ин корро мекунам, *на* онро.	*I'm <u>not</u> going to do <u>either</u> this job <u>or</u> that one.*
Бародарам *ҳам* ба мағоза рафт, *ҳам* ба бозор.	*My brother went to <u>both</u> the market <u>and</u> the shop.*

When using the paired conjunctions between sentences, a comma should be placed before the conjunction; however, a comma is never used before the conjunction *ва*.

"Disjunctive" conjunctions

There are three "disjunctive" conjunctions in Tajiki: *аммо*, *вале*, and *лекин*. In terms of both their meaning and their grammatical function, they are effectively synonyms of each other and can be interchanged freely.

Ман ба хонаи Худоёр рафтам, **аммо** ӯ дар хона набуд.	*I went to Khudoyor's house, but he wasn't home.*
Мо забони тоҷикиро омӯхтан мехоҳем, **вале** ҳоло имконият надорем.	*We want to learn Tajiki, but don't have the opportunity at the moment.*
Майлаш, ман туро мебахшам, **лекин** ту дигар ин корро такрор накун.	*OK, I forgive you, but don't do it again.*

The conjunctive suffix "*-y*" ("*-ю*") is very frequently used as a "disjunctive" conjunction. In these situations, another "disjunctive" conjunction, following the conjunctive suffix, is often additionally used:

Ман ӯро дидам*у* нашинохтам.	*I saw him but I didn't recognise him.*
– Ба бозор рафт*ию* чаро гӯшт нахаридӣ?	*– You went to the market...but why didn't buy any meat?!*
Шодмон бачаи нағз*у* **лекин** намедонам, розӣ мешавад ё не.	*Shodmon is a good boy, but I don't know whether he would agree or not.*

In poetry, other forms of *вале* and *лекин* are also used, namely *валек* and *лек*.

"Contrastive" conjunctions

гоҳ ... гоҳ / гоҳо ... гоҳо	*sometimes ... sometimes*	Дилрабо хона надошт - *гоҳ* дар хонаи бародараш буду *гоҳ* дар хонаи хоҳараш.	*Dilrabo didn't have a house – sometimes she stayed with her brother, sometimes with her sister.*
хоҳ ... хоҳ	*either ... or*	*Хоҳ* равӣ, *хоҳ* не, худат медонӣ.	*Either you'll go or you won't, only you know.*
ё	*or*	Ту забони англисиро медонӣ *ё* не?	*Do you know English or not?*
ё ... ё	*either ... or*	Ман ба Америко *ё* ба воситаи Алмаато меравам, *ё* ба воситаи Маскав.	*I'll go to America either via Almaty or via Moscow.*

"Fundamental" and "Causal" Verbs

"Fundamental" verbs express actions that are carried out for and by the subject. All the basic Tajiki verbs fall into this category: e.g. *хӯрдан, пӯшидан, пухтан, хондан, навиштан*, etc. "Causal" verbs express actions carried out on someone or something else other than the subject of the verb. They are formed by adding one of the suffixes "*-ондан*" or "*-онидан*" to the present tense verb stem: e.g. *хӯрондан, пӯшондан, пазондан, хонондан, нависондан*, etc.

Nominal compound verbs are transformed into "causal" verbs through the addition of the aforementioned suffixes to the present tense verb stem of the auxiliary verb: e.g. *имзо кардан* ⇨ *имзо кунондан*.

"Fundamental" verb		*"Causal" verb*	
хӯрдан	*to eat*	хӯрондан	*to feed*
нишастан	*to sit*	шинондан	*to ask to sit down / to plant*
пӯшидан	*to dress (oneself)*	пӯшондан	*to dress (someone else)*
хондан	*to study*	хонондан	*to give training*
таъмир кардан	*to repair*	таъмир кунондан	*to have repaired*

Compare the following examples:

Фаридун ба курсӣ **нишаст**.	Faridun sat on a chair.	Фаридун хоҳарчаашро ба курсӣ **шинонд**.	Faridun sat his little sister on a chair.
– Ту пойафзолатро худат **таъмир кардӣ**?	– Did you repair your shoes yourself?	– Ту пойафзолатро дар куҷо **таъмир кунондӣ**?	– Where did you have your shoes repaired?
– Сурайё, либосатро **пӯш**!	– Surayyo, get dressed!	– Сурайё, либоси хоҳарчаатро **пӯшон**.	– Surayyo, get your daughter dressed.
		– Ҳозир **мепӯшонам**!	– I'm dressing her!

МАШКҲО   EXERCISES

1. **Construct sentences based on the following table:**
   Example: <u>Меҳмонхонаи «Тоҷикистон» дар рӯбарӯйи боғи марказӣ аст.</u>

Меҳмонхонаи	«Авесто» «Душанбе» «Вахш» «Тоҷикистон»	дар назди дар кӯчаи дар рӯбарӯйи дар паҳлӯйи дар ақиби дар пеши	мағоза Айнӣ боғи марказӣ театр кинотеатр сафорат	аст.

2. **Construct sentences based on the following tables:**
   Example: <u>Ҳафтаи гузашта ман ба Маскав рафтам ва се рӯз дар меҳмонхонаи «Россия» зиндагӣ кардам.</u>

   a.

Ҳафтаи гузашта Бистуми июн Се ҳафта пеш Моҳи гузашта Ду моҳ пеш Бист рӯз пеш	Ҳамид ман онҳо Далер Лутфия мо	ба	Лондон Маскав Тошканд Париж Ню-Йорк Деҳлӣ	рафт...

   b.

Се рӯз Як ҳафта Бист рӯз Чор шабонарӯз Даҳ рӯз Яку ним ҳафта	дар	меҳмонхонаи	«Россия» «Интер-Континентал» «Ӯзбекистон» «Ҳилтон» «Савой» «Рома»	зиндагӣ кард...

3. **Use the following verbs to form "causal" verbs and write a sentence using each of them:**
   Example: хӯрдан ⇨ <u>хӯрондан</u> ⇨ <u>Ман ба додарам хӯрок хӯрондам.</u>

хондан	нишастан	хобидан	афтидан	нӯшидан	пӯшидан	навиштан

4. *Make new sentences, based on those that follow, using the conjunction "ё … ё":*
   Example: **Бародарам имрӯз меояд.**
   ⇨ *Бародарам ё имрӯз меояд, ё пагоҳ.*
   a. Падарам фардо ба Қазоқистон меравад.
   b. Ман аз бозор ду кило себ мехарам.
   c. Онҳо баъди ду рӯз аз Лондон меоянд.
   d. Мо бояд як ҳавлӣ харем.
   e. Ту ба хона меравӣ.
   f. Ин мард бародари Акрам аст.
   g. Ҳомида дар донишгоҳ мехонад.

5. *Make new sentences, based on those that follow, using the conjunction "на … на":*
   Example: **Ман хӯрок намехӯрам ва об наменӯшам.**
   ⇨ *Ман на хӯрок мехӯрам, на об менӯшам.*
   a. Ҳоким дар донишгоҳ мехонад ва дар ширкат кор мекунад.
   b. Онҳо ба Масков ва Санкт-Петербург мераванд.
   c. Ман хоҳару бародар надорам.
   d. Мо Маҳина ва модарашро нашинохтем.
   e. Имсол баҳору тобистон борон наборид.

6. *Answer the following questions:*
   a. Меҳмонхонаи «Душанбе» дар куҷост?
   b. Меҳмонхонаи «Тоҷикистон» чандошёна аст?
   c. Дар меҳмонхонаи «Авесто» ресторан ҳаст?
   d. Дар зодгоҳи Шумо кадом меҳмонхонаҳо ҳастанд?
   e. Оё Шумо калонтарин меҳмонхонаҳои Лондонро медонед?
   f. Шумо дар кадом меҳмонхонаҳои шаҳру кишварҳо будед?
   g. Меҳмонхона беҳтар аст ё хонаи худ?

7. *Read the following text and express the same information in English:*
   Номи ман Ким Сан аст. Соли гузашта ман бо падару модарам ба Тоҷикистон омадем. Мо як моҳ дар меҳмонхонаи «Тоҷикистон» зиндагӣ кардем. Ин меҳмонхонаи калонтарини шаҳр аст. Меҳмонхонаи «Тоҷикистон» дар маркази шаҳр, дар рӯбарӯйи боғи марказӣ ҷойгир аст. Аз меҳмонхона то фурӯшгоҳи марказӣ ё то бозори «Баракат» пиёда рафтан мумкин аст. Мо ҳар рӯз ё ба боғи марказӣ мерафтем, ё ба бозор. Аз бозор ҳамеша ҳам меваҳои тару тоза ва ҳам меваҳои хушк харидан мумкин аст. Мо ҳамчунин ба дигар шаҳрҳои Тоҷикистон - Норaку Қӯрғонтеппа, Ҳисору Турсунзода рафтем. Сафари мо ба Тоҷикистон хеле хуб буд.

| ХОНИШ | READING |

Read the following text, retell it in Tajiki in your own words, and discuss the questions that follow:

Марги аблаҳона

Ду мард дар дӯзах бо ҳам вохӯрданд. Пас аз шинос шудан яке аз дигаре пурсид:
– Ту чӣ хел мурдӣ? Чаро ба дӯзах афтодӣ?
Якумӣ ҷавоб дод:
– Марги ман бисёр аблаҳона буд – ман аз хунукӣ мурдам.

– Ин ҳеҷ гап не, одамон аз хунукӣ бисёр мемуранд, аммо марги ман дар ҳақиқат аблаҳона буд – ман аз шодӣ мурдам! – гуфт марди дигар.

– Шодимарг шудӣ? Ин чӣ хел шуд? – пурсид марди якум.

Марди дуюм ҷавоб дод:

– Эҳ, бародар, чӣ хел фаҳмонам? Ман як зиндагии хубе доштам: зани нозанин, фарзандони хуб, хонаи обод. Умуман, аз ҳеҷ чиз камӣ надоштам. Аммо рӯзе фикри сафар карданy ҷаҳон дидан ба сарам омад. Хостам ба кишварҳои дигар сафар кунам, одаму оламро бинам, каме истироҳат кунам. Рахти сафар бастаму билет харидам ва ба Париж парвоз кардам. Аз фурудгоҳ бо такси ба яке аз меҳмонхонаҳои беҳтарин омадам. Гумон кардам, ки ҷаннати рӯйи замин ҳамин ҷост: утоқҳои васеъю равшан, кату курсиҳои нарму мулоим, хӯрокҳои беҳтарин, хизматрасонии олӣ, муомилаи хуш … Умуман бисёр аҷоиб ҷо будааст, Париж. Рӯзона дар кӯчаҳои зебои шаҳр сайругашт кардам. Шабона ба меҳмонхона баргаштаму дар ресторан хӯроки шом хӯрдам, каме телевизор тамошо кардам ва … хобидам. Аммо як хоби бад дидам: хоб дидам, ки занам бо марди бегона айшу нӯш дорад! Хеле дар ғазаб шудам ва аз таъсири он ними шаб бедор шудам. Қарор додам, ки ба хона баргардам ва ҷазои зани бадкирдору марди бегонаро диҳам.

Пагоҳии рӯзи дигар ба фурудгоҳ омадам, ба як азобе билет ёфтам ва ба хона баргаштам. Аз омадани ман зану фарзандонам ҳайрон шуданд. Аммо ман ҳатто ба саломи онҳо ҷавоб надода, ба ҷустуҷӯи марди бегона сар кардам. Аввал ҳамаи хонаҳоро дидам, баъд дари ҷевонҳоро кушода дидам, рӯйи ҳавлӣ баромадаму анборро ҳам дидам, вале касеро пайдо накардам! Худамро маломат кардам, ки занам ин қадар инсони хуб асту ман аз ӯ гумони бад кардам. Ҳам дар хиҷолат будаму ҳам аз хурсандӣ дар куртаам намеғунҷидам. Худамро ба оғӯши зани зебоям партофтам. Дигар намедонам, чи шуд. Шояд аз шодӣ ҷон додам…

Марди якум пас аз шунидани ин қисса афсӯс хӯрду гуфт:

– Бисёр марди нодон будаӣ! Агар ҳамон вақт дари яхдонро ҳам мекушодӣ, на ту мемурдиву на ман!

Vocabulary:

марг	*death*	аблаҳона	*foolish, stupid*
дӯзах	*hell*	вохӯрдан (вохӯр)	*to meet up with*
мурдан (мур, мир)	*to die*	ба дӯзах афтодан	*to go to hell*
шодимарг	*a happy death*	нозанин	*beautiful*
обод	*cultivated, flourishing*	камӣ	*lack, shortage*
умуман	*in general, overall*	фикр ба сар омадан	*to think, to have an idea*
сафар кардан	*to travel*	каме	*a little*
рахти сафар бастан	*to pack for the journey*	гумон кардан	*to think*
ҷаннат	*paradise*	хизматрасонӣ	*service*
олӣ	*supreme*	муомила	*treatment*
рӯзона	*by day, in the day*	бегона	*strange*
айшу нӯш	*revelry, orgy*	дар ғазаб шудан	*to become angry*
таъсир	*influence, effect*	қарор додан	*to decide*
ҷазо додан	*to punish*	бадкирдор	*malicious, wicked*
ба як азоб	*with some difficulty*	ҳатто	*even*
ҷустуҷӯ	*search*	пайдо кардан	*to find*
маломат кардан	*to blame, reproach*	инсон	*person*
гумони бад кардан	*to suspect*	дар хиҷолат будан	*to be ashamed*

ғунҷидан (ғунҷ)	to contain	партофтан (парто)	to throw
оғӯш	embrace	ҷон додан	to die, "to give up one's spirit"
қисса	story, tale	нодон	foolish

Translation of some expressions and idioms:

Марги ман бисёр аблаҳона буд.	My death was very foolish.
Ин ҳеҷ гап не.	This is nothing.
Марги ман дар ҳақиқат аблаҳона буд.	My death was really foolish.
Чӣ хел фаҳмонам?	How can I explain to you?
Аз ҳеҷ чиз камӣ надоштам.	I lacked nothing.
Фикри сафар кардану ҷаҳон дидан ба сарам омад.	It entered my head to go on a journey and see the world.
Гумон кардам, ки ҷаннати рӯйи замин ҳамин ҷост.	I thought paradise must be like that place.
Бисёр аҷоиб ҷо будааст.	It was a very amazing place.
Хеле дар ғазаб шудам.	I became furious.
Қарор додам, ки ба хона баргардам.	I decided that I would return home.
Ҷазои зани бадкирдору марди бегонаро диҳам.	I would punish my wicked wife and the strange man.
Ба як азобе билет ёфтам.	With some difficulty I obtained a ticket.
Ба ҷустуҷӯи марди бегона сар кардам.	I set about looking for the strange man.
Аз хурсандӣ дар куртаам намеғунҷидам.	I couldn't contain myself out of happiness.
Худамро ба оғӯши занам партофтам.	I threw myself into my wife's embrace.

Discuss the following:
1. Ба назаратон, марги кадом аз ин ду мард аблаҳонатар буд? Чаро?
2. Барои хонадории бовафо дар байни зану шавҳар чӣ лозим?

More useful vocabulary:

хонадорӣ	marriage	бовафо	faithful
бахил	envious, miserly	вафо	faithfulness, devotion
бадбахтӣ	misfortune	тоқат	patience, endurance
беадаб / дағал	impolite, rude	бетоқат	impatient
нарм	gentle, kind	мағрур	proud
муҳаббат	love, affection	ғайбат кардан	to gossip

САНҶИШ / QUIZ

1. Give answers to the following questions:

1. – Шумо чанд рӯз ин ҷо истодан мехоҳед?
– ... .

2. – Нархи як шабонарӯз чанд пул аст?
– ... .

3. – Меҳмонхонаи «Душанбе» дар куҷост?
– ... .

7. – Дар шаҳри Душанбе кадом меҳмонхонаҳо ҳастанд?
– ... .

8. – Аз утоқи худ ба шаҳрҳои дигар занг задан мумкин?
– ... .

9. – Мебахшед, телефони утоқи ман кор намекунад.
– ... .

4. – Шумо дар кадом утоқ зиндагӣ мекунед?
– ... .

5. – Мебахшед, ресторани меҳмонхона дар куҷост?
– ... .

6. – Шиносномаатонро ба ман нишон диҳед.
– ... .

10. – Ба Шумо утоқи чандкаса даркор?
– ... .

11. – Агар мумкин бошад, маро соати 6 бедор кунед.
– ... .

12. – Аз ин ҷо то фурудгоҳ чӣ хел рафтан мумкин?
– ... .

2. Fill in the questions corresponding with the following answers:

1. – ... ?
– Бо автобуси як се истгоҳ равед.

2. – ... ?
– Сартарошхона дар ошёнаи якум аст.

3. – ... ?
– Барои як шабонарӯз 30 доллари амрикой.

4. – ... ?
– Ба мо як утоқи чоркаса даркор.

5. – ... ?
– Ба навбатдори ошёна муроҷиат кунед.

6. – ... ?
– Марҳамат.

7. – ... ?
– Ман аз Покистон омадам.

8. – ... ?
– Наҳорӣ аз соати 8:00 то соати 10:00.

9. – ... ?
– Меҳмонхонаи калонтарини шаҳри Лондон «Ҳилтон» аст.

10. – ... ?
– Мо се рӯз ин ҷо истодан мехоҳем.

11. – ... ?
– Мо ду ресторан дорем: яке дар ошёнаи 1, дигаре дар ошёнаи 3.

12. – ... ?
– Албатта, бедор мекунам.

3. Make up dialogues using the material in lesson fourteen and, if possible, role-play the situations with a language helper or other language partner.

4. Describe the biggest hotels in your native city, in Tajiki.

Дарси 15 / Lesson 15

Идора – Телефон / At the Office – On the Telephone

ШАРҲ / COMMENTARY

To ask about someone's place of work, you can ask, "*Шумо дар куҷо кор мекунед?*" (or, "*Ту дар куҷо кор мекунӣ?*") To ask about someone's position or profession, you can ask one of the following questions: "*Ихтисоси Шумо (ту) чӣ?*", "*Шумо кӣ шуда кор мекунед?*" ("*Ту кӣ шуда кор мекунӣ?*"), or "*Вазифаи Шумо (ту) чӣ?*" In colloquial Tajiki, the word *корхона* is used to refer to any place of work – offices, organisations, and factories. However, more specific terms are also used. The word *идора* can mean the same as the English words "*office,*" "*management*" and "*government,*" depending on the context. In Soviet times, all jobs were conducted in Russian. Consequently, even now Russian words and phrases are used in many contexts in colloquial Tajiki.

Telephone numbers in Tajikistan usually have five or six digits and, when reading or telling someone a telephone number, the digits are read in pairs. For instance, if the telephone number were 243240, this would be read as "*бисту чор – сиву ду – чил.*" If the number were 22488, this would be read as "*ду – бисту чор – ҳаштоду ҳашт.*" If the number has seven digits, the first three digits are read together: e.g. 345-56-08 ("*сесаду чилу панҷ – панҷоҳу шаш – нол ҳашт*"). When numbers are written, a hyphen ("*тире*") is usually used to separate pairs: e.g. 24-32-40, 2-24-88.

Normally people answer the telephone with one of the words *лаббай, бале, ало,* or *алё*. If needing to confirm the location that has been reached, a question such as the following example is typical: "*Мебахшед, ин ҷо вазорат (сафорат / мактаб / ташкилот / корхона / …)-мӣ?*" If you receive a call for a wrong number, you can respond, "*Мебахшед, Шумо хато кардед,*" "*Не, ин ҷо дигар ҷост,*" "*Шумо ба дигар ҷо афтодед*" etc.

If you phone somewhere for the first time, you should introduce yourself. For instance, "*Салом алейкум, ман Ҷон Смит,*" "*Салом алейкум, ба Шумо аз сафорати Америко занг мезананд,*" "*Мебахшед, Шуморо аз вазорати корҳои хориҷа ташвиш медиҳанд,*" etc. If you do not recognise someone who calls, you can ask, "*Мебахшед, кӣ мепурсад?*" "*Мебахшед, Шумо кӣ?*" "*Мебахшед, нашинохтам,*" etc. To find out whether a caller wants to leave a message, you can ask, "*Ягон чӣ расонам?*" "*Ягон гап гӯям?*" "*Ягон гап доштед?*" etc.

To ask if someone can come to the phone, an expression such as the following can be used: "*Мебахшед, Саид Шариповичро мумкин?*" "*Мумкин бошад, Нигинаро ҷеғ занед,*" "*Нуралӣ Шерализода ҳастанд-мӣ?*" etc. If the person asked for is not around, an answer such as the following is used "*Он кас нестанд,*" "*Он кас берун баромадагӣ,*" "*Он кас баъди панҷ дақиқа мешаванд,*" etc. When calling someone to the phone or connecting a caller to someone else, you can use expressions such as, "*Марҳамат, гап занед*" "*Як дақиқа*" "*Ҳозир пайваст мекунам (ҷеғ мезанам).*"

If you need the telephone number for an organisation, office or factory, you can phone 09 for directory enquiries; they will usually be able to provide the main telephone number or number for reception in the organisation you want.

Other cities and countries can be phoned in one of two ways: using a dialling code, or ordering a call. To order a call, you should dial 07 and give the name of the city and the phone number you want to connect to and also your own telephone number. Two kinds of orders can be placed: normal (*оддӣ*) and urgent (*таъҷилӣ*). If you are unable to connect to a number, you can phone 05 to try to find out why not.

In all cities and regions of Tajikistan, there are four main emergency numbers:

01 – fire; 02 – police; 03 – medical; 04 – gas.

ЛУҒАТ / VOCABULARY

Tajiki	English	Tajiki	English
идора	office	корхона	office, workshop
вазорат	ministry	ташкилот	organisation
сафорат / сафоратхона	embassy	ташкилоти байналмилалӣ	international organisation
завод	factory	фабрика	factory
ширкат	company	муассиса	enterprise
донишгоҳ	university	пажӯҳишгоҳ [институт]¹	institute
Академияи илмҳо	Academy of Sciences		
вазир	minister	сафир	ambassador
раис [директор]	boss (director)	ҷонишин	deputy director
корманд	employee	мудир	manager
мудири шӯъба	department manager	мудири анбор	warehouse manager
мутахассис	specialist	муҳосиб	accountant
котиб (fem. котиба)	secretary	танзимгар	program organiser, co-ordinator
дарбон	porter, gatekeeper		
созишнома	contract	маош / моҳона	salary, wages
қабулгоҳ	reception	мудирият	management
коргузорӣ	office work, administration	шӯъбаи кадрҳо	personnel department
		утоқи корӣ	workroom
муҳосиба	finance department	мизи корӣ	work-bench
телефон	telephone; phone call	телефони шаҳрӣ	a call within a city
телефони дохилӣ	internal phone call	телефони байнишаҳрӣ	a call between cities
телефони байналмилалӣ	international call		
		алоқа	communication
суроға дар интернет	website	алоқаи электронӣ	e-mail
компютер	computer	мошинка	typewriter
мақола	article, essay	матн	text, context
мактуб / нома / хат	letter	хатча	note, memo
коғаз	paper	лифофа [конверт]	envelope
мӯҳр	stamp, seal	марка	postage stamp
ручка	pen	қалам	pencil
фломастер	felt-tip pen	хаткӯркунак	eraser, rubber
қайчӣ	scissors	сатили порӯб	wastepaper basket
тақвим / солнома [календар]	calendar	корти шахсӣ [визитка]	business card
барнома	program	ҷадвал	table, chart
нақша	plan	рӯйхат	list
маҷлис	meeting	мулоқот	meeting, interview
рӯзнома	newspaper	маҷалла	magazine
папка	file, folder	файл	computer file

---

¹ Words shown in square brackets are Russian words used in colloquial Tajiki.

пурсидан (пурс)	to ask	хоҳиш кардан	to want
ҷавоб додан (деҳ)	to answer; to give permission	занг задан / телефон кардан	to call by phone
истифода кардан	to use	пайваст кардан	to connect
фиристодан (фирист) {бо почта}	to send {by post}	нусха гирифтан / нухабардорӣ кардан	to copy
хондан	to read, study	чоп кардан	to print
ислоҳ кардан	to correct	варақ задан	to turn over {a page}
имзо кардан / гузоштан	to sign	мӯҳр мондан / мӯҳр задан	to stamp, seal
чеғ задан	to call, shout out to someone	сар кардан / шурӯъ кардан	to start, begin
монда шудан / хаста шудан	to become tired	расондан (расон) / бурда додан	to convey
дам гирифтан	to have a rest	мулоқот кардан	to meet
вайрон шудан / кор накардан	to not work {mechanically}	супурдан (супур) / додан (деҳ)	to give
таъмир кардан	to repair	холӣ кардан	to empty
ҳисоб кардан	to count	такрор кардан	to repeat
ёфтан (ёб)	to find	хат навиштан	to drop smb. a line

СӮҲБАТҲО

DIALOGUES

1.

– Салом, Аслам!
– Салом Алекс! Ту чӣ хел?
– Раҳмат, нағз. Ту чӣ?
– Бад не, мешавад. Алекс, ту дар куҷо кор мекунӣ?
– Ман дар ташкилоти байналмилалӣ кор мекунам.
– Ту дар кадом вазифа кор мекунӣ?
– Ман мудири ин ташкилот ҳастам.
– Идораи Шумо дар куҷост?
– Дар кӯчаи Айнӣ, каме дуртар аз меҳмонхонаи «Душанбе».

2.

– Ту дар куҷо кор мекунӣ?
– Ман дар идораи Бонки Ҷаҳонӣ кор мекунам.
– Дар кадом вазифа?
– Танзимгари барнома. Агар вақт ёбӣ, ба идораи ман биё.
– Идораи Шумо дар куҷост?
– Дар марказӣ шаҳр, дар хиёбони Рӯдакӣ.
– Ту телефон дорӣ?
– Ҳа, албатта.
– Рақами телефонат чанд?

– Hi Aslam.
– Hi Alex. How are you?
– Good, thanks. And you?
– Not bad. Alex, where do you work?

– I work for an international organisation

– What's your job?
– I'm the manager of the organisation.
– Where's your office?
– In Aini Street, a little further down from Hotel "Dushanbe."

– Where do you work?
– I work in the office of the World Bank.

– In which position?
– Program co-ordinator. If you have time, you should come to my office.
– Where is your office?
– In the centre of town, on Rudaki Street,
– Do you have a phone?
– Yes, of course.
– What's your phone number?

– 21-30-22.
– Майлаш, агар вақт ёбам, занг мезанам.
– Хайр, то боздид.
– Хайр.

3.
– Салом, раис, даромадан мумкин?
– Мархамат, дароед. Салом алейкум, мархамат ин ҷо шинед.
– Ташаккур, раис. Чег зада будед?
– Ҳа, як масъала буд. Шумо Салимзодаро мешиносед?
– Кадом Салимзода?
– Муҳаррири рӯзномаро.
– Ҳа, мешиносам.
– Чанд дақиқа пеш он кас ба ман телефон карданд. Хоҳиш карданд, ки як корманди мо ба наздашон равад.
– Бо кадом масъала?
– Инашро нагуфтанд. Шумо баъди нисфирӯзӣ ба назди ӯ равед. Баъд ба ман хабарашро мерасонед.
– Хуб шудаст. Рафтан мумкин?
– Ҳа, мархамат.

4.
– Ало.
– Салом, Фаришта.
– Салом, дугонаҷон, ту чӣ хел?
– Раҳмат, нағз. Ту чӣ?
– Бад не, мешавад.
– Фариштаҷон, як чиз аз ту пурсам.
– Мархамат.
– Ту ягон устои компютерро мешиносӣ?
– Чӣ буд, тинҷӣ?
– Компютерам вайрон шуд.
– Кучояш вайрон шуд?
– Худам намедонам. Мониторащ нишон намедиҳад.
– Э-э, хайр ҳеҷ гап не дугонаҷон, ман як шиноси нағз дорам. Рафта таъмир мекунад.
– Кошкӣ. Фақат мумкин бошад, гӯ, тезтар биёяд.
– Албатта. Ман ба ӯ телефони туро медиҳам. Худат маслиҳат кун.
– Майлаш, дугона. Раҳмати калон.
– Ҳеҷ гап не. Хайр.
– Саломат бош.

– 21-30-22
– OK, if I have time, I'll call.
– Bye. See you.
– Bye.

– Hi sir. Can I come in?
– Certainly, come in. Hello, please, sit here.
– Thank you, sir. You called?
– Yes, there's a problem. Do you know Salimzoda?
– Which Salimzoda?
– The editor of the newspaper.
– Yes, I know him.
– A few minutes ago, he phoned me. They want one of our staff to go see them.
– Concerning what problem?
– They didn't say. You should go see them this afternoon. Afterwards, bring me their news.
– Fine. Can I go?
– Yes, please do.

– Hello?
– Hi Farishta.
– Hi, friend. How are you?
– Fine thanks. And you?
– Not bad.
– Farishta, can I ask you something?
– Certainly.
– Do you know a computer expert?
– What's up? Is everything all right?
– My computer's not working.
– In what way isn't it working?
– I don't know. The monitor's not showing anything.
– Oh dear! Don't worry about it. I have a good friend. He'll come and fix it.
– I hope so! Tell him to come quickly if possible.
– Of course. I'll give him your telephone number. You can consult him yourself.
– OK. Thanks a lot.
– Don't mention it. Bye.
– Goodbye.

5.
– Бале?
– Ҳамидая² мумкин?
– Он кас нестанд.
– Кай мешаванд?
– Мумкин баъд аз 10-15 дақиқа. Ягон чӣ расонам?
– Не, ҳеҷ гап не. Худам дертар занг мезанам.

– Yes?
– Is Hamida there?
– No, she's not.
– When will she be?
– Maybe after 10 or 15 minutes. Can I take a message?
– No, that's OK. I'll phone back later.

6.
– Ало.
– Фарзона?
– Ҳа, ман.
– Мумкин бошад, як дақиқа ба назди ман дароед.
– Майлаш, ҳозир меравам.

– Hello?
– Farzona?
– Yes, this is me.
– Could you come see me for a moment?
– OK, I'm on my way.

7.
– Labбай!
– Ин ҷо донишгоҳ-мӣ?
– Ҳа.
– Устод Аминзодаро мумкин?
– Он кас дар дарс. Ягон чӣ расонам?
– Бемалол бошад, гӯед, ки дӯсташон Саъдӣ Аюбӣ занг зад, ба ман телефон кунанд.
– Албатта мерасонам. Мебахшед он кас телефони Шуморо медонанд?
– Ҳа, медонанд. Хайр, ташаккур.
– Хайр.

– Hello.
– Is this the univeristy?
– Yes.
– Can I talk to Professor Aminzoda?
– He's in a lesson. Can I take a message?
– No worries. Just tell him that his friend Sa'di Ayubi called and that he should call me.
– I'll for sure tell him. Sorry, does he know your number?
– Yes, he knows it. Bye, thanks.
– Bye.

8.
– Ало.
– Салом, Алишер!
– Салом, Дамир!
– Алишер, ту рақами телефони Назираро медонӣ?
– Ҳа, навис: 20-45-36.
– Мебахшӣ, як бори дигар такрор кун.
– 20-45-36.
– Раҳмат, ҷӯра.
– Ҳеҷ гап не.

– Hello.
– Hi Alisher.
– Hi Damir.
– Alisher, do you know Nazira's phone number?
– Yes, write it down: it's 20-45-36.
– Sorry, can you say it again?
– 20-45-36.
– Thanks.
– Don't mention it.

9.
– Ало.
– Салом алейкум! Ту писари Зиё-мӣ?
– Ҳа.
– Дадат дар хона?
– Не, он кас корба.
– Телефони ҷойи кори дадата медонӣ?

– Hello.
– Hello. Are you Ziyo's son?
– Yes.
– Is your father at home?
– No, he's at work.
– Do you know your father's work number?

---

² "-я" is the spoken form of the suffix "-ро".

– Не, намедонам.
– Агар дадат биёянд, гӯ, ки ба Наим телефон кунанд.
– Хуб шудаст.
– Аз ёдат набарояд.
– Не, албатта мерасонам.

– No, I don't.
– If your father comes, tell him to call Naim.
– OK.
– Don't forget!
– No, I'll be sure to tell him.

10.
– Лаббай?
– Ин ҷо сафорат?
– Ҳа. Ба Шумо кӣ даркор?
– Сайид Ғулом Ашӯр ҳастанд-мӣ?
– Ҳозир он кас дар назди сафир. Кӣ мепурсад?
– Ман Носиров, аз вазорати фарҳанг.
– Ягон гап расонам?
– Не, лозим не. Ман худам боз телефон мекунам.
– Хуб, майлаш.
– Хайр.

– Yes?
– Is this the embassy?
– Yes. Who do you need to speak to?
– Is Sayid Ghulom Ashür there?
– He's with the ambassador right now. Who's calling?
– I'm Nosirov from the Ministry of Culture.
– Can I take a message?
– No, it's not necessary. I'll phone back.
– OK.
– Bye.

11.
– Ёр Собирович, даромадан мумкин?
– Ҳа, марҳамат.
– Ҳозир аз вазорат телефон карданд. Соати даҳ маҷлис мешудаст. Шуморо даъват карданд.
– Майлаш, меравам.
– Баромадан мумкин?
– Ҳа, албатта.

– Yor Sobirovich, can I come in?
– Yes, please do.
– The ministry has just called. There's going to be a meeting at ten o'clock. They've invited you.
– OK, I'll go.
– Can I leave?
– Yes, of course.

12.
– Лаббай?
– Салом, Маҳбуба!
– Ҳа, Мавзуна, туӣ? Чӣ хел ту, нағзӣ, сиҳӣ?
– Мешад, худат чӣ хел?
– Бад не, раҳмат. Чӣ хабарҳои нав?
– Медонӣ чӣ, дугоначон, пагоҳ ҳамсинфонамон дар боғи марказӣ ҷамъ мешаванд, аз ман хоҳиш карданд, ки туро хабар кунам.
– Пагоҳ? Охир ман пагоҳ бояд дар идора бошам...
– Хайр, ҳеҷ гап не, ҷавоб гир.
– Рости гап, намедонам, шеф[3] ҷавоб медиҳад[4] ё не. Пагоҳ соати чанд ҷамъ мешавед?
– Соати 12.

– Yes?
– Hi Mahbuba.
– Yes, Mavzuna, is it you? How are you? Are you well?
– I'm all right. What about yourself?
– Not bad, thanks. What's new?
– You know what, my friend? Our classmates are getting together tomorrow in the central park and they wanted me to let you know.
– Tomorrow? You know, I have to be in the office tomorrow...
– Hey, no worries, ask for time off.
– I not sure whether my boss will let me have time off or not. What time are you meeting tomorrow?
– Twelve o'clock.

---

[3] *Шеф* is the Russian form of the English word "*chief*," used in colloquial Tajiki to mean "*boss*."

– Соати 12 вақти истироҳати нисфирӯзии мо аст, ман соати 12 ҳамон ҷо мешавам. Ман кӯшиш мекунам, ки ҷавоб гирам, агар шеф ҷавоб диҳад, тамоми рӯз бо шумо мемонам, агар ҷавоб надиҳад, зуд ба кор бармегардам.	– Twelve o'clock is our midday break; I'll be there at 12. I'll try to get time off; if my boss lets me, I'll stay with you the whole day; if not, I'll have to return to work quickly.
– Хайр, дугона, як бало куну[5] албатта ҷавоб гир, хуб?	– OK, girl. Find a way and get the time off, all right?
– Майлаш, хайр.	– OK, bye.
– Хайр.	– Bye.

ГРАММАТИКА / GRAMMAR

Exclamations and Words of Emotion

In Tajiki, as in other languages, there are special words used in various emotive situations, for instance to show joy, sorrow, grief, surprise, fear, pain, agreement, etc. Most of them have equivalents in English. Some of the most important are shown in the following pages, with examples.

Words expressing surprise

аҷаб (аҷабо)	Аҷаб гапҳое мезанӣ!	*That's <u>incredible</u>, what you say!*
наход	Наход ӯ омада бошад!	*Has he <u>really</u> come?*
эх, эхе, эҳа[6]	Эхе, аллакай калон шудӣ-ку!	*<u>Ah</u>, you've already grown so tall!*

Words expressing joy

чӣ хел нағз!	Чӣ хел нағз, ки омадӣ!	*<u>How nice</u> that he's come!*
бай-бай! баҳ-баҳ!	Бай-бай, чӣ хел бомаза!	*<u>Umm</u>, how tasty!*
хайрият!	Хайрият, ки туро дидам.	*<u>How fortunate</u> that I saw you.*
офарин! аҳсан!	Офарин, писарам, кори хуб кардӣ!	*<u>Well done</u>, my son, you did a good job!*

Words expressing disagreement or regret

афсӯс; афсӯс, ки	Афсӯс, ки бародарамро надидам.	*<u>It's unfortunate</u> that I didn't see my brother.*
мутаассифона	Мутаасифона, имрӯз ҳаво абрнок аст.	*<u>Unfortunately</u>, it's cloudy today.*
сад афсӯс	Сад афсӯс, ки зиндагӣ даргузар аст.	*<u>It's most unfortunate</u>, that life comes to an end.*
оббо	Оббо, кори нағз нашуд.	*<u>Well now</u>, that wasn't very well done.*

---

[4] *Ҷавоб гирифтан* and *ҷавоб додан* mean "*to ask for permission*" and "*to give permission*" and are very commonly used.
[5] *Як бало кардан* means *як илоҷе кардан*, or "*to find a way out.*"
[6] The words *эҳ*, *эҳа* and *эҳе* can be used to express various feelings: joy, grief and other emotions, as well as surprise.

Words expressing desire or hope

кош, кошкӣ	Кошкӣ ҳаво нағз мешуд, ба боғ мерафтем.	_Would that_ the weather were nice, we could go in the garden.
Худо хоҳад	Худо хоҳад, соли дигар писарамро хонадор мекунам.	_Lord willing_, next year I will marry off my son.
иншоллоҳ	Иншоллоҳ, зиндагӣ хуб мешавад.	_Lord willing_, life will improve.
насиб бошад	Насиб бошад, боз якдигарро мебинем.	_If fortune shines on us_, we'll see each other again.

Words expressing disgust and disagreement

туф, тфу	Тфу! Ин саги девона аз куҷо пайдо шуд?	_Uh_! Where did this mad dog come from?
ҳайф	Ҳайфи ту, ки ҳурмати калонсолонро намедонӣ.	_Shame on you_ that you don't respect your elders.

Words expressing pain and suffering

вой (э вой, э вое)	Вой сарам дард мекунад.	_Ow_, does my head hurt!
воҳ (эй воҳ), во	Воҳ, дастамро шикастӣ!	_Ow_, you've broken my arm!

Words expressing contentment

албатта	Албатта, пагоҳ меоям.	_Of course_ I'll come tomorrow.
майлаш	Майлаш, ту имрӯз рав, ман пагоҳ меравам.	_OK_, you go today, and I'll go tomorrow.
бо ҷону дил	Гуфтаи шуморо бо ҷону дил иҷро мекунам.	I will carry out what you say _with pleasure_[7].
хуб (шудаст)	Хуб, ҳозир меорам.	_Fine_, I'll bring it right away.

Like these, there are a certain number of words that are used for exclamation or for pointing out something. The most common word of exclamation is *эй* (*э*):

   – *Эй* бача, ин ҷо биё!   – _Hey_ boy, come here!
   – *Эй*! Ту чӣ кор карда истодай?   – _Hey_! What are you doing?

The main words used for pointing out something are *ма*, *мана*, *ана*, and "*ҳо ана*":

Ана дар ҳамин ҷо ман дирӯз Расулро дидам. — _There_, it was here that I saw Rasul yesterday.

Ма, ин пула гиру ду кило себ биёр. — _Here_, take this money and give me two kilos of apples.

Мана, хонаи мо. — _Here_, this is our house.

Ҳо ана вай кастума як бор нишон диҳед. — _Here_, show me that suit.

In colloquial Tajiki there are lots more words used to express various feelings. Understanding their meaning from the way they are used and the speaker's intonation is not difficult. Therefore no more is said about them here.

МАШКҲО / EXERCISES

1. **Transform the verbs, as shown in the example:**
   Example: Мартин дар ташкилоти байналмилалӣ кор мекунад.
   ⇨ *Мартин дар ташкилоти байналмилалӣ кор кард.*
   ⇨ *Мартин дар ташкилоти байналмилалӣ кор мекард.*
   ⇨ *Мартин дар ташкилоти байналмилалӣ кор карда буд.*
   ⇨ *Мартин дар ташкилоти байналмилалӣ кор карда истодааст.*
   ⇨ *Мартин дар ташкилоти байналмилалӣ кор хоҳад кард.*
   ⇨ *Мартин дар ташкилоти байналмилалӣ кор кардааст.*
   a. Модарам хӯрок пухта истодааст.
   b. Ман аз мағоза китоб харидам.
   c. Онҳо аз Туркия омада буданд.
   d. Мудири меҳмонхона бо як марди хориҷӣ сӯҳбат мекард.
   e. Мо ба хонаи дӯстамон рафтем.
   f. Писарам дар донишгоҳ таҳсил мекунад.
   g. Шумо чӣ кор мекунед?
   h. Силвия ва Лучия дар Италия зиндагӣ мекунанд.

2. **Complete the following sentences, using appropriate exclamations of joy in the spaces (…):**
   Example: … имрӯз ҳаво нағз!
   ⇨ *Чӣ хел имрӯз ҳаво нағз!*
   a. … , имрӯз падарам омад.
   b. … , Синоҷон, бисёр нағз хондӣ!
   c. … , ана ин оши палов!
   d. … , ки туро дидам!
   e. … , ки ҳаво гарм шуд.

3. **Complete the following sentences, using appropriate exclamations of surprise in the spaces (…):**
   Example: … ҳавое! Дар моҳи июл борон меборад!
   ⇨ *Аҷаб ҳавое! Дар моҳи июл борон меборад!*
   a. … ту бовар кунӣ, ки ман ин корро кардаам?
   b. … ! Шумо кай ба Лондон рафта омадед?
   c. … замоне шуд, ҳеҷ кас ба каси дигар бовар намекунад.
   d. … , ту кай забони англисиро ёд гирифтӣ?

4. **Complete the following sentences, using appropriate exclamations of disagreement and regret in the spaces (…):**
   Example: … , ки ба Масқав рафта натавонистам.
   ⇨ *Сад афсӯс, ки ба Масқав рафта натавонистам.*
   a. … , ман пагоҳ вақт надорам.
   b. … , ки ман то ҳол забони тоҷикиро хуб намедонам.
   c. … , агар имрӯз имконият медоштам, ба хонаи дӯстам мерафтам.
   d. … , ӯ то ҳол наомадааст.

5. **Complete the following sentences, using appropriate exclamations of contentment in the spaces (…):**
   Example: – Шумо пагоҳ ба Хуҷанд меравед? – … , меравам.
   ⇨ *– Шумо пагоҳ ба Хуҷанд меравед? – Албатта, меравам.*
   a. – Мумкин бо телефони шумо занг занам? – … , марҳамат.
   b. – Ҷон, Шумо метавонед ба ман кӯмак кунед? – … !
   c. … , ман хӯрок мепазам, лекин ту аз бозор помидору картошка биёр!
   d. – Нозигулҷон, хонаҳоро рӯб! – … , модарҷон!

---

[7] Literally: *"with heart and soul."*

6. *Complete the following sentences, using appropriate exclamations of desire and hope in the spaces (...):*
   Example: ... *ман ҳам дар ягон ташкилоти байналмилалӣ кор мекардам, ба кишварҳои гуногун сафар мекардам.*
   ⇨ *Кошкӣ ман ҳам дар ягон ташкилоти байналмилалӣ кор мекардам, ба кишварҳои гуногун сафар мекардам.*
   a. ... , ҳафтаи оянда бо Мартин ба Австралия меравам.
   b. ... тезтар баҳор мешуд, ба сайри кӯҳ мерафтем.
   c. ... , писари Юсуф пагоҳ аз Америко меояд.
   d. ... , Тоҷикистон кишвари ободу зебо мешавад.

7. *Complete the following sentences, using appropriate exclamations for pointing something out in the spaces (...):*
   Example: – *Азизҷон, ту дар куҷо?* – ... *ман дар ин ҷо.*
   ⇨ – *Азизҷон, ту дар куҷо?* – *Мана ман дар ин ҷо.*
   a. – Хонаи Шумо дар куҷо? – ... , дар он ҷо.
   b. – Исмоилҷон, як дақиқа қаламатро деҳ. – ... , гир.
   c. – Китобатро дар куҷо мондӣ? – ... , ин ҷо.
   d. ... ин кас ҳамкори мо.
   e. – ... вай дарахтро мебинӣ? ... ҳамон дарахтро ман худам шинонда будам.

8. *Complete the following sentences, using the appropriate form of the verb "занг задан" in the spaces (...):*
   Example: Дирӯз ман ба бародарам ... .
   ⇨ *Дирӯз ман ба бародарам занг задам.*
   a. – Ту кай метавонӣ ба ман ... ?
   b. – Мебахшед, он кас нестанд, пас аз 10–15 дақиқа ... .
   c. Ҳафтаи гузашта ман ба ту ... , вале ту дар хона набудӣ.
   d. Ширин гуфт, ки пагоҳ Шаҳло ба ту ... .
   e. Мо хостем, ки ба Шумо ... , вале натавонистем.
   f. Вақте ки дар Сан-Франсиско зиндагӣ мекардам, ҳар ҳафта ба падару модарам ... .
   g. Писарам, ба амакат ... пурс, ки фардо ба хонаи мо омада метавонад, ё не.

9. *Answer the following questions, using one of the words "албатта," "майлаш," "мутаассифона," or "афсӯс, ки," as appropriate:*
   Example: – *Шумо пагоҳ соати 10 ба ман занг зада метавонед?*
   ⇨ – *Афсӯс, ки не. Пагоҳ соати 10 ман мулоқот дорам.*
   a. – Шумо сафири Америкоро мешиносед?
   b. – Биёед, фардо ба боғи марказӣ меравем!
   c. – Шумо рақами телефони Шералиро медонед?
   d. – Чаро дирӯз Шумо ба хонаи мо наомадед?
   e. – Намедонед, меҳмонхонаи «Душанбе» дар куҷост?
   f. – Шумо забони тоҷикиро медонед?

10. *Read the following text and express the same information in English:*
    Номи ман Роберто аст. Ман 32-солаам. Ман соли 1968 дар шаҳри Рим таваллуд шудаам. Номи падарам Леонардо ва номи модарам Лючия аст. Ман як бародар ва ду хоҳар дорам. Онҳо ҳамроҳи падару модарам дар Италия зиндагӣ мекунанд. Ман соли 1990 Донишгоҳи Римро хатм кардам. Ихтисоси ман ҳуқуқшиноси байналмилалӣ аст. Аз соли 1994 дар ташкилотҳои гуногуни байналмилалӣ кор мекунам. Чор соли охир дар шаҳри Женева кор кардам. Соли гузашта ман ба Тоҷикистон, ба шаҳри

Душанбе омадам. Ҳоло дар Созмони амният ва ҳамкорӣ дар Аврупо (САҲА)[8] кор мекунам. Дар идораи мо 7 нафар мутахассисони хориҷӣ ва 15 нафар мутахассисони маҳаллӣ[9] кор мекунанд. Идораи мо дар шаҳрҳои дигари Тоҷикистон низ шӯъбаҳои худро дорад.

Ман бисёр дӯстони тоҷик дорам. Яке аз онҳо[10] Шермуҳаммад аст. Шермуҳаммад Донишгоҳи омӯзгориро[11] хатм кардааст. Ӯ тарҷумони мо аст ва забони англисиро хуб медонад.

Ман ҳоло забони тоҷикӣ меомӯзам. Худо хоҳад, пас аз 3-4 моҳ тоҷикиро ёд мегирам. Албатта, барои ин бисёр кӯшиш кардан лозим аст.

11. Read the proverbs below. Memorise any that you might be able to use in conversation:

Роҳат аз меҳнат аст.	*Pleasure comes from work.*
Аз ту ҳаракат, аз Худо баракат.	*It's for you to act, and God to bless.*
Саросема як корро ду бор мекунад.	*Haste does a job twice.*

ХОНИШ   READING

Read the following text, retell it in Tajiki in your own words, and discuss the question that follows:

Телефон

Духтури ҷавоне пас аз хатми донишгоҳи тиббӣ беморхонаи хурди хусусӣ таъсис дод. Таҷҳизоти тиббӣ харида, беморхонаро барои қабули беморон тайёр кард. Рӯзе ба утоқи корӣ омаду ба ёрдамчии худ гуфт:

– Агар беморе ояд, лозим нест, ки зуд ба назди ман дарояд. Ӯро чанд муддат дар утоқи интизоршавӣ нигоҳ дор ва баъд ба назди ман даъват кун, то фикр кунанд, ки ман ҳамеша серкорам.

Духтур ба хондани рӯзнома машғул шуд. Дар утоқи корӣ нав телефон гузошта буданд, вале ҳанӯз сими он пайваст набуд ва кор намекард. Баъди чанде ёрдамчӣ ба утоқ даромаду гуфт:

– Як бемори мард омадааст ва мунтазири шумост.

Духтур гуфт:

– Бисёр хуб, ба вай гӯ, ки баъди се-чор дақиқа ба назди ман дарояд.

Вақте ки мард ба назди духтур даромад, ӯ бо телефон гуфтугӯ мекард. Духтур ба бемор бо сар ишора кард, ки ба курсӣ шинад. Худаш ба сӯҳбат идома дода гуфт:

– Гуфтед, ки ҳоли бемор хеле беҳтар шуд? Бисёр хуб. Имрӯзу фардо ҳам доруҳоро аз рӯйи гуфтаҳои ман хӯронед ва фардо аз ҳоли ӯ боз ба ман хабар диҳед… Ташаккур, ташаккур, ба беморон хизмат кардан вазифаи мост, мо ҳамеша тайёрем…

Сипас, гӯшаки телефонро ба ҷои худ гузошту ба мард рӯ оварда гуфт:

– Чӣ хизмат?

Он мард гуфт:

– Ман корманди идораи телефонам, омадам, ки сими телефони Шуморо пайваст кунам.

Духтур замин накафид, ки дарояд.

---

[8] That is, the Organisation for Security and Cooperation in Europe (OSCE).
[9] *Маҳаллӣ* means *"native."*
[10] *"Яке аз онҳо"* means *"one of them."*
[11] *"Донишгоҳи омӯзгорӣ"* means *"Pedagogical University."*

Vocabulary:

донишгоҳи тиббӣ	medical university	беморхонаи хусусӣ	private hospital
таъсис додан	to found	таҷҳизот	equipment
ёрдамчӣ	assistant	бемор	patient, sick person
серкор	busy	нав	just, just now
сим	wire	пайваст будан	to connect
мунтазир будан	to wait	гуфтугӯ кардан	to talk
идома додан	to continue	дору	medicine
гӯшак	receiver	рӯ овардан	to face

Translation of some expressions and idioms:

Беморхонаро барои қабули меҳмонон тайёр кард.	He prepared the hospital for receiving patients.
Лозим нест, ки зуд ба назди ман дарояд.	You don't need to bring them straight in to see me.
Дар утоқи мунтазиршавӣ нигоҳ дор.	Keep them in the waiting room.
Фикр кунанд, ки ман ҳамеша серкорам.	They will think that I am always busy.
Бо сар ишора кард, ки ба курсӣ шинад.	He indicated with his head that he should sit on a chair.
Аз рӯйи гуфтаҳои ман	According to my instructions
Аз ҳоли ӯ ба ман хабар диҳед.	Inform me of his state of health.
Ба беморон хизмат кардан вазифаи мост.	It's our job to help the sick.
Ба мард рӯ оварда гуфт: – Чӣ хизмат?	Turning to the man, he said, "What can I do for you?"
Духтур замин накафид, ки дарояд.	If the ground had opened up, the doctor would have jumped in.

Discuss the following:

Духтур дар охири ин ҳикоят худро чӣ хел ҳис кард? Оё Шумо ягон вакт худро ҳамин хел ҳис кардаед?

More useful vocabulary:

ҳис кардан	to feel	хиҷолат кашидан / шарм доштан	to be embarrassed; to be ashamed
мурод	desire, intention		

САНҶИШ / QUIZ

1. Give answers to the following questions:

1. – Идораи Шумо дар куҷост?
   – ...
2. – Ихтисоси Хоҷа чӣ?
   – ...
3. – Шумо тарҷумон доред?
   – ...
4. – Номи муҳосиби шумо чӣ?
   – ...
5. – Он кас нестанд. Ягон чӣ расонам?
   – ...
6. – Рақами телефони Умар чанд аст?
   – ...
7. – Раиси шумо кӣ?
   – ...
8. – Бародарат дар куҷо кор мекунад?
   – ...
9. – Ало, ин ҷо сафорат?
   – ...
10. – Даромадан мумкин?
    – ...
11. – Кай мешаванд?
    – ...
12. – Як бори дигар такрор кунед?
    – ...

2. Fill in the questions corresponding with the following answers:

1. – ... ?
   – 21-37-69.
2. – ... ?
   – Не, мутаассифона, мо телефон надорем.
3. – ... ?
   – Пас аз 10-15 дақиқа занг занед.
4. – ... ?
   – Як дақиқа.
5. – ... ?
   – Котибаи мо Замира аст.
6. – ... ?
   – Мебахшед, Шумо хато кардед.
7. – ... ?
   – Кори мо соати 5 тамом мешавад.
8. – ... ?
   – Он кас ба вазорат, ба маҷлис рафтанд.
9. – ... ?
   – Идораи мо дар кӯчаи Айнӣ аст.
10. – ... ?
    – Падарам ронанда аст.
11. – ... ?
    – Ҳа, медонам. Навис: 24-47-03.
12. – ... ?
    – Не, он кас нестанд.

3. *Make up dialogues using the material in lesson fifteen and, if possible, role-play the situations with a language helper or other language partner.*

4. *Write a description about yourself similar to that in exercise 10.*

Дарси 16 Lesson 16

Вақти холӣ – Дар меҳмонӣ   *Free Time – Visiting as a Guest*

ШАРҲ   COMMENTARY

Where Tajiks spend their free time depends to a large extent on their age. For the most part, the elderly meet together in their local neighbourhood *чойхона* (tea-houses) to chat about different subjects. For women, it is common to visit one another's houses, without being specifically invited, or to sit chatting in their *ҳавлӣ* (courtyards). Young people spend their free time at sports grounds and recreational areas or else keep busy with their favourite hobbies, according to their interests and desires. Children commonly play a variety of games in courtyards and school playgrounds.

At the weekend, some people from the city go to the countryside to rest beside the river or in the hills. Varzob valley, to the north of Dushanbe, is one of the most well-known and popular of such locations and there are many resting places along the Varzob river. Along the first stretch of the road leading out of the capital, there are also a lot of *ошхона* and restaurants. Inside the city, the main resting places are the Central Park (*Боғи марказии шаҳр*), *Komsomol* Lake (*Кӯли Комсомол*), the People's Friendship Park (*Боғи Дӯстии халқҳо*), *Aini* Park (*Боғи Айнӣ*), and the Botanical Gardens (*Боғи ботаникӣ*). In the evenings and at weekends, young people and families relax in these places. Inside these parks, there are many places selling kebabs, *osh*, and other such food.

In addition, in residential areas and along the main streets in cities, there are also squares where people walk. People also sit around in groups in courtyards outside apartment buildings, many of them playing either chess (*шоҳмот*) or "*nards*" (*нард*), a simplified version of backgammon. These are two of the oldest national Tajiki games. Others play dominoes, cards or bingo. For school children there are special houses where they can do various crafts, such as painting, sewing, singing, and dancing.

For visitors to the city, there are historical places, museums, and theatres where they can learn about the life of the Tajiks and their crafts. The largest museum in Dushanbe is the national museum, called the *Беҳзод*, and is located in the centre of the city, in Aini square. In addition to this, there are various other places of entertainment, including an ethnographical museum and an art gallery. Most visitors to Dushanbe visit the citadel at Hisor (*Қалъаи Ҳисор*), to the south-west of the city, which is one of the most historical sites in Tajikistan. In other regions of Tajikistan there are also a lot of places to relax and of historical interest.

Tajiks usually invite each other as guests for special days such as birthdays, weddings, celebrations, house-warmings, and the birth of children. Tajiks sometimes use a table and chairs when entertaining guests, but usually sit cross-legged on *кӯрпача* arranged around a *дастурхон* ("*a tablecloth*"). The *дастурхон* is usually laid on the floor, but sometimes, a broad, low national table is used. Before the guests arrive, Tajiks fill the table or *дастурхон* with plates of food. Usually, everything that is going to be eaten and that has been prepared for the guest is laid on the table from the start, with the exception of the main hot dish, which is brought out later, when everyone is ready to eat it. However, when guests are invited for a certain time, it is common for them to arrive an hour or two later. Usually, entertaining of men and women happens separately. So, if men and women come together as guests, they will frequently be placed in separate rooms. Guests are usually seated at the *дастурхон* according to their age and the respect due to them; so, more senior guests are seated at the head of the table (opposite the entrance to the room) and younger guests towards the foot of the table (nearer the door). The person responsible for bringing food to the table does not normally sit with the guests, but waits on them and keeps coming to them, again and again encouraging them to eat, with expressions such as *"марҳамат, гиред; хӯрда шинед; ягон камбудӣ ҳаст, ё не?"* Most entertaining of guests finishes with *osh*, which is therefore always brought to the *дастурхон* at the end of a meal.

When welcoming guests, Tajiks often use the expression, *"Хуш омадед, нури дида тоҷи сар"* (literally, *"Welcome. You are like the light of one's eyes and a crown on one's head."*). *"Хуш омадед"* is also used when seeing off guests at the end of their visit, together with the invitation to come again, *"Боз биёед."*

ЛУҒАТ / VOCABULARY

Tajiki	English	Tajiki	English
вақти холӣ	free time	машғулият	pastime
хондани китоб	reading books	расмкашӣ	drawing
сурудхонӣ	singing	пазандагӣ	cooking
суратгирӣ	photography	дӯзандагӣ	sewing
бозӣ	playing	гулдӯзӣ	embroidery
картабозӣ	playing cards	шашкабозӣ	playing draughts
шоҳмотбозӣ	playing chess	доминобозӣ	playing dominoes
шиноварӣ / шино / оббозӣ	swimming	нардбозӣ	playing nards
		футболбозӣ	playing football
теннисбозӣ	playing tennis	тенниси рӯйи миз	table tennis
бозича	toy	лото	bingo
тӯб	ball	лӯхтак	doll
адабиёт	literature	асар	writing, work
шеър / назм	poetry	наср	prose
санъат	art	ҳунар	trade, craft
фарҳанг	culture	таърих	history
театр	theatre	опера	opera
мусиқӣ	music	балет	ballet
мусиқии классикӣ	classical music	мусиқии муосир	modern music
эстрада	modern music group	шашмақом	shashmakom, a traditional type of Tajiki music
асбоб	instrument		
най	woodwind instrument		
карнай	long, straight horn	сурнай	brass instrument
таблак	drum	доира	tambourine
рубоб	long, stringed instrument	дутор	two-stringed guitar-like instrument
ғижжак	violin-like instrument		
нависанда	author, writer	шоир (fem. шоира)	poet
олим	scientist	рассом	artist, painter
ҳунарманд	actor, actress, artiste, singer	овозхон [артист][1]	singer
		варзишгар	sportsman
дӯст доштан	to like, to love	ба … шавқ доштан	to be interested in …
машғул шудан	to be busy {doing something}	бозӣ кардан	to play
		навохтан (навоз)	to play an instrument

---

[1] Words shown in square brackets are Russian words used in colloquial Tajiki.

расм кашидан / сурат кашидан	to draw, to paint	сурат гирифтан / акс гирифтан	to take a photo
пухтан (паз)	to cook	ба навор гирифтан	to take a video, to film
дӯхтан (дӯз)	to sew		
суруд хондан / сурудан (саро) / сароидан (саро)	to sing	гузарондан / гузаронидан (гузарон)	to pass, to spend (time)
ҷамъ кардан	to meet	истироҳат кардан	to rest, to relax
шӯхӣ кардан	to joke, to jest	сайругашт кардан	to walk about, to go for a walk
шино кардан	to swim	давидан (дав)	to run
сар шудан	to be started	тамом шудан	to be finished
эҷод кардан	to create	аз ёд донистан	to know by heart
дӯстдошта	favourite	холӣ	free
зиқ	bored, tired, stressed	шӯх	naughty, mischievous
аҷиб / аҷоиб / шавковар	interesting, fascinating	форам	pleasant
меҳмон	guest	меҳмонӣ	visiting friends
меҳмондӯст	hospitable	меҳмондӯстӣ	hospitality
дастурхон / дастархон	tablecloth	меҳмондорӣ	entertaining
мизи миллӣ	low, national table	мизбон	host; waitress[2]
торт	cake	кадбону	host; cook
қалама	type of pastry/bread	[пирог]	pie, pastry (sweet, not savoury)
тӯй	wedding; party		
ҷашн	celebration	маърака	any special occasion, joyful or solemn
рӯзи таваллуд	birthday	бӯрёкӯбон	house-warming
корти табрикӣ [открытка]	greeting card	корти почта	postcard
рухсатӣ	holiday, vacation {from work}	таътил	holiday, vacation {for students}
рӯзи корӣ	workday	рӯзи истроҳат	weekend, day off
таклиф/даъват кардан	to invite	розӣ будан	to agree
		қарор додан	to decide
банд будан	to be busy {uninterruptible}	интизор/ мунтазир будан	to wait
вохӯрдан (вохӯр)	to meet	иҷозат пурсидан	to ask permission
қабул кардан	to accept, receive	истиқбол кардан	to make welcome
сари вақт омадан	to come on time	гусел кардан	to see off {guests}
гардон-гардон кардан	to stew tea by pouring it back into the pot	рехтан (рез)	to pour
		чида шудан	to be arranged
қулай	comfortable, convenient	нокулай	uncomfortable, inconvenient
мутаассифона	unfortunately	бисёр афсӯс	most unfortunately
Хафа нашавед.	Don't be offended.	Мунтазир шавед.	Please wait.
Ташвиш накашед. / Бисёр заҳмат накашед.	Don't go to lots of trouble.	Марҳамат, аз боло гузаред.	Please sit higher up the table.
		Иштиҳои том.	Enjoy your meal.

[2] *Person responsible for bringing food for guests*

СӮҲБАТҲО

1.
– Салом, Чеҳра, чӣ хел ту, нагз-мӣ?
– Салом, Гулбаҳор. Раҳмат, бад не.
– Чеҳра, ту пагоҳ вақти ҳолӣ дорӣ?

– Чӣ буд?
– Мехостам якҷоя ба Боғи марказӣ равем.

– Майлаш, дугонаҷон. Кай, дар куҷо вомехӯрем?
– Соати 10, дар назди бозори «Баракат».
– Майлаш, ман розӣ. Хайр, то пагоҳ.

– То пагоҳ.

2.
– Ҷасур, ту вақти ҳолии худро чӣ хел мегузаронӣ?
– Ман рӯзҳои истироҳат маъмулан ба Боғи марказӣ ё ба театр меравам. Масалан, шанбеи гузашта ба театри Лоҳутӣ рафтам.
– Ту бештар чиро дӯст медорӣ?
– Ман хондани китобҳои бадеиро дӯст медорам ва теннисбозӣ мекунам.
– Ту мусиқиро ҳам дӯст медорӣ?
– Не, он қадар не.

3.
– Абдураҳмон, ту кадом шоиронро дӯст медорӣ?
– Аз ҳама бештар ба ман Хайём маъқул, аммо шеърҳои Рӯдакӣ, Ҳофиз ва Саъдиро ҳам дӯст медорам. Ту чӣ?
– Ба ман бештар шоирони муосир маъқул. Махсусан, шеърҳои Лоиқро дӯст медорам.

4.
– Хиромон, машғулияти дӯстдоштаи ту чӣ?
– Вақти ҳолии ман бисёр кам аст, лекин агар вақт ёбам, бо расмкашӣ машғул мешавам.
– Ту бештар кадом рассомонро дӯст медорӣ?
– Ба ман Рембрант, Леонардо Да Винчи аз ҳама бештар маъқул.

DIALOGUES

– Hi Chehra. How are you?
– Hi Gulbahor. I'm not bad, thanks.
– Chehra, have you got any free time tomorrow?

– What's happening?
– I'd like for us to go to the Central Park together.

– All right. When and where shall we meet?

– At ten o'clock, near "Barakat" market.
– OK, that sounds good[3]. Bye. See you tomorrow.

– See you tomorrow.

– Jasur, how do you spend your free time?

– At weekends I usually go to the Central Park or the theatre. For instance, last Saturday I went to Lohuti theatre.

– What do you like most?
– I love reading fiction and playing tennis.

– Do you also like music?
– No, not that much.

– Abdurahmon, which poets do you like?

– I like Haiyom the most, but I also like the poems of Rudaki, Hafez and Sa'di. What about you?
– I like modern poets the most. I particularly like the poems of Loiq.

– Khiromon, what's your favourite pastime?

– I don't have much free time, but when I do have any, I draw.

– Which artists do you like best?

– I like Rembrandt and Leonardo de Vinci most of all.

---

[3] Literally: "I agree."

– Аз рассомони тоҷик чӣ?
– Аз рассомони тоҷик асарҳои Сӯҳроб Қурбонов ва Хушбахт Хушбахтовро дӯст медорам. Зимнан, фардо дар Намоишгоҳи рассомон намоиши асарҳои Сӯҳроб Қурбонов баргузор мегардад, агар хоҳӣ, ҳамроҳ меравем.
– Ман розӣ, кай меравем?
– Биё, пагоҳ соати даҳ дар назди намоишгоҳ вомехӯрем.
– Майлаш, хайр, то пагоҳ.

– What about Tajik artists?
– Out of Tajik artists, I like the works of Suhrob Qurbonov and Khushbakht Khushbakhtov. By the way, there's an exhibition of Suhrob Qurbonov's works tomorrow in the Art Gallery; if you like, we could go together.
– OK. When shall we go?
– Let's meet by the gallery at ten o'clock.
– OK. Bye. See you tomorrow.

5.
– Салом, Лючия!
– Салом, Антон! Чӣ хел ту?
– Раҳмат, нағз. Ту чӣ?
– Ташаккур, бад не. Антон, намедонӣ дар Душанбе ҷойи теннисбозӣ ҳаст ё не?
– Ҳа, ҳаст. Чӣ буд?
– Теннис – машғулияти дӯстдоштаи ман аст. Мехоҳам дар вақти холӣ теннисбозӣ кунам.
– Дар кӯчаи Исмоили Сомонӣ варзишгоҳи марказӣ ҳаст, дар паҳлӯи он Қасри теннис ҳаст. Дар он ҷо теннисбозӣ кардан мумкин аст.
– Ба он ҷо чӣ хел рафтан мумкин?
– Ба автобусҳои 29, 18, 26, 23, 12 ё троллейбуси 2 савор шав, дар истгоҳи Боғи ҳайвонот мефуроӣ, баъд тахминан 200 метр рост рав. Қасри теннис аз тарафи дасти рост аст.
– Раҳмат Антон. Ту ҳам варзишро дӯст медорӣ?
– Ҳа, ман бештар шиноварӣ ва футболро дӯст медорам.
– Ту дар куҷо машқ мекунӣ?
– Бештар дар Кӯли Комсомол, баъзан дар варзишгоҳи марказӣ.
– Кӯли Комсомол аз варзишгоҳ дур аст?
– Не, он дар рӯбарӯйи варзишгоҳ аст. Агар хоҳӣ, ягон рӯз туро мебарам.
– Майлаш раҳмат, ҳар вақт, ки хостам, ба ту занг мезанам.
– Хайр, то боздид.

– Hi Luchia.
– Hi Anton. How are you?
– Good, thanks. And you?
– Not bad, thanks. Anton, do you know whether there's anywhere in Dushanbe for playing tennis or not?
– Yes, there is. Why?
– Tennis is my favourite hobby. I want to play in my spare time.
– There are tennis courts next to the central sports stadium that's on Ismoili Somoni Street. You can play tennis there.
– How can I get there?
– Take bus number 29, 18, 26, 23, or 12, or trolleybus number 2, get off at the zoo, and go straight on for about another 200m. The tennis courts are on the right.
– Thanks, Anton. Do you also like sports?
– Yes, I like swimming and football most.
– Where do you practise?
– Mostly in Komsomol lake, though at times in the central sports stadium.
– Is Komsomol lake far from the sports stadium?
– No, it's directly opposite. If you like, I'll take you there some time.
– OK, thanks. When I want to go, I'll give you a call.
– Bye. See you.

6.

– Биёед, шинос мешавем, номи ман Ли Линг. Номи Шумо чӣ?
– Номи ман Наташа.
– Хеле мамнунам, Наташа, Шумо кай ба Тоҷикистон омадед?
– Се моҳ пеш. Шумо чӣ?
– Ман нав[5] ба Душанбе омадам. Шумо Душанберо нағз медонед?
– Он қадар не, аммо бисёр қисматҳои шаҳрро медонам.
– Дар Душанбе театри опера ҳаст?
– Бале. Дар маркази шаҳр, дар хиёбони Рӯдакӣ театри опера ва балети ба номи Садриддин Айнӣ ҳаст. Шумо операро дӯст медоред?
– Хеле дӯст медорам. Дар ин театр ҳар рӯз ягон опера ё балет мешавад?
– Инашро намедонам. Аммо дар назди дари даромад эълони намоишҳои театр ҳаст.
– Раҳмати калон, Наташа.
– Намеарзад.
– Хайр, то боздид.
– Худо ҳофиз!

– Hi, let me introduce myself.[4] My name's Leeling. What's your name?
– My name's Natasha.
– Pleased to meet you, Natasha. When did you come to Tajikistan?
– Three months ago. What about you?
– I recently came to Dushanbe. Do you know Dushanbe well?
– Not really, but I know a lot of parts of the city.
– Is there an opera house in Dushanbe?
– Yes. In the centre of the city, on Rudaki Avenue, there's the Sadriddin Aini Opera and Ballet Theatre. Do you like opera?

– Very much. Is there something going on at this theatre every day?
– I don't know. But there are announcements of performances at the theatre near the entrance.
– Thanks, Natasha.
– Don't mention it.
– Bye. See you.
– Goodbye.

7.

– Ало.
– Салом алейкум, Саида. Ман Мӯниса.
– Салом, Мӯниса, нағз-мӣ ту?
– Раҳмат, дугоноҷон. Ту чӣ?
– Ман ҳам нағз. Мӯниса, медонӣ чӣ, пагоҳ ба хонаи мо биё.
– Ба кадом муносибат?
– Пагоҳ рӯзи таваллуди писарчаам. Мехоҳам се-чор дугонаҳоямро даъват кунам.
– Бисёр нағз. Албатта меравам.
– Хайр, дугоноҷон, ман мунтазири ту.
– Хайр, то пагоҳ.

– Hello.
– Hello, Saida. It's Münisa.
– Hi Münisa. How are you?
– Good.[6] And you?
– I'm well too. Münisa, why don't you come to my house tomorrow?
– What's the occasion?
– Tomorrow's my son's birthday. I want to invite three or four friends over.

– Excellent. Of course I'll come.
– Bye, friend; I'll be waiting for you.
– Bye. See you tomorrow.

8.

– Бале?
– Ромиш Алиевичро мумкин?
– Он кас нестанд. Кӣ занг мезанад?
– Ман ҳамкорашон, Озарҷон Олимзода.
– Бисёр нағз, ягон чиз расонам?

– Yes?
– Is Romish Alievich there?
– No, he's not. Who's calling?
– I'm his colleague, Ozar Olimzoda.
– All right. Can I take a message?

---

[4] Literally: "*Come, let's become acquaintances.*"
[5] In this context, the word *нав* means "*recently; newly; only just.*"
[6] Literally: "*Thanks, friend.*"

– Агар бемалол бошад, гӯед, ки пагоҳ соати 7 ба хонаи мо, ба тӯйи хатнаи писарам марҳамат намоянд.
– Албатта мерасонам.
– Ташаккур.

– If it's not any trouble, please tell him to come to my house for my son's circumcision party at seven o'clock tomorrow.
– OK, I'll tell him.
– Thanks.

9.
– Салом, Муқимҷон!
– Салом, Норҷон, хайрият туро дидам, имрӯз ба ту телефон карданӣ будам.
– Чӣ гап, тинҷӣ?
– Ҳа, ҷӯра, дина Аброрҷон занг зада буд. Рӯзи шанбе зиёфат доштааст. Илтимос кард, ки туву Раҳматро хабар кунам.
– Бисёр нағз, меравам, лекин намедонам, хонааш дар куҷо.
– Агар хоҳӣ, рӯзи шанбе соати 12:00 дар назди бозори «Саховат» вомехӯрем.
– Майлаш, ҷӯра.
– Хайр, албатта биё.
– Албатта.

– Hi Muqim.
– Hi Nor. It's good that I saw you – I was going to phone you today.
– Why, is everything OK?
– Yes, thanks. Yesterday Abror phoned. On Saturday he's having a big meal and he asked me to inform you and Rahmat.
– Excellent. I'll go, but I don't know where his house is.
– If you like, we could meet at twelve o'clock on Saturday near "Sakhovat" market.
– OK, thanks.
– Bye. Be sure to come.
– Of course.

10.
– Салом, Роҳат!
– Салом, Мавҷуда!
– Чӣ хабарҳои нав?
– Шунидӣ, ки чашми Ҳакима равшан шудааст.
– Аз ростӣ? Писар ё духтар?
– Писарча.
– Ваҳ, чӣ хел нағз!
– Биё, ба хонааш барои табрик меравем.
– Ман розӣ. Ягон тӯҳфа гирем?
– Беҳтараш як дастагӣ гул мегирем.
– Майлаш, рафтем.
– Рафтем.

– Hi Rohat.
– Hi Mavjuda.
– What's new?
– Have you heard that Hakima has given birth?[7]
– Really? A boy or a girl?
– A little boy.
– Ah, how nice!
– Let's go to her house to congratulate her.
– OK. Shall we get a present?
– It's better if we each take a bunch of flowers.
– OK. Let's go.
– Let's go.

11.
– Салом алейкум!
– Салом, Ғунча. Салом, Иноят. Салом, Сарвиноз. Биёед, биёед, ин қадар дер кардед?
– Дер не-ку, соат нав аз 12 гузашт.
– Охир ҳамаи меҳмонон омаданд.
– Хайр, мебахшӣ, дугонаҷон, камтар дер кардем.
– Ҳеҷ гап не. Дароед. Ба он тараф гузашта шинед.
– Раҳмат.

– Hello.
– Hi Ghuncha. Hi Inoyat. Hi Sarvinoz. Come on ... come on! How come you're so late?
– It's not late; it's only just past twelve.
– But all the guests have arrived.
– OK, we're sorry that we were a little late.
– All right. Come on in. Sit on that side.
– Thanks.

---

[7] Literally: "that Hakima's eyes have become bright?"

12.

– Марҳамат, гиретон.
– Раҳмат, бисёр ташвиш кашидед.
– Не-е. Ҳеҷ ташвиш не.
– Ҳамаашро худатон пухтед?
– Не, албатта. Ҳамсояам Тобон ва дугонаам Симо ба ман ёрӣ доданд.
– Бисёр чизҳои бомаза пухтед.
– Раҳмат, ҳамааш барои шумо. Шарм накунед, хӯрда шинед. Чой резам?
– Раҳмат, мо худамон мерезем. Биёед, Шумо ҳам бо мо шинед.
– Ҳозир меоям.

13.

– Мебахшед, номи ин хӯрок чӣ?
– Инро тушбера мегӯянд.
– Бисёр бомаза будааст. Онро чӣ хел мепазанд?
– Гӯштро қима карда, ба он пиёз, намак ва мурчу зира илова мекунанд. Баъд хамирро зубола гирифта, онро ба шакли чоркунҷа мебуранд. Ба болои он қимаро гузошта, мебанданд ва дар оби ҷӯш даҳ-понздаҳ дақиқа мепазанд. Пешакӣ сарчӯшро тайёр мекунанд ва ба болои тушбера меандозанд.
– Раҳмати калон. Ягон рӯз худам ҳам мепазам.
– Сюзан, агар хоҳед, ман рафта ёрӣ медиҳам.
– Кошкӣ.
– Бемалол. Хабар кунед, меравам.

– Ташаккур.

– Please, help yourselves.
– Thanks. You've gone to so much trouble!
– No… It wasn't any trouble.
– Did you cook everything yourself?
– No, of course not. My neighbour Tobon and my friend Simo helped me.
– You cooked a lot of tasty things.
– Thank you. It's all for you. Help yourselves.[8] Can I pour you some tea?
– That's OK, we'll pour it ourselves. Come, you should sit with us.
– I'm just coming.

– Excuse me, what's this dish called?
– They call this "tushbera."
– It's very tasty. How is it cooked?

– The meat is minced and mixed with onions, salt and pepper, and caraway seeds. Then the dough is rolled out and shaped into squares. The mince is put on top, and they are tied up and cooked in boiling water for 10-15 minutes. The sauce should be prepared in advance and served over the tushbera.
– Thank you. I will cook them myself one day.
– Susan, if you like, I will come and help you.

– Really?
– It's no trouble. Let me know when, and I'll come.
– Thanks.

ГРАММАТИКА

GRAMMAR

Complex Sentences: Subordinate Clauses

The most common subordinating conjunction in Tajiki is *ки*. It is usually equivalent to one of the English relative pronouns *"that," "which,"* or *"who,"* but can also perform the same function as other English pronouns and conjunctions, for it is fairly universal. The most common ways of using it can be seen in the following examples:

---

[8] Literally: *"Don't be embarrassed. Sit and eat."*

Мард он ҷо нишастааст.	The man is sitting there.
Мард падари ман аст.	The man is my father.
Марде, *ки* он ҷо нишастааст, падари ман аст.	The man <u>who</u> is sitting there is my father.
Норӣ ба ман гуфт.	Nori spoke to me.
Норӣ ба Маскав меравад.	Nori is going to Moscow.
Норӣ ба ман гуфт, *ки* ба Маскав меравад.	Nori told me <u>that</u> she's going to Moscow.
Ман омадам.	I came.
Ман туро дидан мехоҳам.	I wanted to see you.
Ман омадам, *ки* туро бубинам.	I came <u>to</u> see you.
Ту шунидӣ.	You (have) heard.
Рӯзи ҷумъа Аббос хонадор мешавад.	Abbos is getting married on Friday.
Шунидӣ, *ки* рӯзи ҷумъа Аббос хонадор мешавад?	Have you heard <u>that</u> Abbos is getting married on Friday?
Ҳар кас бисёр мехонад.	Everyone studies a lot.
Ҳар кас бисёр чизро медонад.	Everyone knows many things.
Ҳар кас, *ки* бисёр хонад, бисёр чизро медонад.	Everyone <u>who</u> studies a lot knows many things.
Мо дар хона зиндагӣ мекунем.	We live in an apartment.
Хонаи мо чорошёна аст.	Our building has got four floors.
Хонае, *ки* мо зиндагӣ мекунем, чорошёна аст.	The apartment building <u>where</u> we live has got four floors.

(For more information on subordinate clauses, see the section, "A Brief Introduction to Tajiki Grammar.")

Complex Sentences: Subordinate Clauses of Time

Similar to the conjunction *ки*, there are adverbial and prepositional conjunctions of time, location, cause, result, similarity, quantity and degree, purpose, condition and concession. The conjunctions used with subordinate clauses of time are *"вақте ки," "ҳангоме ки," "чун," "даме ки," "ҳар гоҳ (ки)," "ҳар вақт (ки),"* and *"замоне ки"*:

Вақте ки ман дар Душанбе зиндагӣ мекардам, ҳар ҳафта ба Боғи марказӣ мерафтам.	<u>When</u> I lived in Dushanbe, I went to the Central Park every week.
Ҳангоме ки ӯро дидам, солҳои ҷавониам ба ёд омад.	<u>When</u> I saw him, I remembered my youth.
Вақте ки онҳо ба шаҳр расиданд, аллакай торик шуда буд.	<u>When</u> they arrived in the city, it was already dark.
Ҳар гоҳ падарам аз сафар ояд, ба мо бисёр тӯҳфа меорад.	<u>Whenever</u> my father comes back from a trip, he brings me lots of presents.

"Чун," "даме ки," "замоне ки," and *"ҳар гоҳ (ки)"* are characteristic of literary Tajiki.

The Past Continuous Tense

The past continuous tense (also known as the past perfect continuous tense) is consists of three parts: the past participle of the main verb, the past participle of the auxiliary verb *истодан*, and the past tense verb stem of the verb *будан*, which takes the subject marker verb endings:

Conjugation of the verb "рафтан" ("to go") in the past continuous

рафта	истода	буд	-ам	рафта истода будам	*I was going*
рафта	истода	буд	-ӣ	рафта истода будӣ	*you were going*
рафта	истода	буд	—	рафта истода буд	*he/she was going*
рафта	истода	буд	-ем	рафта истода будем	*we were going*
рафта	истода	буд	-ед	рафта истода будед	*you were going*
рафта	истода	буд	-анд	рафта истода буданд	*they were going*

The past continuous tense is used to express actions that were going on when another action in the past was carried out or completed. It usually occurs in complex sentences that contain a relative clause of time:

Вақте ки ман ба хона омадам, занам хӯрок *пухта истода буд*.
When I came home, my wife was cooking dinner.

Дирӯз ман ба кор *рафта истода будам*, ки дар роҳ Додоро дидам.
Yesterday, I was going to work, when I saw Dodo in the street.

Мо дарс *хонда истода будем*, ки аз берун овози гиряи кӯдак ба гӯш расид.
We were studying the lesson, when we heard the sound of a child's cry from outside.

In some cases, the past continuous is comparable to the descriptive past tense:

Дирӯз соатҳои ҳашт ман хонаро *рӯфта истода будам*, ки Ятим ба ман занг зад.

Дирӯз соатҳои ҳашт ман хона *мерӯфтам*, ки Ятим ба ман занг зад.

Yesterday, I was sweeping the house around eight o'clock, when Yatim phoned me.

МАШҚҲО   EXERCISES

1. *Match the responses to the questions and give full answers:*
    Example: Имрӯз ҳаво чӣ хел аст? – *гарм*
        ⇨ *Имрӯз ҳаво гарм аст.*

Шумо кадом асбоби мусиқиро дӯст медоред?	сафорат
Дар вақти холӣ Шумо чӣ кор мекунед?	ҳавзи шиноварӣ
Мунаввара дар куҷо кор мекунад?	рубоб
Онҳо аз куҷо омаданд?	шоҳмотбозӣ
Рӯзҳои истироҳат Шумо ба куҷо меравед?	Миср

2. Construct sentences based on the following table, using the correct verb endings:
   Example: <u>Холо ман шоҳмотбозиро дӯст медорам. – Пештар ман футболбозиро дӯст медоштам.</u>

Ман	футболбозӣ		
Онҳо	шоҳмотбозӣ		
Рабеъ ва Эмом	шиноварӣ		дӯст медор….
Бародарам	давидан	-ро	дӯст медошт….
Гулчеҳра	китоб хондан		
Шумо	расмкашӣ		
Дугонаам	суруд хондан		

3. Construct questions and answers based on the following table:
   Example: – <u>Шоири дӯстдоштаи Марк кист?</u>
              – <u>Шоири дӯстдоштаи Марк Шекспир аст.</u>

Шоир			Орзу	Шекспир	
Нависанда			Ходӣ	Дюма	
Рассом	-и	дӯстдоштаи	Тоҷӣ	Рембрант	аст.
Актёр			ман	Чекки Чан	
Филм			онҳо	«Титаник»	
Артист			ту	Таркан	

4. Construct questions and answers based on the following table, using the correct verb endings:
   Example: – <u>Рӯзҳои истироҳат Шумо чӣ кор мекунед?</u>
              – <u>Рӯзҳои истироҳат ман ба театр меравам.</u>

	Ҳамза		музей	
	ман		боғ	
	онҳо		варзишгоҳ	
Рӯзҳои истироҳат	ту	ба	дараи⁹ Варзоб	мерав….
	Зевар		меҳмонӣ	
	Жанна		хонаи падар	
	шумо		ҳавзи шиноварӣ	

5. Complete the following sentences, using the correct form of the verb "тӯҳфа кардан":
   a. – Шумо ба дугонаатон дар рӯзи таваллудаш чӣ … ?
   b. Ман ба дугонаам гул … .
   c. – Ман намедонам ба дӯстам чӣ … ?
   d. Соли гузашта Ёдгор ба падараш як курта … .
   e. Мо мехоҳем, ки ба устодамон китоби нагз … .
   f. Дирӯз рӯзи таваллуди модарам буд, ман ба ӯ як рӯймоли зебо … .
   g. – Шумо ба ягон кас …-ро дӯст медоред?
   h. – Дӯстонатон ба Шумо чӣ … ?

6. Construct complex sentences from the following, using the relative pronoun "ки":
   Example: Китоб дар рӯйи миз аст. Китоб аз они ман аст.
              ⇨ <u>Китобе, ки дар рӯйи миз аст, аз они ман аст.</u>
   a. Мард дар сар кулоҳ дорад. Мард падари Ислом аст.
   b. Рӯз борон борид. Ман ба донишгоҳ нарафтам.
   c. Хона даҳошёна аст. Мо зиндагӣ мекунем.

---

⁹ *Дара* means "*gorge, ravine, canyon.*"

d. Модарам ба ман гуфт. Модарам ба бозор меравад.
e. Ман шунидам. Амин омадааст.
f. Зан аз бозор омада истодааст. Зан модари Ҳусейн аст.

7. *Rewrite the following sentences using the relative pronouns "вақте ки" and "ҳангоме ки":*
   Example: *Ман ба хона омадам. Падарам дар хона набуд.*
   ⇨ *Вақте ки ман ба хона омадам, падарам дар хона набуд.*
   a. Ином ба кор рафта истода буд. Ином дар роҳ Чаманро дид.
   b. Ман дар донишгоҳ мехондам. Ман ҳар рӯз ба китобхона мерафтам.
   c. Фирӯз аз хоб хест. Соат нӯҳ буд.
   d. Мо ба меҳмонӣ меравем. Мо либосҳои тоза мепӯшем.
   e. Довар бисёр кор мекунад. Довар зуд монда мешавад.
   f. Меҳмонон омаданд. Соат 12-и рӯз буд.

8. *Read the following text and express the same information in English:*
   Шанбеи гузашта мо ба хонаи дӯстамон – Нозим ба меҳмонӣ рафтем. Моро хуш истиқбол карданд ва ба сари дастурхон таклиф карданд. Зани Нозим кадбонуи хуб аст. Дар рӯйи дастурхон навъҳои гуногуни меваҳои хушку тар – себу анор, ангуру хурмо, мавизу писта, нахӯдаку зардолукок ба тартиб чида шуда буданд. Ҳамчунин санбӯса, пирог, торт, ҳар гуна салат низ буд. Дар сари дастурхон сӯҳбати гарм оғоз шуд. Мо дар бораи кору бор, зиндагӣ, масъалаҳои гуногун сӯҳбат кардем. Пас аз чанде угро оварданд. Угро бо чакка хеле болаззат буд. Пас аз угро чой нӯшида нишастем. Тахминан баъд аз ду соат оши палов ҳам тайёр шуд. Пас аз палов боз чанд вақт сӯҳбат кардем ва сипас ба онҳо барои меҳмондориашон ташаккур гуфта ба хона баргаштем.

9. *Read the proverbs below. Memorise any that you might be able to use in conversation:*

Меҳмон фиристодаи Худост.	*A guest is sent from God.*
Меҳмон атои Худо.	*A guest is a gift of God.*
Ноз ба касе кун, ки нозбардори туст, Пеши касе рав, ки талабгори туст.	*Seek admiration from whomever you admire, Go to the person who asks something of you.*
Меҳмон, гарчи азиз аст, валекин чу нафас, Хафа месозад, агар ояду берун наравад.	*A guest is precious but, like one's breath, gives offence[10] if he comes but doesn't leave.*
Меҳмон аз дар ояд, ризкаш аз тиреза.	*A guest comes through the entrance, his good fortune through the window.*
Меҳмондорӣ то се рӯз.	*Being a guest lasts three days.*
Камбағалӣ айб нест.	*Poverty is no shame.*

---

[10] In Tajiki, *хафа сохтан* means both "*to give offence*" and "*to strangle.*"

ХОНИШ   READING

Read the following story, retell it in Tajiki in your own words, and discuss the question that follows:

Сахитарин инсон[11]

Рӯзе аз Ҳотами Той[12] пурсиданд:
– Аз худ сахитар одаме дидай?
Гуфт:
– Бале. Рӯзе бо ҳамроҳони худ ба шикор рафтем. Вақти бозгашт ҳаво торик шуд ва хостем шабро дар деҳа гузаронем. Ба хонаи марде меҳмон шудем. Он мард ба мо обу зиёфат дод. Вақте ки гӯштбирёнро овард, ман як пора гӯшт хӯрдам ва гуфтам: «Баҳ-баҳ, чӣ хел бомаза будааст.» Баъди чанде он мард берун рафту боз аз ҳамон гӯште, ки ба ман маъқул шуда буд, бисёр ба назди ман овард. Шабро бо сӯҳбатҳои ширин рӯз кардем. Рӯзи дигар пагоҳӣ бо дӯстонам ба ҳавлӣ баромадем. Дидам, ки дар рӯйи ҳавлӣ хуни зиёде рехтааст. Пурсидам, ки ин чист? Ба ман гуфтанд, ки ӯ ҳамаи гӯсфандони худро кушта, ҳамон ҷойи бомазаи онро барои ман овардааст.
Пурсиданд:
– Ту ба ивази он чӣ кор кардӣ?
Ҳотами Той ҷавоб дод:
– Ман ба ӯ 200 гӯсфанду 300 шутур додам.
Гуфтанд:
– Пас ту аз ӯ сахитар ҳастӣ.
Гуфт:
– Не. Ӯ ҳарчи дошт, ҳамаашро дод, ман аз он чӣ доштам, нимашро додам.

Vocabulary:

сахӣ	*generous*	аз худ сахитар	*more generous than yourself*
ҳамроҳ	*travelling companion*	вақти бозгашт	*at the time to return*
обу зиёфат додан	*to entertain*	сӯҳбати ширин	*delightful discourse*
шутур	*camel*	иваз	*exchange*

Translation of some expressions and idioms:

Хостем шабро дар деҳа гузаронем.	*We wanted to spend the night in a village.*
Шабро ... рӯз кардем.	*We spent the night ... until dawn.*
Дидам, ки хуни зиёде рехтааст.	*I saw that a lot of blood had been spilt.*
Ҳамон ҷойи бомазаи онро ба ман овардааст.	*He had only brought me the tasty parts.*
Пас ту аз ӯ сахитар ҳастӣ.	*So, you are more generous than he.*
Ӯ ҳарчи дошт, ҳамаашро дод, ман аз он чӣ доштам, нимашро додам.	*He gave everything that he had; I gave half of what I had.*

Discuss the following:

Дар Тоҷикистон мардум бисёр меҳмондӯст ҳастанд. Барои миннатдорӣ аз меҳмондӯстӣ чӣ хел рафтор кардан беҳтар аст?

More useful vocabulary:

миннатдорӣ	*thanks, gratitude*

---

[11] This story is from the "*Гулистон*," by the classical Tajiki poet Sa'di (c.1210 (or late 12th century)-1292). The language has been somewhat simplified.

[12] *Ҳотами Той* is the name used in classical Tajiki literature for a generous man who does good works.

САНҶИШ / QUIZ

1. Give answers to the following questions:

1. – Шумо кадом нависандаро бештар дӯст медоред?
   – ...
2. – Мебахшед, каме дер кардем.
   – ...
3. – Машғулияти дӯстдоштаи хоҳарат чӣ?
   – ...
4. – Шумо кадом рассомони машҳурро мешиносед?
   – ...
5. – Варзишгоҳи калонтарини Лондон кадом аст?
   – ...
6. – Шумо ба дӯстатон чӣ тӯҳфа кардед?
   – ...
7. – Ҳафтаи гузашта рӯзи истироҳат Стивен ба куҷо рафт?
   – ...
8. – Марҳамат, дароед.
   – ...
9. – Шумо оши палов пухта метавонед?
   – ...
10. – Дар Душанбе кадом чойҳои истироҳатӣ ҳаст?
    – ...
11. – Дар рӯзи таваллудатон Шумо чанд касро даъват мекунед?
    – ...
12. – Ту пагоҳ вақти холӣ дорӣ?
    – ...

2. Fill in the questions corresponding with the following answers:

1. – ... ?
   – Шоири дӯстдоштаи ман Муҳаммад Иқбол аст.
2. – ... ?
   – Театри Лоҳутӣ дар хиёбони Рӯдакӣ аст.
3. – ... ?
   – Ислому Карим дирӯз ба хонаи дӯсташон рафтанд.
4. – ... ?
   – Ба мо бештар филмҳои амрикой маъқул.
5. – ... ?
   – Оши паловро худам пухтам.
6. – ... ?
   – Дирӯз ба хонаи мо панҷ меҳмон омад.
7. – ... ?
   – Леонардо Да Винчи рассоми машҳури ҷаҳон аст.
8. – ... ?
   – Ватани бозиҳои олимпӣ[13] Юнон аст.
9. – ... ?
   – Хоҳарам расмкаширо дӯст медорад.
10. – ... ?
    – Ман мусиқии классикиро дӯст медорам.
11. – ... ?
    – Майлаш, ман розӣ
12. – ... ?
    – Мо меҳмононро соати 7-и бегоҳӣ гусел кардем.

3. Make up dialogues using the material in lesson sixteen and, if possible, role-play the situations with a language helper or other language partner.

4. Describe in Tajiki your favourite writer (or poet, singer, actor, or artist).

5. Describe in Tajiki what you like to do in your spare time.

6. Describe in Tajiki what you did last weekend.

---

[13] *Олимпӣ* means "*Olympic*."

Дарси 17

Дар назди духтур
Тибби халқӣ

Lesson 17

At the Doctor's
Folk Medicine

ШАРҲ

COMMENTARY

There are various types of medical service in Tajikistan, together forming a web of alternative forms of treatment. To begin with, there are maternity hospitals (*таваллудхона*). Pregnant women register at one of other of these from the start of their pregnancy and should be seen by the doctors several times in the time leading up to the birth of their child. For each expectant mother, a file is maintained, recording the state of the mother's health and the development of the foetus. For pregnant ladies who are ill, the maternity hospitals are responsible for providing medical assistance. The hospitals are also responsible for providing treatment for premature and sick babies.

From the day that new-born children are sent home from the hospital, they are registered with a local clinic (*табобатгоҳ* or, *поликлиника*). These clinics are reckoned as the second step in the medical service. Patients diagnosed at these clinics may be given medicines and other simple forms of treatment, such as stitches, massage, and forms of therapy involving electrical devices. The doctors in the clinics see patients during fixed hours. Medicines are taken by patients in their own homes, following the instructions of the doctors. Doctors are allocated different neighbourhoods and each doctor goes to the houses of his own patients to find out how they are. In the clinics, there are special medical notes for each person recording all their illnesses and treatments since birth. If a patient needs a form of treatment that the doctors can't provide, they are sent to hospital (*беморхона* or *касалхона*). Hospitals are usually located in the centre of towns and country regions. Only in large cities are there a large number of them. For patients with urgent needs, there are special emergency treatment stations with surgical and resuscitation equipment.

It should be stated, however, that even before the collapse of the Soviet Union, Tajikistan was the most neglected of the former Soviet republics with respect to the development of its medical system (as well as in other ways) and conditions have deteriorated significantly since the country gained independence, both as a result of massive emigration from the professional sector and of equipment being stolen and sold, or else left in a state of disrepair. Furthermore, medical advice frequently contradicts what would be considered reasonable in the West and there is a great deal of faith placed in injections, which are used as a standard – and expected – solution to many health problems.

As well as the general hospitals, there are separate hospitals for the treatment of infectious diseases and skin diseases, and yet further clinics for dental treatment. Children and adults have different general surgeries and dental surgeries that they attend. Payment for care in clinics and hospitals depends on the type of illness and the method of treatment. In addition to all these, but also forming part of the extended web of places providing medical treatment, there are health centres (*дармонгоҳ*) located in scenic places in the mountains and near therapeutic springs. Patients come to these health centres at certain times of the year to seek healing for unremitting illnesses.

Among the Tajiks, another form of treatment – traditional medicine, carried out by folk healers (*табибони халқӣ*) – is also common. Folk healers usually have no knowledge of medicine but instead have learnt their different ways of healing from their father and grandfathers. Most of their medicines are prepared from therapeutic herbs. Some practitioners of folk medicine go on to gain medical knowledge by studying in medical university.

Treatment carried out by folk and religious customs and traditions has some success. People believe in the customs and practices of their ancestors and in various signs. To solve their problems, they go to a *домулло* – a religious representative. *Домулло* usually only treat patients who are suffering from fear, the "evil eye," and the like. Sometimes when someone's plans are not moving forward, people will seek out a *домулло*. *Домулло* usually treat people by prayer and with charms, using talismans (*тӯмор*) and chapters (*сура*) from the Qur'an (*Куръон*). The talismans are made out of white material shaped into a triangle and containing a piece of paper on which is written a prayer or chapter from the Qu'ran. Someone who is ill carries the charm for a given period of time in a place where nobody else can see it. When someone suspects that they—or more usually, their children—have been cursed by the evil eye, people go to a special person known as a *кина-силачӣ* or *садқоқчӣ*. This kind of person says a prayer, rubbing three pieces of bread in a special way on the face and stomach of the sick person. These are afterwards thrown outside for a cat or dog to eat and the belief is that the illness will then pass from the person to the animal that eats the pieces of bread.

In the same way, when someone is unemployed or has some other problem, they will go to a fortune-teller or shaman (*фолбин*). Some fortune-tellers are truly thought to have the ability to foretell events or understand past phenomena – that is, to be psychics (*равоншинос*). These kind of fortune-tellers have a good reputation among people and their clients will often come significant distances to seek their counsel.

As can be seen, the ways and methods of healing are diverse and who patients go to see depends on their level of education and their worldview. More enlightened people mostly trust the doctors, but common people more usually entrust themselves to the *домулло* and folk healers. Sometimes, if one kind of healing doesn't have an effect, people will then try the other kind.

ЛУҒАТ / *VOCABULARY*

Tajiki	English	Tajiki	English
беморхона, касалхона	hospital	шифохона [госпитал)][1]	hospital
табобатгоҳ [поликлиника]	clinic, surgery	осоишгоҳ	health resort, retreat centre, respite centre
дорухона	chemist, pharmacy	таваллудхона	maternity hospital
мудири шӯъба	head of department	ҳамшираи шафқат/тиббӣ	nurse
духтур	doctor	сардухтур	head doctor
духтури кӯдакон	pediatrician	духтури занҳо	obstetrician, gynaecologist
духтури гӯшу бинӣ	nose and ear specialist	духтури чашм	optician
духтури дандон	dentist	духтури дил	cardiac specialist
духтури гурда	kidney specialist	шикастабанд	broken bone specialist
ҷарроҳ	surgeon		
бемор *(n)*	patient	бемор *(adj)* / касал / нотоб	ill, sick
бемадор / беҳол	weak, unwell		

---

[1] Words shown in square brackets are Russian words used in colloquial Tajiki.

Tajik	English	Tajik	English
дучон / ҳомила / ҳомиладор	pregnant	маъюб	disabled, handicapped
		узви сунъӣ	artificial limb
кар	deaf	асо	staff, walking stick
кӯр	blind	асобағал	crutch
гунг	dumb	шал	crippled, paralysed
ланг / чӯлоқ	lame	иштиҳо	appetite
утоқ [палата]	room	кат	bed
дору / даво	medicine, remedy	кӯмак	help
коғаздору [ретсепт]	prescription	ёрии таъҷилӣ	emergency assistance
сӯзан	needle	сӯзандору	syringe
ҳарорати бадан	body temperature	ҳароратсанҷ	thermometer
ҷароҳат / яра	wound, abscess	хун	blood
пешоб / мезак	urine	наҷас {literary}	faeces
ташхиси беморӣ	diagnosis	[анализ]	analysis
мизи ҷарроҳӣ	operating table	[рентген]	x-ray
аробача	trolley	справка / маълумотнома	letter of excuse, doctor's letter
занбар	wheelbarrow		
дард	pain	беморӣ / касалӣ	illness, sickness
сурфа /sulfa/	cough	атса /aksa/	sneeze
дарди сар {дил, по, даст, гӯш}	headache {heart-, foot-, hand-, ear-}	зуком / тимоб [грипп]	flu
гулӯдард	sore throat	диққи нафас	asthma
таб	fever, high temperature	табларза	fever with shivering
		қувват	strength
исҳол / дарунрав / шикамрав	diarrhoea	бемадорӣ	weakness
		фалаҷ	paralysis, paralysed
фишори хун	blood pressure	хунравӣ	loss of blood
сактаи дил	heart attack	кӯррӯда	appendicitis
сил	tuberculosis	ангина	quinsy, tonsillitis
зарда	gall, bile	домана	typhus
саратон	cancer	худкушӣ	suicide
шикастан (шикан)	to break	сурфа кардан /sulfa/ / сурфидан (сурф) /sulfidan/ /sulf/	to cough
арақ кардан	to sweat, perspire		
нафас кашидан	to breathe		
шамол хӯрдан	to catch a cold	қай кардан / партофтан (парто, партой)	to vomit
эҳтиёт кардан	to take care, to be careful		
санҷидан (санҷ)	to inspect, to test	нишон додан	to show
азоб додан	to hurt, to cause pain	пешгирӣ кардан	to prevent
таъйин кардан	to prescribe	дору хӯрдан	to take medicine
сиҳат шудан	to get better	чен кардан	to measure
молидан (мол)	to rub, to spread	резондан (резон)	to spill
гирифтор шудан	to undergo	масҳ кардан	to massage
муолиҷа кардан / табобат кардан	to treat	ҷарроҳӣ кардан	to operate on
либос кашидан	to undress, to take off clothing	дам гирифтан / истироҳат кардан	to rest
		хоб кардан	to sleep
истодан (ист) / мондан (мон)	to stay, to remain	фаҳмондан (фаҳмон)	to explain
шифобахш	therapeutic	фоиданок	beneficial

Tajik	English	Tajik	English
суст	weak; slow	дарднок	painful
талх	bitter	турш	sour
обӣ / обакин	liquid	сахт	hard
вазнин	heavy, difficult	сабук	light, easy
тоза	clean, fresh	чиркин	dirty
зарар	harm, injury	ярадор / маҷрӯҳ	wounded
тибби халқӣ	folk medicine	табиб	physician
фолбин	fortune-teller, divinator, shaman	домулло / мулло	religious healer
		фол дидан	to see the future
чашмӣ	the evil eye	тӯмор	talisman, charm
кина кардан	to treat someone cursed by the evil eye	чашм расидан / чашм гирифтан / кина даромадан	to be cursed by the evil eye
гиёҳ / алаф	herb, grass	мизоҷи гарм	hot temper
хондан (хон) / дуо кардан	to pray	мизоҷи хунук	cold temper
		дам андохтан	to pray for the sick or a new-born
пеши касеро бастан	to cast a wicked spell, to curse (accompanied by symbolic actions)	дуои бад (/нек) гирифтан	to receive the results of someone's prayer for bad (/ good)

СӮҲБАТҲО / DIALOGUES

1.

– Мебахшед, табобатгоҳи рақами 10 дар куҷо?
– Дар кӯчаи Навой.
– Намедонед, чӣ хел рафтан мумкин?
– Ба автобусҳои 12, 25, 26 ё 18 савор шавед, дар истгоҳи «Қарияи Боло» мефуроед, тахминан сад метр рост рафта, ба тарафи рост гардед. Табобатгоҳ дусад метр болотар аст.
– Раҳмати калон.
– Намеарзад.

– Excuse me, where is clinic number ten?
– On Navoi Street.
– Do you know how to get there?
– Take bus number 12, 25, 26 or 18, get off at "Qariyai Bolo," go straight on for about 100m, and turn right. The clinic is 200m further on.
– Thank you very much.
– Don't mention it.

2.

– Салом алейкум.
– Ваалайкуму салом, марҳамат, дароед. Ба ин ҷо шинед.
– Раҳмат.
– Чӣ хизмат?
– Ду рӯз боз сарам дард мекунад. Шабона хобам нағз намебарад, худамро бемадор ҳис мекунам.
– Таб надоред?
– Дирӯз табам каме баланд буд, имрӯз ҳанӯз чен накардаам.
– Шумо фишори хун доред?
– Намедонам.

– Hello.
– Hello. Please, come in. Have a seat here.
– Thank you.
– What can I do for you?
– My head's been hurting for two days. I've been sleeping poorly at night and I feel weak.
– Have you got a fever?
– Yesterday my temperature was a little high, but I haven't measured it today.
– Is your blood pressure high?
– I don't know.

– Ҳеч гап не, ҳозир чен мекунем... Фишори хунатон каме баланд, шояд сабаби дарди сар ҳамин бошад. Иштиҳоятон чӣ хел?	– That's fine; I'll measure it... Your blood pressure is a little high, probably because of your headache. How's your appetite?
– Вақтҳои охир суст шудагӣ.	– It's been poor lately.
– Шумо дар куҷо кор мекунед?	– Where do you work?
– Дар донишгоҳ.	– At university.
– Ба назарам, Шумо хеле монда шудаед. Камтар истироҳат кардан даркор. Ман ба Шумо як-ду дору таъйин мекунам, чойи кабуд ва лимонро бештар истеъмол кунед, барои паст кардани фишор кӯмак мекунад.	– In my opinion, you're very tired. You need to rest a little. I'm going to prescribe a couple of medicines for you, and you should drink² some green tea with lemon, so as to reduce your blood pressure.
– Ташаккур, духтур.	– Thank you, doctor.
– Саломат бошед.	– You're welcome.

3.

– Давлат, намедонӣ, дар Душанбе ягон духтури нағзи дандон ҳаст?	– Davlat, do you know whether there's a good dentist's in Dushanbe?
– Ҳа, албатта. Дар маркази шаҳр, дар кӯчаи Айнӣ як табобатгоҳи дарди дандон ҳаст, дар маҳаллаи 104-ум низ духтурони хуб ҳастанд. Магар дандонҳоят дард мекунанд?	– Yes, of course. There's a dental surgery in the centre of town, on Aini Street; there's also a good dentist in 104 district. Have you got toothache?
– Ҳа, се рӯз боз азоб медиҳанд.	– Yes, they've been hurting for three days.
– Медонӣ чӣ, беҳтараш ба духтури табобатгоҳи маҳаллаи 104-ум Саидҷон муроҷиат кун. Ӯ хеле духтури хуб ва донишманд аст. Соли гузашта дандонҳои маро табобат кард. То ҳол, чашм нарасад, дандонҳоям хубанд.	– You know what? It'd be better to see the dentist Sayid at the clinic in 104 district. He's a very good and knowledgeable dentist. Last year he treated my teeth. Since then, touch wood³, my teeth have been good.
– Ту ӯро мешиносӣ?	– Do you know him?
– Пас аз беморӣ шинос шудам. Агар хоҳӣ, рақами телефонашро ба ту медиҳам.	– I got to know him after needing treatment.⁴ If you like, I'll give you his telephone number.
– Кай дода метавонӣ?	– When can you get it to me?
– Бегоҳӣ ба ман занг зан.	– Phone me this evening.
– Майлаш, занг мезанам. Раҳмат.	– OK, I'll call. Thanks.
– Ҳеч гап не. Хайр.	– Not at all. Bye.
– Хайр, то бегоҳ.	– Bye. Until this evening.

4.

– Салом, Сабоҳат!	– Hi Sabohat.
– Салом, Гулнора!	– Hi Gulnora.
– Сабоҳат, ба ту чӣ шуд, чаро се рӯз дар кор набудӣ?	– Sabohat, what happened to you? Why weren't you at work for three days?
– Камтар бемор шудам, шамол хӯрдам.	– I was a little sick. I caught a cold.
– Ба духтур муроҷиат кардӣ?	– Did you see a doctor?

---

² *Истеъмол кардан* literally means "*to use.*"
³ Literally: "*May the evil eye not strike,*" a superstitious saying intended to avert bad luck.
⁴ Literally: "*after the illness.*"

– Албатта, аз рӯйи фармоиши духтур се рӯз худамро табобат кардам.
– Ҳозир чӣ хел шудӣ?
– Ҳозир камтар беҳтар.
– Хайр, дигар касал нашав.
– Раҳмат, саломат бош.

5.
– Салом алейкум.
– Салом. Марҳамат дароед. Чӣ хизмат?
– Ҳамин духтарчаам тобаш не. Шабҳо нагз хоб намекунад, иштиҳояш нест, тез-тез месурфад.
– Ҳозир мебинем. Номат чӣ?
– Нурия.
– Чӣ хел номи хушрӯ. Канӣ, духтари нагз, «А» гӯ.
– «А-а-а».
– Ана ҳамин хел, бисёр нагз. Акнун куртачата⁵ боло бардор. Офарин, духтари нагз. Ҳозир гӯш мекунем. ... Ана, шуд. Хоҳарчон, духтаратон гулӯяш дард мекунад. Ба фикрам, ягон чизи хунук хӯрдагӣ.
– Ин духтарам яхмосро нагз мебинад, ҳар рӯз яхмос мехӯрад.
– Акнун то сиҳат шудан яхмос намехӯрӣ, хуб?
– Сиҳат шавам, баъд боз хӯрдан мумкин?
– Албатта. Лекин аввал доруҳои ман гуфтагиро мехӯрӣ, ба гапи модарат гӯш мекунӣ, хуб?
– Майлаш.
– Марҳамат, ин коғаздору. Як дору навиштам, ҳар рӯз се маротиба пеш аз хӯрок яккошуқӣ мехӯронед, саҳарӣ ва пеш аз хоб даҳонашро бо намакобу сода чайконед. Худо хоҳад, пас аз се-чор рӯз нагз мешавад.

– Раҳмат, ако.
– Ҳеч гап не, саломат бошед.
– Ба амаки духтурат «хайр» гӯ, Нурия.
– Хайр, амакҷон.
– Хайр, духтари нагз, дигар касал нашав, хуб?
– Хуб шудаст.

– Of course. I treated myself as the doctor instructed for three days.
– How are you now?
– Now I'm a little better.
– Bye, don't be ill again.
– Thanks. Goodbye.

– Hello
– Hi. Come in. What can I do for you?
– My little girl hasn't got any strength. She isn't sleeping well at night, she's got no appetite, and she's coughing lots.
– I'll take a look. What's your name?
– Nuriya.
– What a nice name. Now, good girl, say "Ah."
– "Ahh…"
– There, that's fine. Now, lift up your dress. Well done, good girl. Now I'm going to listen. … There, I'm done. Lady, your daughter has a sore throat. I would guess she has eaten something cold.⁶
– This daughter of mine likes ice-cream and she eats some every day.
– Now, until you get healthy, no more eating ice-cream, OK?
– Once I'm better, can I eat some again?
– Of course. But first take the medicine I prescribe and listen to what your mother says, OK?
– OK.
– Here you are, this is the prescription. I have written one medicine: you should give her one spoonful three times a day, before food. Also, in the morning and before bed, you should rinse her mouth with salt water and soda. Lord willing, she'll be better after three or four days.
– Thank you.
– Not at all. Goodbye.
– Say goodbye to the doctor, Nuriya.
– Bye, sir.
– Bye, little girl. Don't be ill again, OK?

– All right.

---

⁵ "*Куртачата*" = *куртачаатро*, meaning, "*your little dress.*"
⁶ It is commonly asserted in Central Asia that drinking or eating something cold will cause a person to become ill.

6.

– Лаббай?	– Yes?
– Ало, ёрии таъҷилӣ?	– Hello, emergency assistance?
– Ҳа, ёрии таъҷилӣ. Чӣ шуд?	– Yes, this is emergency assistance. What's happened?
– Мебахшед, зудтар биёед, занам дардаш гирифт[7].	– Please come quickly, my wife has gone into labour.
– Ному фамилияи занатон?	– What's your wife's name?
– Баротова Инобат.	– Barotova Inobat.
– Нишонӣ?	– The address?
– Кӯчаи Амиршоев, хонаи 40.	– 40 Amirshoyev Street.
– Ҳозир мошин мефиристем.	– I'll send a car right away.
– Раҳмат.	– Thanks.

7.

– Мебахшед, Шумо ситрамон[8] доред?	– Excuse me, do you have any "Sitramon"?
– Ҳа, ҳаст.	– Yes, here's some.
– Чанд пул?	– How much is it?
– Як сомонию сӣ дирам. Боз чӣ даркор?	– One somoni 30 dirams. What else do you need?
– Барои паст кардани таб ягон хел дору доред?	– Have you got some medicine for bringing down a temperature?
– Панадол дорем. Бисёр доруи нағз.	– We've got "Panadol." It's a very good medicine.
– Чанд пул?	– How much?
– Се сомонию панҷоҳ дирам. Мегиред?	– Three somoni 50 dirams. Will you take some?
– Ҳа. Боз панҷ дона сӯзандоруи панҷмиллиграмма диҳед.	– Yes. Also give me five 5mg syringes.
– Марҳамат.	– There you are.
– Ҳамааш чанд пул шуд?	– How much is that?
– Панҷ сомонию ҳаштод дирам.	– Five somoni 80 dirams.
– Марҳамат, пулаша гиред.	– There you are, take the money.

8.

– Ало.	– Hello.
– Ало, ин хонаи Имронҷон-мӣ?	– Hello. Is this Imron's house?
– Ҳа.	– Yes.
– Салом алейкум, Имронҷон ҳастанд-мӣ?	– Hello, is Imron there?
– Ҳозир, як дақиқа. Дада! ...	– Hold on a minute. Dad! ...
– Ало, салом алейкум.	– Hello.
– Салом, Имронҷон, ман Фирӯз.	– Hi Imron. It's Firüz.
– Эҳе, салом Фирӯзҷон! Чӣ хел Шумо, саломатиҳо нағз-мӣ?	– Hey! Hi Firüz. How are you? Are you well?
– Раҳмат, дӯстам, Шумо чӣ хел?	– Yes, thanks. How are you?
– Ташаккур, бад не.	– Not bad, thanks.
– Имронҷон, як чиза пурсам.	– Imron, can I ask something?
– Марҳамат.	– Go ahead.

---

[7] *Дардаш гирифт* refers to a pregnant woman's labour pains.
[8] *Ситрамон* is the name of a pain-killer.

– Дар маҳаллаи Шумо як фолбини зӯр будааст, номаш Ҳоҷӣ Саид. Хонаи ҳамин одама намедонед-мӣ?	– There's a good shaman in your neighbourhood, by the name of Hoji Said. Do you know where his house is?
– Медонам, тинҷӣ-мӣ?	– Yes, I know. Is everything OK?
– Бародарам камтар нотоб шуд, гуфтанд, ки ба назди ҳамон фолбин барем.	– My brother's a little sick and they said we should take him to a shaman.
– Майлаш, ҳар вақт, ки хостед, хонаи фолбина нишон медиҳам.	– OK, whenever you want, I'll show you the shaman's house.
– Агар бемалол бошад, пагоҳ соати 6-и бегоҳ равем, дар хона ҳастед-мӣ?	– If it's not too much trouble, may we come at 6 o'clock tomorrow evening? Will you be home?
– Ҳа, биёед, ман мунтазир мешавам.	– Yes, come. I'll be waiting for you.
– Раҳмат, Имронҷон.	– Thanks, Imron.
– Ҳеҷ гап не. Ба ҳама салом гӯед.	– Any time. Say "Hi" to everyone.
– Шумо ҳам. Хайр.	– You too. Bye.
– Хайр, саломат бошед.	– Goodbye.

ГРАММАТИКА / GRAMMAR

Complex Sentences: Subordinate Clauses of Cause

Subordinate clauses of cause are joined to main clauses by conjunctions such as "*ки*," "*чунки*," "*зеро*," "*зеро ки*," "*азбаски*," and "*барои он ки*":

Ин гапро ба падарат нагӯй, *ки* туро ҷанг мекунад.	Don't tell your father this, <u>or</u> he'll tell you off.
Мо пагоҳ ба хонаи шумо рафта наметавонам, *чунки* соати 4 маҷлис дорем.	We weren't able to go to your house yesterday <u>because</u> we had a meeting at four o'clock.
Имрӯз ман ба донишгоҳ намеравам, *зеро* модарам бемор аст.	I'm not going to university today <u>because</u> my mother's ill.
Азбаски бори аввал ба Душанбе омада буд, ҳанӯз ҳеҷ ҷойро намедонист.	<u>Because</u> it's his first time in Dushanbe, he doesn't know anywhere yet.
Ман суханҳои ӯро нафаҳмидам, *барои он ки* забони тоҷикиро нағз намедонам.	I didn't understand what he said <u>because</u> I don't know Tajiki well.

The words "*чунки*" and "*барои он ки*" (or "*барои ин ки*") are used in both colloquial and literary Tajiki, but the others are a feature of literary language. In literary language, there are also other conjunctions of cause, but they are rarely used, so they are not mentioned here.

Subordinate clauses with "*зеро*," "*зеро ки*," "*чунки*," and "*ки*" come after the main clause in the sentence, those with "*азбаски*" come before the main clause, and those with "*барои он ки*" can come before or after.

Complex Sentences: Subordinate Clauses of Purpose

Subordinate clauses of purpose are connected to the main clause with conjunctions such as "*ки*," "*то ки*," "*барои он ки*," and "*барои ин ки*":

Пагоҳӣ Гулноз омад, *ки* туро бинад.	Gulnoz came <u>to</u> see you in the morning.
Модар болои писарашро бо кӯрпа пӯшид, *то ки* касал нашавад.	The mother laid a quilt over her son <u>so that</u> he wouldn't become ill.
Барои он ки аз ман наранҷад, ба ӯ чизе нагуфтам.	<u>In order not to</u> offend him, I didn't say anything to him.

The expressions "*барои ин ки*" and "*барои он ки*" are used with subordinate clauses of both cause and purpose. In literary Tajiki there are also other words used to connect subordinate clauses of purpose to main clauses.

Subordinate clauses of cause and purpose are also frequently used in questions and answers:

– Ту чаро ба кор нарафтӣ?	– Why didn't you go to work?
– *Барои ин ки* бемор будам.	– <u>Because</u> I was ill.
– Шумо барои чӣ омадед?	– Why have you come?
– *Барои он ки* шуморо бинам.	– <u>In order to</u> see you.
– Чаро падарат кор намекунад?	– Why doesn't your father work?
– *Чунки* ҳанӯз ягон кори нағз наёфтааст.	– <u>Because</u> he hasn't found any good work yet.

Complex Sentences: Subordinate Clauses of Condition

The most important conjunctions used in subordinate clauses of condition, both in the colloquial and literary language, are "*агар*," "*ба шарте ки*," and "*то*":

Имрӯз *агар* борон наборад, барои истироҳат ба дараи Варзоб меравем.	<u>If</u> it doesn't rain today, we're going to go rest in Varzob.
Агар бародарат биёяд, гӯ, ки маро бинад.	<u>If</u> your brother comes, tell him to see me.
Ман ин корро мекунам, *ба шарте ки* Шумо розӣ бошед.	I'm going to do this job, <u>on condition</u> you agree.
Шумо сиҳат мешавед, *ба шарте ки* ҳамаи гуфтаҳои духтурро иҷро кунед.	You'll get better, <u>so long as</u> you carry out everything the doctor said.
То бисёр такрор накунӣ, забони тоҷикиро ёд намегирӣ.	<u>If</u> you don't repeat it many times, you won't learn Tajiki.

In literary language, especially in poetry, two abbreviated forms of *агар*—*гар* and *ар*—are also used:

Гар бар сари нафси худ амирӣ, мардӣ,	If you would covet to be an emir, you are really a man,
Бар кӯру кар ар нукта нагирӣ, мардӣ.	If you don't ridicule the blind and deaf, you are really a man,
Мардӣ набувад фитодаро пой задан,	You have no courage if you kick a man when he's down,
Гар дасти фитодае бигирӣ, мардӣ.	If you take the hand of such a one, you are really a man.
(*Рӯдакӣ*)	(Rudaki)

It should be remembered that in the present-future tense, after the word *агар*, the verb should drop the prefix "*ме-*".

МАШҚҲО — EXERCISES

1. *Find the sentence in the second column to match each of those in the first and then construct a single complex sentence from each pair, using an expression appropriate for constructing adverb clauses of cause:*
   Example: *Дирӯз ман ба кор нарафтам, <u>зеро</u> бемор будам.*

Дирӯз ман ба кор нарафтам.	Онҳо забони тоҷикиро намедонанд.
Онҳо моро нафаҳмиданд.	Сарам дард мекард.
Ба духтур муроҷиат кардам.	Ман бемор будам.
Мо ӯро дида натавонистем.	Шояд имрӯз борон борад.
Шумо чатри худро гиред.	Ӯ дар ҷойи кораш набуд.

2. *Transform the tense of the verbs in the following sentences, as shown in the example:*
   Example: *Духтур маро табобат кард.*
   ⇨ *Духтур маро <u>табобат мекунад</u>.*
   ⇨ *Духтур маро <u>табобат мекард</u>.*
   ⇨ *Духтур маро <u>табобат карда истодааст</u>.*
   ⇨ *Духтур маро <u>табобат карда истода буд</u>.*
   ⇨ *Духтур маро <u>табобат хоҳад кард</u>.*

   a. Фолбин Замираро фол дид.
   b. Розия дар Зеландияи Нав истироҳат мекунад.
   c. Духтур Фотимаро ҷарроҳӣ карда истодааст.
   d. Назир дору хӯрд.
   e. Бародарам ба беморхона меравад.
   f. Ту чӣ гуфта истодаӣ?

3. *Rewrite the following sentences, using the verbs in the correct tense:*
   Example: *Агар ба бозор (рафтан), як-ду кило анор (харидан).*
   ⇨ *Агар ба бозор <u>равӣ</u>, як-ду кило анор <u>хар</u>.*

   a. Агар падарат ояд, (гуфтан), ки ба ман (занг задан).
   b. Агар худатро эҳтиёт кунӣ, касал (нашудан).
   c. Агар пагоҳ ҳаво нағз (шудан), мо албатта ба Ҳисор (рафтан).
   d. Агар дирӯз меомадӣ, ба хонаи Сарфароз (рафтан).
   e. Агар пули бисёр медоштӣ, чӣ кор (кардан)?
   f. Агар Комиларо бинӣ, аз номи ман салом (гуфтан).

4. *Rewrite the following text, using the verbs in the appropriate tense:*
Дирӯз ман ба назди духтур (рафтан). Духтур аз ман (пурсидан):
– Куҷоятон дард (кардан)? (гуфтан):
– Гулӯям дард (кардан), ҳеҷ чиз хӯрда (натавонистан). Духтур (гуфтан):
– Даҳонатонро (кушодан), ҳозир (дидан). Ман даҳонамро (кушодан). Духтур маро ташхис карду (гуфтан):
– Шумо камтар шамол (хӯрдан), ангина (шудан). Ман ба Шумо се-чор дору таъйин (кардан), Онҳоро истеъмол (кардан), дар хона гулӯятонро бо намакоб (чайқондан), Худо хоҳад, пас аз чор-панҷ рӯз сиҳат (шудан).

5. *Construct sentences using each of the following verbs:*

рафтан	дидан	харидан	пурсидан	хобидан
табобат кардан		истироҳат кардан	муроҷиат кардан
бемор шудан		бемадор шудан	пешгирӣ кардан
гуфтан	дору хӯрдан	фол дидан	дард кардан	сиҳат шудан

6. *Complete the following sentences using expressions in the spaces (...) appropriate for constructing adverb clauses of cause and infinitive clauses of purpose:*
   a. – Шумо барои чӣ арақ наменӯшед?
      – ... арақ ба саломатии одам зарар дорад.
   b. – Шумо чаро ба Хуҷанд нарафтед?
      – ... бемор шудам.
   c. Дирӯз ман ба хона дӯстонамро даъват кардам, ... рӯзи таваллуди ман буд.
   d. Шанбеи гузашта мо ба Варзоб рафта натавонистем. ... он рӯз борон борид.
   e. ... ӯ марди пир буд, мо кӯмак кардем.
   f. Оби хунук нанӯш, ... касал мешавӣ.

7. *Give questions for which the following sentences would be appropriate answers:*
   Example: Пагоҳ хоҳарам ба беморхона меравад.
      ⇨ Кай хоҳарам ба беморхона меравад?
      ⇨ Пагоҳ кӣ ба беморхона меравад?
      ⇨ Пагоҳ хоҳарам ба куҷо меравад?
   a. Имрӯз духтур ба хонаи мо меояд.
   b. Беморхонаи Қарияи Боло дар кӯчаи Исмоили Сомонӣ аст.
   c. Ван Сен дар шаҳри Сеул таваллуд шудааст.
   d. Ҳафтаи гузашта ман аз падарам мактуб гирифтам.
   e. Мо дар ресторани «Душанбе» хӯроки шом хӯрдем.
   f. Ман дӯстамро ба хона даъват кардам.

8. *Read the proverbs below. Memorise any that you might be able to use in conversation:*

Ихлосу халос.	Sincerity is liberating.
Тани гарм бе дард намешавад.	A hot body isn't without pain.
Ҳар ҷо ки дард кунад, ҷон ҳамон ҷост.	Wherever hurts, there's life.
Ташхиси дард осон, дармонаш мушкил.	Diagnosing an ailment is easy – finding its remedy is the difficult thing.
Худкардаро даво нест, вовайлои пинҳонӣ.	There's no remedy for past mistakes – they can't be hidden from others.[9]
Бе дарди сар будам, дарди сар харидам.	I didn't have a headache, so I bought one.
То дард накунад сар, надонӣ, ки сарат ҳаст.	When your head doesn't hurt, you don't even know that you've got a head.
Бемори ишқ майл ба сиҳатӣ надорад.	The one who is in love has no desire to get better.

---

[9] That is, "*Regret doesn't change anything.*"

ХОНИШ — READING

Read the following stories, retell them in Tajiki in your own words, and discuss the questions that follow each of them:

Чӣ хӯрдед?

Марде ба назди духтур омаду гуфт:
– Шикамам дард мекунад.
Духтур пусид:
– Чӣ хӯрдед?
Гуфт:
– Нони сӯхта.
Духтур ба чашмони бемор дору рехт. Бемор гуфт:
– Шикамам дард мекунад, на чашмхоям!
Гуфт:
– Агар чашмонат солим мебуд, нони сӯхта намехӯрдӣ.

Vocabulary:

| нони сӯхта | burnt bread | солим | sound, healthy |

Discuss the following:
Ба назари Шумо, он мард дар ин ҳикоят касал аст ё мушкилоти дигар дорад?

More useful vocabulary:

| мушкилӣ, мушкилот | difficulties, problems |

Подшоҳ ва фолбин

Подшоҳе аз фолбине пурсид:
– Бигӯ, ки ман чанд соли дигар зиндагӣ хоҳам кард?
Гуфт:
– 10 сол.
Подшоҳ хеле ғамгин шуд. Вазири доное он ҷо буд. Вазир аз фолбин пурсид:
– Худи ту чанд соли дигар зиндагӣ хоҳӣ кард?
Фолбин гуфт:
– 20 сол.
Вазир шамшер ба даст гирифту фолбинро кушт. Подшоҳ хушҳол шуд ва дигар ба гапи фолбинҳо бовар намекард.

Vocabulary:

чанд соли дигар	how many more years	ғамгин	sad, sorrowful
худи ту	you (yourself)	шамшер	sword
ба даст гирифтан	to take (in one's hands)	хушҳол	happy
		бовар кардан	to believe

Discuss the following:
Фикри подшоҳ дар охири ҳикоят чӣ тавр иваз шуд? Шумо ба гапи фолбинҳо ва толеъномаҳо бовар мекунед ё не? Ба фикри Шумо, тақдир аз кӣ ё аз чӣ вобастааст?

More useful vocabulary:

толеънома / гороскоп	horoscope	тақдир / толеъ	destiny, fate
		вобаста	determined
боварӣ	belief	пешгӯӣ	prediction

Кū бисёртар?

Аз Афандū[10] пурсиданд:
– Дар деҳаи шумо кū аз ҳама бисёртар аст? Гуфт:
– Духтур.
Гуфтанд:
– Чū хел? Мо ягон духтурро аз деҳаи шумо намешиносем-ку?[11]
Афандū ҷавоб дод:
– Шумо саратонро бандеду ба кӯча бароед. Ҳар касе, ки шуморо бинад, давои махсуси худашро мегӯяд.

Vocabulary:
бастан (банд)   to bandage, to tie up   махсус   special

Discuss the following:
Барои бемориҳои оддū кадом давоҳои хонагиро медонед? Агар имконият дошта бошед, кӯшиш кунед аз тоҷикон давои хонагии дигар ёбед.

САНҶИШ	QUIZ

1. Give answers to the following questions:

1. – Куҷоятон дард мекунад?
 – ...
2. – Ба духтур муроҷиат кардед?
 – ...
3. – Чаро Шариф ба кор наомад?
 – ...
4. – Бемористони кӯдаконаи шаҳр дар куҷост?
 – ...
5. – Шумо хонаи фолбинро медонед?
 – ...
6. – Мебахшед, ситрамон доред?
 – ...
7. – Бародарат кай бемор шуд?
 – ...
8. – Илоҳū дигар касал нашавед.
 – ...
9. – Хонум Робия дар кадом палата?
 – ...
10. – Шумо ба фолбинҳо боварū доред?
 – ...
11. – Телефони ёрии таъҷилū чанд аст?
 – ...
12. – Шумо духтурро чег задед?
 – ...

2. Fill in the questions corresponding with the following answers:

1. – ... ?
 – Камтар бемор шудам.
2. – ... ?
 – Панадол се сомонию панҷоҳ дирам.
3. – ... ?
 – Не, ман фишори хун надорам.
4. – ... ?
 – Номи духтури дандон Имомҷон.
5. – ... ?
 – Не, ман ба фолбинҳо бовар намекунам.
7. – ... ?
 – Ҳарораташ 38,9.
8. – ... ?
 – Поям дард мекунад.
9. – ... ?
 – Ҳа, хӯрдам.
10. – ... ?
 – Не, хонаи табибро намедонам.
11. – ... ?
 – Табобатгоҳ дар маркази шаҳр аст.

---
[10] **Афандū** is the star of many Central Asian jokes.
[11] The particle "*-ку*" is often used in spoken Tajiki and expresses contradiction or surprise.

6. – ... ?
 – Духтарам писар таваллуд кард.

12. – ... ?
 – Доварро дирӯз ҷарроҳӣ карданд.

3. Make up dialogues using the material in lesson seventeen and, if possible, role-play the situations with a language helper or other language partner.

Дарси 18 — Lesson 18

Ҳайвонот — *Animals*

ШАРҲ — COMMENTARY

The range of animals found in Tajikistan is not particularly different from that of other countries. In villages, farmyard animals such as cows, sheep, goats, and chickens are raised in almost every house. In addition to these, most rural-dwelling Tajiks also have a donkey, which is reckoned to be one of the most important animals both for work and as a means of transport. Some households also have a horse. There are some people who keep pure-bred horses for their favourite pastime which, as anyone who lives in Central Asia for any period of time will know, is the regional sport—*бузкашӣ*. Бузкашӣ is one of the most ancient sports and is frequently played on national holidays and when there are big wedding celebrations. The essence of the game is for contestants on horseback to reach down to pick up the body of a goat and to be the first to drag it to the finish (*марра*). Players try to block the path of whoever has the goat and to grab it for themselves. The game demands great skill and dexterity on the part of players and great strength and speed from their horses. The prize is always advertised in advance and is typically a sheep, cow, carpet, television, or even a car.

In villages, domesticated birds are very often kept and raised—for instance, quail, robins or even an eagle. One pastime Tajiks enjoy is dog-fighting (*сагҷанг*) and cock-fighting (*мургҷанг*). The owners of these animals train them especially for fighting. Many spectators will gather to watch fights and can participate by supporting and betting on whichever animal they think will win. The bets are then divided between the owner of the winning animal and his supporters, in proportion to their level of involvement.

Pigeons and robins are the most frequently raised birds and boys usually look after the birds. At certain times of the year, boys go to the hills and hunt for birds. They will then build cages and sell the birds in the market. People in the city sometimes keep nightingales or parrots in their homes. However, this is not really a widespread practice for Tajiks.

As in other countries, it is common for dogs to be kept in courtyards and gardens, primarily as guard-dogs. However, unlike the West, dogs are not allowed indoors and, although they may be allowed to roam around the neighbourhood on their own, it is rare to see a dog being taken for a walk on a lead, even in the city. Cats are also kept, primarily to catch mice and rats, of which there are typically many.

In Tajiki grammar, there is no way of showing gender. When distinction is required in talking about animals, the words *нар* and *мода* can be used for *"male"* and *"female"* respectively: e.g. *шери нар*, *шери мода*. Sometimes the word *мода* is used as a prefix with the name of the animal: e.g. *модагов, модагург, модасаг*. For some animals there are separate words used to represent the different sexes: e.g. *қӯшқор* and *меш* for a male and female sheep; *хурӯс* and *мокиён* for a cockerel and hen. There are also separate words for the young of some animals: e.g. *барра* for a lamb, *гӯсола* for a calf, *бузича* for a young goat, *чӯҷа* for a chick or any young bird, *тойча* for a foal, and *хӯтук* for a young donkey.

ЛУҒАТ — VOCABULARY

пашша / магас	fly	хомӯшак	mosquito
занбӯр / ору	wasp	шабпарак / шапарак	butterfly, moth
занбӯри асал / оруи асал	bee	кӯршапарак	bat
сӯзанак	dragonfly	малах	locust, grasshopper
мӯрча	ant	кайк	flea
канар	tick	ғамбуск / қунғуз	beetle
кирм	worm, maggot, caterpillar	нонхӯрак	cockroach
		тортанак	spider; spider-web
гунҷишк	sparrow	мусича	turtle-dove
майна	myna bird	зоғ	crow, raven, rook
кабӯтар / кафтар	pigeon, dove	кабк / каклик	partridge, quail
парасту / фароштурук	swallow	бедона	like a dove, kept in cages for its singing
саъба	robin	булбул	nightingale
тӯтӣ	parrot, budgerigar	товус	peacock
уқоб	eagle	лошахӯр	vulture
боз	hawk, falcon	шутурмурғ	ostrich
мурғ	chicken	мурғи марҷон	turkey
мурғобӣ	duck	турна / қу	swan
муш	mouse	каломуш	rat
саг / кучук	dog	гурба / пишак	cat
гӯсфанд	sheep	буз	goat
гов	cow	хук	pig
асп	horse	хар	donkey
харгӯш	rabbit	заргӯш	hare
рӯбоҳ	fox	гург	wolf
мор	snake	калтакалос / калпеса	lizard
моҳӣ	fish	кафлесак	tadpole
қурбоққа	frog	ғук	toad
делфин	dolphin	кит	whale
акула	shark	пингвин	penguin
тимсоҳ	crocodile, alligator	баҳмут	hippopotamus
сангпушт	tortoise, turtle	харчанг	lobster, crab
каждум	scorpion	хорпуштак	hedgehog, porcupine
гавазн	deer, reindeer	оху	antelope, gazelle
қутос	yak	шағол	jackel
шер	lion	паланг	tiger, leopard
хирс	bear	санҷоб	squirrel
фил	elephant	маймун	monkey
заррофа	giraffe	шутур	camel
кенгуру	kangaroo		
пода / рама	herd (organised)	зин	saddle
гала	crowd, flock, herd (random)	хӯрҷин	saddle for donkeys, with bags
тӯда	crowd	охур	stall
оғил	cattle-shed, stable	пору	manure, dung

алаф	*grass, fodder*	чарогоҳ	*pasture*
ғалла	*grain, corn*	чуворимакка / чуворӣ / макка	*corn, maize*
гандум	*wheat*	чав	*barley*
пашм	*wool*	тухм	*egg*
лона	*nest, burrow*	қафас	*cage*
парранда	*bird*	чарранда	*animal that grazes*
хазанда	*animal that creeps or crawls*	дарранда	*predatory, predator*
ширхӯр	*mammal*	ҳашарот	*insect*
ваҳшӣ	*wild*	хонагӣ	*domesticated; farmyard*
заҳр	*poison*	заҳрдор	*poisonous*
панча / чанг	*claw, talon*	шох	*horn, antler*
ҳалол	*ceremonially clean*[1]	ҳаром	*ceremonially unclean*
капидан (кап)	*to catch, to seize*	хӯрондан (хӯрон)	*to feed*
доштан (дор)	*to capture, to hold*	нигоҳ доштан	*to keep, to hold*
хойидан (хой)	*to chew*	газидан (газ)	*to bite, to sting*
фурӯ бурдан	*to swallow*	лесидан (лес)	*to lick*
хазидан (хаз)	*to crawl, to creep*	давидан (дав)	*to run*
паридан (пар)	*to fly*	бол задан	*to flap wings*
бофтан (боф)	*to weave, to knit*	тор танидан (тан)	*to spin a web*
дароз кашидан	*to lie down*	чамъ кардан	*to store*
дӯшидан (дӯш), чӯшидан (чӯш)	*to milk*	тарошидан (тарош)	*to shear, to shave*
кӯшиш кардан / кӯшидан (кӯш)	*to try*	ғарқ шудан	*to sink*
нолидан (нол)	*to groan, to moan*	маос кардан	*to moo*
аккос задан	*to bark*	уллос кашидан	*to howl*
баас / баос кардан	*to baa*	шиҳа кашидан	*to neigh*

СӮҲБАТҲО   DIALOGUES

1. *[northern dialect]*

– Шералӣ, намедонӣ, дар Душанбе боғи ҳайвонот ҳаст?
– Ҳа, ҳаст.
– Он аз марказ дур аст?
– Не, наздик аст. Аз бозори «Баракат» ҳамагӣ як истгоҳ поёнтар.
– Он чо ҳайвоноти гуногун бисёр аст?
– Рости гап, ман ҳанӯз ба он чо нарафтаам, вале аз рӯйи шунидам ҳайвоноти гуногун дорад.
– Мехоҳӣ ягон рӯз ҳамроҳ равем?

– *Sherali, do you know if there's a zoo in Dushanbe?*
– *Yes, there is.*
– *Is it far from the centre?*
– *No, it's close by. It's just one bus-stop further down from "Barakat" market.*
– *Are there a lot of different animals?*
– *To be honest, I haven't been there yet, but from what I've heard it has a variety of animals.*
– *Would you like to go there together some time?*

---

[1] In Tajikistan, as in all Muslim countries, only "clean" meat can be eaten – that is, the meat of animals that had their blood drained off when they were killed.

– Фикри бад не, ман розӣ. Биё, пагоҳ равем.
– Пагоҳ соати чанд?
– Соатҳои 10-11 барои ту қулай?

– Ҳа, мешавад. Биё, соати 10 дар истгоҳи «Боғи ҳайвонот» вомехӯрем.
– Майлаш, то пагоҳ.
– То пагоҳ.

2.
– Салом, Нозигул!
– Салом, Наима, чӣ хел Шумо?
– Раҳмат, нағз, Шумо чӣ?
– Ташаккур, бад не.
– Нозигул, Шумо кадом ҳайвонҳои хонагиро дӯст медоред?
– Ман сагро бисёр нағз мебинам, дар хонаи мо ҳамеша саг ҳаст. Шумо чӣ?
– Ман гурбаро дӯст медорам. Ғайр аз ин дар хонаи мо тӯтӣ ҳам ҳаст. Шумо дар хона ягон хел парранда доред?
– Ҳоло надорем, аммо мехоҳем, ки ду булбул харем.
– Ман ҳам булбулонро дӯст медорам, намедонед, нархи як булбул чанд пул?
– Мутаассифона, не. Аммо агар хоҳед, метавонем рӯзи якшанбе якҷоя ба бозор равем.
– Майлаш, ман розӣ. Хайр, то рӯзи якшанбе!
– Хайр!

3.
– Салом алейкум.
– Марҳамат, биёед.
– Ин булбулҳо чанд пул шуд?
– Як ҷуфташ² бист сомонӣ.
– Арзонтар намешавад?
– Охираш ҳаждаҳ сомонӣ.
– Ин қафас чанд пул?
– Инаш понздаҳ сомонӣ, ана инаш ҳабдаҳ сомонӣ.
– Як ҷуфт булбулу ин қафасба сӣ сомонӣ медиҳам.
– Не, ақалан сиву ду сомонӣ диҳед.
– Хайр, майлаш, мана пулаша ҳисоб кунед.
– Дуруст, насиб кунад. Раҳмат, боз биёед.

– That's not a bad idea; that would be good. Let's go tomorrow.
– What time tomorrow?
– Is between 10 and 11 o'clock convenient for you?

– Yes, that'll do. Let's meet at the zoo bus-stop at 10 o'clock.
– OK, see you tomorrow.
– See you tomorrow.

2.
– Hi Nozigul.
– Hi Naima. How are you?
– Good, thanks. What about you?
– Not bad, thanks.
– Nozigul, which domestic animals do you like?
– I like dogs a lot; we always have a dog at home. What about you?
– I like cats. Apart from this, we also have a parrot. Have you got any kinds of birds at home?
– We haven't got any right now, but we want to buy a couple of nightingales.
– I also like nightingales. You don't happen to know how much one costs, do you?
– Unfortunately, no. But, if you like, we could go together to the market on Sunday.
– OK, that sounds good. Bye then, until Sunday.
– Bye.

3.
– Hello.
– Please, come in.
– How much are these nightingales?
– One pair of them is 20 somoni.
– How about making them cheaper?
– My final price is 18 somoni.
– How much for this cage?
– This one's 15 somoni, and this one's 17 somoni.
– I'll give you 30 somoni for a pair of nightingales and this cage.
– No, you should give at least 32 somoni.
– All right...here, count the money.
– That's right. Enjoy them. Thanks, and come again.

---

² **Ҷуфт** means "*pair*" or "*couple*."

4. [northern dialect]

– Ало.
– Ало, ин ҷо хонаи Басирҷон-мӣ?
– Ҳа.
– Салом алейкум, мебахшед, Басирҷона мумкин-мӣ?
– Ҳозир, як дақиқа.
– Ало?
– Салом, Басирҷон, нағз-мӣ ту, дуруст-мӣ?
– Салом, Ғаффорҷон, чуту³ ту?
– Раҳмат, ҷӯра, ман нағз. Басирҷон, ту пагоҳ чӣ кор дорӣ?
– Чӣ буд, тинҷӣ-мӣ?
– Пагоҳ дар Ҳисор бузкашӣ мешавад, агар хоҳӣ, ҳамроҳ меравем.

– Не, ҷӯра, афсӯс, ки вақт надорам, вагарна⁴ бо ҷону дил мерафтам. Беҳтараш, бо ягон каси дигар рав.
– Майлаш, ман ба Зоҳирҷон занг мезанам, мумкин вай равад. Хайр.
– Хайр, ҷӯра, як бори дигар узр.
– Ҳеҷ гап не.

5.
– Салом, Додхудо!
– Салом, Нор. Ту кучо мегардӣ, дина телефон кардам, набудӣ?
– Дина бо падарам ба шикор рафтем.
– Ба шикор? Чӣ хел нағз! Ягон чӣ шикор кардед?
– Ҳа, як бузи кӯҳӣ ва як кабк шикор кардем.
– Шумо ба кучо рафтед?
– Ба дараи Ромит⁵.
– Он ҷо бисёр ҳайвонот ҳаст?
– Он қадар бисёр не, аммо шикор кардан мумкин.
– Боз кай меравед?
– Намедонам. Чӣ, ту ҳам рафтан мехоҳӣ?
– Албатта, агар падарат розӣ шаванд.
– Майлаш, ман мепурсам, агар розӣ шаванд, ба ту хабар медиҳам.
– Раҳмат, ҷӯра. Хайр.
– Хайр.

– Hello.
– Hello, is this Basir's house?
– Yes.
– Hello. Excuse me, is Basir there?
– Hold on a minute.
– Hello?
– Hi Basir. Are you well? Is everything all right?
– Hi Ghaffor. How are you?
– I'm fine thanks, friend. Basir, what are you doing tomorrow?
– What's happening? Is everything OK?
– Tomorrow there's going to be a game of "buzkashi" in Hisor; if you like, we could go together.
– No, unfortunately I don't have time. Although if I did, I'd definitely go. It's better that you go with someone else.
– OK, I'll phone Zohir; maybe he'll go. Bye.

– Bye. Apologies once again.
– No problem.

– Hi Dodkhudo.
– Hi Nor. Where have you been? I phoned you yesterday but you weren't in.
– Yesterday I went hunting with my Dad.
– Hunting? What fun! Did you catch anything?
– Yes, we caught a mountain goat and a quail.
– Where did you go?
– To Romit gorge.
– Are there a lot of animals there?
– Not that many, but enough for hunting.
– When are you going again?
– I don't know. Why? Do you want to go too?
– Of course, if your father doesn't mind.
– OK, I'll ask. If he agrees, I'll let you know.
– Thanks, friend. Bye.
– Bye.

---

³ "*Чуту*" is a spoken dialect form of "*чӣ тавр?*" meaning "*how?*"
⁴ *Вагарна* is derived from "*ва агар на*."
⁵ *Дараи Ромит*, the *Romit gorge*, is located to the east of Dushanbe.

ГРАММАТИКА

GRAMMAR

Complex Sentences: Subordinate Clauses of Quantity and Degree

The most important conjunctions used with subordinate clauses of quantity and degree are "*ба қадре ки*," "*ба андозае ки*," "*ба ҳадде ки*," "*ки*," and "*чи қадар ки*." One of the most important features of these clauses is the use of "paired" conjunctions such as "*чи қадар ки ... ҳамон қадар*," and "*ҳар қадар ки ... ҳамон қадар*":

Ман хеле монда шудам, *ба ҳадде ки* аз ҷой ҷунбида наметавонам.	I was <u>so</u> tired <u>that</u> I couldn't stir from where I was.
Чи қадар ки хоҳӣ, *ҳамон қадар* гир.	Take <u>as much as</u> you like.
Чи қадар ки кор кунед, *ба ҳамон андоза* маош мегиред.	<u>To the extent that</u> you work, will you receive a salary.
Одам *ҳар қадар* пир шавад, *ҳамон қадар* ба зиндагӣ бештар дил мебандад.	<u>The</u> older a man becomes, <u>the more</u> he becomes attached to life.

When using the conjunction "*ки*," the words "*чунон*," "*ончунон*," or "*чандон*" should be used in the main clause:

Ин суханҳои ӯ ба ман *чунон* таъсир кард, *ки* се рӯз ба худ омада натавонистам.	This speech of his had <u>such</u> an impression on me <u>that</u> I wasn't able to come to my senses for three days.
Ҷанг *чандон* кун, *ки* ба сулҳ ҷой бошад.	Fight <u>so as to</u> reach a point of reconciliation.
Зикрӣ аз тарс *чунон* дод зад, *ки* ҳама ба сӯйи ӯ давидем.	Zikri cried out with <u>such</u> fear, <u>that</u> we all ran towards him.

Complex Sentences: Subordinate Clauses of Concession

Subordinate clauses of concession are joined to their main clause by conjunctions such as "*ҳам*," "*агарчи*," "*гарчанде ки*," "*ҳарчанд ки*," "*бо вуҷуди он ки*," and "*қатъи назар аз он ки*." The conjunction "*ҳам*" is the most often used and usually takes the verb "*будан*" in the subjunctive (that is, the present tense verb stem with the subject marker verb endings):

Одамон хомӯш истода бошанд *ҳам*, аз нигоҳашон аломати норозигӣ пайдо буд.	<u>Although</u> the people were silent, the sign of their disagreement was obvious from their looks.
Тирамоҳ омада бошад *ҳам*, ҳанӯз ҳаво хеле гарм буд.	<u>Although</u> autumn has come, the weather is still very warm.
Шаб аз нисф гузашта бошад *ҳам*, ҳанӯз аз Шариф дарак набуд.	<u>Although</u> the night had half gone, there was still no news about Sharif.

Subordinate clauses of concession often precede the main clause:

Агарчи ӯ забони тоҷикиро хуб медонист, ҳамеша бо ёрии тарҷумон сӯҳбат мекард.	<u>Although</u> he knew Tajiki well, he always spoke with the help of an interpreter.
Бо вуҷуди он ки Сабурро шахсан хабар карда будам, ба меҳмонӣ наомад.	<u>Although</u> I had informed Sabur personally, he didn't come as invited.
Қатъи назар аз он ки Созмони Милали Муттаҳид кӯшиши зиёд мекунад, вазъият ҳанӯз ноором аст.	<u>Although</u> the United Nations tries hard, the situation is still unsettled.

Гурба **харчанд** кӯшиш карда бошад ҳам, мушро дошта натавонист.	*Although the cat might have tried, it couldn't catch the mouse.*
Гарчанде ки ӯро даҳ сол надида будам, зуд шинохтам.	*Although I hadn't seen him for ten years, I immediately recognised him.*

The conjunctions "*ҳам,*" "*агарчи,*" "*гарчанде ки,*" and "*ҳарчанд ки*" are used both in literary and colloquial Tajiki; "*бо вуҷуди он ки,*" and "*қатъи назар аз он ки*" are a feature of literary Tajiki. In poetry, abbreviated forms of "*агарчи*"—"*гарчи*" and "*арчи*"—are sometimes used.

МАШҚҲО   EXERCISES

1. Construct sentences based on the following table:
Example: <u>Хирсҳо дар шимол ва кӯҳҳо зиндагӣ мекунанд.</u>

Хирсҳо		Ҳиндустон
Филҳо		шимол / кӯҳҳо
Шутурҳо		биёбон
Маймунҳо	дар	Африқо
Китҳо		уқёнус / баҳр
Морҳо		Антарктида
Пингвинҳо		Австралия
Кенгуруҳо		ҷангалҳо

зиндагӣ мекунанд.

2. Construct sentences based on the following table, using the correct possessive suffixes and verb endings:
Example: <u>Мо дар хонаамон сагу гурба дорем.</u>

Мо			сагу гурба	
Онҳо			кабку бедона	
Ту		хона…	гову гӯсола	
Шумо	дар	боғ…	бузу гӯсфанд	дор….
Лайлӣ		шаҳр…	сангпушту хорпуштак	
Ман			мурғу хурӯс	
Бародарам			мушу каломуш	
Амакам			булбулу тӯтӣ	

3. Rewrite the following sentences, using the verbs in the appropriate tense and form:
Example: Тоҷикон маъмулан гӯшти говро (истеъмол кардан).
⇨ Тоҷикон маъмулан гӯшти говро *истеъмол мекунанд*.

a. Дар кӯҳсори Тоҷикистон хирс, бузи кӯҳӣ, суғур, уқоб ва дигар навъи ҳайвонот (зиндагӣ кардан).[6]
b. Вақте ки мо дар Бадахшон зиндагӣ мекардем, ҳар ҳафта ба шикор (рафтан).
c. Филҳо асосан дар Ҳиндустон (зиндагӣ кардан), онҳоро ҳам ҳамчун ҳайвони корӣ ва ҳам ҳамчун василаи нақлиёт (истифода бурдан).[7]
d. Ватани пингвинҳо Антарктида (будан).
e. Рӯзи гузашта мо ду оҳу (шикор кардан).
f. Бачагон ҳар баҳор барои паррандагон лонаҳо (сохтан), онҳоро болои дарахтон (гузоштан).

---
[6] *Кӯҳсор* means "*highlands, mountains;*" *суғур* is a rodent related to the groundhog and found in the mountains, the meat and oil of which are used to make medicines.
[7] *Асосан* means "*basically, mainly;*" *ҳамчун* means "*as;*" *василаи нақлиёт* means "*means of transport.*"

4. Complete the following sentences, using appropriate "paired" conjunctions of quantity and degree in the spaces (…):

Example: … ки бисёр хонӣ, … бисёр чизро медонӣ.
⇨ *Ҳар қадар ки бисёр хонӣ, ҳамон қадар бисёр чизро медонӣ.*

a. … зимистон наздик шавад, … рӯзҳо кӯтоҳтар мешаванд.
b. … бисёртар варзиш кунӣ, … саломатиат беҳтар мешавад.
c. … кор кунӣ, … маош мегирӣ.
d. … даромад[8] бисёр шавад, … харочот[8] ҳам зиёд мешавад.

5. Complete the following sentences, using appropriate "copulative" conjunctions in the spaces (…):

Example: Ба Душанбе бори аввал омада бошам … , хонаи Асадро зуд ёфтам.
⇨ *Ба Душанбе бори аввал омада бошам ҳам, хонаи Асадро зуд ёфтам.*

a. … гуфтам, ки ин корро накун, боз ба гапам гӯш накард.
b. … бемор бошад ҳам, имрӯз ба кор омад.
c. …дар хона ягон ҳайвони хонагӣ надорем, фарзандонам паррандагону сагу гурбаро бисёр дӯст медоранд.
d. … бисёр мехостам, ки забони тоҷикиро ёд гирам, вале имконият надоштам.
e. Панҷ сол дар донишгоҳ таҳсил карда бошад … , ҳанӯз ихтисоси худро хуб намедонист.

6. Give answers to the following questions:

a. Шумо кадом ҳайвони хонагиро дӯст медоред?
b. Оё дар хонаи Шумо ягон хел парранда ҳаст?
c. Дар кишвари Шумо кадом навъи ҳайвонот бештар мавҷуд аст?
d. Кенгуруҳо дар куҷо зиндагӣ мекунанд?
e. Шумо шикор карданро дӯст медоред?
f. Шумо аз саг наметарсед?

7. Read the proverbs below. Memorise any that you might be able to use in conversation:

Хонаи гург бе устухон намешавад.	*A wolf's house is not without bones.*
Гунҷишкро кӣ кушад? – Қассоб.	*Who would kill the sparrow? – The butcher.*
Аз пашша фил сохтан.	*To produce an elephant from a mosquito.*[9]
Гови бешира овозаш баланд.	*A cow without milk makes a loud noise.*
Буза ғами ҷон, қассоба ғами чарбу.	*A goat is anxious about life, a butcher about fat.*
Фарбеҳиро гӯсфанд мебардорад.	*A sheep accumulates fat.*
Кунад ҳамҷинс бо ҳамҷинс парвоз, Кабӯтар бо кабӯтар, боз бо боз.	*Each species should fly with its own species, A pigeon with a pigeon, a hawk with a hawk.*
Шутур, ки коҳ мехоҳад, гардан дароз мекунад.	*A camel that wants straw will stretch out its neck.*

---

[8] *Даромад* and *харочот* mean "*income*" and "*expenses*," respectively.
[9] That is, "*To make a mountain out of a molehill.*"

Хар ҳамон, тӯқум дигар.	*A donkey is one thing, its saddle another.*[10]
Дер ояду шер ояд.	*If it's late, a lion may come.*[11]
Хар Макка равад ҳам, боз ҳамон хар аст.	*Even though a donkey goes to Mekka, still it is but a donkey.*
Одаму ақл, гӯсолаю дум.	*Man and wisdom – a calf and a tail*
Аз гунҷишк тарсӣ, арзан накор.	*If you're scared of a sparrow, don't sow millet.*

ХОНИШ / READING

1. Read the following text, retell it in Tajiki in your own words, and then discuss the question that follows:

Захми забон

Марди ҳезумкаше буд. Ӯ ҳар рӯз ба ҷангал рафта, ҳезум ҷамъ мекард ва онро ба хараш бор карда, ба бозор мебурд. Ҳезумро фурӯхта, чизҳои лозимӣ мехарид ва ҳамин тариқ зиндагии худро пеш мебурд. Рӯзе ба ҷангал рафту дид, ки дар як ҷо ҳезум ҷамъ шуда хобидааст. Аввал ҳайрон шуд, баъд хурсанд шуда, онро гирифта ба бозор бурд. Ин ҳол ҳар рӯз такрор мешуд. Ҳезумкаш хост фаҳмад, ки ин кори кист. Рӯзе барвақттар ба ҷангал рафту дид, ки хирси калоне ҳезум ҷамъ мекунад. Ба назди ӯ рафту изҳори ташаккур кард ва ҳар ду дӯст шуданд. Рӯзе барои кӯмакҳои хирс хост, ки ӯро ба хонааш ба меҳмонӣ даъват кунад. Хирс қабул кард ва бегоҳӣ ҳарду ба хона омаданд. Вале вақте ки зани ҳезумкаш хирсро дид, бо овози баланд дод зад:
– Чаро ин ҳайвони бадбӯю ифлосро ба хона овардӣ?
Хирс дар ғазаб шуду ба ҳезумкаш фармуд, ки бо табараш ба сари ӯ (хирс) занад, вагарна ҳам зану ҳам худашро мекушад. Ҳезумкаш ноилоҷ бо табар ба сари хирс зад. Хирс нолакунон бо сари хуншор аз ҳавлӣ берун шуд.
Ҳезумкаш аз тарс як сол ба ҷангал нарафт. Баъд фикр кард, ки хирс кайҳо мурдааст. Боз ба ҷангал рафту ғайричашмдошт хирсро дид.
Хирс оромона гуфт:
– Бубин, захми табари ту кайҳо нест шудааст, аммо захми забони занат ҳанӯз аз дилам нарафтааст...

Vocabulary:

ҳезумкаш	*woodman*	ҷангал	*forest; jungle*
ҳезум	*firewood*	бор кардан	*to load*
такрор шудан	*to be repeated*	барвақттар	*earlier*
бадбӯ	*smelly, stinking*	ноилоҷ	*inevitably*
нолакунон	*laments, cries, groans*	хуншор	*bloody, bleeding*
тарс	*fear*	кайҳо	*long ago*
ғайричашмдошт	*blind, blinded*	оромона	*peacefully, calmly*
захм	*wound*		

---

[10] That is, *"A leopard can't change its spots."*
[11] That is, *"It can be late, so long as it's good."*

Translation of some expressions and idioms:

Ҳамин тариқ зиндагии худро пеш мебурд.	*In this way his life carried on.*
Дар як ҷо ҳезум ҷамъ шуда хобидааст.	*Firewood was lying gathered in one place.*
Хост фаҳмад, ки ин кори кист.	*He wanted to know whose work this was.*
Изҳори ташаккур кард	*He expressed thanks*
Вагарна ҳам зану ҳам худашро мекушад.	*Or else he would kill both him and his wife.*
Фикр кард, ки хирс кайҳо мурдааст.	*He thought the bear had died long before.*
Захми табари ту кайҳо нест шудааст, аммо захми забони занат ҳанӯз аз дилам нарафтааст.	*Your axe wound disappeared long ago, but the wound caused by your wife's tongue has still not left my heart.*

Discuss the following:
Маънои «захми забон» чист? Аз таҷрибаи худатон ё ягон шиносатон чунин ҳикоятеро нақл кунед.

More useful vocabulary:
таҷриба   *experience*

---

2. Read the following text and then discuss the question that follows:

Боғи ҳайвоноти Душанбе

Боғи ҳайвоноти Душанбе дар яке аз ҷойҳои хушманзари шаҳр ҷой гирифтааст. Дар тарафи рости боғ дарёҳои Варзоб ва Лучоб ба ҳам пайваст шуда, аз ҳамин ҷо номи дарё Душанбе мешавад. Дар рӯбарӯи боғ Кӯли Комсомол ҷойгир аст. Ин кӯли сунъй буда, он солҳои чилум бо ҳашари умумӣ сохта шудааст. Дар тарафи чапи боғ варзишгоҳи марказии шаҳр воқеъ аст. Ҳамин тариқ, ин қисмати шаҳр ҷойи истироҳату фароғати сокинони Душанбе ва меҳмонони он ба шумор меравад.

Солҳои пеш дар ин боғ ҳайвоноти хеле гуногуну нодир мавҷуд буданд. Дар ин ҷо ҳам ҳайвоноти минтақаҳои гарм, мисли шутур, фил, баҳмут, тимсоҳ, маймун ва ҳам ҳайвоноти минтақаҳои хунук, мисли хирси сафед, оҳуи кӯҳӣ, бузи кӯҳӣ, кутос, ҳам ҳайвоноти дарранда, мисли гург, шағол, шер, паланг, ҳам паррандаҳои зебо, мисли товус, қу ва ҳам ҳайвоноти нодир, мисли шутурмурғ, заррофа ва ғайра мавҷуд буданд.

Моҳиҳои хурду зебои аквариумӣ, морҳои обӣ ва биёбонӣ, навъҳои гуногуни калтакалосҳо дар як бинои махсус ҷойгиранд. Дар як тарафи боғ ҳавзи сунъй сохта шуда буд, ки дар он мурғобиҳои гуногун шино мекарданд.

Барои ҳайвоноти калон, мисли филу баҳмут ҷойҳои махсус сохта шуда буданд. Сокинони шаҳр як ҳодисаро нағз дар хотир доранд: Солҳои 70-ум аз Ҳиндустон ба Душанбе ду фил оварда буданд, ки солҳои дароз таваҷҷӯҳи меҳмонони боғро ба худ ҷалб мекарданд. Пас аз чанд соли зиндагӣ модафил бемор шуда буд. Фили дигар бо духтуроне, ки ҳар рӯз барои муолиҷа ба назди фили бемор меомаданд, муомилаи бисёр хуб дошт. Вале пас аз он ки модафил вафот кард, фили нар се рӯз касеро ба назди худ роҳ надод. Танҳо пас аз он ки ба мурдани шарики худ пай бурд, иҷозат дод, ки ҷасади ӯро берун баранд. Шоҳидон нақл мекунанд, ки дар он ҳангом аз чашмони фил ашк ҷорӣ буд.

Мутаассифона, дар солҳои ҷанги дохилӣ вазъи боғи ҳайвонот хеле бад шуда, қисми зиёди ҳайвоноти он несту нобуд шуданд. Танҳо солҳои охир ҳолати боғ оҳиста-оҳиста рӯ ба беҳбудӣ меорад. Он рӯз дур нест, ки боғи ҳайвоноти Душанбе боз аз ҳайвоноти гуногуни нодир бой гардида, ба тамошогоҳу истироҳатгоҳи сокинони шаҳр ва меҳмонони он табдил меёбад.

Vocabulary:

Tajiki	English
хушманзар	*picturesque*
пайваст шудан	*to join together*
сунъӣ (cf. табий)	*artificial (cf. natural)*
хамин тариқ	*so, thus, in this way*
сокинон	*inhabitants*
нодир	*rare, uncommon*
биёбонӣ	*desert (adj)*
таваччӯҳ	*attention*
муомила доштан	*to treat*
роҳ додан	*to let in, to make way for*
шарик	*companion, partner*
иҷозат додан	*to allow, to permit*
шоҳид	*witness*
ҷанги дохилӣ	*civil war*
қисм	*part, portion*
рӯ ба беҳбудӣ овардан	*to improve*
тамошогоҳ	*place to see things*
ҷой гирифтан / ҷойгир будан / воқеъ будан	*to be located, to be situated*
ҳашар	*voluntary public labour for the state*
умумӣ	*public*
фароғат / истироҳат	*relaxing*
ба шумор рафтан	*to be reckoned*
аквариумӣ	*aquarium*
дар хотир доштан	*to remember*
ҷалб кардан	*to attract*
вафот кардан	*to die*
танҳо	*only*
пай бурдан	*to observe (mourn)*
ҷасад	*body, corpse*
ашк	*tear*
вазъ / ҳолат	*condition, state*
несту нобуд шудан	*to perish*
бой гардидан	*to become enriched*
табдил ёфтан	*to be changed*

Translation of some expressions and idioms:

Tajiki	English
Бо ҳашари умумӣ сохта шудааст.	It was built through voluntary public labour for the state.
Солҳои дароз таваччӯҳи меҳмонони боғро ба худ ҷалб мекарданд.	For a long time, they attracted the attention of visitors to the park.
Касеро ба назди худ роҳ надод.	It wouldn't let anyone near.
Иҷозат дод, ки ҷасади ӯро берун баранд.	It allowed them to remove the body.
Шоҳидон нақл мекунанд, ки дар он ҳангом аз чашмони фил ашк ҷорӣ буд.	Witnesses say that tears flowed from the elephant's eyes at that time.
Қисми зиёди ҳайвоноти он несту нобуд шуданд.	A large proportion of the animals perished.
Боз ба тамошогоҳу истироҳатгоҳи сокинони шаҳр ва меҳмонони он табдил меёбад.	It will again become a place to see things and to relax for the inhabitants and guests of the city.

Discuss the following:

Як қисми мардум мегӯянд, ки сохтани боғҳои ҳайвонот хуб нест, барои он ки ҳайвонот бояд дар минтақаи табиии худашон зиндагӣ кунанд. Қисми дигар мегӯянд, ки агар боғҳои ҳайвонот набошанд бисёр ҳайвонот нобуд мешаванд ва ҳамчунин мо наметавонем бо олами ҳайвонот аз наздик шинос шавем. Шумо чӣ фикр мекунед?

More useful vocabulary:

Tajiki	English
баръакс	*on the contrary*
фарз кунем	*let's suppose, for instance*
аз як тараф ... аз тарафи дигар	*on the one hand ... on the other hand*

САНҶИШ   QUIZ

1. Give answers to the following questions:

1. – Шумо кадом ҳайвонро дӯст медоред?
   – ... .
2. – Дар хонаи Шумо чи хел парранда ҳаст?
   – ... .
3. – «Бузкашӣ» чи хел бозӣ аст?
   – ... .
4. – Номи саги Шумо чӣ?
   – ... .
5. – Хонаи паррандагонро ба тоҷикӣ чӣ мегӯянд?
   – ... .
6. – Дар боғи ҳайвоноти Шумо кадом ҳайвонҳо ҳастанд?
   – ... .
7. – Кадом ҳайвонҳоро «хонагӣ» мегӯянд?
   – ... .
8. – Аз пашми кадом ҳайвонот пӯстин медӯзанд?
   – ... .
9. – Моҳӣ дар куҷо зиндагӣ мекунад?
   – ... .
10. – Фил чанд сол умр мебинад?
    – ... .
11. – Кадом ҳайвонҳоро «хазанда» мегӯянд?
    – ... .
12. – Кадом парранда парвоз карда наметавонад?
    – ... .

2. Fill in the questions corresponding with the following answers:

1. – ... ?
   – Не, ман сагро дӯст намедорам.
2. – ... ?
   – Ман дирӯз аз бозор як булбул харидам.
3. – ... ?
   – Мо бештар гӯшти гову гӯсфандро истеъмол мекунем.
4. – ... ?
   – Мусалмонон[12] одатан гӯшти хукро намехӯранд.
5. – ... ?
   – Паррандаи зеботарин товус аст.
6. – ... ?
   – Ӯ дар хонаашон ду гов дорад.
7. – ... ?
   – Гурба мушро мехӯрад.
8. – ... ?
   – Нархи як ҷуфт кабӯтар панҷ сомонӣ аст.
9. – ... ?
   – Ман бештар гӯшти моҳиро дӯст медорам.
10. – ... ?
    – Гавазнҳо дар шимоли Русия зиндагӣ мекунанд.
11. – ... ?
    – Калонтарин моҳӣ кит аст.
12. – ... ?
    – Шерро «шоҳи ҷангал» мегӯянд.

3. Make up dialogues using the material in lesson eighteen and, if possible, role-play the situations with a language helper or other language partner.

---

[12] *Мусалмон* means "*Muslim.*"

Дарси 19

Иду – Чашнхо
Маросимхо

ШАРҲ

Lesson 19

Holidays – Celebrations
Ceremonies

COMMENTARY

Holidays

All the common holidays and celebrations in Tajikistan can be divided into three categories: traditional national holidays, new holidays adopted during the Soviet era, and holidays connected with Tajikistan's gaining of independence.

The foremost of the traditional holidays is *Наврӯз*, the "New Year" occurring on March 21st – the day when the length of night and day is the same. It predates all other public holidays and is traced back to Zoroastrian days. In the first years of the Soviet regime, this holiday, along with all religious holidays, was removed from the calendar and it was officially forbidden to celebrate it. Only after the 70s, once it had been proven that the holiday had no relation to Islam, was it permitted to celebrate it as a holiday of spring and labour, but March 21st was still not a public holiday. In these years *Наврӯз* was celebrated on whichever weekend was closest to the 21st. After Tajikistan gained its independence, 21st and 22nd March were officially declared to be public holidays. This holiday has become a true celebration for the people. To begin with, they cook a special food from kernels of new wheat shoots, called *суманак* /sumalak/ and use this to decorate their festive tablespreads. In times past, tables were laid with seven types of food beginning with the letter "ш" (e.g. *шарбат, шир, шакар, шароб*, etc.) and these were called the "*Ҳафт шин.*" After the spread of Islam, these were changed for the "*Ҳафт син*"[1] (e.g. *себ, суманак, сирко, сабзӣ, санҷид*, etc.), because according to the teaching of Islam, it is forbidden to drink *шароб* (wine). In public squares, various national games are played, such as *бузкашӣ*[2] and *гӯштингирӣ* (national wrestling), and men start planting saplings in gardens and streets. In the central parks of cities and other places of rest, various concerts and other forms of entertainment are put on. All in all, *Наврӯз* is a magnificent occasion.

The majority of national holidays are connected to Islam. The most important of these are *Рамазон* and *Қурбон*. When these holidays take place is determined by the Muslim lunar calendar[3], so that each year they are celebrated about ten days earlier than the previous year. *Иди Рамазон* takes place at the end of the month of *Рамазон*—the month when Muslims observe a daytime fast. On this day, people go to their relatives' graves to pray for the dead and afterwards go to the mosque to pray a special holiday prayer (*намози ид*). Afterwards they go to houses where somewhere has died during the previous year for *фотиҳа*. *Фотиҳа*, or *тиловат* as it is also known, is a ritual in which several chapters are read from the Qur'an. In this way, neighbours will also visit one another's houses and say *тиловат* in memory of those who have died. In central and southern parts of Tajikistan, children go to their neighbours' and friends' houses from early in the morning and the people they visit should wish them "*Ид муборак*" and give them various sweets and candies prepared especially for this day (this visiting is called *идгардак*). In northern Tajikistan, the day

---

[1] *Син* and *шин* are the names of the letters "с" and "ш" in the Arabic alphabet.
[2] See lesson eighteen commentary.
[3] See lesson seven.

before the holiday, known as *бегоҳи ид*, everyone cooks *osh* and gives some to their close neighbours. During the month of *рамазон* people invite their neighbours and relatives to their homes for *ифтор*—the time when people break their fast, as the sun sets and it begins to be dark. After eating, the guests pray a blessing for the owner of the house and his deceased relatives.

Иди Қурбон takes place 70 days after *иди Рамазон* and, according to traditions that continue to this day, has similarities to *иди Рамазон*. On this day, people who are able sacrifice a goat, sheep, cow, or calf, cook food with the meat, and give it to others—an act known as *қурбонӣ*. Neighbourhoods sometimes gather together to give a sacrifice, pooling their money to buy and kill an animal. On *иди Қурбон* people also go to graves and each other's houses for *тиловат*.

The first of the new holidays, left over from Soviet times, is the New Year, *соли Нав*. One custom in connection with this that Tajikistan has adopted from Europe is to see in the New Year on the night of December 31st. New Year celebrations in kindergartens, schools, offices, and factories begin from December 25th or even earlier. The decorating of a fir-tree for New Year, Santa Claus (*бобои барфӣ*), and dancing and playing around them have become incorporated into the country's New Year traditions. The New Year is a family holiday and it is usual to see it in with members of one's family. Young people organise various forms of New Year entertainment in their city's central squares into the early hours.

Another holiday that people enjoy is women's day (*Иди занон*), March 8th, although celebration often begins a day or two earlier in workplaces. Men congratulate their wives, daughters, and female colleagues on this holiday, buy them presents, and prepare a holiday spread for guests (although women often end up doing the work for this themselves!), as people visit the homes of their close friends and relatives to celebrate together.

Other holidays have a historical or political character. One of these is Victory Day (*Рӯзи Ғалаба*), on May 9th. On this day in 1945, Russia's involvement in the Second World War, known in the former Soviet Union as *Ҷанги Бузурги Ватанӣ*, came to an end. Since this war involved not just Russia but all the former Soviet peoples, this holiday is celebrated in the majority of the former Soviet countries. On this day, veterans of the war are honoured and given presents. In the largest cities there are also meetings of those who fought together.

Another such holiday is "Labour Day" May 1st, known as *Рӯзи якдилии меҳнаткашон*. At the start of May, 1897, in Chicago, America, there were demonstrations by workers demanding improved working and living conditions. After the establishment of the Soviet regime, this day was declared an international day for solidarity among workers and it has been celebrated in socialist countries ever since.

There are two other official holidays, both connected with Tajikistan's gaining of independence. The first of these is Independence Day (*Рӯзи истиқлол* or *Рӯзи истиқлолият*), September 9th. It was on this day in 1991 that Tajikistan announced its independence. On this day, in all the cities and regions of the country, there are ceremonies by workers and some years in Dushanbe there is also a military parade. The other related holiday is Constitution Day (*Рӯзи Сарқонуни (or Конститутсияи) Тоҷикистон*), November 6th, marking the day in 1994 when the country's constitution was ratified by means of a general referendum. Both these days are public holidays.

Similar to this, June 27th is Reconciliation Day (*Рӯзи ваҳдат*). On this day in 1997, the peace agreement between the government and opposition was signed in Moscow[4], putting an end to the civil war. Since that time, this day has also been a national holiday.

Apart from the holidays mentioned above, there are lots of other days dedicated to other professions or fields, some of which are public holidays, others of which are normal working

---

[4] (This is entitled "*Созишномаи умумии истиқрори сулҳ ва ризоияти миллӣ дар Тоҷикистон*," that is, "*General declaration on the decision concerning national peace and reconciliation in Tajikistan.*")

days. For instance, February 23rd is Mens' Day (this used to be Army Day), June 22nd is Language Day, September 1st is Knowledge Day, the first Sunday in October is Teachers' Day, and then there's Radio Day, Medical Workers' Day, and so on.

Rituals and Ceremonies

There are also many different rituals and ceremonies observed by Tajiks. These can be divided into two groups: joyful celebrations (*тӯй*) and mourning rituals.

The most important *тӯй* is marriage (*ақди никоҳ*), which consists of three stages: ceremonies preceding the marriage, the marriage itself, and those that follow the marriage. The first step is *хостгорӣ*, in which the groom's father and mother and another person close to the groom go to house of the future bride in order to agree the match. Normally the bride's representatives do not immediately agree to the match but they demand a certain period of time to be persuaded. During this time they discuss the proposal with respected relatives—for instance, their grandparents and uncles. The first ritual after the bride's side have given their consent is when both families announce the engagement to their closest friends and neighbours. This is called *ноншиканон* (or *сафедӣ додан*), involves around 10-20 people, and takes place in the bride's house. The second step is called *тӯйи фотиҳа* and also takes place in the bride's home. The groom's representatives bring to the bride's home a sheep or cow, rice and oil and other types of food, and clothes that they have prepared in advance for the bride and groom. These gifts are called *тӯёна* or *тӯкуз*. Afterwards, the two parties fix a date for the wedding. The wedding ceremony consists of various parts: the wedding meal (*оши никоҳ*), which is usually eaten in the bride's home, though meeting the expenses for this is usually the duty of the groom's party. The day before the *оши никоҳ*, close relatives, neighbours, and friends gather and prepare all the ingredients for the *ош* – a ceremony called *сабзирезакунон*.[5] Messengers (*хабарчиҳо*, also called *сӯфиҳо*), invite people to the *тӯй*. The *оши никоҳ* takes place at a given time and usually continues for a couple of hours. It is only for men. After they have finished, the party for female guests begins.[6] The official wedding ceremony (*ақди никоҳи расмӣ*, also known by the Russian name, *загс*) consists of the recording of names in a special state office and the giving of a marriage certificate. The bride and groom then drive around in cars with their friends to scenic places, where they often have their photos taken. A reception (*базм,*) is then held either at the groom's house or at an *ошхона* or restaurant. This is the highlight of the whole wedding and includes speeches by many of the guests, congratulating the bride and groom and their parents, and dancing led by a group of musicians and one or more dancers. In addition, the ladies sometimes organise a special ladies banquet, called *чойгаштак*, *маҷлиси духтарон* or *қизмаҷлис*[7]. After the wedding ceremonies, there are two other customs, known as *домодталабон* and *духтарталабон*, when the bride and groom are invited back to the bride's parent's home for the first time. For this occasion, the bride's family throw a large party and give special presents that they've prepared in advance to the bride and groom and their closest relatives. Different areas have different practices, but this return to the bride's parent's home may not happen until a month or even up to a year after the wedding. Only after this party is the bride free to come and see her parents whenever she

---

[5] *Сабзирезакунон* is derived from "*сабзӣ реза кардан.*" For a *тӯй*, *ош* is typically cooked using from 40 to 70 kilos of rice and a similar quantity of carrots, thinly sliced in a particular way. This demands a significant amount of time and the participation of a lot of people.
[6] One of the most important features of ceremonies in Tajikistan, as in other Muslim countries, is the segregation of the sexes. Only at the *базм* ("*reception*") do men and women sometimes sit together.
[7] This is an Uzbek word, also meaning "*маҷлиси духтарон,*" or "*ladies gathering.*"

wants. After this, there is another ceremony, *додобинон* or *очабинон*,⁸ in which the father and mother of the bride are invited to their daughter's new house. They also give special presents at this party. Relatives of the bride and groom also come with presents for another gathering called *рӯбинонӣ*,⁹ since the bride is no longer covered with her wedding veil.

It should be stated that rituals associated with weddings depend greatly on the local customs and vary significantly between different regions of the country. There are also different types of wedding customs followed in Dushanbe, depending on where the main parties involved are from. Obviously, detailed information about each can not be provided in a short commentary such as this, so that what has been described above is merely a broad outline of general practices for Tajiki weddings.

The other common *тӯй* among Tajiks is the "circumcision *тӯй*" (*тӯйи хатна* or *хатнатӯй* or *тӯйи суннатӣ*). This is a ceremony common to all Muslims and is usually carried out before boys reach the age of seven. If parents have two or more sons of the right age, they will normally have them all circumcised at the same time. Sometimes brothers will also have their sons circumcised together. If the boy's paternal grandfather is alive, people also refer to this *тӯй* by the name *набератӯй*, since more people know the grandfather. The first stage in this *тӯй* is called *тахтзанон* when the women meet and decorate the house with various boy's clothing. Then, as for weddings, there is a *сабзиреэакунон* ceremony in preparation for *ош*, this time refered to as *оши хатна*. Sometimes the parents also organise a reception (*базм*). After the *оши хатна*, there is a party for women (*маъракаи занон*) that lasts a long time. As well as *тӯёна* presents, the women also bring special things to eat for the table, such as bread, rice, and meat. Normally, the man who will carry out the operation (*устои «чукбур»*¹⁰) is invited after the *тӯй* or the following day. This *тӯй* is also called *чукбуррон*. After a few days, the children's clothes are taken down from where they were hung around the walls, the final stage of the *тӯй*, known as *тахтфуророн*.

In cities, for weddings, circumcision *тӯй*, and anniversary meals remembering someone's death (*оши сол* – see commentary below, on funerals), long tables and benches are laid out for guests. Designated people welcome the guests, show them to their places, and wait on them until the *ош* is ready. When sitting and getting up, a prayer (*омин*) is said. When the prayer is being said, everyone cups their hands in front of them (as though to receive blessing from God), and says *омин* together at the end, wiping their hands downwards across their faces (as though to splash themselves with the received blessing). People other than those serving, who are close to the organiser of the *тӯй*, stand at the entrance and welcome new guests, saying "*марҳамат*," and see them off with the words "*хуш омадаанд*" (or, colloquially, "*хуш омадиянд*"). They might also say this after each prayer, both when guests arrive and are about to leave.

Tajiks mark the birth of a child, especially the first child in a big way. In connection with this is a special ceremony called *гаҳворабандон* in which an old lady (the *момодоя*¹¹), in the presence of other ladies, straps the baby into a Tajiki cradle (*гаҳвора*). The *гаҳвора* is usually given as a present by the mother's parents at the time a couple has their first child.

Funerals are also conducted according to a host of traditions and customs. In Muslim countries it is not possible to keep the corpse for a long time and it should be buried within 24 hours of death. The body is bound in a white sheet (*кафан*) and carried by hand in a coffin. Coffins are not buried with the body but are only used for carrying the body to the

---

⁸ *Додобинон* is derived from *додо* ("*father*") and the present tense verb stem of *дидан*, and thus means "*seeing the father.*" Likewise, *очабинон* is derived from *оча* ("*mother*") and the same verb stem, and means "*seeing the mother.*"
⁹ *Рӯбинонӣ* is derived from *рӯ* and the present tense verb stem of *дидан*, and thus means "*seeing the face.*"
¹⁰ *Устои чукбур* are usually barbers, who can carry out circumcision rites. In recent years, surgeons have also begun doing this job.
¹¹ In the past, eastern women gave birth to children at home. The *момодоя* were people who practised midwifery and contemporary gynacology.

grave and are consequently reused. The first three days after the burial, people come to the house of the deceased for *фотиҳахонӣ*[12]. Men who were close to the deceased wear a *тоқӣ* (a national cap) and a *чома* (a long, thick national coat), tied at the waist with a *рӯймол* (a square of material). People coming to the *фотиҳахонӣ* give their condolences to these men, using expressions such as "*дилатон ганда нашавад*," "*бандагӣ ҳамин аст*," and "*бандагӣ-дия*." In the first days of mourning, no food is cooked in the house, but neighbours and relatives bring food for the family. Afterwards, there is another ceremony, officially called *Хатми Қуръон*, but usually referred to as "*рӯзи се*," "*ҳафт*" or "*бист*", and only after then can food be cooked in the house. This ceremony is also referred to as a *худоӣ*, although this term also refers more generally to any occasion when prayer is offered for a particular reason (e.g. after moving to a new house). The next ceremony, called *чил*, is for either men or women but not both. Officially, the number of days after the death on which *чил* is held is calculated by subtracting the number of children of the deceased from the number 40; so, for a man with 5 children, *чил* is held 35 days after his death. The close relatives of the deceased, no matter where they live, arrange a *маърака*, referred to as *дуои фотиҳа* or *худоӣ*. This is usually held forty days after the relative's death. From the day of the death, members of the family begin a period of mourning (*азодорӣ*), which continues for one year. During this period, they are not supposed to watch television, participate in any *тӯй*, get married or join in any form of dancing. At each Muslim holiday, they arrange a meal in memory of the deceased and after three such holidays they organise an anniversary meal (*оши сол*). Only after this does mourning finish.

When informing someone about the death of an individual, Tajiks do not use the words *мурд* or *вафот кард*, which are considered harsh, but instead use expressions such as "*аз ҷаҳон даргузашт*" or "*бандагиро ба ҷо овард.*"

Another *маърака* that people arrange is called *мушкилкушо*.[13] This *маърака* is held when things are not as they should be in a family—such as, prolonged sickness or lack of success in work. This is mainly an event for women, during which *биётунҳо*—women who have studied religion—read from the Qur'an. It is believed that they can heal the sick or cause work to advance.

The original religion of the ancient Tajiks was Zoroastrianism, sometimes erroneously referred to as fire-worship. Some customs and traditions from this religion are still practised today. For instance, a bonfire is lit for weddings, people dance around it and the bride and groom walk around it three times.

Tajiks believe in all kinds of signs. One of these is the belief in the "evil eye." As protection against this, virtually every house has a sprig of thorns hung prominently above the entrance. Any kind of plant with thorns is used for this purpose. More often than not, drivers also hang a sprig of thorns or else a rosary of prayer beads in their vehicles for the protection they believe it bestows. For the same reason, a charm known as a *мӯхраҳои чашмӣ* is tied around the arm or to the clothing of young children.

The number 40 is considered a holy number by Tajiks and other Muslim peoples. The forty days after a birth, a wedding, or a death, and the coldest forty days of winter are called *чилла*. During this period, people abstain from numerous activities that are considered unsuitable. For instance, in a house where someone has died, a light is left on all night; a newly-married couple are not left alone; and, in a house where a baby has been born, guests are not entertained after dark.

---

[12] For *фотиҳахонӣ*, people come to the house of the deceased and sit on benches or the ground. For each person or group of people who come together, a religious representative ("*домулло*") or other person chants some verses from the Qur'an.

[13] *Мушкилкушо* is derived from the words *мушкил* and *кушодан*, and means "*to get rid off difficulty*".

The Tajiks have enough customs and traditions to fill a whole book. Indeed, one of the interesting and memorable things about Tajikistan, as with much of Central Asia, is that each city and region—even each village—has its own unique way of observing the national customs. This is particularly true of people in the east of the country, most of whom are Ismaili and highly reverence the Aga Khan, their spiritual head. So, while this commentary has been longer than usual, it has only been possible to briefly mention the most important aspects of the culture relating to holidays.

ЛУҒАТ / VOCABULARY

Tajiki	English	Tajiki	English
ид	holiday	иди динӣ	religious holiday
бегоҳи ид / арафа	the evening before a holiday	иди миллӣ	national holiday
чашн	celebration	маърака	party
солгард	anniversary	базм	public reception
тӯй	wedding; party	тӯйи фотиҳа	engagement party
тӯйи арӯсӣ / хонадоршавӣ	wedding	тӯйи хатна / тӯйи суннатӣ / хатнатӯй	circumcision party
тӯёна	presents given for a тӯй	ақди никоҳ [загс][14]	registration of marriage
оши никоҳ	wedding osh	оши сол	anniversary osh
тӯр	veil	парад	parade
арӯс / келин	bride	шаҳ / домод	groom
бафотиҳа	engaged {only used of women}	қудо	one's children's spouse's parents
хостгор	matchmaker	тӯйбача	boy for whom a circumcision тӯй is arranged
хостгорӣ	matchmaking		
часад	body; corpse		
кафан	burial sheet	марҳум / раҳматӣ	deceased, "late"
азо	mourning	тобут	coffin
қабр / гӯр	grave	азодор	one in mourning
ҷаноза	funeral	қабристон / гӯристон	cemetery, graveyard
расму оин / расму анъана / урфу одат	customs, traditions	харак	bench
		суннатӣ	traditional
хор	thorn	муқаддас	holy, sacred
шох	branch	тасбеҳ	rosary
хонадор шудан	to get married	арӯс шудан / ба шавҳар расидан / баромадан	to get married {for women}
домод шудан / ба занӣ гирифтан	to get married {for men}		
фотиҳа кардан	to be engaged to be married	қудо шудан	to become related by the marriage of one's children
чудо шудан	to divorce		
табрик кардан / муборакбод кардан	to congratulate	хостгорӣ кардан	to ask on behalf of someone for a bride
чашн гирифтан / қайд кардан	to celebrate	рақс кардан / рақсидан (рақс)	to dance

---

[14] Words shown in square brackets are Russian words used in colloquial Tajiki.

даъват кардан / таклиф кардан	to invite	сухани табрикӣ гуфтан	to give a speech
хабар кардан	to inform	ёрдам кардан / ёрӣ додан / кӯмак кардан	to help
иштирок кардан	to participate		
вафот кардан / мурдан (мур, мир)	to die	дафн кардан / гӯр кардан / гӯрондан (гӯрон)	to bury
фотиҳа хондан	to say фотиҳа {see commentary}	тиловат кардан	to chant
		рӯза доштан	to fast
дилбардорӣ кардан	to console, comfort	таъзия баён кардан	to offer one's condolences
пешвоз гирифтан	to meet	соли Навро пешвоз гирифтан	to see in the New Year
орзу кардан	to wish		

СӮҲБАТҲО — DIALOGUES

1.
– Идатон муборак!
– Идатон муборак!

– *Happy Holiday!*
– *Happy Holiday!*

2.
– Зодрӯз муборак!
– Раҳмат.

– *Happy birthday!*
– *Thanks.*

3.
– Соли Наватон муборак!
– Ба Шумо ҳам муборак!

– *Happy New Year!*
– *The same to you!*

4. [northern dialect]
– Морак[15] шавад, писарчадор шудед!
– Раҳмат.
– Худо умраша дароз кунад!
– Саломат бошед.

– *Congratulations on having a son!*
– *Thanks.*
– *May God grant him a long life.*
– *Thank you.*

5. [northern dialect]
– Салом алейкум!
– Салом алейкум, марҳамат, биёед!
– Муборак шавад! Кӯшапир шаванд!

– *Hello.*
– *Hello. Please, come in.*
– *Congratulations. May they both grow old together.*

– Раҳмат, саломат бошед. Аз боло гузаред. Раҳимҷон, меҳмононро қабул кунед.
– Марҳамат, биёед, аз ин ҷо гузаред. Омин, Худо ҳамаро ба тӯй расонад! Хуш омадед. Аз нон марҳамат кунед. Аличон, дута чой. Салим-ако, панҷта ош. Канӣ, марҳамат, гиретон.

– *Thank you. Sit up the top. Rahim, receive the guests.*

– *Please, come and sit here. Amen: May God cause there to be weddings everywhere. Please have some bread. Ali, two pots of tea. Salim, five portions of osh. There, please help yourselves.*

---

[15] "*Морак*" is a colloquial form of *муборак*.

6. [northern dialect]

– Ало.
– Ало, ин ҷо хонаи Давлатов-мӣ?
– Ҳа.
– Салом алейкум.
– Салом.
– Мебахшед, ако Рабеъ ҳастанд-мӣ?
– Ҳа, ҳозир, як дақиқа.
– Ало?
– Салом, ако! Шумо чӣ хел, нағз-мӣ?
– Ҳа, Замирҷон, ту-мӣ?
– Ман, ако.
– Нағз-мӣ ту?
– Раҳмат, нағз.
– Дадат чӣ хел?
– Дадам ҳам нағз. Ако, имрӯз ако Анвар телефон карданд, рӯзи ҷумъа писарашона хатнатӯй мекардаанд, илтимос карданд, ки ба Шумо хабар диҳам.
– Раҳмат, уко. Албатта меравам. Хайр, ба ҳама салом гӯ.
– Хайр.

– Hello.
– Hello, is this Davlatov's house?
– Yes.
– Hello.
– Hi.
– Excuse me, is Rabe' here?
– Yes, hold on a minute.
– Hello?
– Hi, brother! How are you? Are you well?
– Yes. Is it you, Zamir?
– Yes, it's me.
– Are you well?
– I'm fine, thanks.
– How's your father?
– He's fine too. Listen, Anvar phoned today to say they're going to have a circumcision party for their son on Friday and he asked me to inform you.
– Thanks. Of course I'll go. Bye. Say "Hi" to everyone.
– Bye.

7.

– Ало.
– Ало, Рӯзигул?
– Салом, Мижгона, чӣ хел ту?
– Раҳмат, худат чӣ хел?
– Мешад, кор карда гаштаам.
– Рӯзигул, пагоҳ ҳамроҳи шавҳарат ба хонаи мо биёед.
– Тинҷӣ-мӣ?
– Фаромӯш кардӣ, пагоҳ солгарди ақди никоҳи мо.
– Э-э, тамоман аз ёдам баромадаст, табрик, дугонаҷон!
– Раҳмат.
– Соати чанд равем?
– Меҳмонҳоро соати 12 хабар кардам, аммо ту барвақттар биё, ёрдам мекунӣ.
– Майлаш, албатта меравам.
– Хайр, то пагоҳ!

– Hello.
– Hello, Rūzigul?
– Hi Mijgona. How are you?
– Fine, thanks. How are you?
– All right; keeping busy.
– Rūzigul, why don't you come to my house with your husband tomorrow?
– What's happening?
– You've forgotten: tomorrow's our wedding anniversary.
– Hey... I'd completely forgotten. Congratulations my friend!
– Thanks.
– What time should we come?
– We told the guests to come at 12 o'clock, but you can come earlier to help.
– OK. We'll be there.
– Bye. See you tomorrow.

8.

– Салом, Ким!
– О, Ҷиммӣ, салом! Чӣ хел ту?
– Раҳмат, нағз. Ту чӣ?
– Бад не. Чӣ навигариҳо?
– Дирӯз ба маъракаи ҳамкорамон Қодир рафтем. Бисёр аҷиб будааст.
– Канӣ, як нақл кун.

– Hi Kim.
– O, Hi Jimmy. How are you?
– Fine, thanks. What about you?
– Not bad. What's new?
– Yesterday we went to our colleague Qodir's ma'raka. It was very interesting.
– Oh yes, tell me about it.

– Меҳмононро хуш қабул карда, ба сари миз шинонданду аввал омин карданд, баъд чой оварданд. Вақте ки аз ширинихову меваю нишолло камтар хӯрдем, оши палов оварданд. Баъд табақҳоро ҷамъ карда, боз омин карданд ва ба ҳама «хуш омадед» гуфтанд. Мо, ки хестем, ба ҷои мо дигарҳоро шинонданд.
– Ҷиммӣ, ширинию оши паловро медонам, аммо «нишолло» чист?
– Ин ҳам як навъи ширинӣ аст, рости гап, чӣ хел пухтанашро намедонам, аммо бисёр бомаза. Мисли мураббо аст, лекин сап-сафед.
– Хайр, ҳеҷ гап не, шояд ягон рӯз ман ҳам мазаи нишоллоро чашам.
– Ҳа, албатта. Тоҷикон қариб дар ҳамаи маъракаҳояшон ба рӯйи миз нишолло мегузоранд.
– Хайр, то боздид!
– Хайр, Худо ҳофиз!

9.

– Салом, Ҳофиз. Дилат ганда нашавад, шунидам, ки падарат бандагӣ кардаанд.
– Ҳа, ҷӯра, тақдир ҳамин будаст.
– Чандба[17] буданд?
– 65-сола буданд.
– Бемор шуданд?
– Ҳа, ду ҳафта бемор шуданд, ба духтур бурда, табобат кардем, фоида надод.

– Бандагӣ-дия, аз дасти аҷал роҳи гурез нест.
– Чӣ илоҷ, тақдир.
– Хайр, ҷӯра, саломат бош.

– They received the guests well, seated them at the head of the table, first prayed, and then brought tea. After we'd eaten some sweets, fruit, and nishollo, they brought osh. Afterwards, they collected the plates, prayed again, and thanked everyone for coming. When we got up, others took our places.

– Jimmy, I know what sweets and osh are, but what's "nishollo"?
– It's another type of spread though, to be honest, I don't know how it's made – but it's very tasty. It's like jam, only completely white.
– Never mind. Probably I'll get to taste some one day.
– For sure. Tajiks have nishollo on their tables for almost every ma'raka.

– Bye. See you soon.
– Goodbye.

– Hi Hafez. I'm sorry[16] to hear about your father passing away.
– Yes, friend, such is fate.
– How old was he?
– He was 65.
– Was he ill?
– Yes. He was ill for two weeks. We took him to the doctor and treated him but it didn't help.
– Ah – mortality... there's no escape from the hand of death.
– What to do...this is fate.
– Bye, friend.

---

[16] Literally, "*May your heart not become worse.*"
[17] "*Чандба*" is the spoken form of *чандсола*.

ГРАММАТИКА / GRAMMAR

Complex Sentences: Subordinate Clauses of Location

Subordinate clauses of location are connected to main clauses with the conjunctions *"ки,"* *"ҷое ки,"* *"дар ҷое ки,"* *"то ҷое ки,"* and *"аз ҷое ки."* Sometimes constructions such as *"он ҷо"* and *"дар он ҷо"* are used in the main clause to show location:

Калидро *дар ҷое* гузор, *ки* фаромӯш накунӣ.	Put the key *somewhere that* you won't forget.
Дар ҷое ки онҳо зиндагӣ мекунанд, *дар ҳамон ҷо* пештар як боғи калон буд.	*In the place where* they live, there used to be a large garden.
Аз ҷое ки дарахтони тут мерӯянд, *аз он ҷо* ҳавлии мо сар мешавад.	Our garden starts *from where* the mulberry trees are growing.
То ҷое ки имкон дошт, пиёда рафтем.	We walked *as far as* it's impossible.

Multiple Complex Sentences

Sentences constructed from three or more clauses are called *"ҷумлаҳои мураккаби сертаркиб."* There are many types, so that just a few examples can be provided here:

Падарам гуфта буд, ки ман дар хурдсолӣ футболбозиро дӯст медоштам, вале ман теннисбоз шудам.	*My father said that I liked football when I was young, but I became a tennis player.*
Ҳарчанд кӯшиш кардам, ки забони тоҷикиро зудтар ёд гирам, нашуд, ба фикрам, барои омӯхтани забони тоҷикӣ камаш як сол лозим аст.	*Although I tried to learn Tajiki more quickly, it didn't happen, so I reckon that at least a year is necessary for learning Tajiki.*
Дар давоми як сол ҳам писарашро хонадор кард, ҳам духтарашро ба шавҳар дод, акнун мехоҳад, ки набератӯй кунад, бисёр одами бой будааст.	*In just one year, both his son and his daughter got married, and now he wants to throw a party for his grandchild – he must be a very rich man.*
Дирӯз Озод моро ба хонааш даъват кард, вале мо рафта натавонистем, чунки кори бисёр доштем.	*Yesterday Ozod invited us to his house, but we weren't able to go because we were very busy.*

МАШКҲО   EXERCISES

1. *Reread the commentary and find out the dates of the following holidays.*
    Example: 1 январ – иди Соли Нав аст.
    a. ... – иди Наврӯз аст.
    b. ... – иди занон аст.
    c. ... – Рӯзи забон аст.
    d. ... – Рӯзи дониш аст.
    e. ... – Рӯзи Конститутсияи Тоҷикистон аст.
    f. ... – Рӯзи байналмилалии меҳнаткашон аст.
    g. ... – Рӯзи истиқлоли Тоҷикистон аст.

2. *Construct sentences based on the following table, using the correct verb endings:*
    Example: Ман Қосимро бо рӯзи таваллудаш табрик кардам.

Ман	туро		соли Нав	
Ту	маро		рӯзи таваллуд…	
Онҳо	Қосимро		ҷашни Наврӯз	
Лутфӣ	шуморо		тӯйи арӯсӣ	
Шумо	ӯро	бо	Рӯзи истиқлолият	табрик кард… .
Бародарам	падарашро		Рӯзи муаллимон	
Ҳамкоронам	дӯсташро		иди занон	
Мадина	хоҳарамро		иди Қурбон	
Ману Пайрав	ҳамаро		иди Рамазон	
Вай	онҳоро		Рӯзи духтурон	

3. *Complete the following sentences, using appropriate conjunctions as necessary in the spaces (...):*
    a. ... об ҳаст, он ҷо ҳаёт низ ҳаст.
    b. ... меҳмонон омаданд, соат аз 12 гузашта буд.
    c. Мебахшӣ, ки ба тӯят иштирок карда наметавонам, ... пагоҳ бояд ба Хуҷанд равам.
    d. Фаромӯш накун, ... рӯзи ҷумъа бояд ба хонаи Фаттоҳ равем, ... ӯ ҷашни зодрӯз дорад.
    e. ... бори аввал ба Тоҷикистон омадам, ҳанӯз дар бораи урфу одатҳои тоҷикон чизе намедонам.
    f. ... илтимос кардам, ... ҳамроҳи ман ба тӯй равад, розӣ нашуд.

4. *Rewrite the following sentences, transforming the tense of the verbs, as shown in the example:*
    Example: Мо дар тӯйи арӯсии ҳамкорамон иштирок кардем.
    ⇨ *Мо дар тӯйи арӯсии ҳамкорамон иштирок карда будем.*
    ⇨ *Мо дар тӯйи арӯсии ҳамкорамон иштирок мекардем.*
    ⇨ *Мо дар тӯйи арӯсии ҳамкорамон иштирок мекунем.*
    ⇨ *Мо дар тӯйи арӯсии ҳамкорамон иштирок карда истодаем.*
    ⇨ *Мо дар тӯйи арӯсии ҳамкорамон иштирок хоҳем кард.*
    a.Ману Гулрӯ ба Манижа ба муносибати рӯзи таваллудаш тӯҳфа мехарем.
    b. Онҳо дар иди Рамазон ба хонаи мо хоҳанд омад.
    c. Шумо соли Навро дар хонаи худ пешвоз мегиред?
    d. Чаро ту моро табрик накардӣ?
    e. Файзиддин писарашро хатнатӯй карда истодааст.
    f. Оши никоҳро кӣ мепазад?

Lesson 19: Holidays, Celebrations, and Ceremonies 225

5. Read the following and express the same ideas in English:

> Дӯсти азиз Исрофил! Туро ба муносибати рӯзи таваллудат самимона табрик мегӯям. Ба ту умри дароз, хушбахтӣ ва саломатӣ орзу мекунам.
>
> Бо эҳтиром – дӯстат Маъмур.

> Модари азиз! Ҷашни Наврӯзро бароят табрик мегӯям. Орзу дорам, ки ҳамеша хушбахту солим бошӣ.
>
> Фарзандат – Садорат.

6. Read the proverbs below. Memorise any that you might be able to use in conversation:

Аз тӯй пеш нақора задан.	To beat the drum before the wedding.
Дар кӯчаи мо ҳам ид мешавад.	There will also be a celebration in our street.
Аспро рӯзи борону арӯсро рӯзи ид интихоб накун.	Don't choose the horse on a rainy day or the bride on a holiday.
Бигзор занро зару зевар мабод, шавҳар зинати ӯст.	Let a woman be without jewellery; a husband is her adornment.
Мардро мард мекардагӣ ҳам зан, номард мекардагӣ ҳам зан.	A wife can make a good man or a bad man out of her husband.
Қудо шудем, ҷудо шудем.	We became related by our children's marriage, we became divorced by the same.
Мурдая[18] монда тутхӯрӣ (кардан).	To lay aside the corpse and be joyful.[19]
Марги падару модар мерос, марги фарзанд теғи алмос.	The death of one's parents is a legacy, the death of a child like a blade.
Пул бошад, дар ҷангал ҳам шӯрбо мешавад.	If you have money, even in the forest you can have soup.
Ош бошад, ошхӯр ёфт мешавад.	If there's osh, you'll find people to eat it.
Ба оши тайёр бакавул.	He's only ever here when food is ready.

---

[18] "*Мурдая*" = *Мурдаро*
[19] Said when someone is happy without reason.

ХОНИШ   *READING*

1. Read the following texts, and discuss the questions that follow:

Наврӯз

Наврӯз ҷашни қадимии халқҳои эроннажод ва баъзе халқҳои дигар аст. Маънои Наврӯз рӯзи нав, яъне оғози рӯзи аввали сол аст. Он 21 Март – дар рӯзи баробар шудани шабу рӯз ҷашн гирифта мешавад. Дар баъзе кишварҳо, аз ҷумла, дар Эрону Афғонистон онро як ҳафта ҷашн мегиранд. Одамон дар ин рӯзҳо ҳар гуна хӯроку шириниҳои болаззат мепазанд, дар сари роҳу гулгаштҳо ниҳол мешинонанд. Дар майдону боғҳо бозиҳои гуногуни миллӣ, мисли «гӯштингирӣ» ва «бузкашӣ» мегузаронанд, раксу бозиҳо ва сурудхониҳо ташкил мекунанд, дар чойҳои сабзу хуррам, боғҳову истироҳатгоҳҳо ва доманакӯҳҳо ба сайругашт мебароянд. Мардум аз донаҳои наврустаи гандум хӯроки махсус – суманак мепазанд. Ҳама ҷо дар васфи баҳору меҳнат, ишқу ҷавонӣ таронаҳо мехонанд. Наврӯз иди Баҳор, Ҷавонӣ ва Ишқ аст. Онро мардум хеле дӯст медоранд.

Таронаҳои наврӯзӣ

Наврӯз ҷавон кард ба дил пиру ҷавонро,
Айёми ҷавонист заминрову замонро.

Наврӯз шуду ҷумла ҷаҳон гашт муаттар,
Аз бӯйи хуши лолаву райҳону санавбар.

Vocabulary:

қадимӣ	*ancient*	нажод [эроннажод]	*descent [Iranian descent]*
аз ҷумла	*for example*	гулгашт	*flower-bed*
гузаронидан / гузарондан (гузарон)	*to pass time*	сабзу хуррам	*green*
ташкил кардан	*to organise*	доманакӯҳ	*mountain foothills*
ба сайругашт баромадан	*to go for a walk*	дона	*seed, grain*
навруста	*shoot, sprout*	дар васфи	*about*
тарона	*rhyme; song*	айём	*days; period*
ҷумла ҷаҳон	*the whole world*	муаттар	*fragrant*
бӯй	*smell, scent*	санавбар	*pine tree*

Discuss the following questions based on what you have read in this lesson and any experiences you may have had in Central Asia:
1. Иди Наврӯз бисёр анъанаҳо дорад. Аз онҳое, ки шумо медонед, кадомашон динӣ ва кадомашон дунявист?
2. Дар бораи ягон иди миллии худ нақл кунед.

More useful vocabulary:

дин	*religion*	динӣ	*religious (thing)*
диндор	*religious (person)*	бедин	*atheist*
имон	*faith*	имондор	*faithful*
дунявӣ	*secular*	зардуштӣ	*Zoroastrian*

яҳудӣ	Jew, Jewish	масеҳӣ / насронӣ	Christian
ислом	Islam	исломӣ	Islamic
мусалмон / мусулмон	Muslim	буддоӣ	Buddhism, Buddhist
исмоилӣ	Ismaili	Оғо Хон	Aga Khan

2. Read the following text, and discuss the questions that follow:

Арвоҳ

Гоҳо (маъмулан шабона) дар хонаҳо шабпаракҳои махсус пайдо мешаванд, ки онҳоро арвоҳ меноманд. Ранги чунин шабпаракҳо хокистарии сафедтоб буда, аз шабпаракҳои оддӣ калонтар мебошанд, бисёр парвоз намекунанд ва маъмулан дар як ҷой мешинанд. Арвоҳ ҷамъи калимаи «рӯҳ» буда, маънояш «ҷон» аст. Аз рӯйи эътиқоди мардум онҳо рӯҳи гузаштагонанд ва барои хабаргирӣ меоянд. Барои ҳамин, вақте ки онҳоро мебинанд, барои гузаштагон дуо мекунанд. Чи хел парвоз карда омадан ё рафтани онҳо номаълум мемонад, зеро ба чунин шабпаракҳо даст намерасонанд ва кӯдаконро наздик шудан намемонанд.

Vocabulary:
арвоҳ	a type of moth	пайдо шудан	to appear
ҷамъ	plural	калима	word
ҷон	spirit, soul	гузаштагон	those who have passed away
даст расонидан	to touch	рӯҳ	spirit
эътиқод	belief, creed	хабаргирӣ	seeing and getting news
номаълум	unknown		

Translation of some expressions and idioms:
Аз рӯйи эътиқоди мардум ...	People believe ...
Кӯдаконро наздик шудан намемонанд	They won't let children go near

Discuss the following questions based on your reading of the text:
Ба фикри Шумо, ин эътиқоди тоҷикон ба дини ислом вобаста аст ё не? Кадом анъанаҳои тоҷиконро медонед, ки аз эътиқоди мусулмонон фарқ дорад?
Оё Шумо ба деву ҷинҳо ва иблису шайтон боварӣ доред? Ба фариштаҳо чӣ?

More useful vocabulary:
дев	demon	ҷин	evil spirit
иблис	devil	шайтон	satan
фаришта	angel	абад	eternity
биҳишт	heaven	дӯзах	hell
ҳукм	judgement	ҳукм кардан	to sentence
довар	judge	зиндашавӣ / эҳё[20]	resurrection
ба ... имон доштан	to have faith in ...	таҷассуми баъдимаргӣ	reincarnation

---

[20] Эҳё also means "Renaissance."

САНҶИШ

QUIZ

1. Give answers to the following questions:

1. – Ҷашни Наврӯз кадом рӯз аст?
   – ... .
2. – Кадом рӯз Рӯзи Истиқлолияти Тоҷикистон аст?
   – ... .
3. – Иди занон кай мешавад?
   – ... .
4. – Рӯзи Ғалаба кадом рӯз аст?
   – ... .
5. – Идатон муборак!
   – ... .
6. – Кадом расму анъанаҳои миллии тоҷикиро медонед?
   – ... .
7. – Иди Қурбон кай мешавад?
   – ... .
8. – Дар кишвари Шумо кадом ҷашнҳои миллӣ ҳастанд?
   – ... .
9. – «Фотиҳахонӣ» чӣ маънӣ дорад?
   – ... .
10. – «Оши никоҳ» чист?
    – ... .
11. – Зодрӯз муборак!
    – ... .
12. – Чӣ хел маъракаро «Оши сол» мегӯянд?
    – ... .

2. Fill in the questions corresponding with the following answers:

1. – ... ?
   – Рӯзи Конститутсияи Тоҷикистон 6 ноябр аст.
2. – ... ?
   – Ман ба занам дар иди занон як ҳалқа тӯҳфа кардам.
3. – ... ?
   – Рӯзи Ваҳдат 27 июн аст.
4. – ... ?
   – «Wedding»-ро ба тоҷикӣ «Тӯйи никоҳ» мегӯянд.
5. – ... ?
   – «Тӯйи хатна» тӯйи суннатии мусалмонон аст.
6. – ... ?
   – Идатон муборак!
7. – ... ?
   – Бародарам пагоҳ ҷашни зодрӯз дорад.
8. – ... ?
   – Қадимтарин ҷашни миллии тоҷикон «Наврӯз» аст.
9. – ... ?
   – Иди Ғалаба 9 май аст.
10. – ... ?
    – Тоҷикон дар моҳи Рамазон рӯза медоранд.
11. – ... ?
    – Ҷашни Наврӯзро 21– 22 март қайд мекунанд.
12. – ... ?
    – Раҳмат, саломат бошед.

3. *Make up dialogues using the material in lesson nineteen and, if possible, role-play the situations with a language helper or other language partner.*

Дарси 20

Қонун – Сиёсат
Муносибатҳои байналмилалӣ

Lesson 20

Law – Politics
International Relations

ШАРҲ

COMMENTARY

Tajikistan became independent on 9th September 1991 and a member of the United Nations on 2nd March 1992. The country is divided administratively into four regions (*вилоят*)—*ноҳияҳои тобеи марказ* ("*central dependent districts,*" centered around the capital, *Душанбе*), *Суғд* (centered around *Хуҷанд*), *Хатлон* (centered around *Кӯргонтеппа*), and *мухтори Кӯҳистони Бадахшон* (centered around *Хоруғ*)—which are in turn subdivided into 59 districts (*ноҳия*) organised around five main cities (the four regional centres, plus *Кӯлоб*). [For a map of the country and its regions, see the appendices.]

Tajikistan is located in Central Asia. It measures 700km from east to west and 350km from north to south, covering an area of 143,100km², 93 percent of which is mountainous. In some places the height above sea level exceeds 7000m. To the west and north, it shares a border with Uzbekistan and Kirghizstan, to the east with China (for 430km), and to the south with Afghanistan (for 1030km).

Tajikistan has a high rate of population growth. A century ago, in the area that is now defined as Tajikistan, there were 811,000 people, of whom 63,000 (that is, 8.4%) lived in cities and towns. The population of the country today is approximately six million, of whom 33% are urbanised. Among countries of the CIS, Tajikistan has the highest rate of population growth. The largest cities are the capital, *Душанбе*, (685,000; though many suggest there could be as many as a million) and *Хуҷанд* (200,000)[1].

Dushanbe lies in the Hisor valley at 750-930m above sea level. It is a member of the international federation of twin cities and is twinned with Boulder (USA), Monastir (Tunisia), San'a (Yemen), Lusaka (Zambia), Lahore (Pakistan), and Klagenfurt (Austria). Dushanbe is the industrial, scientific and cultural center of the country. It has the largest factories, the Academy of Sciences (made up of 26 research institutes), thirteen universities, five theatres, dozens of cinemas, a concert hall, circus, and the national Firdausi library.

The state symbol of Tajikistan depicts a crown surrounded by a semicircle of seven stars in the rays of the sun, rising from behind some mountains. This is surrounded by a wreath composed of ears of wheat on the right and cotton branches with buds opening on the left. The wreath is wrapped with a red, white, and green-striped ribbon. All of this sits on an open book on a stand.

The national flag of Tajikistan consists of three horizontal, coloured stripes: the top stripe is red and the lower stripe, of the same width, is green; the middle stripe, which is twice the width of the other two stripes, is white. The same golden crown and semicircle of seven stars that are represented in the state symbol appear in the middle of the white stripe. The flag is twice as long as it is wide. The crown and stars are limited to a rectangle with a height of 0.8 of the width of the white stripe and a width equal

---

[1] According to unofficial figures from the 2000 census.

to the width of the white stripe. The five-pointed stars have a diameter of 0.15 times this width and form an arc with a radius 0.5 times that of the white stripe.

Tajikistan is independent, democratic, secular, and united. The government is led by the president, whose term runs for seven years. The parliament is called the Supreme Assembly (*Маҷлиси Олӣ*) and has two houses – the National Assembly (*Маҷлиси Миллӣ*) and the House of Representatives (*Маҷлиси Намояндагон*). The House of Representatives is the country's permanent law-making body and consists of 63 members, each elected to represent the interests of both one of the constituencies in Tajikistan and their political party. Once laws and resolutions have been drafted they are sent to the National Assembly, which can either accept or reject the proposals. The National Assembly consists of 34 delegates, who represent the regions and cities, and also includes all former presidents. In addition, the president has the right to suggest some representatives of his own. As well as being the head of the country and the government, the president is also the commander of all the armed forces of Tajikistan. The government is headed by the Prime Minister, his deputies, ministers, and heads of state committees.

The courts (*Суд*) and prosecutor's office (*Прокуратура*) have a special place in the constitution. The court system is independent, only dependent upon the constitution and the law. It consists of the constitution court (*Суди Конститутсионӣ*), supreme court (*Суди Олӣ*), supreme economic court (*Суди олии иқтисодӣ*), regional courts (*Судҳои вилоятӣ*), city courts (*Судҳои шаҳрӣ*), district courts (*Судҳои ноҳиявӣ*) and military court (*Суди Ҳарбӣ*). Supervision of these courts and their execution of the law in Tajikistan is the responsibility of the General Prosecutor (*Прокурори генералӣ*) and his subordinates.

All citizens of Tajikistan aged 18 and above have the right to stand for election and to vote in elections. There are various political parties, the most important of which are the People's Democratic Party (*Ҳизби халқӣ-демократӣ*), the Communist Party (*Ҳизби коммунистӣ*), the Islamic Revival Party (*Ҳизби наҳзати ислом*), and the Socialist Party (*Ҳизби сотсиалистӣ*). It is prohibited to organise or to be involved in political parties and other social organisations that operate outside of the law.

According to articles 32-40 of the constitution of Tajikistan, land, means of production, natural resources, and other such things can be private property. They can belong to unions, individuals, or the state.

Tajikistan's land is rich with various natural resources, such as coal, precious metals and gold. There are over 400 sites that could be exploited, although only 100 of these are being mined, producing forty types of resources. In addition, the country has an abundant supply of water. The country's main exports are looms, electricity transformers, luminary-technical goods, refined alloyed metals, cotton fibre, silk and cotton fabrics, carpets, fruit and vegetables, tinned goods, and vegetable oil. Its main imports are cars, machine parts, tractors, various industrial goods, grain, and food products.

In its external politics, Tajikistan observes equal rights, non-interference in the internal affairs of other countries, and respects international agreements and the UN Charter. The number of countries with which Tajikistan has established diplomatic relations increases from year to year.

ЛУҒАТ / VOCABULARY

раис/роҳбар/сарвар	leader, head	раҳбарият / роҳбарӣ	leadership
раиси ҷумҳур / президент	President / head of the republic	дастгоҳи президент	presidential apparatus
подшоҳ / шоҳ	king	малика	queen
ҳукумат	government	мухолифин	opposition

Tajik	English	Tajik	English
порлумон / парламент	parliament	тарафдор / ҷонибдор	supporter
намоянда	representative, delegate	Маҷлиси Намояндагон	House of Representatives
Маҷлиси Олӣ	Supreme Assembly	Маҷлиси Миллӣ	National Assembly
Маҷма	Assembly	кумита	committee
сарвазир	Prime Minister	вазир	minister
ҷонишини сарвазир	Deputy Prime Minister	иҷрокунандаи вазифаи (...)	acting (...)
сафир	ambassador	консул	consul
мир / ҳоким	mayor	мушовир	adviser
котиб	secretary	котиби матбуот	press secretary
вазорат	ministry	вазорати адлия	Ministry of Justice
вазорати корхои хориҷӣ	Ministry of Foreign Affairs	вазорати корхои дохилӣ	Ministry of Internal Affairs
вазорати дифоъ	Ministry of Defence	вазорати амнияти давлатӣ	Ministry of National Security
вазорати тандурустӣ	Ministry of Health	вазорати маориф	Ministry of Education
вазорати кишоварзӣ / хоҷагии қишлоқ	Ministry of Agriculture	вазорати иқтисод ва савдо	Ministry of Economics and Trade
вазорати фарҳанг	Ministry of Culture	вазорати молия	Ministry of Finance
вазорати энергетика	Ministry of Energy	вазорати нақлиёт	Ministry of Transport
созмон	society, organisation	ҳизб	political party
ташкилот	organisation	пайрав	follower
ташкилоти байналмилалӣ	international organisation	ташкилоти сиёсӣ	political organisation
раъйпурсии умумӣ	referendum	баруйхатгирии умумӣ	census
интихобот	election (n)	маърака	campaign
номзад	candidate	мудири шӯъба	head of department
мавқеъ	position, place	система	system
кох / қаср	palace, "house"	эътиборнома	credentials
байрақ / парчам	flag	нишон [герб][2]	emblem, crest
давлат	state, country	аҳолӣ	population
ҳудуд	territory	сарҳад	boundary, border
истиқлол / истиқлолият	independence	озодӣ	freedom, liberty
сафар	journey	сафари расмӣ	official trip
мулоқот / вохӯрӣ	meeting	сафари корӣ	business trip
робита / муносибат	relation	гуфтушунид / музокирот	negotiation
созишнома / қарордод	agreement	пешниҳод	suggestion, proposal
эъломия	declaration	қатънома	resolution
ташаббус	initiative, enterprise	ҳамкорӣ	co-operation
масъала / проблема	problem	саъй / кӯшиш	attempt
бӯхрон	crisis	тараққӣ	progress, development
мубориза	fight, struggle		
кӯмак / ёрӣ	help, assistance	дахолат	interference

---

[2] Words shown in square brackets are Russian words used in colloquial Tajiki.

тарафайн	the two sides	анҷом	conclusion, end
суханронӣ	speech	аҳамият	importance
иқтисодиёт	economy	фаъолият	activity
таваррум	inflation	саноат	industry
маблағ	investment		
Сарқонун / Конститутсия / Қонуни асосӣ	constitution	қонун	law
		қудрат	power
адолат	justice	беадолатӣ	injustice
ҷиноят	crime	ҷинояткор	criminal
ҳабсхона / маҳбас	prison	маҳбус	prisoner
қатл	murder	ҳукми қатл	death penalty
нашъа	drugs	нашъаманд	drug-user
нашъамандӣ	drug-use	дузд	thief
ҷанг	war	сулҳ	peace
артиш [армия]	army	либоси расмӣ	uniform
яроқ	arms, weapons	халъи силоҳ	disarmament
милтиқ	rifle	автомат	machine-gun
бомба	bomb	таркиш	explosion
муҳофиза / муҳофизат	defence	озмоиш	trial, experiment
гуреза	refugee; fugitive	интизом	discipline, order
Созмони милали муттаҳид (СММ)	United Nations	Ҷамъияти ҳилоли аҳмари Тоҷикистон	Society of the Red Crescent in Tajikistan
Кумитаи байналмилалии салиби сурх (КБСС)	International Committee of the Red Cross (ICRC)	Созмони амният ва ҳамкорӣ дар Аврупо (САҲА)	Organisation for Security and Co-operation in Europe (OSCE)
дӯстона	friendly	башардӯстона / хайрия	humanitarian
дучониба	bilateral	ҳамачониба	multilateral
расмӣ	official	ғайрирасмӣ	unofficial
сиёсӣ	political	таърихӣ	historical
иқтисодӣ	economic	фарҳангӣ	cultural
байналмилалӣ	international	байнидавлатӣ	intergovernmental
зид / муқобил	opposite; contrary	дипломатӣ	diplomatic
озод	free	бетараф	neutral, impartial
демократӣ	democratic	шӯравӣ	Soviet
интихоботӣ	election (adj)	мустақил	independent
хориҷӣ	foreign	дохилӣ	internal
маҳаллӣ	local	пойдор / устувор	steady, firm
муфид	useful, helpful	мавҷуда	present, current
бенатиҷа / беҳуда	futile, in vain	бефоида	worthless, in vain
муҳим / аҳамиятнок	important	олиқадр	very honoured
		аз … иборат	consists of …
даъват кардан	to invite	даъват шудан	to be invited
ташриф овардан	to visit, to do the honour of visiting	ба расмият шинохтан	to officially recognise
сафар кардан	to make a trip	ҳамроҳ шудан	to join, to accompany

Tajik	English
озими ... шудан	to set off for ...
мулоқот кардан	to have a meeting
баррасӣ кардан / мавриди баррасӣ қарор додан	to discuss
барпо шудан / гардидан	to be established, to take place
овоз додан	to vote
интихоб шудан	to be elected
истеъфо додан	to resign
таъйин кардан	to appoint, to nominate
эълон кардан	to announce
ёрӣ додан / кӯмак кардан	to help
ба даст овардан	to acquire
барқарор кардан	to establish
дастгирӣ кардан	to support
ташвиш додан	to cause someone trouble; to phone someone
дар ташвиш будан	to be in trouble
{тир} паррондан (паррон)	to shoot, to fire {a bullet}
таркидан (тарк)	to explode
дуздидан (дузд)	to steal
ба ҳузур пазируфтан / қабул кардан	to receive, to welcome
ширкат варзидан / иштирок кардан	to participate in
эътироз кардан	to object, to protest
рад кардан	to reject
қатъ кардан / буридан (бур)	to break {an agreement}
аз вазифа озод кардан	to dismiss, to fire, to sack
саҳм гузоштан / саҳм гирифтан	to contribute
имзо кардан	to sign
мудохила кардан	to interfere, to intervene
аз даст додан	to lose
инкишоф ёфтан	to develop
сулҳ бастан	to make peace
маблағ додан / маблағгузорӣ кардан	to invest
дар хизмати аскарӣ будан	to do military service
таркондан (таркон)	to blow up
дурӯғ гуфтан	to lie
ҳабс кардан	to arrest, imprison

<table>
<tr><th>СӮҲБАТҲО</th><th>DIALOGUES</th></tr>
</table>

1.
– Мебахшед, даромадан мумкин?
– Марҳамат, дароед.
– Қаҳрамон Акрамович, ба назди Шумо намояндаи Бонки ҷаҳонӣ ташриф овардаанд, мехоҳанд ба назди Шумо дароянд.
– Марҳамат, гӯед, дароянд.

2.
– Мебахшед, даромадан мумкин?
– Марҳамат.
– Ҷаноби сафир, ба Шумо аз вазорати фарҳанг як даъватнома омадааст, Шуморо ба маҷлиси ботантана, ки ба муносибати иди Наврӯз дар театри опера ва балети ба номи Айнӣ рӯзи 20 март соати 10 баргузор мегардад, даъват кардаанд.

– *Excuse me, may I come in?*
– *Please, come in.*
– *Qahramon Akramovich, representing the World Bank, has come to visit you and would like to see you.*

– *OK, tell him to come in.*

– *Excuse me, may I come in?*
– *Please do.*
– *Mr Ambassador, an invitation has come for you from the Ministry of Culture, inviting you to a festive gathering for Navruz at the Aini Opera and Ballet Theatre at 10 o'clock on 20*th *March.*

– Бисёр хуб. Шумо дар бораи иди Наврӯз медонед?
– Албатта, ин ҷашни миллии тоҷикон аст ва он аз рӯйи тақвими қадима иди соли нав аст.
– Ташаккур.
– Саломат бошед. Баромадан мумкин?
– Албатта.

– Excellent. Do you know about Navruz?
– Of course. It's a national celebration for the Tajiks – the New Year holiday according to the old calendar.
– Thank you.
– You're welcome. Can I go?
– Of course.

3.
– Қабулгоҳи вазорати корҳои хориҷӣ.

– Салом алейкум.
– Салом алейкум.
– Мебахшед, Шуморо аз сафорати Олмон ташвиш медиҳанд. Сафир мехоҳанд, ки бо ҷаноби вазир мулоқот кунанд.
– Кай?
– Агар имконият бошад, пагоҳ соати 10-и пагоҳӣ.
– Як дақиқа сабр кунед, ҳозир ман мефаҳмам... Ало?
– Бале, гӯш мекунам.
– Мутаассифона, пагоҳ соати 10 ҷаноби вазир наметавонанд. Агар мумкин бошад, ҷаноби сафирро соати 11 қабул карда метавонанд.
– Соати 11? Ҳозир, як дақиқа... Ало, бисёр хуб, ҷаноби сафир фардо соати 11 ба назди ҷаноби вазир хоҳанд рафт. Хайр, саломат бошед.
– Худо ҳофиз, то пагоҳ.

– Reception for the Ministry of Foreign Affairs.
– Hello.
– Hello.
– Excuse me. This is the German Embassy calling. The ambassador wants to arrange a meeting with the minister.
– When?
– If possible, tomorrow morning at 10 o'clock.
– Hold on a minute while I find out...Hello?
– Yes, I'm listening.
– Unfortunately, the minister is unable to make 10 o'clock tomorrow. If 11 o'clock is possible, he could see the ambassador then.
– 11 o'clock? Hold on a minute...Hello? That's fine. The ambassador will come see the minister tomorrow at 11 o'clock. Goodbye.
– Goodbye. Until tomorrow.

4.
– Салом алейкум, сафири мӯҳтарам.
– Салом алейкум, ҷаноби вазир.
– Қабл аз ҳама Шуморо ба муносибати сафир таъйин шуданатон самимона табрик мегӯям. Ман умедворам, ки муносибатҳои дуҷониба байни кишварҳои мо боз ҳам инкишоф меёбанд ва Шумо дар ин ҷода саҳми арзандаи худро хоҳед гузошт.
– Ташаккур, мӯҳтарам вазир. Ман хушҳолам, ки дар сарзамини меҳмоннавози тоҷикон ба сифати сафир кор хоҳам кард. Ман бо Тоҷикистон ва мардуми он, таърихе фарҳанги ғании кишвари Шумо ошно ҳастам.
Густариши муносибатҳои дуҷониба ба манфиати халқҳои кишварҳои мо хоҳад

– Hello, Mr Ambassador.
– Hello, Minister.
– Firstly, let me sincerely congratulate you on your being appointed the ambassador. I am hopeful that bilateral relations between our two countries will continue to develop and that you will make a valuable contribution to this end.

– Thank you, Minister. I am happy to be able to serve as ambassador in the hospitable country of the Tajiks. I am acquainted with Tajikistan and its people, and your country's wealth of history and culture. The development of bilateral relations should be to the benefit of both our countries' peoples.

буд. Ман кӯшиш мекунам, ки
робитаҳои иқтисодӣ, илмӣ, фарҳангӣ ва
тиҷоратӣ боз ҳам инкишоф ёбанд.
– Ташаккур. Ман ҳам умедворам, ки
ҳамкориҳои мо густариш меёбанд, дар
ин кор вазорати мо ба Шумо кӯмак
хоҳад кард.
– Саломат бошед, мебахшед, ки Шуморо
ташвиш додам. Аз мулоқот бо Шумо
хушҳолам.
– Хайр, Худо ҳофиз.
– То боздид.

I will try to continue developing economic, scientific, cultural and trade relations.

– Thank you. I also hope that our cooperation will grow, and that our ministry will be able to help you in this work.

– Thank you. Sorry for disturbing you. I am happy to have met you.

– Goodbye.
– Until next time.

5.
– Салом алейкум.
– Салом алейкум, марҳамат, биёед.
– Мебахшед, ман аз рӯйи эълон барои
иштирок дар озмуни ишғоли вазифаи
ҳисобдор дар ташкилоти Шумо омадам.
– Бисёр хуб, марҳамат, ана ин
саволномаро пур карда, бо ҳуҷҷатҳои
лозимӣ то 20 июн ба мо супоред. Агар
савол дошта бошед, марҳамат, пурсед.
– Мебахшед, донистани забони англисӣ
шарт аст?
– Албатта, ғайр аз маълумоти ҳисобдорӣ,
Шумо бояд забонҳои англисӣ, тоҷикӣ
ва русиро хуб донед. Ҳамчунин, бояд
камаш се сол собиқаи корӣ дошта бошед.
– Ташаккур.
– Саломат бошед.
– Ҳуҷҷатҳоро дар вақташ пур карда
меорам. Хайр.
– Худо ҳофиз.

– Hello.
– Hello. Please, come in.
– Excuse me. I have come in response to an announcement to apply for the job vacancy for an accountant in your organisation.
– OK. Please complete this application form and return it with the relevant documents to us by June 20th. If you have any questions, just ask.
– Is it necessary to know English?

– Of course. Besides accountancy, you should also know English, Tajiki, and Russian. Further, you should also have had at least three years experience.
– Thank you.
– You're welcome.
– I will bring the completed documents before the deadline. Goodbye.
– Goodbye.

6.
– Лаббай.
– Ало, ин ҷо сафорати Ҳиндустон?
– Бале, гӯш мекунам.
– Мебахшед, мо аз идораи рӯзномаи
«Ҷумҳурият». Бисёр мехостем, ки ба
муносибати Рӯзи истиқлолияти
Ҳиндустон бо ҷаноби сафир як
мусоҳиба омода кунем.
– Майлаш, ман ба ҷаноби сафир
мерасонам ва вақту соати онро ба
Шумо баъдтар хабар медиҳам.
– Ташаккур, хоҳарам, мо интизори занги
Шумо.
– Саломат бошед, албатта телефон мекунам.
– Раҳмати калон, хайр.
– Хайр.

– Yes?
– Hello, is this the Indian Embassy?
– Yes. I'm listening.
– Excuse me. I represent the "Jumhuriyat" newspaper and we would very much like to arrange an interview with the ambassador about India's Independence Day.

– Fine. I will see the ambassador and contact you later with a time and date.

– Thank you. We'll wait for your call.

– Don't worry – I'll be sure to phone.
– Many thanks. Goodbye.
– Goodbye.

7.
– Дима, намедонӣ, шакли идораи давлатӣ дар Тоҷикистон чӣ хел аст?
– Медонам. Пештар тибқи Конститутсия шакли идораи президентӣ ҷорӣ буд. Дар солҳои ҷанги дохилӣ шакли порлумонии идора ҷорӣ гардид, вале ҳоло боз президент роҳбари асосии давлат ва ҳукумат ба ҳисоб меравад.
– Интихоботи президент чӣ хел мегузарад?
– Ба тариқи озод, бо роҳи овоздиҳии пинҳонӣ.
– Интихоботи охирини президентӣ кай баргузор гардид?
– Соли гузашта, агар хато накунам, моҳи март.
– Барои маълумот раҳмат.
– Намеарзад.

– Dima, do you know what kind of state administration Tajikistan has?
– Yes, I do. Recently, according to the constitution, it has introduced a presidency. During the civil war, a Parliamentary system operated, but now the president is both the main leader of the country and the government.
– How are the presidential elections carried out?
– By free and secret ballot.
– When was the last presidential election?
– Last year, in March, if I'm not mistaken.
– Thanks for the information.
– You're welcome.

ГРАММАТИКА / GRAMMAR

Verbal adverb

Verbal adverbs are a group of verbs that do not take conjunctions. They indicate actions and states in the same way as main verbs. Verbal adverbs are formed by adding the suffix "*-он*" to the present tense verb stem. They are often formed from compound verbs: e.g.

| бозӣ кардан ⇨ бозикунон | рақс кардан ⇨ рақскунон |
| табассум кардан ⇨ табассумкунон | ишора кардан ⇨ ишоракунон |

Бачагон *бозикунон* аз мактаб ба хона рафтанд.
The children ran home from school playing.

Меҳмонон *гапзанон* аз хона берун баромаданд.
The guests went outside talking.

Марк ба марди кулоҳпӯш *ишоракунон* ба мо гуфт: – Ин мард раиси мост.
Pointing to the man wearing the hat, Mark told us, "This man is our boss."

Ӯ дарро *тараққосзанон* пӯшид.
He slammed the door.

Мо ба ин гапҳои ӯ *қаҳқаҳзанон* хандидем.
We laughed uncontrollably at what he said.

The function of verbal adverbs is similar to that of past participles, and the two can consequently be used as alternatives for each other. Compare the following:

| Марк ба марди кулоҳдор *ишоракунон* гуфт: – .... | Марк ба марди кулоҳдор *ишора карда* гуфт: – .... | *Pointing* to the man with the hat, Mark said, "...." |
| Ман ба гапҳои ӯ *табассумкунон* гӯш мекардам. | Ман ба гапҳои ӯ *табассум карда* гӯш мекардам. | *I listened to what he said with a smile.* |

Direct and Indirect Speech

Direct speech can come before, either side of, or after the words of narration. Compare the following:

– Мо тайёрем, ки ба Тоҷикистон кӯмак кунем, – гуфт намояндаи бонки ҷаҳонӣ дар сӯҳбат бо мухбири МИТ «Ховар»³.	*"We are ready to help Tajikistan," said a representative for the World Bank during a conversation with a correspondent for the Tajikistan Information Centre "Khovar"*
– Мо, – гуфт намояндаи Бонки ҷаҳонӣ дар сӯҳбат бо мухбири МИТ «Ховар», – тайёрем, ки ба Тоҷикистон кӯмак кунем.	*"We," said a representative for the World Bank during a conversation with a correspondent for the Tajikistan Information Centre "Khovar," "are ready to help Tajikistan."*
Намояндаи Бонки ҷаҳонӣ дар сӯҳбат бо мухбири МИТ «Ховар» гуфт: – Мо тайёрем, ки ба Тоҷикистон кӯмак кунем.	*A representative for the World Bank said during a conversation with a correspondent for the Tajikistan Information Centre "Khovar," "We are ready to help Tajikistan."*

In these kinds of sentences, a variety of verbs are used to indicate that speech is being quoted: e.g. *гуфтан* (*"to say, to tell"*), *баён кардан* (*"to express"*), *изҳор кардан* (*"to state"*), *ҳикоя кардан* (*"to tell (a story)"*), *нақл кардан* (*"to describe"*), *эълон кардан* (*"to announce"*), *фарёд задан* (*"to call, to shout"*), *пурсидан* (*"to ask"*), *ҷавоб додан* (*"to answer"*), and *илова кардан* (*"to add"*):

– Чаро ба кор наомадӣ? – фарёд зад раис.	*"Why didn't you come to work?" shouted the boss.*
– Ин ҳам натиҷаи ҳамкориҳои муфиди мо, – илова кард сафир.	*"This is also the result of our useful partnership," added the ambassador.*
Маркос маро дида пурсид: – Намедонӣ, имрӯз Маргарита ба вазорат меравад ё не?	*Seeing me, Mark asked, "Do you know if Margarita is going to the ministry today or not?"*

If the direct speech is introduced using one of these verbs and does not start on a new line, it can appear between quotation marks («...»):

Вазир гуфт: «Мо дар ин бора фикр мекунем».	*The minister said, "We are thinking about it."*
Президент изҳор кард: «Мақсади асосии мо таъмини сулҳ дар ин сарзамин аст».	*The President stated, "Our main purpose is to establish peace in our land."*

Punctuation is not used for indirect speech, both the introduction and the quoted speech taking the form of a single compound sentence, usually with the conjunction *ки*:

Вазири фарҳанг гуфт, ки имрӯз бо сафири Амрико мулоқот хоҳад кард. (Муқоиса кунед: Вазири фарҳанг гуфт: «Ман имрӯз бо сафири Амрико мулоқот хоҳам кард».)	*The Minister of Culture said that he would be meeting with the American ambassador today. (Compare: The Minister of Culture said, "Today I will be meeting with the American ambassador.")*
Ман гуфтам, ки имрӯз ба кор рафта наметавонам. (Ман гуфтам: «Имрӯз ба кор рафта наметавонам».)	*I said that I couldn't go to work today. (Cf. I said, "I can't go to work today.")*

---

³ An abbreviation for "*Маркази иттилоотии Тоҷикистон «Ховар»*".

Ӯ гуфт, ки ҳар вақт, ки хоҳӣ, биё.　　He said to come whenever I wanted.
(– Ҳар вақт, ки хоҳӣ, биё, – гуфт　　(Cf. "Come whenever you want," he
ӯ.)　　said.)

МАШҚҲО　　　　　　　　　　　　　EXERCISES

1. *Construct sentences based on the following table:*
    Example: **Мо умедворем, ки муносибатҳои дӯстона байни кишварҳои мо боз ҳам инкишоф меёбанд.**

Мо умедворем, ки	робитаҳои иқтисодӣ ҳамкориҳои фарҳангӣ муносибатҳои ҳамаҷониба муносибатҳои дипломатӣ робитаҳои тиҷоратӣ	байни кишварҳои мо боз ҳам инкишоф меёбанд.

2. *Construct sentences based on the following table:*
    Example: **Мо мехоҳем, ки бо ҳаёти мардуми деҳот шинос шавем.**

Мо мехоҳем, ки бо	робитаҳои тиҷоратии Тоҷикистон бо кишварҳои дигар проблемаҳои мавҷудаи иқтисодӣ ҷойҳои таърихӣ сафири Покистон дар Тоҷикистон ҳаёти мардуми деҳот анъана ва урфу одатҳои миллӣ мушкилиҳои кору фаъолияти ташкилоти Шумо системаи интихоботӣ дар Тоҷикистон таърихи мардуми тоҷик устодон ва шогирдони донишгоҳ	шинос шавем.

3. *Rewrite the following sentences, using the verbal adverb of the verbs in parentheses:*
    Example: Онҳо *(сӯҳбат кардан)* аз утоқи корӣ баромаданд.
    ⇨ Онҳо **сӯҳбаткунон** аз утоқи корӣ баромаданд.
    a. Акрамҷон маро дида, (тохтан) ба сӯям омад.
    b. Дар назди дар Карим (табассум кардан) меистод.
    c. Санавбар (рақс кардан) ба пешвози мо баромад.
    d. Ӯ (тааҷҷуб кардан) ба мо менигарист.

4. *Rewrite the following sentences, using the appropriate form and tense of the verbs in parentheses:*
    a. Ҳафтаи гузашта сарвазири Тоҷикистон сафири Фаронсаро (ба ҳузур пазируфтан).
    b. Зимни мулоқот масъалаҳои ҳамкории фарҳангӣ (баррасӣ шудан).
    c. Пагоҳ президенти Русия бо сафари расмӣ ба кишвари мо (ташриф овардан).
    d. Пас аз гуфтушунид Созишномаи ҳамкориҳои иқтисодӣ (ба имзо расидан).
    e. Меҳмони олиқадрро вазири амнияти давлатӣ ва дигар шахсони расмӣ (гусел кардан).

5. Change the direct speech to indirect speech in the following sentences:

Example: – Мо мехоҳем, ки бо Тоҷикистон робитаҳои хуби тиҷоратӣ дошта бошем, – гуфт намояндаи ширкати «Табани».

⇨ *Намояндаи ширкати «Табани» гуфт, ки мехоҳанд бо Тоҷикистон робитаҳои хуби тиҷоратӣ дошта бошанд.*

a. Президенти Қазоқистон зимни сафари расмии худ ба Украина изҳор дошт: «Мо кӯшишҳои раҳбарияти Украинаро дар мавриди барқарор намудани сулҳи пойдор дар минтақа дастгирӣ мекунем».
b. – Мо ба дахолати кишварҳои дигар ба корҳои дохилии худ роҳ намедиҳем, – гуфт сарвазири Британиё дар мусоҳиба бо мухбири рӯзномаи «Таймс».
c. – Агар лозим шавад, – гуфт ӯ, – мо ҳам ба Шумо кӯмак мекунем.

6. Read the following paragraphs and express the same information in English:

a. Дирӯз вазири корҳои хориҷии Инглистон бо сафари расмӣ ба Тоҷикистон омад. Меҳмони олиқадрро дар фурудгоҳи Душанбе вазири корҳои хориҷии Тоҷикистон, ҷонишини сарвазир, мири шаҳри Душанбе ва дигар шахсони расмӣ пешвоз гирифтанд. Худи ҳамон рӯз гуфтушуниди вазирони корҳои хориҷии Тоҷикистон ва Инглистон баргузор гардид. Зимни сӯҳбат, ки дар фазои дӯстона гузашт, тарафайн масъалаҳои густариши ҳамкории дуҷониба, авзои минтақа ва масъалаҳои дигарро баррасӣ намуданд.

b. Шанбеи гузашта дар Душанбе мулоқоти сарони кишварҳои Осиёи Марказӣ баргузор гардид, ки дар он президентҳои Қазоқистон, Қирғизистон, Ӯзбекистон, Туркманистон ва Тоҷикистон ширкат варзиданд. Дар мулоқот масъалаҳои амнияти минтақа, робитаҳои иқтисодӣ, тиҷоратӣ ва баъзе масъалаҳои дигар мавриди баррасӣ қарор гирифтанд. Пас аз анҷоми мулоқот Созишномаи ҳамкориҳои иқтисодӣ ба имзо расид.

c. Пагоҳ дар Ню-Йорк Маҷмаи Умумии Созмони Милали Муттаҳид ба кори худ шурӯъ мекунад. Барои ширкат дар кори он президенти Тоҷикистон дирӯз озими Вашингтон шуд. Дар фурудгоҳи Душанбе президентро сарвазири кишвар, раиси Маҷлиси Миллӣ ва дигар шахсони расмӣ гусел карданд.

d. 7 сентябр дар кохи Борбад ба муносибати ҷашни истиқлоли Тоҷикистон маҷлиси ботантана[4] барпо гардид, ки дар он президенти кишвар, сарвазир, роҳбарони вазорату идораҳо, намояндагони дипломатии кишварҳои хориҷӣ, ташкилотҳои байналмилалӣ ва меҳмонон аз кишварҳои ҳамсоя иштирок карданд. Дар маҷлис президенти кишвар ва чанде аз меҳмонон суханронӣ карданд. Дар хотима[3] консерти устодони санъати Тоҷикистон баргузор гардид.

---

[4] *Ботантана* means "*festive, celebratory;*" *хотима* means "*end, conclusion.*"

ХОНИШ — READING

Read the following text, retell it in Tajiki in your own words, and then discuss the question that follows:

Ҳикоят (мазмун аз «Гулистон»-и Саъдӣ)

Подшоҳе умраш ба охир мерасид, аммо писаре надошт, ки ҷонишини ӯ гардад. Ба вазирон васият кард, ки баъди маргаш ба аввалин шахсе, ки саҳар ба шаҳр медарояд, тоҷи шоҳӣ ба сараш гузоранд. Тасодуфан аввалин шахсе, ки ба шаҳр омад, гадое буд, ки як умр аз пайи ноне аз шаҳр ба шаҳр мегашт.

Вазирон васияти подшоҳро ба ҷо оварданд ва давлату сарват ба ӯ супурданд. Гадо муддате бо хушҳолӣ ҳукмронӣ кард. Пас аз чанд муддат дар баъзе қисматҳои давлат шӯришҳо ба вуҷуд омаданд, баъзе лашкариён аз итоат ба подшоҳ саркашӣ карданд. Подшоҳ хеле ғамгин буд ва намедонист чӣ кор кунад. Дар ин вақт яке аз дӯстонаш, ки дар вақти гадоӣ шахси наздики ӯ буд, аз сафар баргашт ва ӯро дар тахти подшоҳӣ дида, ба наздаш омаду гуфт:

— Табрик, дӯстам, чи хуб, ки бахти баланд насиби ту шуд!

Подшоҳ ҷавоб дод:

— Маро табрик накун, ба ман таъзия баён кун. Он вақт, ки бо ту будам, ғами як пора нон доштам, имрӯз ғами ҷаҳон ба гардани ман аст.

Vocabulary:

мазмун	material; adapted from	васият	last will, testament
шоҳӣ	royal	тасодуфан	by coincidence
гадо	beggar	хушҳолӣ	happiness
ҳукмронӣ кардан	to govern	шӯриш	rebellion
ба вуҷуд омадан	to come into being	лашкариён	soldiers
итоат	obedience, submission	саркашӣ кардан	to refuse
гадоӣ	beggary, begging	бахти баланд	great fortune

Translation of some expressions and idioms:

Умраш ба охир мерасид.	He was nearing the end of his life.
Тоҷи шоҳӣ ба сараш гузоранд.	They should crown him.
Як умр аз пайи ноне аз шаҳр ба шаҳр мегашт.	He had spent his life going from city to city in search for food.
Бахти баланд насиби ту шуд.	You have been blessed with much luck.
Ғами ҷаҳон ба гардани ман аст.	The cares of the world are upon my shoulders [literally: neck].

Discuss the following:

Ба фикри Шумо, аз масъулиятҳои подшоҳ ё раиси ягон мамлакат кадомашон вазнинтар аст? Аз кадом ҷиҳат ин вазифа хатарнок аст? Ҳамчунин, вазифаи роҳбарӣ чӣ манфиат дорад?

More useful vocabulary:

масъулият	responsibility	хатарнок	dangerous
ҷиҳат	respect; direction	манфиат	benefit

САНҶИШ

1. Give answers to the following questions:

1. – Сафири Эрон дар Тоҷикистон кист?
   – ... .
2. – Президенти Русия кай ба Вашингтон рафт?
   – ... .
3. – Шакли идораи давлатӣ дар Тоҷикистон кадом аст?
   – ... .
4. – Тоҷикистон кай узви СММ шуд?
   – ... .
5. – Вазири корҳои хориҷии Чин кист?
   – ... .
6. – Вазорати корҳои хориҷиро дар Америко чӣ мегӯянд?
   – ... .

QUIZ

7. – Охирин Маҷмаи Умумии СММ кай баргузор гардид?
   – ... .
8. – Дар Тоҷикистон кадом ҳизбҳои сиёсӣ ҳастанд?
   – ... .
9. – Дар Душанбе кадом ташкилотҳои байналмилалӣ фаъолият мекунанд?
   – ... .
10. – Президенти кишваратон кист?
    – ... .
11. – «Созишнома»-ро ба забони англисӣ чӣ мегӯянд?
    – ... .
12. – Кадом вазоратҳои Тоҷикистонро медонед?
    – ... .

2. Write a couple of reports about official visits similar to those in exercise 6.

3. Make up dialogues using the material in lesson twenty and, if possible, role-play the situations with a language helper or other language partner.

Дарси 21

Lesson 21

Саёҳат – Табиат

Tourism – Nature

ШАРҲ

COMMENTARY

The history of the Tajiks is closely connected with the history of other peoples in Asia and dates back for many centuries. Numerous hills and barrows, scattered along river valleys and the ancient caravan roads hide the remnants of prehistoric and historic cities and towns that were once regional capitals and centres for the different trades and cultures of nations living on the site of what is now Tajikistan. Ruins from these early states – Sughd and Bokhtar (Baktria), Kushan, and those of the Eftalits, Tahirids, Samanids, and Gaznevids – conceal the remains of former Arab and Mongol invasions. These ancient states have left an indelible mark in the history of the Tajiks' material and spiritual culture.

Unfortunately, owing to the way the Central Asian territory was divided up by the Soviet authorities, the most significant centres of Tajik history and culture are to be found in Uzbekistan – namely, the ancient Tajik cities of Samarkand and Bukhara. Bukhara was the capital during the Samanid era and Ismoili Somoni's shrine is located nearby. The majority of people living in these cities are still Tajik, so anyone who speaks Tajiki can easily find their way around them.

Hisor citadel

Nonetheless, there are a lot of important sites in Tajikistan relating to Tajik history, archaeology, art, and architecture, including more than 900 archaeological and 200 architectural sites. The most frequently visited of these by tourists to Tajikistan's capital, Dushanbe, are the 5-14th century citadel (*қалъа*), neighbouring madrassahs and 14-15th century "*Makhdumi Azam*" mausoleum in Hisor.

Nature in Tajikistan is very varied, ranging from valleys and ravines to mountain slopes and high mountains. Different climates existing alongside each other create beautiful landscapes full of rivers and springs. There are many resting-places and health centres where people can bathe in hot water from therapeutic underground springs. For instance, there are a lot of rest-spots with cafes and bars along the banks of the Varzob river, to the north of Dushanbe. This is a favourite resting-place frequented by visitors and people from the city, who often go there at weekends to enjoy the fresh air and beautiful scenery. Varzob valley is also called the "valley of lovers" (*дараи ошиқон*), as it is a place where lovers and newly-weds are known to go for strolls.

On the west side of the Varzob river, at a height of around 1800m above sea-level and surrounded by mountains on each side, there is the Khoja Obi Garm (*Хоҷа Оби Гарм*) health-resort. This has numerous underground springs that are held to have therapeutic qualities. Within about 400m, there are about 40 such springs, through which 1300 cubic litres of water flows each day, ranging in temperature from 38 to 95°C. This hot water is channelled via pipes to special baths. The steam that rises from the springs collects in saunas and is used in the treatment of various diseases, particular those of the bones, nerves, respiratory system, and blood system.

In the northern part of the Hisor mountain range, at a height of 2195m above sea level, is Lake Iskandar (*Искандаркӯл*), one of the most beautiful lakes in the country and held by tourists to be the most attractive site in the Fon (*Фон*) mountains. Formed as the result of an earthquake, it is triangular in shape, 2900m wide, 3300m long, and 72m deep. Leading up the Fon mountain, there is a footpath used by tourists. On the south bank of Iskandarkul, there is a base for tourists and mountain climbers, through which thousands of people pass each year.

Tajikistan's high mountains also attract many tourists. Each year, dozens of mountain climbers ascend the various peaks, the highest of which is named after Ismoili Somoni (*қуллаи Исмоили Сомонӣ*) and stands at 7495m above sea level.

While it is not possible to mention all the sights of Tajikistan, some of the other well-known ones include: the hot springs in the Badakshan mountains (at *Гармчашма*), the Rasht valley (at *Оби Гарм*), the districts of Istaravshan (at *Ҳавотоғ*), and Isfara (at *Зумрад*). Hundreds of people go to these places each year both to rest and to seek treatment for their illnesses. All in all, there are many interesting and scenic places for tourists in Tajikistan.

The figure of a woman, her eternal grief frozen in white marble, in the Yarhich River valley, halfway between Gharm and Jirgatol, marks the site of Hoyit, Tajikistan's largest grave. On 10ʰ July 1949, one of the last century's most powerful earthquakes (measuring 10.0 on the Richter scale) caused a block of 250 million cubic metres of rock to fall off the top of Borgulchak Rock, destroying 150 villages and killing an estimated 28,000 people.

ЛУҒАТ / VOCABULARY

Tajik	English	Tajik	English
ёдгориҳои таърихӣ	historical relics	ёдгориҳои меъморӣ	architectural ruins
ҳайкал	statue {of a person}	мучассама	statue {any kind}
музей	museum	мадраса	madrassah (Islamic school)
масчид	mosque		
мақбара / оромгоҳ	shrine, tomb, mausoleum	мазор	grave that is a site of pilgrimage
табиат	nature	иқлим	climate
кӯҳ	mountain	ағба	mountain pass
дарё	river	кӯл	lake
водӣ	valley	пирях	glacier
дара	canyon, ravine, gorge	шаршара	waterfall
канор	shore, bank, coast	ҳавз	man-made pond/ pool, tank, basin
теппа / баландӣ	hill		
дашт	plain, steppe	обанбор	reservoir
чангал	forest (lots of trees)	беша	woodland
боғ	garden	гулзор	flower-garden
майдон	public square	гулгашт	square, park
кон	mine	наботот / растанӣ	plants, vegetation
тилло	gold	ангишт	coal
мис	copper	нуқра	silver

нафт [нефт]	crude oil	боигарӣ	resources, wealth
истироҳат	rest, relaxation, holiday	дармонгоҳ [курорт / санаторий]¹	health resort
гардиш	walk, stroll	табобат	medical treatment
саёҳат	journey, trip	круиз	cruise
зиёрат	pilgrimage; trip to pay homage or show respect	ҳаҷ	pilgrimage to Mekka
		ҳоҷӣ	one who's been to Mekka
мусофир	traveller	ҳамсафар	fellow traveller
сайёҳ	tourist	роҳбалад	guide
кӯҳнавард	mountain climber	кӯҳнавардӣ	mountain climbing
шиноварӣ	swimming	дарёнавардӣ	navigation
лижа	ski	лижаронӣ	skiing
моҳигирӣ / моҳидорӣ	fishing	борхалта / кӯлбор	luggage
хайма	tent	лагер	campsite
баландӣ	height	чуқурӣ	depth
дарозӣ	length	васей / васеъгӣ / бар	width
ҳавопаймо [самолёт]	aeroplane	поезд	train
автобус	bus	дучарха	bicycle
киштӣ	ship	қаиқ	boat
чипта [билет]	ticket	харочот	expenses
ҳаммом	public baths	хотира	souvenir, keepsake
пиёда	on foot	савора	on horseback
гарм	hot, warm	хунук	cold
салқин / мӯътадил	cool	форам	pleasant
қулай	comfortable	ботамкин	calm, quiet (person)
зебоманзар	scenic, beautiful		
саёҳат кардан / сафар кардан	to travel	истироҳат кардан / дам гирифтан	to rest
тамошо кардан	to sight-see	табобат кардан	to treat (medically)
сайругашт кардан	to go for a stroll	ба кӯҳ баромадан	to climb a mountain
шино кардан / оббозӣ кардан	to swim	ҳаммоми офтобӣ гирифтан	to sunbathe
парвоз кардан	to fly	лижаронӣ кардан	to ski
сурат гирифтан	to take a photo	сабт кардан	to record

СӮҲБАТҲО / DIALOGUES

1.

– Салом, Рамазон! — Hi Ramazon.
– Салом, Абӯбакр! — Hi Abübakr.
– Ин қадар камнамо шудӣ? — I haven't seen you for a while.
– Ба Қирғизистон рафта будам. — I went to Kirghizistan.
– Наход? Хайр, кани нақл кун, Қирғизистон чӣ хел? — Really? You must tell me how it was.
– Рости гап, бисёр кишвари аҷиб будааст. — Well, it really is an interesting country.

---

¹ Words shown in square brackets are Russian words used in colloquial Tajiki.

Як тараф водӣ, як тараф кӯҳсор, як тараф дашт, як тараф киштзор. Худаш кишвари он қадар калон не, аммо иқлимаш бисёр гуногун. Дар водӣ 30–35 дараҷа гарм, дар кӯҳсор 20–25 дараҷа хунук.
– Ту ба сафари хизматӣ рафтӣ?
– Не, барои саёҳат рафтам, ду ҳафта он ҷо будам.
– Дар тамоми минтақаҳо будӣ?
– Рости гап, фикр мекардам, ки дар ду ҳафта ба ҳама ҷо меравам, аммо баъд фаҳмидам, ки ин муддат бисёр кам аст. Ман танҳо дар Иссиққӯл будам. Насиб бошад, соли дигар боз меравам.
– Нағз дам гирифтӣ?
– Албатта, ба ман бисёр маъқул шуд.

2.
– Мебахшед, барои ба куроти Хоҷа Оби Гарм рафтан ба куҷо мурочиат кунам?
– Дар Душанбе идораи курортҳо ҳаст, аз ҳамон ҷо метавонед маълумот гиред.
– Шумо намедонед, нархи як роҳхат чанд пул?
– Не, мутаассифона, намедонам.
– Хайр, ҳеҷ гап не, раҳмат.
– Намеарзад.

It's got valleys, mountains, plains, and sown fields. It's not a very big country, yet it has a wide climactic range. In the valleys it can get up to 30–35 °C, while in the mountains it can drop as low as –20 or -25 °C.
– *Did you go on a business trip?*
– *No, I went for two weeks' holiday.*
– *Did you visit the whole region?*
– *Well, I had thought I would get to go everywhere in two weeks, but later I realised that it was insufficient time. I only visited Issiqkül. Hopefully I'll go again next year.*
– *Did you have a good rest?*
– *Of course, I liked it a lot.*

– *Excuse me, where can I arrange to go to the "Khoja Obi Garm" health resort?*
– *There's an office for health resorts in Dushanbe. You can get information from there.*
– *Do you know how much a pass costs?*
– *No, unfortunately I don't know.*
– *That's fine. Thank you anyway.*
– *Not at all.*

3.
– Лаббай?
– Ало, Шоҳида?
– Лаббай.
– Ман Шаҳноза. Чӣ хел ту?
– Раҳмат, дугонаҷон, нағз. Ту чӣ?
– Мешавад. Гӯш кун, Шоҳида, ту пагоҳ чӣ кор дорӣ?
– Чӣ буд?
– Мо пагоҳ бо ҳамкорон ба пикник² меравем. Агар хоҳӣ, ҳамроҳи мо меравӣ.
– Охир шумо ҳама ҳамкорон, ман бегона…
– Не, ин хел нагӯ, аввалан, ту бисёр ҳамкорони маро мешиносӣ, сониян Рухсора ҳам бо хоҳараш меояд, Ҳомидҷон гуфт, ки як дӯсташро ҳамроҳ мегирад. Шояд дигарҳо низ ягон касро ҳамроҳ гиранд. Ман боварӣ дорам, ки пушаймон намешавӣ.

– *Yes?*
– *Hello, Shohida?*
– *Yes.*
– *It's me, Shahnoza. How are you?*
– *Fine, thanks. What about you?*
– *All right. Listen, Shohida, what are you doing tomorrow?*
– *What's happening?*
– *Tomorrow we're going with our colleagues for a picnic. If you like, you could come with us.*
– *But you all work together and I would be the odd-one-out…*
– *No, that's unimportant. Firstly, you know a lot of my colleagues; secondly, Rukhsora is also coming with her sister, and Homid said that he would be bringing one of his friends. Others will probably also bring someone along. I doubt you'll regret it.*

---

² *Пикник* is the colloquial form of the literary expression *сайри чорбоғ*.

– Хайр, майлаш, меравам.
– Ана ин гапи дигар! Пагоҳ соати 9:00 ба назди Театри Лоҳутӣ биё, мо ҳамон ҷо ҷамъ мешавем, фақат дер накун, хуб?
– Майлаш, раҳмат дугонаҷон, хайр.
– То пагоҳ.

– Oh, all right then; I'll go.
– That's more like it! Meet at nine o'clock tomorrow by the Lokhuti Theatre. We're meeting there – only, don't be late, OK?
– Fine. Thank you. Bye.
– See you tomorrow.

4.
– Салом Амирбек!
– О, Вилям, салом. Биё, хуш омадӣ! Чӣ хел ту?
– Раҳмат, нағз. Чиро ин қадар бодиққат тамошо карда истодай?
– Ёдгориҳои меъмории Самарқанду Бухороро. Бисёр биноҳои ҷолиб.

– Ин чӣ?
– Ин мақбараи шоҳ Исмоили Сомонӣ, бубин, ки баъди ҳазор сол ҳам ин қадар хубу зебо аст.
– Инро аз нав сохтаанд, ё бо ҳамин шакл боқӣ мондааст?
– Не, ин ҳамон шакли аввалаш аст. Ана инаш Арк ном дорад ва ҷойи амирони Бухоро будааст. Инаш Масҷиди Калон ва Манори калон.
– Чӣ қадар зебо-а.
– Рост мегӯӣ. Мана, ин суратҳои Самарқанд. Ҷойи бисёр машҳури онро Регистон мегӯянд. Дар ин шаҳр яке аз расадхонаҳои қадимтарин – Расадхонаи Улугбек мавҷуд аст.
– Биё ягон вакт ба Самарқанду Бухоро равем. Чӣ гуфтӣ?
– Ман розӣ, фақат дар тобистон не, тобистон он ҷо хеле гарм аст.
– Пас биё, моҳҳои апрел ё май равем.
– Майлаш, дар ин бора боз баъдтар сӯҳбат мекунем, хуб?
– Ман розӣ. Хайр.
– Саломат бош.

– Hi Amirbek.
– Oh, hi William. Come over here. How are you?
– Fine, thanks. What are you looking at so attentively?
– (Pictures of) architectural ruins from Samarkand and Bukhara. They're very interesting buildings.
– What's this?
– This is Ismoili Somoni's shrine. It's over 1000 years old and yet still looks as good as this.
– Have they rebuilt it or was it left in this state?
– No, this is its original state. Here, this one is called the "Ark" and is where the Emirs of Bukhara lived. This is the large mosque and a large minaret.
– It's beautiful, isn't it?
– You're right. Look, these pictures are of Samarkand. They say the most famous place there is the Registon. In this city there is also one of the most ancient observatories – that of Ulughbek.
– Let's go to Samarkand and Bukhara some time. What do you say?
– It sounds good to me, only not in the summer, as it's very hot there then.
– In which case, let's go in April or May.
– Fine. We'll discuss this again later, OK?
– All right. Bye.
– Goodbye.

5.
– Ширкати туристии «Сайёҳ».
– Салом алейкум.
– Салом алейкум.
– Мебахшед, як чӣ пурсам, мумкин?
– Марҳамат.
– Мо бо аҳли оилаамон мехоҳем барои саёҳат ба шаҳрҳои қадимаи тоҷикон– Самарқанду Бухоро равем. Намегӯед, ба кӣ муроҷиат кунем?

– "Saiyoh" tourist office.
– Hello.
– Hello.
– Excuse me, can I ask something?
– Go ahead.
– We want to go with our family on a trip to the ancient Tajik cities of Samarkand and Bukhara. Do you know who we arrange this through?

– Шумо барои ба идораи мо омадан имконият доред?	– Are you able to come to our office?
– Агар лозим бошад, меравам.	– If it's necessary, I will come.
– Гап дар ин ҷо³ ки мо якчанд маршрут дорем, миқдори рӯзҳо ҳам фарқ мекунад, сатҳи хизматрасонӣ ҳам. Шумо метавонед, барои худ мувофиқтарашро интихоб кунед.	– Well, we have several tours, for different lengths of time and different levels of service. You can choose the one most appropriate for you.
– Майлаш, меравам, лекин нишонии идораи шуморо намедонам.	– OK, I'll come – but, I don't know the address of your office.
– Марҳамат нависед: Кӯчаи Пушкин, 14, назди вазорати ҳифзи табиат.	– Here, write it down: 14 Pushkin Street, near the Ministry for the Protection of Nature.
– Раҳмат, саломат бошед.	– Thank you. Goodbye.
– Мо мунтазири Шумо.	– We'll be waiting for you.

6.

– Биёед шинос мешавем: номи ман Питер. Номи Шумо чӣ?	– Let me introduce myself: My name's Peter. What's your name?
– Номи ман Тоҳир.	– My name's Tohir.
– Хеле мамнунам, Тоҳир!	– Pleased to meet you, Tohir.
– Ман ҳам.	– Me too.
– Тоҳир, зодгоҳи Шумо куҷо?	– Tohir, where were you born?
– Ман аз Истаравшан.	– I'm from Istaravshan.
– Истаравшан? Ин номро бори аввал мешунавам.	– Istaravshan? This is the first time I've heard of the name.
– Пештар онро Ӯротеппа мегуфтанд, Истаравшан номи қадимаи он буд, онро аз нав барқарор карданд.	– They called it Uroteppa before. Istaravshan was its old name and now they've reinstated it.
– Шаҳри Шумо қадима аст?	– Is your city old?
– Ҳа, он таърихи 2500-сола дорад.	– Yes, it has 2500 years of history.
– Он ҷо ягон ёдгории таърихӣ ё меъморӣ ҳаст?	– Are there any historical relics or architectural ruins?
– Албатта, ёдгориҳои таърихӣ дар Истаравшан хеле зиёданд. Машҳуртарини онҳо Масҷиди Абдуллатиф ё Кӯкгунбаз, Масҷиди Ҳазрати Шоҳ ва Масҷиди Сари Мазор аст. Дар Истаравшан ду теппа ҳаст, ки онҳоро Тал ва Муғ мегӯянд.	– Of course, there are lots of historical relics in Istaravshan. The most famous are the Abdullatif mosque, or "Kükgunbaz," the Hazrati Shoh mosque, and the Sari Mazor mosque. There are two hills in Istaravshan, called Tal and Mugh.
Дар Муғтеппа боқимондаи шаҳри қадима кашф шудааст, ки аз он ҷо бисёр зарфу асбобҳои рӯзгори мардуми қадимро ёфтаанд. Ин чизҳоро дар музейи таърихӣ-этнографии шаҳр дидан мумкин аст.	On Mugh hill, the remains of an ancient city were discovered, and many dishes and household instruments of the ancient people have been found. These things can now be seen in the city's museum of history and ethnography.
– Ба Истаравшан чӣ хел рафтан мумкин?	– How is it possible to go to Istaravshan?
– Агар бо ҳавопаймо хоҳед, аввал ба Хуҷанд рафта, баъд бо мошин ё автобус ба Истаравшан рафтан лозим, аммо дар	– If you want to fly, you must first go to Khojand and then go on to Istaravshan by car or bus, but in

---

³ "*Гап дар ин ҷо*" means "*the point is, the reason for saying so.*"

тобистон бо роҳи ағбаҳои Анзобу Шаҳристон рафтан мумкин.
– Бо ағба дар чанд соат рафтан мумкин?

– 6-8 соат. Аммо дар роҳ бисёр чизҳои ҷолиб-кӯҳу дара, ағбаю дарёҳо ва зиндагии мардуми кӯҳсорро тамошо мекунед.
– Раҳмат, Тоҳир, насиб бошад, ягон вақт албатта ба Истаравшан меравам.

the summer it's possible to go via the mountain passes of Anzob and Shahriston.
– How many hours does it take to go via the mountain passes?

– 6-8 hours. But there are many interesting things along the way – mountains and valleys, passes and rivers – and you can see the life of people in the mountains.
– Thank you, Tohir. Lord willing, I will for sure go to Istaravshan one day.

ГРАММАТИКА

GRAMMAR

Word Construction

The last lesson presented information on different ways of constructing words. This lesson continues this by considering how adverbs are formed. The main Tajiki adverbs are in many respects similar to those in English (see the section, "*A Brief Introduction to Tajiki Grammar*"), and are formed in the following ways:

The suffix "*-ан*": This suffix is derived from Arabic, and is most often encountered with words of Arabic origin. It forms adverbs of action from Arabic nouns and adjectives:

тасодуф	*chance*	тасодуфан	*by chance, accidentally*
ҳақиқат	*truth, reality*	ҳақиқатан	*really, in fact*
маҷбур	*obliged, forced*	маҷбуран	*against one's will*
асос	*basis, foundation*	асосан	*fundamentally*

Мо *одатан* рӯзҳои истироҳат ба тамошои ҷойҳои таърихӣ меравем.
We normally go see historical places at the weekend.

Табиати Тоҷикистон *ҳақиқатан* хеле гуногун аст.
Tajikistan's nature is truly very varied.

Дараи Варзоб *махсусан* дар фасли баҳор хеле зебо мешавад.
Varzob valley is very beautiful, especially in the spring.

In such cases, adverbs are sometimes instead formed by adding Tajiki prepositions: e.g. *ҳақиқатан* ⇨ *дар ҳақиқат* ("*truly, really*"), *хусусан* ⇨ *ба хусус* ("*especially*").

Using the Arabic numbers *аввал* (=*якум*), *сонӣ* (=*дуюм*) and this suffix, "*-ан*" the commonly used words *аввалан* and *сониян* ("*firstly*" and "*secondly*") are formed.

Ӯ бисёр забонҳо, *ба хусус*, забонҳои англисӣ ва фаронсавиро хуб медонад.
He knows many languages well, but especially English and French.

Аввалан, ту бояд нағз хонӣ, *сониян*, ҳақ надорӣ, ки дар вақти дарс бо кори дигар машғул шавӣ.
Firstly, you must read well and, secondly, you do not have the right to do other work during the lesson.

There is another adverbial suffix, "*-она*," that is often used to form adverbs of action from nouns and adjectives: *озод* ⇨ *озодона*, *қаҳрамон* ⇨ *қаҳрамонона*, *дӯст* ⇨ *дӯстона*. Compare the following pairs of sentences:

Зинда бош, эй Ватан, Тоҷикистони *озоди* ман!⁴	*Live, O native land, our free Tajikistan!*	Мардуми мо *озодона* зиндагӣ мекунанд.	*Our people will live freely.*
Падарам марди *қаҳрамон* буд.	*My father was a hero.*	Ӯ *қаҳрамонона* ҷон дод.	*He heroically gave up his life.*
Ӯ *дӯсти* ман аст.	*He is my friend.*	Мо *дӯстона* муносибат мекунем.	*We get on as friends.*

The suffix "*-она*" is also used to form adverbs of action from compound words and compound verbs: e.g. *шармгин* ⇨ *шармгинона*, *аҳд шикастан* ⇨ *аҳдшиканона*.

| Фароғат *шармгинона* сарашро поин кард. | *Faroghat hid her head in shame.* |
| Онҳо *аҳдшиканона* ба сарзамини мо ҳуҷум карданд. | *They disobediently attacked our land.* |

The suffixes "*-вор*," "*-сон*," and "*-осо*," are used to form adverbs indicating that the manner in which the action concerned was done was like that of something else: e.g. *гурбавор* = *мисли гурба* ("*like a cat*"), *барқосо* = *мисли барқ* ("*like lightning*"). However, these suffixes are not very productive.

It should be noted that the majority of adverbs of action are also used as adjectives:

| нигоҳи *шармгинона* | *a bashful glance* | *Шармгинона* ба ҷойи худ нишаст. | *He sat down ashamedly.* |
| ҳамлаи *барқосо* | *a lightning attack* | *Барқосо* ҳамла кард. | *He attacked like lightning.* |

One of the most important characteristics of word construction in the Tajiki language is the conjoining of words of a phrase into a single word, either with or without the addition of a suffix (a process called "*лексикализатсия*"). There are various ways of forming such words. Some of these are presented by way of the following examples:

Construction or phrase		*New word*	
панҷ сол	*five years (n)*	панҷсола	*five years (adj)*
се рӯз	*three days (n)*	серӯза	*three days (adj)*
марди кор	*day-labourer*	мардикорӣ	*day-labour*
хонадор шудан	*to get married*	хонадоршавӣ	*marriage*
барқарор кардан	*to establish*	барқароркунӣ	*established*
пеш аз интихобот	*before the election*	пешазинтихоботӣ	*pre-election*

Мо *панҷ сол* дар Вашингтон зиндагӣ кардем.	*We lived in Washington for five years.*	Писарам *панҷсола* аст.	*My son is five years old.*
Фарҳод бо духтари тағояш *хонадор шуд*.	*Farhod married his uncle's daughter.*	Аз *хонадоршавии* мо бист сол гузашт.	*It's been twenty years since our marriage.*
Пеш аз интихобот номзадҳо ваъдаҳои бисёр медиҳанд.	*Before the election, the candidates made many promises.*	Дар Корея маъракаи *пешазинтихоботӣ* сар шуд.	*A pre-election campaign has begun in Korea.*

---

⁴ These are the words of the chorus of Tajikistan's national anthem.

Descriptive Use of Present-Future Tense

In Tajiki, the present-future tense is usually used to tell stories. However, this does not mean the events take place in the present or the future, but instead functions as a past tense. For this reason, this verb form is also sometimes known as the *descriptive present tense*[5]. When translating such situations, the past tense should be used in English (though, cf. the similar use in English of the present simple in oral narrative to convey social intimacy and psychological proximity, e.g. "*Yesterday my sister phones me and says...*"):

Пас аз хатми донишгоҳ Маркос соли 1965 ба Париж меравад ва чанд сол дар системаи адлия кор мекунад.	*After graduating from university, Markos went to Paris in 1965 and worked for some years in the justice system.*
Анри Дюнан пас аз бозгашт аз Солферино хотираҳои худро дар бораи даҳшати ҷанг ва азоби маҷрӯҳону асирон менависад ва ба бунёди ташкилоти хайрия асос мегузорад, ки баъдтар он номи Кумитаи Байналмилалии Салиби Сурхро гирифт.	*After Henry Dunant returned from Solferino, he wrote about his recollections of the terrors of the war and the suffering of the wounded and of captives and used it as the foundation for the humanitarian organisation that later adopted the name the International Committee for the Red Cross.*
Подшоҳ аз вазир мепурсад, ки ин кори кист? Вазир ҷавоб медиҳад, ки танҳо Афандӣ метавонад чунин кор кунад. Он гоҳ подшоҳ амр медиҳад, ки Афандиро пеши ӯ биёранд.	*The king asked his minister whose work it was. The minister answered that only Afandi could do something like that. So, the king ordered Afandi to be brought before him.*

МАШҚҲО   EXERCISES

1. *Construct sentences based on the following table, using the appropriate verb endings:*
   Example: *Соли гузашта мо ба «Хоҷа Оби Гарм» рафтем ва дар он ҷо бист рӯз истироҳат кардем.*

Соли гузашта	онҳо шумо		водии Рашт «Қаротоғ»		бист рӯз	
Ду моҳ пеш	мо вай ману ӯ	ба	«Зумрад» «Хоҷа Оби Гарм» «Гармчашма»	рафт... ва дар он ҷо	ду ҳафта	истироҳат кард....
Се сол пеш	Комрон Самад		«Ҳавотоғ» Қайроққум		як моҳ	

2. *Form new words from each of the following using the suffix "-a" and then write a sentence for each:*
   Example: *ду соат* ⇨ *дусоата: Ин кори дусоата аст.*

се рӯз	ду кас	чор сол	шаш моҳ	се дар	ду қабат	ду бор

---

[5] ("*замони ҳозираи ҳикоягӣ*")

3. *Transform the following sentences, as shown in the example:*
   Example: *Мо Қалъаи Ҳисорро тамошо кардем.*

   ⇨ *Мо Қалъаи Ҳисорро тамошо мекунем.*
   ⇨ *Мо Қалъаи Ҳисорро тамошо карда истодаем.*
   ⇨ *Мо Қалъаи Ҳисорро тамошо карда будем.*
   ⇨ *Мо Қалъаи Ҳисорро тамошо мекардем.*
   ⇨ *Мо Қалъаи Ҳисорро тамошо хоҳем кард.*
   ⇨ *Мо Қалъаи Ҳисорро тамошо карда истода будем.*

   a. Онҳо барои истироҳат ба Искандаркӯл мераванд.
   b. Ман дар соҳили дарё оббозӣ хоҳам кард.
   c. Меҳробу Комёр дар утоқи дукасаи меҳмонхонаи «Ҳилтон» зиндагӣ кардаанд.
   d. Шумо кай аз Малайзия омадед?

4. *Rewrite the sentences, forming adverbs from the words shown in parentheses using the suffixes "-ан" and "-она":*
   Example: *Дирӯз ман дар роҳ (тасодуф) бо Саидҷон вохӯрдам.*
   ⇨ *Дирӯз ман дар роҳ тасодуфан бо Саидҷон вохӯрдам.*

   a. Тоҷикон (одат) чойи кабуд менӯшанд.
   b. Мо Эҳсонро бо рӯзи таваллудаш (самим) табрик кардем.
   c. Падари ӯ дар ҷанги дуюми ҷаҳон (қаҳрамон) ҳалок шуда буд[6].
   d. Табиати Тоҷикистон, (махсус) дар тобистон хеле зебо аст.
   e. Ӯ (табиат) марди орому ботамкин аст.
   f. Манучеҳр (ором) ба ҷойи худ нишаст.

5. *Rewrite the following, using the appropriate form of each verb shown in parenthesis:*
   Дараи Варзоб дар қисмати шимолии Душанбе (ҷойгир будан). Он яке аз зеботарин гӯшаҳои Тоҷикистон (будан). Мардуми шаҳр маъмулан рӯзҳои истироҳат ба ин ҷо (омадан), (дам гирифтан). Корхонаҳои калонтарини шаҳр дар ин ҷо хонаҳои истироҳатии худро (доштан). Барои мактаббачагон лагерҳои зиёд (мавҷуд будан). Дар тобистон аз мактабҳои гуногуни шаҳр бачагон ба ин ҷо (омадан). Қад-қади дарёи Варзоб, дар ҷойҳои зебоманзар ошхонаву тарабхонаҳои зиёде (будан). Аз ин ҷо роҳи мошингарди калон (гузаштан), ки Душанберо бо қисмати шимолии Тоҷикистон (пайвастан). Дар роҳи Душанбе-Хуҷанд ду ағбаи баланд – Анзоб ва Шаҳристон (мавҷуд будан). Дар зимистон дар ин ағбаҳо барфи бисёр (боридан) ва роҳ баста (шудан).

6. *Read the proverbs below. Memorise any that you might be able to use in conversation:*

Сайр ҳам сайру саргардонӣ ҳам сайр.	*A trip is a trip, whether intended or not.*[7]
Сафар кардан – ҷаҳон дидан.	*To go on a journey is to see the world.*
Бача дар сафар, номаш Музаффар.	*The child on a journey is called Muzaffar.*[8]
Дил мекашад, по меравад.	*Where the heart wants, the feet will go to.*

---

[6] *Ҳалок шудан* means "*to die, to lose one's life.*"
[7] Said by way of consolation when, for instance, having gone somewhere intentionally, one must then go to one or more other places in order to achieve one's original objective.
[8] *Музаффар* means "*victorious, triumphant.*"

То мусофир нашавӣ, мусалмон намешавӣ.	*If you don't become a traveller, you won't become a good person*[9].
Хирадманд, қаҳрамон, ҳунарманд, сарватманд ва зебосанам ҳар ҷо раванд, хор намешаванд.	*A wise man, a hero, a craftsman, a rich man and a beautiful girl: wherever they go, they won't be despised.*
Бори каҷ ба манзил намерасад.	*A crooked load won't reach home.*[10]

ХОНИШ / READING

Read the following text and then discuss the question that follows:

Искандаркӯл
(ривоят)

Дар асри чоруми пеш аз мелод қӯшунҳои юнонӣ бо роҳбарии Искандари Македонӣ (Мақдунӣ) давлати Суғдро[11] ишғол карданд. Онҳо ба пойтахти Суғд – шаҳри Мароканд (ҳозира Самарқанд) дохил шуда, баъди чанде ба тарафи водии Фарғона[12] лашкар кашиданд. Вале ин ғалабаҳо ба онҳо ба осонӣ ба даст намеомад. Дар сарзаминҳои ишғолкардаи онҳо, махсусан дар Суғд, шӯришҳои халқӣ сар шуданд. Дар ҷойи ҳозираи Искандаркӯл деҳае будааст, ки мардуми он ба лашкариёни Искандар муқовимати сахт нишон медоданд. Искандари Македонӣ ба ғазаб меояд ва фармон медиҳад, ки пеши дарёи Саратоғро[13], ки аз назди деҳа ҷорӣ мешуд, банданд. Аскарони Искандар шабу рӯз кор мекунанд ва пеши дарёро мебанданд. Дар натиҷа деҳаи суғдиён дар зери об монда, дар ҷойи он кӯле пайдо мешавад ва мардум онро «Искандаркӯл» меноманд.

Vocabulary:

ривоят	legend	пеш аз мелод	B.C.[14]
қӯшун	army	ишғол кардан	to occupy
ҳозира	modern, modern-day	лашкар кашидан	to advance
ишғолкарда	occupied	муқовимат	resistance
сахт	intense, fierce	ҷорӣ шудан	to flow
бастан (банд)	to block	аскар	soldier
дар натиҷа	as a result		

---

[9] Literally, "*a Muslim.*"
[10] Meaning, "*Lying doesn't give any results.*"
[11] *Суғд* was an ancient state located in what is now the Zarafshon Valley. The Yaghnobi ("*ягнобиҳо*"), who live above the river *Ягноб*, speak the *ягнобӣ* language, one of the branches of the now dead language of *суғдӣ*.
[12] The Ferghana (or, properly, Farghona) Valley consists of the northern part of Tajikistan's *Суғд* region, and the regions of Farghona and Namangon in Uzbekistan.
[13] The *Саратоғ* is one of the rivers that flows into *Искандаркӯл*.
[14] (Cf. *мелодӣ* or "*баъд аз мелод,*" meaning "*A.D.*")

Translation of some expressions and idioms:

Баъди чанде ба тарафи водии Фарғона лашкар кашиданд.	After a while, they advanced towards the Farghona Valley.
Ин ғалабаҳо ба онҳо ба осонӣ ба даст намеомад.	They did not gain these victories easily.
Муқовимати сахт нишон медоданд.	They showed fierce resistance.

Discuss the following:

Дар мамлакати Шумо ягон вақт ҳодисаи калони табий рӯй додааст? Дар бораи он нақл кунед.

More useful vocabulary:

офати табий	*natural disaster*	заминчунбӣ / зилзила	*earthquake*
тӯфон	*typhoon, storm*		
борони сел	*downpour, flood*	гирдбод	*tornado*
тарма	*avalance*	обхезӣ	*flood (from river)*
оташфишонӣ	*volcanic explosion*	хушкӣ	*drought*

САНҶИШ / QUIZ

1. Give answers to the following questions:

1. – Кадом истироҳатгоҳҳои Тоҷикистонро медонед?
 – ...

2. – Мақбараи Исмоили Сомонӣ дар куҷост?
 – ...

3. – Дар кишвари Шумо кадом ёдгориҳои таърихӣ ҳаст?
 – ...

4. – «Қалъаи Ҳисор» дар кадом шаҳр аст?
 – ...

5. – Қуллаи баландтарини Тоҷикистон дар куҷост ва баландии он чанд метр аст?
 – ...

6. – Кадом шаҳрҳои қадимаи Осиёи Марказиро медонед?
 – ...

7. – Дар Истаравшан кадом ёдгориҳои таърихӣ ҳаст?
 – ...

8. – Чуқурии кӯли «Искандаркӯл» чанд метр аст?
 – ...

9. – Дар роҳи мошингарди Душанбе – Хуҷанд кадом ағбаҳо ҳаст?
 – ...

10. – Дараи Варзоб дар кадом қисмати Душанбе аст?
 – ...

2. Fill in the questions corresponding with the following answers:

1. – ... ?
 – Шаҳрҳои қадимаи Тоҷикистон Хуҷанд, Панҷакент, Истаравшан, Ҳисор ва Кӯлоб мебошанд.

2. – ... ?
 – Курорти «Хоҷа Оби Гарм» дар баландии 1800 метр ҷойгир аст.

3. – ... ?
 – Дарозии «Искандаркӯл» 2900 метр аст.

6. – ... ?
 – Масҷидҳои «Абдуллатиф» ва «Ҳазрати Шоҳ» дар Истаравшан аст.

7. – ... ?
 – Не, ман ҳанӯз ба Самарқанду Бухоро нарафтаам.

8. – ... ?
 – «Тоҷ-Маҳал» дар Ҳиндустон ҷойгир аст.

4. – … ?
   – «Иссиккӯл» дар қисмати шимолу шарқии Қирғизистон аст.
5. – … ?
   – «Зумрад» дар шаҳри Исфара ҷойгир аст.

9. – … ?
   – Мо рӯзҳои истироҳат ба дараи Варзоб рафта, истироҳат мекунем.
10. – … ?
   – Баландии қуллаи «Исмоили Сомонӣ» 7495 метр аст.

3. *Make up dialogues using the material in lesson twenty-one and, if possible, role-play the situations with a language helper or other language partner.*

4. *Describe a historical place in your own country.*

Answers to Lesson 1 Exercises

1a	der shakhse	seb	se	Yerevan	Eron	elak	marde
1b	barodari	mohi	düsti				
1c	düst	güsht	püst	müi	rüi		
1d	daryo Yunon	dunyo seyum	yori Yunus	Yodgor	yak	soya	hamsoya
1e	khob	shakhs	khona	yakh	bakht		
1f	naghz	oghoz	bogh	Ghayur			
1g	barq	qalam	qoshuq	qand			
1h	ba'd	jum'a	sham'	Sa'di			
2a	Далер Ҳамдам Бахтиёр	Баходур Хуршед	Азиз Фирӯз	Эраҷ Қурбон	Диловар Шӯҳрат	Парвиз Искандар	Шараф Манучехр
2b	Фарзона Маҳина	Заррина Мӯниса	Фарангис Фирӯза	Гулчехра Таҳмина	Дилором Шаҳло	Ганҷина Наргис	Саодат

Иловаҳо   *Appendixes*

ШАҲРУ НОҲИЯҲОИ ТОҶИКИСТОН   CITIES AND REGIONS OF TAJIKISTAN

Following independence, various changes were made to the names of cities and regions in Tajikistan. For instance, ancient cities that had been renamed under the Soviet system were redesignated by their original names; e.g. *Ленинобод* became *Хуҷанд* once again, *Комсомолобод* became *Дарбанд*, *Куйбишев* became *Гозималик*, *Калининобод* became *Сарбанд*, and *Орҷоникидзеобод* became *Кофарниҳон*. In the same way, *Вилояти Ленинобод* was renamed *Суғд*, the city of *Ӯротеппа* became *Истаравшан*, and the *водии Қаротегин* is now known as the *водии Рашт*.

The names of streets in cities, particularly in the capital Dushanbe, were also renamed so as to be politically correct. For instance, the main road through the city, formerly named after *Ленин* is now named after the poet *Рӯдакӣ*, *Правда* is now *Саъдии Шерозӣ*, and *Путовский* is now *Исмоили Сомонӣ*. However, streets are still often referred to by their old Russian names and the process of renaming streets is continuing. Mostly the new names are taken from historical or political figures. Others have adopted the name of one of Dushanbe's twin cities (e.g. *Клагенфурт*, *Санъо*) or some other appropriate Tajiki name (e.g. *Шодмонӣ*, *Бинокорон*, *Коргар*, *Бофанда*, *Деҳқон*, *Деҳи Боло*).

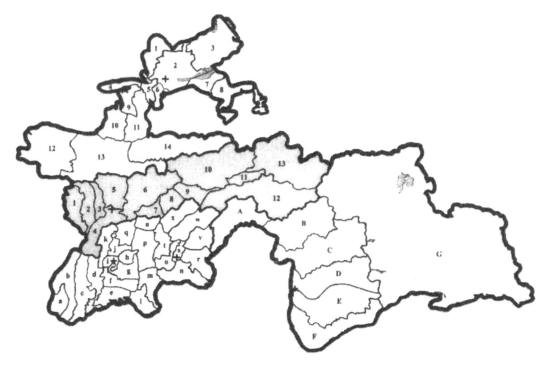

Map of Tajikistan showing the four regions, their districts, and the regional capitals.
(A key to the labels can be found on the following page)

Шаҳру ноҳияҳои тобеи марказ [shaded]
1. Турсунзода
2. Шаҳринав
3. Ҳисор
4. Ленин
* Душанбе
5. Варзоб
6. Кофарниҳон
7. Файзобод
8. Роғун
9. Дарбанд
10. Ғарм
11. Тоҷикобод
12. Тавилдара
13. Чиргатол

Вилояти Суғд
1. Мастчоҳ
2. Ғафуров
* Хуҷанд
3. Ашт
4. Зафаробод
5. Нов
6. Ҷаббор Расулов
7. Конибодом
8. Исфара
9. Истаравшан
10. Шаҳристон
11. Ғончӣ
12. Панҷакент
13. Айнӣ
14. Мастчоҳи кӯҳӣ

Вилояти Хатлон
a. Бешкент
b. Шаҳритус
c. Кубодиён
d. Чиликӯл
e. Кумсангир
f. Колхозобод
g. Вахш
h. Сарбанд
i. Бохтар
* Қӯрғонтеппа
j. Хоҷамастон
k. Ғозималик
l. Панҷ
m. Фархор
n. Маскав
o. Восеъ
p. Данғара
q. Ёвон
r. Шӯробод
s. Кӯлоб (+)
t. Совет
u. Норак
v. Мӯъминобод
w. Ховалинг
x. Балҷувон

Вилояти мухтори Кӯҳистони Бадахшон
A. Дарвоз
B. Ванҷ
C. Рӯшон
D. Шуғнон
* Хоруғ
E. Рошткалъа
F. Ишкошим
G. Мурғоб

(* *identifies the regional capitals, indicated by crosses on the map; Kulob, another major city, in the district of the same name, is also marked with a cross*)

Care should be taken when transcribing or talking about these names in English so as to use the Tajiki name rather than the old variants that were transcribed via the Russian and that therefore contained many errors. For instance, the names Hisor, Norak and Yovon should be used instead of the Russified variants, Ghissar, Nurek and Yavan (for *Ҳисор*, *Норак* and *Ёвон*). The same applies to use of street names, transcriptions of which formerly erroneously included Russian suffixes.

МАЪМУЛТАРИН НОМҲОИ ТОҶИКӢ   THE MOST COMMON TAJIKI NAMES

Номҳои мардона				Men's names	
Аббос	Абдулло	Абдуқаҳҳор	Абдуманнон	Абдураҳим
Абдураҳмон	Абдусалом	Абдусаттор	Абдуҳаким	Абдуҳафиз
Абдуҷаббор	Абдумалик	Абдушукур	Азиз	Азим
Алишер	Алӣ	Акбар	Акмал	Акрам
Амин	Амриддин	Анвар	Асад	Аслам
Аслиддин	Асомиддин	Асрор	Аброр	Абӯбакр
Абулқосим	Адҳам	Амирбек	Ардашер	Аҳмад
Аҳрор	Ашӯр	Аъзам	Бадриддин	Басир
Басриддин	Бахтиёр	Бахтовар	Баҳодур	Баҳриддин
Баҳрулло	Баҳром	Беҳрӯз	Беҳзод	Бобо
Валӣ	Ваҳҳоб	Ворис	Воҳид	Гадо

Ғайрат	Ғанӣ	Ғаюр	Ғайбулло	Ғаффор
Ғиёс	Ғулом	Давлат	Далер	Дамир
Дарвеш	Диловар	Дилшод	Довар	Довуд
Додо	Додхудо	Доро	Дӯст	Дӯстмуҳаммад
Ёдгор	Ёр	Ёрмуҳаммад	Замир	Зариф
Зафар	Зиё	Зиёдулло	Зикрӣ	Зикрулло
Зоир	Зоҳир	Зоҳид	Ибод	Ибодулло
Иброҳим	Идрис	Икром	Икбол	Илёс
Илҳом	Имом	Имрон	Ином	Искандар
Ислом	Исмат	Исматулло	Исмоил	Исрофил
Истад	Исфандиёр	Исхоқ	Кабир	Камол
Камолиддин	Карим	Қаҳрамон	Қаюм	Комёр
Комил	Комрон	Қосим	Қобил	Қодир
Қубод	Латиф	Лутфӣ	Лутфулло	Мавлон
Мазбут	Мақсуд	Маннон	Мансур	Манучехр
Масрур	Мастон	Масъуд	Маҳкам	Маҳмуд
Маъмур	Меҳроб	Миралӣ	Муқим	Мурод
Муслим	Мухтор	Муҳаммад	Муҳиб	Мухиддин
Мӯъмин	Наврӯз	Назир	Наим	Наримон
Насим	Насрулло	Наҷиб	Наҷмиддин	Некбахт
Некрӯз	Неъмат	Нодир	Нозим	Нор
Норбек	Носир	Нурулло	Нӯъмон	Обид
Одил	Одина	Озар	Озод	Олим
Ориф	Орзу	Пайрав	Парвиз	Паҳлавон
Пӯлод	Рабеъ	Равшан	Раззоқ	Рамазон
Расул	Рауф	Раҳим	Раҳмат	Раҳмон
Раҷаб	Рашид	Ризо	Ромиш	Роҳатулло
Рустам	Рӯзбеҳ	Сабур	Саид	Сайид
Саймиддин	Сайф	Сайфиддин	Салим	Самад
Самариддин	Сарфароз	Саттор	Сафар	Саъдӣ
Сиёвуш	Сино	Сипеҳр	Собир	Содиқ
Солеҳ	Сомон	Соҳиб	Сулаймон	Султон
Сӯҳроб	Темур	Тоҳир	Тоҷиддин	Турсун
Умар	Умед	Усмон	Ӯктам	Ӯлмас
Ӯткур	Фазлиддин	Файзиддин	Файзулло	Фарид
Фаридун	Фаррух	Фарход	Фаттоҳ	Фахриддин
Фирдавс	Фирӯз	Хайём	Халил	Холиқ
Хоҷа	Худоёр	Худойдод	Худойназар	Хуррам
Хурсанд	Хуршед	Ҳусейн	Хушбахт	Хушнуд
Ҳабиб	Ҳайдар	Ҳаким	Ҳақназар	Ҳалим
Ҳамдам	Ҳамза	Ҳамид	Ҳасан	Ҳодӣ
Ҳоким	Ҳомид	Ҳотам	Ҳофиз	Ҳошим
Ҷавод	Ҷавон	Ҷалил	Ҷалол	Ҷамол
Ҷамшед	Ҷасур	Ҷаҳонгир	Ҷаъфар	Ҷобир
Ҷовид	Ҷомӣ	Ҷумъа	Шавкат	Шамсиддин
Шамсулло	Шариф	Шароф	Шаҳбоз	Шаҳоб
Шаҳриёр	Шералӣ	Шерзод	Шермуҳаммад	Ширишоҳ
Шодӣ	Шодмон	Шоҳин	Шохрух	Шохтемур
Шӯҳрат	Эмом	Эраҷ	Эҳсон	Юнус
Юсуф	Ятим	Яхё	Яъкуб	

Номҳои занона / Women's names

Адиба	Адолат	Азиза	Аниса	Анор
Ануш(а)	Бозгул	Бону	Бунафша	Гавҳар
Гуландом	Гулбахор	Гулноз	Гулнор(а)	Гулрухсор
Гулрӯ	Гулчехра	Гулчаҳон	Гулшан	Ғунча
Дилафрӯз	Дилбар	Дилдор	Дилнавоз	Дилноза
Дилором	Дилрабо	Дилфуза	Дилшод(а)	Дурдона
Зайнаб	Заковат	Замира	Зарнигор	Зарофат
Заррина	Зебӣ	Зебо	Зебуннисо	Зевар
Зубайда	Зулайхо	Зулхумор	Зулфия	Зумрат
Ибодат	Инобат	Иноят	Ирода	Истад
Карима	Каромат	Кибриё	Кифоят	Комила
Лайлӣ	Латофат	Лутфия	Мавзуна	Мавлуда
Мавчуда	Мадина	Малика	Малоҳат	Мамлакат
Манзура	Манижа	Мастона	Мастура	Маҳбуба
Маҳина	Маърифат	Мехрангез	Меҳрӣ	Мижгона
Моҳира	Муаттар	Муборак	Мукаррам	Мунаввар(а)
Мунира	Мусаллам	Муслима	Мухаррам	Мӯниса
Назира	Назокат	Наима	Нарзӣ	Наргис
Нигина	Нигора	Нодира	Нозигул	Норбибӣ
Нориннисо	Норӣ	Нурия	Обида	Озода
Оиша	Ойгул	Ороста	Парасту	Парвина
Парвона	Париваш	Паризод	Паричеҳр	Парӣ
Покиза	Равшан	Райхон	Раҳбар	Раҳима
Раъно	Робия	Розия	Роҳат	Рудоба
Рухсора	Рухшона	Рӯзигул	Сабоҳат	Саврӣ
Садбарг	Садокат	Садорат	Саида	Сайёра
Салима	Саломат	Саноат	Саодат	Сарвар
Сарвиноз	Симин	Симо	Ситора	Соҳибчамол
Соҳира	Сулхия	Сурайё	Таманно	Таҳмина
Тобон	Точигул	Точӣ	Умеда	Ӯлмас
Фарангис	Фарахноз	Фарзона	Фарида	Фаришта
Фароғат	Фархунда	Фаттона	Фирӯза	Фотима
Хадича	Хиромон	Холбибӣ	Хуршеда	Хучаста
Ҳабиба	Ҳакима	Ҳалима	Ҳамида	Ҳангома
Ҳикоят	Ҳокима	Ҳомида	Ҳосият	Ҳумо
Чаман	Чамила	Чевар	Чеҳра	Чонона
Шабнам	Шамсия	Шарифа	Шаҳло	Шаҳноз(а)
Ширин	Шоиста	Шоҳида	Шоҳин	Эҳтиром
Эътибор	Ягона			

I. НАМУНАИ МАКТУБҲОИ РАСМӢ

Ба раиси ширкати саҳҳомии «Армуғон» муҳтарам Қаюм Алиев

Дар ҷавоби мактуби Шумо аз таърихи 12 апрели соли ҷорӣ оид ба фурӯши маҳсулоти ширкат хабар медиҳем, ки ширкати мо омода аст ба миқдори шаш ҳазор сомонӣ молҳои истеҳсоли ширкати Шуморо харидорӣ намояд. Барои бастани шартнома ва таъйини шароити интиқоли бор рӯзҳои наздик намояндаи мо ба ширкати Шумо фиристода мешавад.

Бо эҳтиром,
Раиси ширкати тиҷоратии «Суғдиён» Муслим Миррахимов
ш. Душанбе, 15 апрел.

Ба намояндаи Кумитаи Байналмилалии Салиби Сурх дар Тоҷикистон ҷаноби Фернандо Николас

Раёсати хукумати ноҳияи Ҷиргатол аз Шумо эҳтиромона хоҳиш менамояд, ки ба гурӯҳи маҷрӯҳони ноҳия барои барқарор кардани саломатиашон кӯмаки хешро дареғ надоред. Маълумоти духтурон дар бораи миқдори маҷрӯҳон, вазъи саломатӣ ва эҳтиёҷоти онҳо ба мактуб илова мешавад.

Бо эҳтироми самимӣ,
И.Ш. - раиси ноҳияи Ҷиргатол
5 сентябр.

Ба сардухтури беморхонаи марказии шаҳр муҳтарам Некрӯз Солеҳов

Дар ҷавоби мактуби Шумо аз таърихи 17 март хабар медиҳем, ки ҳоло имконияти таъмини беморхонаи Шуморо бо таҷҳизоти замонавии ҷарроҳӣ надорем. Дар асоси пешниҳоди Шумо мо ба мақомоти марбутаи давлатӣ мурочиат хоҳем кард. Умедворем, ки масъалаи бардоштаи Шумо ҳалли мусбии худро меёбад.

Бо эҳтиром,
Ҷ.Н. - мудири шӯъбаи таъминоти Вазорати тандурустӣ.
Душанбе, 25 март.

I. MODEL OFFICIAL LETTERS

To the director of the joint-stock company "Armughon."
Dear Qayom Aliev,
In response to your letter of 12th April, this year, concerning the sale of company equipment, we inform you that our firm is ready to purchase 6,000 somoni-worth of goods from your company. Our representative will be sent to your company in the next few days to settle the agreement and to fix the terms of the transfer.

Yours sincerely,
Muslim Mirrahimov, Director of the trading company "Sughdiyon."
Dushanbe, 15 April

To the representative for the International Committee of the Red Cross in Tajikistan.
Dear Fernando Nicolas,
The government administration in the Jirgatol region respectfully asks you to provide medical assistance to the regional group of injured people. The doctors' report about the number of injured, their state of health, and their needs is enclosed.

Yours sincerely,
I.Sh. – Chairman of Jirgatol region.
5 September

To the head doctor of the city's central hospital.
Dear Nekrüz Solehov,
In response to your letter of 17th March, it is not possible for us at this time to provide your hospital with modern surgical equipment. As you suggest, we will apply to the appropriate state body. We hope the problem you have written about will reach a positive resolution.

Yours sincerely,
J.N., Supply Department Manager of the Ministry of Health.
Dushanbe, 25 March

Ба сафорати мӯҳтарами Ҷумҳурии Олмон дар Тоҷикистон

Бо арзи сипосу эҳтироми фаровон ба Шумо маълум менамоем, ки се нафар аз донишмандони Тоҷикистон – Парвона Музаффаров, Аслиддин Ҷамшедов ва Доро Сардоров – устодони Донишгоҳи давлатии миллии Тоҷикистон ҷиҳати ширкат дар Конфаронси илмии байналмилалӣ, ки аз 21 то 27 июни соли ҷорӣ дар шаҳри Берлин баргузор мегардад, даъват шудаанд. Аз мақомоти Сафорати Олмон дар Душанбе эҳтиромона хоҳиш мешавад, ки барои гирифтани иҷозатномаи сафар ба онҳо мусоидат намоянд.

*Бо эҳтиром,
Вазорати корҳои хориҷии
Ҷумҳурии Тоҷикистон.
Душанбе, 15 июн.*

*The German embassy in Tajikistan.
To whom it may concern,*

We respectfully inform you that three scientists from Tajikistan – Parvona Muzaffarov, Asliddin Jamshedov, and Doro Sardorov – lecturers at the National State University of Tajikistan have been invited to participate in an international science conference in Berlin, from 21st to 27th June, this year. We respectfully ask the German embassy in Dushanbe to issue them with a visa.

*Yours sincerely,
The Ministry of Foreign Affairs
Tajikistan.
Dushanbe, 15 June.*

II. НАМУНАИ МАКТУБҲОИ ДӮСТОНА

II. MODEL INFORMAL LETTERS

Салом, дӯсти азиз, Раззоқ

Ту чӣ хел? Саломатӣ, корҳоят ҳамааш нағз-мӣ? Аҳли оилаат чӣ хел? Ман нағз, мисли пештара машғули корам.

Дӯсти азиз, дирӯз ба сарам як фикр омад, бинобар ин ба ту мактуб навишта истодаам. Медонӣ чӣ, ҳис мекунам, ки аз кор хеле монда шудаам. Бисёр мехоҳам, ки бо ягон дӯсти наздикам дар соҳили Баҳри Сиёҳ истироҳат кунам. Бори охир ба он ҷо панҷ сол пеш рафта будам. Агар розӣ бошӣ, рухсатиро якҷоя бо аҳли оилаамон дар ҳамон ҷо гузаронем. Чӣ гуфтӣ?

Агар фикри маро дастгирӣ кунӣ, ба ман навис, ман мунтазири мактуби ҷавобии ту. Аз номи ман ба ҳамаи ёру дӯстон салом расон.

*Бо эҳтиром, дӯстат – Халил
20 май.*

Dear Razzoq,

How are you? How's your work and health? How's your family? I'm well, and busy as ever.

My friend, yesterday a thought occurred to me, and hence I am writing you this letter. You know what? I'm really tired of work and really want to go for a break with a close friend on the Black Sea. The last time I was there was five years ago. If you'd be interested, we could go on holiday there together with our families. What do you think?

If you're in favour of my idea, write to me; I'll be waiting for your reply. Say "Hi" to all our friends from me.

*Your friend, Khalil
20 May*

Дӯсти азиз, Халил!
Номаи фиристодаи туро гирифта, хеле хурсанд шудам. Умедворам, ки саломатии ту ва аҳли оилаат хуб аст. Мо низ ҳама сиҳату саломат машғули кору зиндагӣ ҳастем.

Дӯсти азиз! Маслиҳати туро дар мавриди якҷоя истироҳат кардан дар соҳили баҳри Сиёҳ хуш пазируфтем. Аммо дар масъалаи он, ки кай метавонем бо ҳам ба он ҷо сафар кунем, ҳанӯз чизе гуфта наметавонам, зеро то охири моҳ кори мо хеле зиёд аст. Шояд дар моҳи оянда чунин имконият ба даст ояд. Ба хар хол, дар ин бора ба ту алоҳида хабар медиҳам.

Ба ту дӯстонамон Воҳид, Исмат, Самариддин, Шамсулло ва дигарон саломи самимӣ мерасонанд.

Хайр, дӯстам, ба ту ва аҳли оилаат хушиҳои рӯзгорро таманно дорам.

Бо эҳтироми самимӣ,
Раззоқ. 30 май.

Dear Khalil,
I was very happy to receive the letter that you sent. I hope that both you and your family are well. We are also all well and keeping busy.

My friend, we really liked your idea about taking a break together along the Black Sea, but I cannot yet say when we can travel there together, for we've got a lot of work until the end of the month. It should be possible next month. Either way, I'll let you know more about this another time.

Our friends Vohid, Ismat, Samariddin, Shamsullo and the others all pass on their greetings.

Bye my friend, I wish you and your family well.

Faithfully,
Razzoq. 30 May

Дугонаҷони азиз, салом!
Рости гап, шумоёнро хеле пазмон шудам. Мебахшй, ки дер мактуб навишта истодаам. Ҳарчанд ки ба ҷойи нав ҳанӯз одат накардаам, аммо зиндагиам, шукри Худо, бад нест. Дирӯз ҳисоб кунам, аллакай аз хонадоршавиам ду моҳ гузаштааст. Яъне, ду моҳ аст, ки аз хонаи модарию шумо–дугонаҳои ҷониам чудо гаштаам. Чашм нарасад, муносибатам бо хусуру хушдоманам нағз, маро мисли фарзанди худ қабул карданд. Насиб бошад, рӯзҳои наздик, тахминан охири ҳамин моҳ духтарталабону домодталабон мешавад, ана он вақт ба назди шумоён рафта метавонам. Дугоначон, аз ту ва дигар духтарони ҳамсинфамон илтимос, ба ман мактуб нависед. Гуфтагӣ барин, боз ягон кас шавҳар кард ё не? Ман мунтазири мактубҳои шумоям. Аз номи ман ба ҳамаи духтарон ва ҳамсинфон салом расон.

Бо эҳтиром,
дугонаи аз чашм дуру
ба дил наздики ту.

Dear friend,
I really miss you very much! Apologies for taking so long to write. Although I haven't yet got used to this new place, I thank God that my life isn't bad. Yesterday I realised that it is already two months since I got married. That is, two months have passed since I left my mother's house and you, my dear friends. Touch wood, but so far my relationship with my in-laws has been good and they have accepted me as one of their own children. Lord willing, the ceremonies for when the bride and the groom first visit the bride's parents again will take place in the near future, perhaps at the end of this month, and then I will be able to visit you. My friend, I would like you and my other friends from our class to write a letter to me. Tell me, has anyone else got married or not? I am waiting to hear from you all. Pass on my greetings to all the girls and classmates.

Yours,
A friend who is far from sight but close to you in heart.

Салом, дугоначон!

Боварӣ дорам, ки саломатиат хуб аст. Дирӯз мактуби туро гирифта хеле хурсанд шудем. Онро ҳама якҷоя хондем. Хушҳолем, ки ту аз зиндагии худат розӣ ҳастӣ. Бо дугонаҳоямон солҳои мактабхониро ба ёд оварда, хеле сӯҳбат кардем. Чӣ хел рӯзҳои нағз буданд-а?

Ба ростӣ, ҳеҷ кас боварӣ надошт, ки ту ба шавҳар баромада, ба шаҳри дигар кӯчида меравӣ. Аммо зиндагӣ зиндагӣ аст, чи хеле ки мегӯянд, тақдир ҳамин будааст. Пурсидӣ, ки боз киҳо шавҳар карданд. Ҳоло ҳеҷ кас ба шавҳар набаромадааст, фақат Адолатро ба як ҳамшаҳриашон номзад карданд, насиб бошад, охири ҳамин моҳ тӯяшон баргузор мегардад. Туро хатман хабар мекунем, албатта биё, хуб?

Дигар навигарӣ нест, дугоначон. Ҳамин хел ҳар замон мактуб навишта ист, моро фаромӯш накун. Хайр, аз номи дугонаҳо ба язнаамон салом гӯ.

Дугонаат Париваш.

Hi girl!

I trust you are well. We were very happy to receive your letter yesterday. We all read it together. We are happy that you are satisfied with your life. We reminisced much about our school years with our friends. They were good times, weren't they?

To be honest, none of us can believe that you have got married and moved to another city. But, life is life, as they say, and it seems fate is like this. You asked who else has got married. So far, no-one else has – just Adolat is engaged to someone from their town and, Lord willing, they'll get married at the end of this month. We'll certainly let you know about it, and you must come, OK?

There's no other news, my friend. Keep writing the occasional letter like this – don't forget us. That's all – say "Hi" to your husband from us.

Your friend, Parivash.

Писари азизам!

Ҳеҷ гумон намекардам, ки аз ман дур мешавию ба ту мактуб менависам. Саломатиат чӣ хел? Ба ҷойҳои нав одат кардӣ? Аз ту дилам пур, лекин бо вуҷуди ин худатро эҳтиёт кун, бачам. Шабу рӯз туро дуо карда гаштаам, ки танат солиму шикамат сер бошад.

Мо ҳамаамон нағз, додарону хоҳаронат ба ту салом мегӯянд.

Дар бораи хондану зиндагии шаҳр ба мо бисёртар навис. Хайр, бачам, саломат бош.

Дуогӯи ту - модарат.

My dear son,

I never thought that you would be so far from me and that I should write you a letter. How are you? Have you got used to your new surroundings? I don't worry about you, but look after yourself, my son. I pray for you night and day that you would stay healthy and not go hungry.

All of us are well, and your brothers and sisters pass on their greetings to you.

Write to us more about your studies and life in the city. Bye for now, my son; stay well.

Praying for you, your mother.

Модари азизу меҳрубон!

Саломy дархостҳои самимии фарзанди худро бипазиред! Саломатии Шуморо аз даргоҳи Худованди Карим таманно дорам.

Модарҷон, аз ман асло хавотир нашавед. Саломатиам нағз, зиндагиам бад не. Таҳсилро бомуваффақият давом дода истодаам. Дар ин ҷо дӯстони нав пайдо кардам, рӯзҳои истироҳат бо онҳо ба ҷойҳои ҷолиби шаҳр рафта, тамошо мекунам. Душанбе бисёр шаҳри зебо будааст. Худо хоҳад, ягон рӯз Шуморо ба Душанбе меорам, тамошо мекунед.

Модарҷон, пас аз ду моҳ имтиҳонот сар мешавад, баъди он ба таътили зимистона мебароем. Он гоҳ ба назди шумоён меравам ва аз зиндагии худам муфассал нақл мекунам.

Аз номи ман ба ҳамаи хешу таборон, ҳамсояҳо ва дӯстонам салом расонед.
Хайр, модарҷони азиз!

Писаратон Соҳиб

Dearest mother,

Hello and please accept your child's best wishes. May God Almighty grant you good health.

Mother, you should never be anxious about me. My health is good and my life is not bad. I am successfully continuing my studies. I have made some new friends here, and at the weekend I'm going to see some interesting places in the city. Dushanbe is a very beautiful city. Lord willing, I will bring you here one day and you will see it.

Mother, tests begin in two months and afterwards we'll have summer holidays. At that time I will visit you and tell you all about my life.

Pass on my greetings to all the family, the neighbours, and my friends.
That's all for now, dear mother!

Your son, Sohib

III. НАМУНАИ ТАБРИКНОМАҲО

III. MODEL CONGRATULATIONS

Ба ҷаноби олӣ,
Раиси ҷумҳури Ӯзбекистон.

Шумо ва дар шахси Шумо тамоми мардуми кишвари Шуморо ба муносибати солгарди истиқлолияти Ӯзбекистон самимона табрик мегӯем. Ба Шумо ва мардуми шарафманди Ӯзбекистон барору комёбиҳо орзу мекунем.

Умедворем, ки муносибатҳои самарабахши кишварҳои мо дар оянда боз ҳам вусъату ривоҷ меёбанд.

Бо эҳтиром -
Раиси ҷумҳури Тоҷикистон.

To his excellency,
President of the republic of Uzbekistan,
We sincerely congratulate you and, through you, everyone in your country on the anniversary of Uzbekistan's independence. We wish you and the respected people of Uzbekistan success.

We hope that an open relationship will continue to develop between our countries in the future.

Yours sincerely,
President of the republic of Tajikistan.

Азизҷон ва Аниса!

Шумоёнро бо рӯзи саид - ақди никоҳатон самимона табрик намуда, ба шумоён тамоми хушиҳои зиндагиро орзу мекунам.

Бигузор пайванди риштаҳои умри шумо абадӣ ва пурсамар бошад!

Бо эҳтиром Наримон.

Dear Aziz and Anisa,

I sincerely congratulate you both on this happy day of your marriage and wish you every joy in life.

May the threads of your life be fruitfully and eternally connected!

Yours, Narimon.

Дӯсти азиз Лутфулло!
Туро ба муносибати рӯзи таваллудат самимона табрик намуда, ба ту умри дароз, хушбахтӣ, саломатии бардавом ва ба корҳоят барору муваффақият орзу мекунам.

Бо эҳтиром Дарвеш.

Dear friend, Lutfullo,
I sincerely congratulate you on your birthday and wish you a long life, good fortune, continued good health, and success in all you do.

Yours, Darvesh.

Дӯстони азиз, меҳмонони иззатманд!
Иҷозат диҳед, ҳамаи шумоёнро ба муносибати иди фархундаи Наврӯз самимона табрику таҳният гуфта, ба ҳамаи шумо умри дароз, ризқи фароз ва хушиҳои рӯзгорро орзу намоям. Бигузор Наврӯзу навбаҳор ба хонадони ҳар яки шумо бахту шодии фаровон орад!

Ҳар рӯзатон Наврӯз бод,
Наврӯзатон пирӯз бод!

Dear friends and honoured guests!
With your permission, I would sincerely like to wish you all a happy Navruz, *and I hope you have a long life, good fortune, and homes full of joy. May the New Year and new spring bring much happiness and good luck to each of your homes!*

May all your days be Navruz,
and may your Navruz *be joyful!*

Устоди азиз!
Шуморо ба муносибати шастумин солгарди баҳори умратон самимона табрик мегӯем.

Шуморо натанҳо дар кишвар, балки берун аз он низ ҳамчун олими забардасту пурмаҳсул мешиносанд ва эҳтиром мекунанд. Осори илмии Шумо дар махзани илму маърифати кишвар ҷойи сазововарро ишғол мекунад. Шумо дар тӯли фаъолияти илмӣ-омӯзгории пурсамари худ шогирдони зиёдеро ба воя расонидед, ки давомдиҳандагони кори Шумоянд. Шумо ҳамеша маслиҳатгари ҷавонон будед ва ҳастед.

Устоди азиз! Бори дигар Шуморо бо ин ҷашни саид муборакбод намуда, ба Шумо умри дароз саломатии бардавом ва рӯзгори обод орзу мекунам.

Бо эҳтиром,
Раёсати донишгоҳ.

Dear teacher,
We sincerely congratulate you on your 60th birthday.

You are known and respected as an outstanding and productive scientist not only in this country but also beyond. Your scientific writings occupy worthy places in the country's treasury of science and education. Throughout your fruitful scientific and educational activities, you have trained many followers, who will continue your work after you. You always were and still are a counsellor for the young people.

Dear teacher, once again we congratulate you on this happy celebration and wish you a long life, continued good health, and a prosperous life.

Respectfully,
The university administration.

IV. НАМУНАИ ДАЪВАТНОМАҲО   IV. MODEL INVITATIONS

Мӯҳтарам Хуррам
Шуморо ба тӯйи никоҳи фарзандонамон Аброр ва Гулчаҳон, ки рӯзи 21 сентябр аз соати 12:00 то 14:00 бо нишонии кӯчаи Деҳотӣ, 24 баргузор мегардад, эҳтиромона даъват менамоем.
Оилаи Кабировҳо ва Саидовҳо.[1]

Dear Khurram,
We respectfully invite you to the wedding of our children Abror and Guljahon on 21st September from 12 to 2pm at 24 Dehoti Street.

The Kabirov and Saidov families.

Сафири Ҳиндустон дар Тоҷикистон ва хонум Р. ва С.,
Шуморо ба зиёфате, ки ба муносибати Рӯзи истиқлолияти Ҳиндустон 15 август соати 16:00 дар ресторани «Тоҷикистон» баргузор мегардад, эҳтиромона даъват менамоянд.

The Indian ambassador to Tajikistan and his wife, R. and S., respectfully invite you to a feast to be held in connection with India's Independence Day on 15th August at 4pm in the "Tajikistan" restaurant.

Мӯҳтарам ҷаноби сафир!
Шуморо ба маҷлиси ботантана, ки бахшида ба Рӯзи истиқлолияти Тоҷикистон 8 сентябр соати 17.00 дар Кохи Борбад баргузор мегардад, эҳтиромона даъват менамоем.
Шӯъбаи робитаҳои байналмилалии Вазорати корҳои хориҷии Ҷумҳурии Тоҷикистон

Dear Mr Ambassador,
We respectfully invite you to a celebratory meeting to be held on Tajikistan's Independence Day, 8th September, at 5pm in "Kokhi Borbad."

*Department of International Relations
Ministry of Foreign Affairs
Republic of Tajikistan*

Дӯсти азиз!
Иштироки Шуморо дар тӯйи суннатии фарзандонамон Некбахт ва Илёс, ки 23 август аз соати 16:00 то 18:00 баргузор мегардад, эҳтиромона таманно дорем.
Нишонӣ: Кӯчаи Истаравшан, 17.
*Бо эҳтиром,
оилаи Самадовҳо.*

Dear friend,
We respectfully request your participation in the traditional celebration[2] for our sons Nekbakht and Ilyos, on 23rd August from 4 to 6pm.
Address: 17 Istaravshan Street

*Yours truly,
The Samadov family.*

Мӯҳтарам Обид Розиқов
Шуморо ба ҷашни шастумин солгарди зодрӯзи олими шинохтаи тоҷик, академики Академияи илмҳои Тоҷикистон Хушнуд Саломов, ки рӯзи 24 декабр соати 10.00 дар бинои марказии Академияи илмҳо баргузор мегардад, даъват менамоем.
Раёсати Академияи илмҳо.

Dear Obid Roziqov,
We invite you to the 60th birthday party of Khushnud Salomov, a well-known Tajik scientist and academic at Tajikistan's Academy of Sciences, to be held at the central building of the Academy of Sciences on 24th December at 10am.

The Academy of Sciences Administration.

---

[1] The suffix "-*хо*" added to a surname is used to indicate the whole family.

V. НАМУНАИ ЭЪЛОНҲО

Донишгоҳи давлатии миллии Тоҷикистон

барои ишғоли вазифаи мудири кафедраи фалсафа озмун эълон мекунад.

Мӯҳлати супурдани ҳуҷҷатҳо - 30 рӯз пас аз нашри эълон. Ҳуҷҷатҳо дар шӯъбаи илм, бинои марказӣ, утоқи 42 қабул карда мешаванд.

Тел.: 24-12-23.

Эълон!

Рӯзи чоршанбе, 25 апрел соати 10:00 дар бинои марказии донишгоҳ мулоқоти хатмкунандагон бо вазири маориф баргузор мегардад.

Иштироки ҳамаи хатмкунандагон ҳатмист.

Раёсати донишгоҳ.

Ташкилоти байналмилалии СММ

барои ишғоли вазифаи **ҳамоҳангсози барнома** озмун эълон мекунад.

Вазифаҳои асосӣ:
– таҳияи барномаҳои марбут ба фаъолияти СММ;
– такмили барномаҳои мавҷуда;
– таъмини иҷрои самараноки барномаҳо.

Талабот:
– маълумоти олӣ дар соҳаи ҳуқуқ;
– таҷрибаи кор дар ташкилотҳои байналмилалӣ;
– ба дараҷаи баланд донистани забонҳои англисӣ, тоҷикӣ ва русӣ.

Аризаҳо то 24 март қабул карда мешаванд. Телефонҳо барои маълумот: 24-75-90, 24-45-00.

Хонаи чорутоқаи худро, ки дар маркази шаҳр воқеъ аст, ба иҷора медиҳам. *Тел.: 21-19-57.*

V. MODEL ANNOUNCEMENTS

The National State University of Tajikistan

announces a vacancy for professor of the philosophy department.

The deadline for submitting documents is 30 days from the publication of this announcement. Documents will be received in the science department, central building, room 42.

Phone: 24-12-23

Announcement!

There will be a meeting for graduates with the Minister of Education in the university's central building at 10am on Wednesday, 25th April.

Participation of all graduates is required.

The univerity administration.

The International Organisation, UN

Announces a vacancy for a program co-ordinator.

Main responsibilities:
– preparation of program for the UN's activities
– development of existing projects
– ensure programs are carried out productively

Requirements:
– university degree in law;
– experience in working in an international organisation;
– excellent knowledge of English, Tajiki, and Russian.

Applications will be accepted up until 24th March. Phone for information: 24-75-90, 24-45-00.

For rent: A four-roomed apartment located in the centre of town. Phone: 21-19-57.

---

[2] That is, the circumcision party.

Хонаи панҷутоқаро, ки дар ошёнаи дуюми бинои панҷошёна дар ҳолати хуб қарор дорад, мефурӯшам. Тел.: 27-12-00.	*For sale: a five-roomed apartment on the second floor of a five-storied building; in good condition. Phone: 27-12-00.*
Ба хоҳишмандон дарси забони англисӣ медиҳам. Тел.: 36-47-57.	*Available for teaching English. Phone: 36-47-57.*

VI. НАМУНАИ ТАЪЗИЯНОМАҲО

VI. MODEL CONDOLENCES

Кормандони ширкати тиҷоратии «Наргис» ба ронандаи ширкат Акмал Сабзалиев нисбати вафоти **модараш** таъзия изҳор мекунанд.	*The staff of the trading company "Nargis" offer their condolences to the company's driver, Akmal Sabzaliev, on the death of his mother.*
Кормандони рӯзномаҳои «Садои мардум» ва «Ҷумҳурият» аз марги бемаҳали рӯзноманигори шинохтаи тоҷик **Ҷалил Одинаев** сахт андӯҳгин буда, ба хешу табор ва наздикони марҳум ҳамдардӣ изҳор мекунанд.	*The staff of the newspapers "Voice of the People" and "Republic" are very sad about the untimely death of the well-known Tajik journalist, Jalil Odinayev, and express their sympathy to the relatives and close friends of the deceased.*
Ба сардухтури бемористони шаҳрӣ мӯҳтарам Паҳлавон Аъзамов нисбати марги бемаҳали **ҳамсарашон** ҳамдардӣ изҳор намуда, ба эшон сабри ҷамил мехоҳем. *Гурӯҳи дӯстон.*	*To the head doctor of the city hospital, the respected Pahlavon A'zamov, we express our sympathy over the untimely death of his spouse and wish him strength and patience in the coming days. A group of friends.*
Ба аълоҳазрат, Раиси ҷумҳури Индонезия Хабари ба садама дучор шудан ва боиси ҳалокати шаҳрвандон гаштани ҳавопаймои Боинг-737-ро бо андӯҳи гарон шунидем. Хоҳишмандем, ҳамдардии самимии моро ба наздикон ва хешу таборони ҳалокшудагон расонед. *Бо эҳтиром, Раиси ҷумҳури Латвия.*	*To his excellency, President of Indonesia It is with much sorrow that we heard about the tragic Boeing-737 accident involving your citizens. We wish to convey our sincere sympathy to the close friends and relatives of those involved in the disaster. Yours sincerely, President of the Republic of Latvia.*

VII. НАМУНАИ ТАВСИЯНОМАҲО

VII. MODEL RECOMMENDATIONS

Ман Абдусалом Курбоновро аз соли 1995 инҷониб мешиносам. Ӯ шахси бомаърифату донишманд буда, вазифаи худро бо ҳисси масъулиятшиносии баланд иҷро мекунад. Абдусалом забонҳои англисӣ, русӣ ва тоҷикиро хеле хуб медонад ва дар баробари ин шахси ташаббускор низ аст. Бо роҳбарӣ ва иштироки бевоситаи ӯ дар ташкилоти мо корҳои зиёде ба анҷом расиданд. Ман боварӣ дорам, ки Абдусалом дар куҷое ки кор накунад, вазифаи худро софдилона ва бо камоли кордонӣ иҷро мекунад. Барои маълумоти бештар метавонед ба ман муроҷиат намоед.

М.В. - *ҳамоҳангсози барномаҳои башардӯстонаи СММ, Душанбе.*
Тел.: 23-45-47, Факс 345678,
E-mail: mb@unhp.tj

I have known Abdusalom Kurbonov since 1995. He is an intelligent and knowledgeable person and carries out his job in a responsible fashion. Abdusalom knows English, Russian and Tajiki very well and is also a diligent person. A large number of projects in our organisation have been completed under his leadership and with his direct participation. I believe that wherever Abdusalom works he will carry out his job with integrity and great skill. You may contact me for more information.

M.B. – *co-ordinator of UN humanitarian program, Dushanbe.*
Tel: 23-45-47, Fax: 345678
E-mail: mb@unhp.tj

Ворис Муродовро аз рӯзҳои аввали фаъолияти кориам дар ташкилоти байналмилалии НКИ мешиносам. Ӯ бо ҳалимию хоксорӣ, ростгӯию росткориаш дар байни кормандони ташкилоти мо соҳиби обрӯю эътибори хос аст. Вазифаҳои худро сари вакт ва бо сифати баланд анҷом медиҳад. Маҳорати хуби кордонӣ ва ташкилотчигӣ дорад.

Лоиҳаи Ворис Муродов бисёр бамаврид ва муҳим буда, дар сурати иҷро шуданаш дар инкишофу такмили системаи ҳуқуқ дар кишвар саҳми арзандае хоҳад гузошт.

С.О. - *сармутахассиси Вазорати адлия.*
Телефон барои маълумот: 24-45-00

I have known Voris Murodov from when I first started work for the international organisation NKI. He is good-natured, humble, and honest; he is trustworthy and has a good reputation among the staff in our organisation. He completes his work punctually and diligently. He is skillful and organised.

Voris Murodov's projects are very important and appropriate for this time, and his proposed improvement of the country's legal system would prove a valuable contribution if carried out.

S.O. – *Chief Specialist at The Ministry of Justice*
For information phone: 24-45-00

ЛАТИФАҲОИ ТОҶИКӢ

TAJIKI JOKES

Афандӣ ба меҳмонӣ рафт. Соҳиби хона гуфт:
— Мебахшед, пурсидан айб не, шӯрбо фармоям, ё оши палов?
— Дегатон дуто не-мӣ? – гуфт Афандӣ.

Afandi visited someone. The owner of the house said:
"Excuse me, don't be ashamed to ask, shall I request soup or osh?"
"Haven't you got two pots?" said Afandi.

Афандӣ писарашро ба хонаи ҳамсоя фиристода гуфт:
– Писарам, рав, аз хонаи ҳамсоя табарашонро гирифта биёр, ҳардуямон камтар ҳезум шиканем.
Писари Афандӣ рафту пас аз чанде баргашта гуфт:
– Табар ба худашон лозим будааст, надоданд.
– Э, бар падари ин хел хасисҳо лаънат, – гуфт Афандӣ, – хайр, ҳеҷ гап не, рав, писарам, аз анбор табари худамонро биёр.

Afandi sent his son to the neighbour's house, saying:
"My son, go and get the neighbour's axe; we'll both chop a little firewood."
Afandi's son went and after a short time returned, saying:
"They need the axe themselves, and wouldn't give it."
"Hmm…a curse be upon the father of such niggards," said Afandi, "Oh well, it doesn't matter, go, my son, to the shed and bring our own axe."

Афандиро ба қозихона даъват карданд. Қозӣ ба ӯ як пора коғазро дароз карда гуфт:
– Занатон аз Шумо шикоят кардааст, ки Шумо ду зан доред.
– Ин тӯҳмат! – дод зад Афандӣ ва нафаҳмида пурсид: «Кадомаш шикоят кардааст?»

Afandi was invited to the religious court of justice. Holding out a piece of paper, the judge said:
"Your wife has complained that you have two wives."
"This is slander!" shouted Afandi and, confused, asked, "Which one has complained?"

Писари Афандӣ тозон ба назди падараш омаду гуфт:
– Падарҷон, ман имрӯз 10 дирам фоида кардам.
– Чӣ хел? – хурсанд шуда пурсид Афандӣ.
– Ба автобус савор нашудаму аз ақибаш то хона давидам!
– Эх, аблаҳ, – ғамгин шуд Афандӣ. – Агар аз ақиби такси медавидӣ, як сомонӣ фоида мекардӣ!

Afandi's son excitedly came to his father and said:
"Father, today I made 10 dirams."
"How?" Afandi asked happily.
"I didn't get on the bus but ran behind it all the way home!"
"Oh, you fool," Afandi saddened. "If you had run behind a taxi, you would have made one somoni!"

Зани Афандӣ пас аз чоруним моҳи хонадоршавӣ кӯдак таваллуд кард. Афандӣ ҳайрон шуда, аз занаш пурсид:
– Ҳама мегӯянд, ки зан пас аз нӯҳ моҳ мезояд, ин чӣ хел шуд?
– Ба хонадоршавии ман чанд вақт шуд? – пурсид занаш.
– Чоруним моҳ, – ҷавоб дод ӯ.
– Ба хонадоршавии Шумо чӣ?
– Чоруним моҳ.
– Ҳардуро ҷамъ кунем, чанд мешавад?
– Ба инаш ақли ман нарасид…, афсӯс хӯрда гуфт Афандӣ.

Four and a half months after getting married, Afandi's wife had a child. Afandi was surprised and asked his wife:
"Everyone says that a woman gives birth after nine months, so how did this happen?"
"How long has it been since my marriage?" his wife asked.
"Four and a half months," he replied.
"What about since your marriage?"
"Four and a half months."
"Add them both together and how much is it?"
"I don't have the brains to figure that out…" said Afandi regretfully.

Писарчаи яксолаи Афандӣ нав забон мебаровард. Аввалин калимае, ки ӯ ба забон овард, «бобо» буд. Ҳамин ки писарча «бобо» гуфт, бобояш аз ҷаҳон чашм пӯшид. Ҳама гумон карданд, ки ин тасодуфист.

Пас аз чанде писарча «бибӣ» гуфту бибияш ҳам ҳамон замон ҷон дод. «Акнун навбати ман ё ту»-гуфт Афандӣ ба занаш. Ва онҳо интизор шуданд.

Баъди чанд рӯз писарча «дада» гуфт. Афандӣ бо хешу таборонаш хайрухуш карда, марги худро интизор шуд. Вале нохост аз ҳавлии ҳамсоя овози гиряю нола баромад. Маълум шуд, ки ҷавонмарди ҳамсоя нохост мурдааст.

Afandi's one-year-old son was beginning to talk. The first word that he said was "grandfather." As soon as the little boy said "grandfather," his grandfather passed away. Everyone thought that this was a coincidence.

After a short time, the boy said "grandmother" and his grandmother also died at that very time. "Now it is either my turn or yours," Afandi said to his wife. And they waited.

After a few days, the boy said, "Dad." Afandi said goodbye to his relatives and waited for his death. But suddenly the sound of crying and wailing came from a neighbour's house. Evidently, a young man next door had suddenly died.

Афандӣ ба бозор рафтанӣ шуд. Харашро гирифту ба болои он писарчаашро савор кард ва худаш аз ақиби хар ба роҳ даромад. Як гурӯҳ мардон дар сари роҳ машғули сӯҳбат буданд. Афандиро дар ин ҳол диданду гуфтанд: «Марди беақлро бинед, ба ҷони худаш раҳм намекунад, худаш пиёдаву писараш савора мераванд».

Афандӣ писарашро аз хар фуроварду худаш ба болои он нишаст. Баъди чанде ба гурӯҳи дигари мардон, ки дар чойхона менишастанд, наздик шуд. Одамон байни худ пичиррос зада гуфтанд: «Афандӣ дар ҳақиқат беақл аст. Бинед, бечора писараш азоб кашида пиёда меравад, худаш кайф карда, ба болои хар нишастааст».

Афандӣ инро шуниду худаш ҳам аз хар фуромад ва ҳарду пиёда рафтанд. Одамон онҳоро дар ин ҳол дида, хандиданд: «Агар ҳарду пиёда раванд, харро барои чӣ бо худ гирифтаанд?»

Афандӣ баъд аз ин ҳам писарашро ба хар савор кард ва ҳам худашро. Ҳарду савори хар чанде роҳ рафтанд. Мардум ин ҳолро дида гуфтанд: «Чӣ хел Афандӣ беинсоф аст, ба хари бечора дилаш намесӯзад, бо навбат савор шаванд, намешавад?»

Afandi was going to the market. He got his donkey, put his small son on it, and set out along the road behind the donkey. A group of men were busy talking on the corner of the street. They saw Afandi going along in this way and said: "See a stupid man and don't have pity on him – he walks while his son rides."

Afandi got his son off the donkey and sat on it himself. After a while, he approached another group of men, sitting at a tea-house. The men whispered among themselves, "Afandi is truly foolish. See, his poor son suffers on foot, while he enjoys sitting on the donkey."

Afandi heard this, got off the donkey, and both of them walked. Seeing them going along like this, people laughed: "If both of them walk, why have they brought the donkey along with them?"

After this, both Afandi and his son got on the donkey. Both rode the donkey for some distance. Seeing them like this, people said, "How unjust Afandi is, feeling no pity for the poor donkey – they could take turns riding, but don't."

Аз Афандӣ пурсиданд:
— Байни қассобу табиб чӣ фарқе ҳаст?
Афандӣ ҷавоб дод:
— Қассоб аввал мекушаду баъд пӯст меканад, табиб аввал пӯст меканад, баъд мекушад.

They asked Afandi:
"What's the difference between a butcher and a doctor?"
Afandi responded:
"A butcher first kills and then skins; a doctor first skins and then kills."

Амире дар ҳозирҷавобӣ ном бароварда буд. Рӯзе ба ӯ гуфтанд, ки дар шаҳр ҷавоне пайдо шудааст, ки дар афту андом, қаду қомат ва ҳатто ҳозирҷавобӣ мисли Шумо будааст. Амир он мардро ба назди худ даъват карду гуфт:
— Ман модаратро мешиносам, ӯ савдогар буд ва ҳар гоҳ ба хонаи падарам молҳои қиматбаҳо меовард.
Мард дар ҷавоб гуфт:
— Модарам ҳаргиз савдогар набуд, зане буд, ки ҳеҷ гоҳ аз хона берун намеомад, аммо аниқ медонам, ки падарам дар боғи падари Шумо як умр боғбонӣ мекард.

An emir became famous for his wit. One day they told him that a young man had appeared in town who was like him in appearance, stature and wit. The emir invited the man before him and said:

"I know your mother; she was a merchant and regularly brought expensive goods to my father's house."
The man replied:
"My mother was never a merchant; she was a woman who never left the house, but I know for sure that my father spent his life as a gardener in your father's garden."

БАЙТУ ПОРЧАҲОИ ШЕЪРӢ

POETRY SELECTIONS

Ҳеҷ шодӣ нест андар ин ҷаҳон,
Бартар аз дидори рӯйи дӯстон.
Ҳеҷ талхӣ нест бар дил талхтар,
Аз фироқи дӯстони пурҳунар.
Рӯдакӣ

There is no happiness in this world
Better than meeting a friend.
There is no bitterness more bitter to the heart
Than separation from a close friend.
Rudaki

Дониш андар дил чароғи равшан аст,
В-аз ҳама бад бар тани ту ҷавшан аст.
Рӯдакӣ

Knowledge in the heart is a bright lamp
And a shield for your body from everything bad.
Rudaki

Ҳар ки н-омӯхт аз гузашти рӯзгор,
Ҳеҷ н-омӯзад зи ҳеҷ омӯзгор.
Рӯдакӣ

Whoever doesn't learn from daily events,
Will learn nothing from any instructor.
Rudaki

Тавоно бувад, ҳар ки доно бувад,
Ба дониш дили пир барно бувад.
Фирдавсӣ

Whoever is wise is powerful
Because knowledge makes an old man's heart young.
Firdausi

Пароканда лашкар наояд ба кор,
Дусад марди ҷангӣ беҳ аз сад ҳазор.
Фирдавсӣ

A scattered army is of no use,
Two hundred men of war are better than a hundred thousand.
Firdausi

Appendixes 273

Аз қаъри гили сиях то авҷи Зуҳал, Кардам ҳама мушкилоти гетиро ҳал. Берун ҷастам зи банди ҳар макру ҳиял, Ҳар банд кушода шуд, магар банди аҷал.	From the depths of the earth to the heights of Saturn, I resolved all the difficulties of the world. I jumped out of the trap of every lie, I could release every bond, except the bond of death.
Ибни Сино	*Ibni Sino (Avicenna)*

Ишқҳое, к-аз пайи ранге бувад, Ишқ набвад, оқибат нанге бувад. Эй басо ҳиндуву турке ҳамзабон, В-эй басо ду турк чун бегонагон. Пас забони ҳамдилӣ худ дигар аст, Ҳамдилӣ аз ҳамзабонӣ беҳтар аст.	The passions that come in the wake of beauty Aren't love, but in the end come to disgrace. There are many Indians and Turks who share a common language, There are many pairs of Turks who are like strangers. Therefore the language of friendship is something else, Friendship is better than a common tongue.
Ҷалолиддини Румӣ	*Jaloliddin Rumi*

Нокарда гунаҳ дар ин ҷаҳон кист, бигӯ? В-он кас, ки гунаҳ накард, чун зист, бигӯ? Ман бад кунаму ту бад мукофотам диҳӣ, Пас фарқ миёни ману ту чист, бигӯ?	Tell me, who is there in this world who does not sin? Tell me, what is the life of the person who doesn't sin like? I do things wrong and you give my reward wrongly, Therefore, tell me, what difference is there between you and me?
Хайём	*Khayyam*

Хайём, агар зи бода мастӣ, хуш бош, Гар бо санаме даме нишастӣ, хуш бош, Поёни ҳама кори ҷаҳон нестӣ аст, Пиндор, ки нестӣ, чу ҳастӣ, хуш бош.	Khayyam, if you get drunk on wine, it will be pleasant, If you relax with a beautiful girl for a moment, it will be pleasant. At the end of the world nothing will remain; So, imagine that you don't exist, and while you live it will be pleasant.
Хайём	*Khayyam*

Афсӯс, ки сармоя зи каф берун шуд, В-аз дасти аҷал басе ҷигарҳо хун шуд, Кас н-омад аз он ҷаҳон, ки орад хабаре, Аҳволи мусофирон бигӯяд, чун шуд?	It is unfortunate that riches are used up And people worry about the hand of death, No-one has come from that world who might bring news About the state of those who have travelled there.
Хайём	*Khayyam*

Ҳаргиз дили ман зи илм маҳрум нашуд,
Кам монд зи асрор, ки маълум нашуд,
Ҳафтоду ду сол фикр кардам шабу рӯз,
Маълумам шуд, ки ҳеҷ маълум нашуд.

        Хайём

My heart was never deprived of science,
Little is left of mystery that is not known,
I have thought night and day for 72 years,
It is obvious to me that nothing is known.

        Khayyam

Баиӣ одам аъзои якдигаранд,
Ки дар офариниш зи як гавҳаранд,
Чу узве ба дард оварад рӯзгор,
Дигар узвҳоро намонад қарор.

        Саъдӣ

Everyone is the member of one body
That at creation came from one source;
When life causes one of its members pain,
The other members cannot stay at peace.

        Sa'di

Дило, ёрон се навъанд, ар бидонӣ,
Забониванду нонианду ҷонӣ.
Ба нонӣ нон бидеҳ, аз дар биронаш,
Ситоиш кун ба ёрони забонӣ,
Валекин ёри ҷониро нигаҳ дор,
Ба ҷонаш ҷон бидеҳ, гар метавонӣ.

        Саъдӣ

There are three types of friend, you know,
Those of the tongue, of bread, and of spirit.
To the one of bread, give bread and send him away,
Compliment the friends of the tongue.
But keep the friend of the spirit,
Give your spirit to his, if you can.

        Sa'di

Гиле хушбӯй дар ҳаммом рӯзе,
Расид аз дасти маҳбубе ба дастам.
Бад-ӯ гуфтам, ки мушкӣ ё абирӣ,
Ки аз бӯйи диловези ту мастам.
Бигуфто: ман гиле ночиз будам,
Валекин муддате бо гул нишастам.
Камоли ҳамнишин бар ман асар кард,
Вагарна ман ҳамон хокам, ки ҳастам.

        Саъдӣ

Once in the public baths, some sweet-smelling clay
Reached my hand from the hand of a beloved.
I said to it, "Are you musk or perfume,
That I am drunk from your lovely smell?"
It told me: "I was an insignificant piece of clay,
But I sat for a while with flowers.
The great ones I sat with made an impression on me,
And if I hadn't I would still be that kind of earth that I was."

        Sa'di

Зиндаву ҷовид монд, ҳар ки накӯном зист,
К-аз ақибаш зикри хайр зинда кунад номро.

        Саъдӣ

Whoever lives a good life will remain alive forever
Because after him the fond remembrance of his name will live on.

        Sa'di

Дарахти дӯстӣ биншон, ки коми дил ба бор орад,
Ниҳоли душманӣ баркан, ки ранҷи бешумор орад.

        Ҳофиз

Plant the tree of friendship, that your heart's desire may come into being,
Dig up the seedling of enmity that brings innumerable offenses.

        Hafez

Май бихӯр, мусҳаф бисӯзу оташ андар Каъба зан,
Сокини бутхона бошу мардумозорӣ макун.
Ҳофиз

Drink wine, burn the holy book, set fire to the Kaaba,
Live in an idol temple, but don't hurt people.
Hafez

Бӯсидани лаби ёр аввал зи даст магзор,
К-охир малӯл гардӣ аз дасту лаб газидан.
Ҳофиз

First, don't lose the chance to kiss the lips of a friend,
Or later you'll punch your fist and bite your lip with regret.
Hafez

Дар ҷавонӣ саъй кун, гар бехалал хоҳӣ амал,
Мева бенуқсон бувад, чун аз ниҳоли навбар аст.
Ҷомӣ

Make an effort while young, if you would do something unhindered,
Fruit without blemish is like that from a young tree.
Jomi

Хуштар зи китоб дар ҷаҳон ёре нест,
Дар ғамкадаи замона ғамхоре нест.
Ҳар лаҳза аз ӯ ба гӯшаи танҳой,
Сад роҳате ҳасту ҳаргиз озоре нест.
Ҷомӣ

A book is the best friend in the world
And in times of suffering is the best comforter.
Whenever you are in a corner alone, it has
A hundred pleasures and none cause offense.
Jomi

Гар ғубори хотире аз дӯстон бинӣ, маранҷ,
К-аз дуои душманон беҳтар бувад дашноми дӯст.
Зебуннисо

If you see anything that could offend you in a friend, don't be offended,
Because the insult of a friend is better than the prayer of enemies.
Zebunniso

Навмед набояд шудан аз гардиши айём,
Ҳар шом, ки ояд, зи пайи он саҳаре ҳаст.
Зебуннисо

The passing of time shouldn't lead to hopelessness,
At the end of every evening there is a morning.
Zebunniso

Гарчи гул дар нозукӣ машҳур дар баҳру бар аст,
Хотири шарму ҳаё аз барги гул нозуктар аст.
Зебуннисо

Although a flower is famous for its delicateness on land and sea,
The memory of shame is more delicate than the petal of a flower.
Zebunniso

Як қадам роҳ аст, Бедил, аз ту то домони марг,
Дар сари мижгон чу ашк истодай, ҳушёр бош!
Бедил

One step is the way, Bedil, from you to the brink of death,
You are like a tear that hangs at the end of an eyelash, take care!
Bedil

Рӯзии ҳаррӯза аз яздон гирифтан муфт нест,
Гарчи рӯзӣ медиҳад, рӯзе зи умрат мебарад.
Соиб

The good things that you get from God every day are not free
Because for each day that he gives you things, he takes away a day from your life.
Soib

Аз биёбони адам то сари бозори вуҷуд,
Ба талоши кафане омада урёне чанд.
Соиб

From the world of non-existence to this present life,
We all came naked in search of a burial sheet.
Soib

Ончунон гарм аст бозори мукофоти амал,
Чашм агар бино бувад, ҳар рӯз рӯзи маҳшар аст.
Соиб

As hot as the day when we receive the reward for our actions will be,
If the eye sees wisely, so too is every day a day of judgement.
Soib

Худо он миллатеро сарварӣ дод,
Ки тақдираш ба дасти хеш бинвишт,
Ба он миллат сару коре надорад,
Ки деҳқонаш барои дигарон кишт.
Иқбол

God gives leadership to that country
Which shapes its destiny with its own hands,
But he is indifferent to the country
Whose farmers sow for others.
Iqbol

Саҳар мегуфт булбул боғбонро,
Дар ин гил ҷуз ниҳоли ғам нагирад.
Ба пирӣ мерасад хори биёбон,
Вале гул чун ҷавон гардад, бимирад.
Иқбол

In the morning a nightingale told the gardener,
"In this soil besides the seedling of sorrow nothing will grow."
A desert thistle will reach old age,
But a flower, like a young person, may die.
Iqbol

Дӯстиро ҷустуҷӯ дорем мо,
Аз амонӣ гуфтугӯ дорем мо.
Турсунзода

We have searched for friendship,
We have talked about security.
Tursunzoda

Зан агар оташ намешуд, хом мемондем мо,
Норасида бодае дар ҷом мемондем мо.
Турсунзода

If woman hadn't become a fire, we would have remained inexperienced,
We would have remained unfermented wine in the goblet.
Tursunzoda

Кори ҳама кас баробари ҳиммати ӯст,
Умри ҳама кас нишонаи қимати ӯст,
Даҳчанди қад аст ҳайкалу мақбара, лек
Қабри ҳама кас баробари қомати ӯст.
Лоиқ

Everyone's work is equal to his generosity,
Everyone's life is a sign of his worth,
Statues and shrines are several times greater than the person's real height, but
Everyone's grave is equal to his stature.
Loiq

Аз кӯҳ чун санге фитад, сад сангро бечо кунад,
Марде чу номардӣ кунад, сад мардро расво кунад.
Нодон чу доноӣ кунад, аҳсан бигӯемаш ҳама,
Аммо чи битвон кард агар нодоние доно кунад?
Ҳар кас тавонад мурдаро бар хок биспорад, вале
Он кист хоки мурдаро тоҷи сари дунё кунад?

Лоиқ

A rock may fall from a mountain so as to dislodge a hundred rocks from their places,
A man may behave with such cowardice that he disgraces a hundred men.
A fool may act with such wisdom that we may all congratulate him,
But what can we do if a wise man behaves foolishly?
Each person can entrust the dead to the earth, but
Who is he that can make the name of the dead famous in the world?

Loiq

Аз он дунё агар Хайём ояд,
Ба ин майхонаи кошию гулрез,
Бинӯшад ҷоми моломолу гӯяд:
Нигаҳ дорад Худо аз дарди пархез
Биракседу бибӯседу бинӯшед,
Ки ин ҷо ҷойи баҳси мову ман нест.
Шумо шоҳид, ки ҳозир омадам ман,
Дар он дунё буфету ресторан нест.

Лоиқ

If Khayyam comes from that world
To this bountiful and beautiful wine bar,
He may drink a full goblet and say:
"God keeps us from abstinence
Dance, kiss, and drink,
Here is no place for debate among ourselves.
You are witness that now I have come,
In that world there are no buffets or restaurants."

Loiq

Ба қабристон гузар кардам каму беш,
Бидидам қабри давлатманду дарвеш.
На дарвеш бе кафан бар хок рафта,
На давлатманд бурда як кафан беш.

Фолклор

I went to the graveyard once in a while
That I might see the graves of the wealthy and of beggars.
Neither the beggar is buried without a sheet
Nor does the rich man carry more than a sheet.

Folklore

Гуфтам: Санамо, дил зи ту барканда кунам,
Гуфто, ки ба як ханда туро банда кунам.
Гуфтам, ки ба як ханда бимирам, чи шавад?
Гуфто, ки ба як бӯса туро зинда кунам!

Фолклор

I said, "Beautiful girl, if only I could tear my heart away from you;"
She said that with one laugh she could ensnare me again.
I said that if I die of that one laugh, what would happen?
She said that she could revive me with a kiss.

Folklore

Ҷавоне гуфт пиреро: чӣ тадбир?
Ки ёр аз ман гурезад, чун шавам пир.
Ҷавобаш дод пири нағзгуфтор,
Ки дар пирӣ ту ҳам бигрезӣ аз ёр!

Фолклор

A young person said to an old man: "What should I do
If my wife leaves me when I become old?"
The old man, who always spoke well, answered:
"In old age you also may leave your wife."

Folklore

A Brief Introduction To Tajiki Grammar

Фонетика   Phonetics

САДОНОКҲО   VOWELS

There are six vowels in Tajiki: *a, e(э), u(ū), o, y, ȳ*.[1] With the exception of certain conditions, Tajiki vowels are usually pronounced in just one way. That is, they are not like English, in which each letter (*ҳарф*) can be pronounced in various ways depbvending on factors such as its position in the word. This is particularly true for the "stable" vowels *o, ȳ* and *э*.

The vowel A. This vowel is essentially a low-front/central vowel: pronunciation does not involve the lips, the mouth is open widely, the tongue is low, and it is pronounced with the tip of the tongue. It is similar to the "*a*" and the "*u*" in the English words "*ran*" and "*run*." If it occurs before the glottal stop "ъ", it is slightly lengthened. Compare: *бад* /bad/ and *баъд* /ba:d/, *сади* /sadi/ and *Саъди* /sa:di/. If it is part of an unstressed syllable, and especially if it occurs between voiceless consonants, it is significantly reduced in length (approaching the ubiquitous unstressed vowel *schwa*, ★, in English, as found in the "*o*" of "*violin*"): e.g. *дароз* /d★roz/, *сафед* /c★fed/. The position of the vowel can also change depending on its phonetic context, for instance, moving back to a more central position following the uvular consonants (*х, ғ* and *қ*), and moving further forward and slightly up before the front vowels *и* and *э* and the consonant *ӣ*.

The vowel O. This low-back vowel is pronounced with rounded lips and the tip of the tongue slightly towards the back of the mouth. It is similar to the "*o*" in the English words "*office*" and "*on*". It is a "stable" vowel, always being pronounced the same way, irrespective of its position and context: *об* /ob/, *бод* /bod/, *оро* /oro/.

The vowel И. This high-front vowel can be both long (e.g. in *пир, шир, тартиб, дин, ин,* and *замин*) and short (e.g. *китоб, олим, муаллим,* and *интизор*). When it occurs as a long vowel at the end of a word, it is written "*ӣ*": e.g. *моҳӣ, дӯстӣ, мардӣ,* and *хонагӣ*. However, this letter is only used at the end of a word, and when such words are combined with a suffix or another word, it should be changed to "*и*": e.g. *моҳӣ* but *моҳии шӯр* and *моҳибирён*. Following a consonant and at the start of a word, the vowel "*и*" is pronounced /i/; following a vowel it is pronounced /yi/: e.g. *насим* /nasim/, *имкон* /imkon/, *ширинӣ* /shirini/; but *оина* /oyina/, *бобои ман* /boboyi man/, *зебои* /zeboyi/. When short, it is similar to the "*i*" in the English word "*in*" and, when long, to the "*ee*" in "*meet*."

The vowel E. There are two forms of this mid-front vowel: *e* and *э*. The letter *e* takes the sound /e/ when following a consonant in the middle and at the end of words: e.g. *дер* /der/, *меравем* /meravem/, and *марде* /marde/. It is pronounced /ye/ at the start of words and following vowels: e.g. *елим* /yelim/, *меоем* /meoyem/, and *хонае* /khonaye/. The letter *э* is only used at the start of words and is always pronounced /e/: e.g. *эҳтиром* /ehtirom/, *эълон* /e'lon/, and *Эрон* /eron/. If such a word is combined with a prefix or another word, it is still

---

[1] Some researchers state that there are eight vowels in Tajiki. In their opinion there are two forms of the vowels *u* and *y*: "long" and "short." However, whether the vowel is pronounced "long" or "short" does not usually affect the meaning of the word. Only in certain cases does it influence the meaning of the word; for instance: *дур(р)* /dur/ = *gem – дур* /du:r/ = distance, ки /ki/ – the conjunction "*that*" – кӯ /ki:/ – the question particle "*who*." It is enough to remember that "*long-u*" comes at the end of words and is written "*ӯ*."

written "э," despite being in the middle of the new word: e.g. *боэҳтиром*, and *соҳибэҳтиром*.

The vowel У. This high-back vowel is short in some words (e.g. *сухан*, *бурдан*, and *муаллим*) and long in others (e.g. *дуд*, *буд*, *мактуб*, and *зону*). However, it usually makes no difference to the meaning of words whether the vowel is pronounced long or short. Consequently, it is always written /u/ in transcription: e.g. /muallim/ and /maktub/. Only in a small number of words does the length of the vowel affect the meaning of the word, although context will always determine which is meant in such cases: e.g. *дур*: /dur/ = gem, /du:r/ = far; *пул*: /pul/ = bridge, /pu:l/ = money.

The vowel Ӯ. This mid-central vowel is a feature of the literary language and northern dialects. In central and southern varieties of Tajiki, this letter is pronounced the same way as the "*у*". There is no English equivalent for "*ӯ*". It is similar to, although slightly lower than, the German "*ü*". To produce it, the lips should be rounded, as though to pronounce "*o*", while making the English *schwa* sound, ★, as found in the "*o*" of "*violin*": e.g. *дӯст* /düst/, *шӯр* /shür/, *рӯй* /rüy/, and *мӯй* /müy/.

ҲАМСАДОҲО   CONSONANTS

In Tajiki there are 23 consonants: *б, в, г, ғ, д, ж, з, й, к, қ, л, м, н, п, р, с, т, ф, х, ҳ, ч, ҷ*, and *ш*. The majority of them are comparable to English consonants.

Table comparing Tajiki and English consonants

тоҷикӣ		англисӣ	
ҳамсадо	мисол	consonant	example of sound
б	бобо	b	boy
в	овоз	v	avoid
г	гарм	g	guard
д	модар	d	dark
з	зебо	z	zebra
й	айнак	y	eye
к	китоб	k	kit
л	либос	l	limb
м	ман	m	manage
н	нон	n	not
п	падар	p	passage
р	ранг	r	rang
с	соат	s	so
т	мактаб	t	tablet
ф	фардо	f	father
ҳ	ҳазор	h	hat
ч	чор	ch	chore
ҷ	ҷавон	j	jar
ш	шаҳр	sh	sharp

Only a small number of Tajiki consonants are not found in English. These are as follows:

The consonant Ғ /gh/: This is a voiced consonant made by exhaling while putting the back part of the tongue against the back part of the palate. It is like the sound made when gargling. For those who speak or have studied French, it sounds like the French "r":

нағз /naghz/ – good   оғоз /oghoz/ – beginning, start

The consonant Ж /zh/, /j/: Although this letter does not exist in English, the sound represented by it occurs in words such as *measure*, and *biege*. It does not occur very frequently in Tajiki.

каждум /kazhdum/ – *scorpion*   мижгон /mizhgon/ – *eyelash*

In the words *жола*, and *мижа* it is pronounced "ҷ" (as in English "job"): /jola/, /mija/.

The consonant Қ /q/: This consonant sound is produced by pressing the back part of the tongue against the uvula. It may be helpful to begin by trying to produce the /k/ sound as far back in the throat as possible. For those who speak or have studied Arabic, it sounds like the Arabic ❏:

қалам /qalam/ – *pencil*   барқ /barq/ – *light, electricity*

The consonant Х /kh/: This is a voiceless consonant made by exhaling while putting the back part of the tongue against the back part of the palate. For those who speak or have studied German or Russian, it sounds like the German "ch" or Russian "х", though is usually even more guttural:

хоб /khob/ – *dream*   шахс /shakhs/ – *person*

The glottal stop Ъ /'/: The letter ъ – "*аломати сакта*" (the sign for a glottal stop, as in English "hattrick") – following a vowel makes it sound a little longer and then cut off abruptly:

баъд /ba'd/ = /baad/ – *after*   (compare: бад /bad/ – *bad*)

Following a consonant or at the end of the word it designates a slight pause or a break in pronunciation:

ҷумъа /jum'a/ – *Friday*   шамъ /sham'/ – *candle*

Three letters – *ё*, *я*, and *ю* – are called "*йотбарсар*," for they each consist of two sounds – *й+о*, *й+а*, and *й+у* – starting with the consonant *й*, which is called "*йот*":

ёрӣ /yori/ – *help*   дарё /daryo/ – *river*
як /yak/ – *one*   бояд /boyad/ – *must, should*
дуюм /duyum/ – *second*   сеюм /seyum/ – *third*

ЗАДА   STRESS

The position of stress in Tajiki words is determined by a small number of rules, the most important of which are as follows:

The following syllables are always stressed:

1. The last syllable of a word that is in its unaltered form: e.g. китоб /ki'tob/, дарахт /da'rakht/, навиштан /navish'tan/, вазифа /vazi'fa/, ҳазор /ha'zor/.
2. The verb prefixes "*ме-*" and "*би-*": e.g. мехонам /'mekhonam/, меравед /'meraved/, бихонед /'bikhoned/, бигиред /'bigired/.
3. If verbs are in a conjugated form, the stress usually falls on the first syllable: e.g. омадам /'omadam/, навиштӣ /'navishti/. However, this is not the case for past participle forms: e.g. рафтаам /raft'aam/, дидаанд /di'daand/, омадаам /oma'daam/
4. The negative verb prefix "*на-*" is stressed unless it precedes the prefix "*ме-*" or the past participle: e.g. нарав /'narav/, накун /'nakun/, нарафтам /'naraftam/; but намеравад /na'meravad/, намекунам /na'mekunam/, наомадаам /naoma'daam/.
5. All derivational suffixes. If these suffixes consist of two or more syllables, the stress falls on the last of these: e.g. дӯстӣ /dus'ti/, бародарона /barodaro'na/, ягонагӣ /yagna'gi/, зеботарин /zebota'rin/, одатан /oda'tan/, гулистон /gulis'ton/, дониш /do'nish/.
6. The plural suffixes "*-ҳо*," "*-он*," "*-гон*," "*-ён*," and "*-вон*": e.g. китобҳо /kitob'ho/, одамон /oda'mon/, нависандагон /navisanda'gon/, америкоиён /amrikoi'yon/, ҳиндувон /hindu'von/.

7. In the words *аммо, вале, лекин, ҳатто, бале*, and *асло*, the first syllable is stressed.

The following morphemes are never stressed:
1. The "*izofat*" "*-и*" (*бандаки изофӣ*): e.g. *падари шумо* /pa'dari shu'mo/, *шаҳри Душанбе* /'shahri dushan'be/, *хонаи калон* /kho'nayi ka'lon/, *ҳавои форам* /ha'voyi fo'ram/.
2. Possessive suffixes (*-ам, -ат, -аш, -амон, -атон, -ашон*): e.g. *падарам* /pa'daram/, *китобат* /ki'tobat/, *модараш* /mo'darash/, *хонаамон* /kho'naamon/, *духтаратон* /dukh'taraton/, *писарашон* /pi'sarashon/.
3. The postpositional definite object marker "*-ро*": e.g. *туро дидам* /'turo didam/, *китобатро деҳ* /ki'tobatro deh/.
4. Derivational prefixes: e.g. *боақл* /bo'aql/, *бепул* /be'pul/, *ҳамроҳ* /ham'roh/, *нотарс* /no'tars/, *нодон* /no'don/, *барвақт* /bar'vaqt/.
5. The indefinite article and defining suffix "*-е*": e.g. *марде* /'marde/, *духтаре* /dukh'tare/, *паррандае* /parran'daye/.
6. The copula suffixes (*-ам, -ӣ, аст, -ем, -ед, -анд*) (*бандаки хабарӣ*): e.g. *ман коргарам* /man kor'garam/, *ту муаллимӣ* /tu mual'limi/, *вай духтур аст* /vay dukh'tur ast/, *мо коргарем* /mo kor'garem/, *шумо муаллимед* /shumo mual'limed/, *онҳо духтуранд* /onho dukh'turand/.
7. The subject marker verb endings (*-ам, -ӣ, -ад {-аст}, -ем, -ед, -анд*): e.g. *рафтам* /'raftam/, *дидӣ* /'didi/, *менависад* /'menavisad/, *рафтааст* /raf'taast/, *омадем* /'omadem/, *шунидед* /'shunided/, *баромаданд* /'baromadand/. However, note the exception in rule (11) below.
8. The conjunction *-у (-ю)*: e.g. *падару писар* /pa'daru pi'sar/, *бобою бибӣ* /bo'boyu bi'bi/.
9. The conjunction *ҳам*: e.g. *мо ҳам рафтем* /'mo ham 'raftem/. Note, however, that the copulative conjunction *ҳам ... ҳам* is stressed: e.g. *ман ҳам падарамро дӯст медорам, ҳам модарамро* /man 'ham pa'daramro 'düst me'doram, 'ham mo'daramro/.
10. The subordinate conjunction *ки*: e.g. *гуфтам, ки меравам* /'guftam, ki 'meravam/.
11. The question particle "*-мӣ*": e.g. *навиштед-мӣ?* /navish'ted-mi?/ It should be noted that in this case the stress falls on the syllable preceding the question particle – that is, on the subject marker verb ending (in exception to rule (7) above).

БАЪЗЕ ТАҒЙИРОТИ ОВОЗӢ   *SOME SOUND CHANGES*

1. The consonant *Н* is pronounced /m/ before *Б*: e.g. *шанбе* /shambe/, *анбор* /ambor/.
2. The consonant *Б* is pronounced /p/ before a *Т*: e.g. *ибтидо* /iptido/, *хубтар* /khuptar/.
3. The consonant *Ҳ* is not pronounced at the end of a word: e.g. *даҳ* /da/, *панҷоҳ* /panjo/, *пагоҳ* /pago/ or /paga/.
4. If three consonants occur consecutively, one of them (usually the middle one) is not pronounced: e.g. *баландтар* /balantar/, *шастсола* /shassola/, *сахттар* /sakhtar/.
5. Some words can be written and pronounced in two different ways: e.g. *пой-по, ҷой-ҷо; роҳ-раҳ, гоҳ-гаҳ, моҳ-мах, шоҳ-шаҳ*; and *рӯй-рӯ, мӯй-мӯ, ҷӯй-ҷӯ, бӯй-бӯ, гӯй-гӯ*.
6. In the words *ҳафт, ҳашт*, the sound /t/ is not pronounced: e.g. /haf/, /hash/.
7. The words *қуфл, китф* are usually pronounced /qulf/ and /kift/.

Further information about some other changes in colloquial forms of the language is provided in the following section on morphology.

Морфология   *Morphology*

Tajiki morphology identifies ten parts of speech (*ҳиссаи нутқ*). Six of these are independent: nouns (*исм*), adjectives (*сифат*), numbers (*шумора*), pronouns (*ҷонишин*), verbs (*феъл*), and adverbs (*зарф*). The remaining four parts of speech are dependent—that is, they do not have lexical meaning and only function to show relationships between words and sentences: prepositions and postpositions (*пешоянд* and *пасоянд*), conjunctions (*пайвандак*), particles (*ҳиссача*), and interjections (*нидо*).

Nouns and pronouns take neither case (*падеж*) nor gender (*ҷинсият*) in Tajiki. The various relationships shown in some other languages by the use of case are shown in Tajiki by means of prepositions and postpositions. Gender is shown through use of additional words and, occasionally, suffixes.

The most important characteristic of Tajiki relating to nouns and verbs – that is, subjects (*мубтадо*) and predicates (*хабар*) – is that of person (*шахс*) and number (*шумора*). Tajiki verbs are conjugated according to the person and number of the subject, shown through the addition of inflectional suffixes (*бандак*) to the end of the verb stem (or predicate).

In this part only the most important features of Tajiki morphology will be presented. In order to keep explanations as simple as possible, features will be illustrated through various tables and exceptions through examples.

ИСМ   *NOUNS*

Singular and Plural Nouns

Suffixes	Singular	Plural	English	
-ҳо	хона	хонаҳо	house	houses
	китоб	китобҳо	book	books
	бозор	бозорҳо	market	markets
	давлат	давлатҳо	state	states
	дарё	дарёҳо	river	rivers
-он	одам	одамон	person	people
	модар	модарон	mother	mothers
	коргар	коргарон	worker	workers
	даст	дастон	hand	hands
	чашм	чашмон	eye	eyes
-гон	нависанда	нависандагон	writer	writers
	бача	бачагон	boy	boys
	парранда	паррандагон	bird	birds
-ён	бобо	бобоён	grandfather	grandfathers
	эронӣ	эрониён	Iranian	Iranians
-вон	оху	охувон	antelope	antelopes
	ҳинду	ҳиндувон	Indian	Indians

The plural (*шакли ҷамъ*, cf. singular: *шакли танҳо*) suffix "*-ҳо*" is universal and can be used with all nouns: e.g. *хонаҳо, одамҳо, бачаҳо, эронихо, ҳиндуҳо*.

The suffix "*-он*" is primarily used with nouns for rational beings, although some other words also take the suffix "*-он*": e.g. *дарахтон*. Some parts of the body take the suffix

"*-он*": *чашмон*, *лабон*, and *дастон*; however, the remainder take the suffix "*-ҳо*" in the plural: *гӯшҳо*, *мӯҳо*, *ҷигарҳо*, *пойҳо*.

In spoken Tajiki, the plural suffixes *–ҳо* and *-он* are pronounced /-o/ after a consonant (e.g. *дарахто*, *одамо*) and /-ho/ after a vowel (e.g. *хонаҳо*, *бачаҳо*).

Words borrowed from other languages usually take the suffix "*-ҳо*": e.g. *амрикоиҳо*, *инглисҳо*, *русҳо*, *африқоиҳо*.

The suffixes "*-гон*", "*-вон*", and "*-ён*" are variants of the suffix "*-он*". "*-гон*" is used for nouns ending with the vowel "*а*" (e.g. *бачагон* and *гӯяндагон*). However, if the final "*а*" is a feminine suffix (as in e.g. *муаллима*, *шоира*, and *олима*) then the plural is formed using "*-ҳо*" as usual (i.e. *муаллимаҳо*, *шоираҳо*, and *олимаҳо*).

The suffix "*-ён*" is used for nouns ending with the vowel "*о*" or "*ӯ*" (e.g. *сӯфиён* and *бобоён*), and "*-вон*" for those ending with the vowel "*у*" (e.g. *оҳувон*, *бозувон*, and *ҳиндувон*).

Some adjectives function as nouns by taking a plural suffix: e.g. *бузург* ⇨ *бузургон*, *донишманд* ⇨ *донишмандон*.

Arabic Plurals

The plural of words derived from Arabic can be formed either by use of the Tajiki suffixes (i.e. *-ҳо*, *-он*) or by the various methods for forming plurals in Arabic. The most frequently used means for making Arabic nouns plural is with the suffix "*-от*": e.g. *ҳайвон* ⇨ *ҳайвонот* (= *ҳайвонҳо*), *интихоб* ⇨ *интихобот*, *иқдом* ⇨ *иқдомот*. Some Tajiki words also take the suffix "*-от*": e.g. *деҳ* ⇨ *деҳот*, *бориш* ⇨ *боришот*, *мева* ⇨ *мевачот*, *сабза* ⇨ *сабзавот*.

The majority of Arabic words are changed internally in particular ways to form the plural; the most important of these are shown in the following table:

	Arabic noun	*Arabic plural*	*Tajiki plural*	*English plural*
I	хабар	ахбор	хабарҳо	news
	шакл	ашкол	шаклҳо	forms
	шахс	ашхос	шахсон	people
	тараф	атроф	тарафҳо	directions
	шеър	ашъор	шеърҳо	poems
II	расм	русум	расмҳо	rituals
	наҷм	нуҷум	наҷмҳо	stars
	илм	улум	илмҳо	sciences
III	ҳаким	ҳукамо	ҳакимон	wise men
	олим	уламо	олимон	scientists
	шоир	шуаро	шоирон	poets
IV	ҳозир	ҳуззор	ҳозирон	participants
	ҳоким	ҳукком	ҳокимон	mayors
V	миллат	милал	миллатҳо	nations
	давлат	дувал	давлатҳо	countries
VI	мактаб	макотиб	мактабҳо	schools
	масҷид	масоҷид	масҷидҳо	mosques
	манзара	манозир	манзараҳо	scenes
	минтақа	манотиқ	минтақаҳо	regions
VII	дақиқа	дақоиқ	дақиқаҳо	minutes
	ақида	ақоид	ақидаҳо	opinions
	ҳақиқат	ҳақоиқ	ҳақиқатҳо	truths

In addition, there is also a plural for pairs (*ҷамъи дугона*) in Arabic, formed using the suffix "*-айн*". So, in Tajiki, there are words such as *волидайн* (*падару модар*; "*parents*") and *тарафайн* (*ду тараф*; "*two sides*"). On the whole, however, use of this form is very rare in Tajiki.

Some Arabic words with the suffix "*-от*" are used as singular nouns: e.g. *маълумот* ("*information*"), *ташкилот* ("*organisation*").

Another morphological change that occurs in words of Arabic origin is the doubling of the final consonant in certain words when they take any kind of suffix. Most Arabic words have a root of three consonants. In the base form of words where the final two consonants are identical, only one is written; however, when the word takes a suffix, both are written. E.g. *ҳал* ("*solution, decision*") but *ҳалли мусбӣ* ("*positive resolution*"), *тиб* ("*medicine*") but *тибби халқӣ* ("*folk medicine*"), and *ҳақ* ("*payment*") but *ҳаққи хизмат* ("*commission*").

Indefinite Article and Defining Suffix
(Артикли номуайянӣ ва ишоратӣ)

1.	{noun} + -e	
2.	як + {noun}	} indefinite noun
3.	як + {noun} + -e	

марде			хонае	
як мард	} a man		як хона	} a house
як марде			як хонае	

In Tajiki, the basal form of nouns functions also as the definite noun. The first form of indefinite noun (i.e. *марде*, *хонае*) is a feature of the literary language and the other two forms (i.e. *як мард*, *як хона* and *як марде*, *як хонае*) are features of the spoken language. The third form is comparatively rare. The article suffix "*-e*" is pronounced /e/ following a consonant and /ye/ following a vowel: /marde/, /khonaye/. Although the article "*-e*" is attached to nouns, when adjectives are associated with the noun, the article comes after the adjectives:

марди доно ⇨ марди доное   хонаи калон ⇨ хонаи калоне

In compound sentences the article "*-e*" comes before the conjunction *ки* so as to identify what follows the conjunction as a defining subordinate clause:

Марде, ки аз роҳ гузашт, падари ман буд. (=Ҳамон мард, ки аз роҳ гузашт, падари ман буд.)   *The man who crossed the street was my father.*

Nominal Derivational Affixes

Prefix	Root	New noun	Meaning
	кор	ҳамкор	*co-worker, colleague*
ҳам-	соя	ҳамсоя	*neighbour*
	сол	ҳамсол	*peer, contemporary*

Suffix	Root	New noun	Meaning
\multicolumn{4}{c}{**1. Suffixes that form the name of a place:**}			
-истон	гул	гулистон	flower garden
	тоҷик	Тоҷикистон	Tajikistan
-зор	дарахт	дарахтзор	grove
	алаф	алафзор	meadow, pasture
-гоҳ	дониш	донишгоҳ	university
	фурӯш	фурӯшгоҳ	department store
-дон	гул	гулдон	vase
	намак	намакдон	saltcellar
\multicolumn{4}{c}{**2. Suffixes that form the name of a profession:**}			
-гар	кор	коргар	worker
	оҳан	оҳангар	blacksmith
	фиреб	фиребгар	liar
-чӣ	чойхона	чойхоначӣ	tea-house manager
	шикор	шикорчӣ	hunter
-бон	дарвоза	дарвозабон	gatekeeper, goalkeeper
	боғ	боғбон	gardener
\multicolumn{4}{c}{**3. Suffixes that form abstract nouns:**}			
-ӣ	дӯст	дӯстӣ	friendship
	бародар	бародарӣ	brotherhood
-иш	дон²	дониш	knowledge
	рав¹	равиш	course; manner
\multicolumn{4}{c}{**4. Other suffixes, forming various types of noun:**}			
-а	даст	даста	bunch; handle
	ҳафт	ҳафта	week
	гӯш	гӯша	corner
-ор	рафт	рафтор	behaviour
	гуфт	гуфтор	speech
-гор	гуноҳ	гуноҳгор	sinner
	талаб	талабгор	one who seeks to obtain something
	хост	хостгор	matchmaker
\multicolumn{4}{c}{**5. Suffixes that only change the quality or quantity of nouns:**}			
-ча	хона	хонача	small house, doll's house, sandcastle
	бозӣ	бозича	toy
	корд	кордча	small knife
-ак	духтар	духтарак	little girl
	чароғ	чароғак	traffic lights; lightning

---

² The present tense stems derived from *донистан* and *рафтан*.

СИФАТ / ADJECTIVES

Adjectival Degree

Adjective	Comparative	Superlative	Meaning
зебо	зеботар	зеботарин	beautiful (more ..., most ...)
беҳ	беҳтар	беҳтарин	good, better, best
баланд	баландтар	баландтарин	tall, taller, tallest
калон	калонтар	калонтарин	large, larger, largest
бад	бадтар	бадтарин	bad, worse, worst
ширин	ширинтар	ширинтарин	sweet, sweeter, sweetest
гарм	гармтар	гармтарин	warm, warmer, warmest

1. The sentence structure when using comparatives (*сифати муқоисавӣ*) is usually of the following form:
   Имрӯз *аз дирӯз гармтар* аст.   *Today is warmer than yesterday.*
   Тобон *нисбат ба* Симин *ҷавонтар* аст.   *Tobon is younger than Simin.*
2. When using superlatives (*сифати олӣ*) in noun-adjective phrases, the adjective can come before the noun: e.g. *фасли гармтарин = гармтарин фасл, духтари зеботарини сол = зеботарин духтари сол*.
3. Besides using the suffix "*-тарин*," superlatives can also be formed with the expression "*аз ҳама*": e.g. *калонтарин = аз ҳама калон, донотарин = аз ҳама доно*.
4. In spoken Tajiki, the quality of adjectives can be intensified by repeating the first syllable of the adjective (sometimes with a small change): e.g. *сафед* ⇨ *сап-сафед* (pure white), *сиёҳ* ⇨ *сип-сиёҳ* (pitch black), *сурх* ⇨ *суп-сурх* (dark red), *калон* ⇨ *кап-калон* (really big).
5. The quality of adjectives can be reduced by using the suffix "*-ча*": e.g. *сурх* ⇨ *сурхча* (light red), *кабуд* ⇨ *кабудча* (light blue).
6. The words *баланд* and *паст* also perform these functions: e.g. *сурхи баланд* (dark red), *сурхи паст* (light red).

Adjectival Derivational Affixes

Prefix	Root	New adjective	Meaning
бо-	ақл	боақл	wise
	адаб	боадаб	polite
	истеъдод	боистеъдод	talented
бе-	ақл	беақл	foolish
	шарм	бешарм	shameless
	гуноҳ	бегуноҳ	sinless
но-	дон	нодон	stupid
	тарс	нотарс	fearless

Suffix	Root	New adjective	Meaning
-ӣ (-гӣ, -вӣ)	баҳор	баҳорӣ	spring (adj)
	шаҳр	шаҳрӣ	urban
	хона	хонагӣ	domestic, domesticated
	назария	назариявӣ	theoretical
-ин	санг	сангин	stone (adj)
	чӯб	чӯбин	wooden
	хишт	хиштин	brick (adj)
-гин	хашм	хашмгин	angry, furious
	ғам	ғамгин	sorrowful, sad
-нок	нам	намнок	humid
	дард	дарднок	painful
-манд	дониш	донишманд	wise, learned
	ҳунар	ҳунарманд	skilful, clever
	сарват	сарватманд	rich
-а	ранг	ранга	coloured
	тобистон	тобистона	for summer, summer's
-она	бадбахт	бадбахтона	unfortunately
	дӯст	дӯстона	friendly
-о	дон[3]	доно	wise, clever
	бин[3]	бино	one who can see

Nominal Use of Adjectives

In Tajiki, the majority of adjectives can also be used as nouns[4]. The main indication that an adjective is being used as a noun is its taking the plural suffix or indefinite article:

марди донишманд ⇒ донишмандони тоҷик ⇒ донишмандеро дидам.
шахси бемор ⇒ беморон сиҳат шуданд ⇒ беморе ба назди духтур омад.

Compound Nouns and Adjectives

Coordinate Compound Nouns and Adjectives[5]

Form of the construction	Example	Meaning
verb+у+verb	рафтуомад	contact, the act of visiting
	гуфтушунид	negotiations
	ҷустуҷӯ	search
noun+о+noun	рангоранг	colourful
	пасопеш	one behind the other
noun+у+noun	тирукамон	rainbow
noun+ - +noun	пора-пора	broken in pieces
	рах-рах	striped
noun+ба+noun	рӯбарӯ	opposite
	дарбадар	homeless

---

[3] The present tense stems derived from *донистан* and *дидан*.
[4] A process known as "*субстантиватсия*."
[5] There is not a lot of difference between Tajiki compound nouns and adjectives ("*исму сифатҳои мураккаб*") and they can easily be exchanged for each other – that is, adjectives are easily transformed into nouns.

Compound words that are formed with the affix "*-у-*" have just a single meaning, one stress (the last syllable), and differ from complex verbs joined by the conjunction "*-у*" (*ва*). Compare: *гуфтушунид* – *negotiations*, and ***рафту гуфт*** – *he/she went and said*.

In coordinate compound words, the parts of the word stand equally – neither is dependent on the other. Hence they are called coordinate (*пайваст*). However, in subordinate (*тобеъ*) compound words, one part is dependent on the other: e.g. ***сиёҳчашм*** ⇨ ***чашми сиёҳ*** (***сиёҳ*** is dependent on ***чашм***). There are a lot of this kind of word. The most important models are presented in the following table:

Subordinate Compound Nouns and Adjectives

Form of the construction	Example	Meaning
noun+noun	ангиштсанг	coal
	тоҷикдухтар	Tajik girl
	моҳрӯ	beautiful
	шердил	brave
noun+adjective (adjective+noun)	ҷавонзан	young lady
	модаркалон	grandmother
	бадахлоқ	immoral
	хушбӯй	fragrant
	кабудчашм	blue-eyed
	қадбаланд	tall
number+noun	чормағз	walnut
	дутор	a two-stringed musical instrument
	панҷшанбе	Thursday
noun+verb[6]	забоншинос	linguist
	қолинбоф	carpet-maker
	сарпӯш	lid
	дилкаш	attractive
	саргузашт	adventure, story
	хоболуд	sleepy, drowsy
number+noun+a	серӯза	three days (adj)
	шашмоҳа	six months (adj)
	даҳсола	ten years (adj)

---

[6] This kind can be formed using one of the verb stems or one of the other forms of the verb (e.g. the participle, infinitive or verbal adverb).

ШУМОРА / NUMBERS

Cardinal Numbers
(Шумораҳои миқдорӣ)

0 — нол / сифр /nol/ /sifr/	10 — дах /da/[7]
1 — як /yak/	11 — ёздах /yozda/
2 — ду /du/	12 — дувоздах /düzda/
3 — се /se/	13 — сенздах /senzda/
4 — чор / чаҳор /chor/ /chahor/[8]	14 — чордах /chorda/
5 — панҷ /panj/	15 — понздах /ponzda/
6 — шаш /shash/	16 — шонздах /shonzda/
7 — хафт /haf/[9]	17 — хабдах /habda/
8 — хашт /hash/[9]	18 — ҳаждах /hazhda/
9 — нӯх /nü/	19 — нуздах /nuzda/
20 — бист /bist/	200 — дусад
30 — сӣ /si/	300 — сесад
40 — чил / чиҳил /chil/ /chihil/[8]	400 — чорсад
50 — панҷох /panjo/[7]	500 — панҷсад
60 — шаст /shast/	600 — шашсад
70 — хафтод /haftod/	700 — хафтсад /hafsad/
80 — ҳаштод /hashtod/	800 — ҳаштсад /hashsad/
90 — навад /navad/	900 — нӯхсад /nüsad/
100 — сад /sad/	1000 — ҳазор
21 — бисту як /bistu yak/	160 — як саду шаст
101 — як саду як	2000 — ду хазор
122 — як саду бисту ду	1.000.000 — миллион
157 — як саду панҷоху хафт	1.000.000.000 — миллиард

Ordinal Numbers
(Шумораҳои тартибӣ)

1. Cardinal number + the suffix "-ум":

1st — як – якум	10th — дах – дахум[10]
2nd — ду – дуюм	20th — бист – бистум
3rd — се – сеюм	52nd — панҷоху ду – панҷоху дуюм
5th — панҷ – панҷум	107th — як саду хафт – як саду хафтум[11]

2. Cardinal number + the suffix "-умин":

1st — як – якумин	100th — сад – садумин
2nd — ду – дуюмин	1000th — ҳазор – ҳазорумин
6th — шаст – шастумин	2000th — ду ҳазор – ду ҳазорумин

---

[7] The letter "х" is not pronounced at the end of numbers.
[8] The variants *чаҳор* and *чиҳил* are a feature of literary Tajiki, and rarely used.
[9] In the words *хафт* and *хашт*, the final "т" is not pronounced.
[10] When the "-ум" suffix follows a silent "х", the "х" is pronounced: *дах* /da/ ⇒ *дахум* /dahum/.
[11] When "-ум" follows a silent "т", the "т" is pronounced: *хашт* /hash/ ⇒ *хаштум* /hashtum/.

1. If the ordinal number has the suffix "*-ум*" ("*-юм*" following a vowel), the noun precedes it: e.g. *рӯзи якум, соли панҷум, бори дуюм*. If it has the suffix "*-умин*," the noun usually follows it: e.g. *якумин бор, шастумин солгард, панҷумин сол*.
2. In addition to the usual Tajiki numbers, the Arabic word *аввал* ("*first*") is also used: i.e. *аввалин бор, аввалин шахс, аввалин устод*.
3. The word *нахуст* also means "*first*" and forms the ordinal *нахустин*: *нахустин фарзанд / фарзанди нахустин*.
4. The Arabic words *аввалан* ("*firstly*") and *сониян* ("*secondly*") are also frequently used.
5. Of the two forms of ordinal numbers shown above, the first is more generally used, whereas the latter is a feature of literary Tajiki.

Fractions
(Шумораҳои касрӣ)

1/2	як тақсими ду,	аз ду як ҳисса,	ним;
1/3	як тақсими се,	аз се як ҳисса,	сеяк;
2/3	ду тақсими се,	аз се ду ҳисса;	
1/4	як тақсими чор,	аз чор як ҳисса,	чоряк;
0,2[12]		нолу аз даҳ ду / сифру аз даҳ ду;	
1,4		яку аз даҳ чор;	
2,5		дую аз даҳ панҷ,	дую ним;
4,74		чору аз сад ҳафтоду панҷ;	
120,2		як саду бисту аз даҳ ду.	

1. The first form (i.e. *як тақсими се*) is used more commonly in mathematics.
2. The arithmetic operations (*амалҳои арифметикӣ*) are: *ҷамъ* (+), *тарҳ* (-), *зарб* (x), *тақсим* (/), and *баробар* (=): e.g. *даҳ ҷамъи ду баробари дувоздаҳ* (10+2=12), *чор тақсими ду баробари ду* (4/2=2).

Approximate numbers

Approximate numbers are indicated by juxtaposing cardinal numbers: e.g. *се-чор рӯз, даҳ-понздаҳ сол, бист-бисту ду дараҷа*.

Sometimes the word "*ним*" is also used for this purpose: e.g. *яку ним-ду соат, сею ним-чор кило, панҷ-панҷу ним тонна*.

Approximate numbers can also be indicated with just one number. In this case, the one of the words *тахмин, тахминан, як*, or *ягон* is also used: e.g. *тахмин бист кас омад, ягон се соат мунтазир шудем*.

---

[12] In Tajiki, a comma ("*вергул*") is used as the decimal point: i.e. 1,2 in Tajiki is the same as *1.2* in English; the full-stop ("*нуқта*") is used to separate the thousands in big numbers: e.g. 1.000.000 = a million.

"Numerators"
(Нумеративҳо)

Numerator	Type of noun	Example	Meaning
-та, -то	countable nouns	якта себ	one apple
		панчто дарахт	five trees
дона	countable nouns	панч дона лимон	five lemons
		ду дона дафтар	two notebooks
адад	countable nouns	се адад китоб	three books
кас, нафар	people	панч кас	five people
		бист нафар	twenty people
сар	animals, grapes	даҳ сар гов	ten cows
		як сар ангур	a bunch of grapes
бех	trees	як бех себ	an apple sapling
		ду бех гул	two flower roots
даста	flowers	як даста гул	a bunch of flowers

Note: In Tajiki after plural numbers (i.e. two or more) nouns usually take the singular form: e.g. *се бародар дорам, панч кас омад, чор китоб харидам.*

ҶОНИШИН — PRONOUNS

Personal-Possessive Pronouns
(Ҷонишинҳои шахсӣ-соҳибӣ)

Person	Singular	Plural
I	Ман	Мо
II	Ту	Шумо
III	Ӯ, Вай	Онҳо

1. The pronoun *шумо* is also used instead of the singular *ту* to show respect and in formal situations: e.g. *Номи Шумо чӣ?* In this situation, to distinguish from the plural use of the same pronoun, the initial letter is capitalised.
2. The pronouns *ӯ* and *вай* are both used for men and for women (there is no gender distinction in Tajiki).
3. In colloquial Tajiki *вайҳо* /vayo/ and in literary Tajiki *онон* are also used for the third person plural.
4. In colloquial Tajiki the alternative plural forms *моён* and *шумоён* are also encountered.
5. To show humility, the words *банда* and *камина* are also used in place of the first person singular pronoun: e.g. *Банда дар хизмати Шумо тайёрам.*
6. To show respect for the third person singular, *"он кас"* is also used.
7. The pronoun *ӯ* is a feature of literary Tajiki; *вай* is more generally used.
8. When the personal pronouns are used in noun phrases, they serve as possessive determiners: e.g. *китоби ман* - *my book*, *падари ту* - *your father*.
9. When the pronouns *ман* and *вай* are used with the definite object suffix "*-ро*," the abbreviated forms *маро* and *варо* [=*манро, вайро*] are usually used.

Pronominal Suffixes
(*Бандакҷонишинҳо* or *Ҷонишинҳои пайваст*)

Person	Singular	Plural	Examples	Meaning
I	-ам (-ям)	-амон (-ямон)	китобам / китобамон	*my/our book*
II	-ат (-ят)	-атон (-ятон)	китобат / китобатон	*your book*
III	-аш (-яш)	-ашон (-яшон)	китобаш / китобашон	*his/her/their book*

1. Pronominal suffixes carry out the same function as personal pronouns used at the end of noun phrases – that is, to show ownership: e.g. *китобам* = *китоби ман*, *духтарат* = *духтари ту*. It is usually possible to interchange the two forms without altering the meaning. Only when the personal pronoun has already been used in the sentence must the pronominal suffix be used in preference. Thus:

   Ман падарамро дидам (*NOT Ман падари манро дидам*)
   but: *Ту падарамро дидӣ?* = *Ту падари маро дидӣ?*

2. When used following a vowel, with the exception of "*a*", the additional sound /y/ precedes the pronominal suffix: e.g. *бобоям, бобоят, бобояш, бобоямон, бобоятон, бобояшон*. In this situation in colloquial Tajiki, the sound /ya/ is dropped: e.g. /bobom/, /bobot/, /bobosh/...

3. Pronominal suffixes are sometimes also used with verbs to indicate the person to whom the action of the verb is directed: *дӯст дорамат* = *туро дӯст медорам*; *гуфтамат* = *ба ту гуфтам*; *гуфташ* = *ба ӯ гуфт*.

Other types of pronouns are shown in the following table:

Type	Pronouns	Examples	Meaning
нафсӣ-таъкидӣ (reflexive)	худ	Ман худам медонам.	*I found out myself.*
		Ту худат кӣ?	*Who are you exactly?!*
		Ин китоби худам.	*This is my own book.*
саволӣ (questioning)	кӣ? киҳо?	Кӣ омад?	*Who came?*
	чӣ? чиҳо?	Ту чиҳо мегӯӣ?	*What are you saying?*
	чӣ гуна? чӣ хел?	Шумо чӣ хел?	*How are you?*
	кадом?	Ба Шумо кадомаш маъкул?	*Which one do you like?*
	чӣ қадар?	Чӣ қадар баркашам?	*How much should I weigh out?*
ишоратӣ (demonstrative)	ин, он, ҳамин, ҳамон, чунин,	Ин мард бародари ман аст.	*This man is my brother.*
		Аз ҳамин рӯз ба кор сар кунед.	*You may start work from this very day.*
таъйинӣ (nominative)	ҳама, ҳар кас, ҳар чӣ, ҳар кӣ	Ҳама омаданд.	*Everyone came.*
		Ҳар кас бояд кори худашро донад.	*Everybody should know his own work.*
		Ҳар кӣ пурсад, гӯед, ки ман нестам.	*If anyone asks, tell them I'm not here.*
манфӣ (negative)	ҳеҷ, ҳеҷ кас, ҳеҷ чиз, ҳеҷ кадом	Ӯ аз ҳеҷ кас наметарсад.	*He was afraid of nobody.*
		Ҳеҷ чиз беҳтар аз дилу забон нест.	*Nothing is better than the heart and tongue.*

	баъзе, ягон,	Баъзеҳо ба рафтан тайёр шуданд.	*Some of them were ready to leave.*
номуайянӣ (indefinite)		Дар хона ягон кас нест.	*There's no-one home.*
	ким-кӣ, ким-чӣ,	Ким-кӣ ба назди Шумо омадааст.	*Someone's come to see you.*
	якчанд	Ӯ якчанд фарзанд дошт.	*He had several children.*
муштарак (joint)	якдигар, ҳамдигар	Мо ҳамдигарро дӯст медорем.	*We love each other.*

1. The pronoun *худ* can also be used without a pronominal suffix:
    Айби *худ* аблаҳ надонад дар чаҳон,   *The fool may not know his <u>own</u> guilt in*
    Бошад андар чустани айби касон.   *the world, but he searches for other's faults.*

    The word *худ* is extensively used as a derivational affix:
    худомӯз   *self-instructional*   худкор   *automatic*
    худтанкидкунӣ   *self-criticism*   худфиребӣ   *self-deception*
2. The questions *кӣ?* and *чӣ?* also have a plural form: i.e. *кӣ омад? = киҳо омаданд? чӣ гуфт? = чиҳо гуфт?*
3. In colloquial Tajiki the pronouns "*ҳеҷ кӣ*" and "*ҳеҷ чӣ*" (="*ҳеҷ кас*" and "*ҳеҷ чиз*") are pronounced "*ҳишкӣ*" /hishki/ and "*ҳиччӣ*" /hichchi/.
4. The nominative pronoun *ҳама* is also used with the "*izofat*," "*-и*":
    Ҳамаи коргарони корхона имрӯз   *All the workers in the office are resting*
    истироҳат карданд.   *today.*

ФЕЪЛ   VERBS

From the perspective of learning, the Tajiki verb system is the most difficult part of speech. Verbs are conjugated according to person (*шахс*), number (*шумора*), tense (*замон*), type (*намуд*), and mood (*сига*). The most important contrasts between Tajiki and English verbs is that Tajiki verbs change their form according to the person and number of the subject, there is no fixed system of rules for forming present tense verb stems, and the bulk of Tajiki verbs are compound verbs. Infinitives (*масдарҳо*), participles (*сифатҳои феълӣ*), and verbal adverbs (*феъли ҳол*) also differ significantly in the way they are used compared with their English equivalents.

Verb Stems

Tajiki verbs have two stems (*асос*): the present tense verb stem (*асоси замони ҳозира*) and the past tense verb stem (*асоси замони гузашта*). In contrast with English, formation of the past tense verb stem is easy: All Tajiki verbs end in the suffix "*-ан*" and the past tense verb stem is formed by dropping this suffix: e.g. *рафтан* ⇨ *рафт*, *гуфтан* ⇨ *гуфт*, *дидан* ⇨ *дид*.

However, determining the present tense verb stem from the infinitive is more difficult. Like English, in Tajiki there are regular and irregular verbs (*феълҳои дуруст* and *феълҳои нодуруст*). The first group, regular verbs, consists of those verbs whose present tense verb stems are derived from their infinitives according to specific rules:

1. If the past tense verb stem ends with "*-рд*" or "*-нд*", the present tense verb stem is formed by dropping the "*-д*":

Infinitive	Past tense verb stem	Present tense verb stem	Meaning
хондан	хонд	хон	read
кандан	канд	кан	dig, pick
овардан	овард	овар (ор)	bring
шумурдан	шумурд	шумур (шумор)	count, calculate

The verbs *кардан* (stems: *кард* and *кун*) and *бурдан* (stems: *бурд* and *бар*) are an exception to this rule.

II. If the past tense verb stem ends with "*-од*", "*-ид*", or "*-ист*", the present tense verb stem is formed by dropping these endings:

Infinitive	Past tense verb stem	Present tense verb stem	Meaning
истодан	истод	ист	stand, stay
афтодан (афтидан)	афтод (афтид)	афт	fall
харидан	харид	хар	buy
давидан	давид	дав	run
донистан	донист	дон	know
тавонистан	тавонист	тавон	be able

All nominal verbs (that is, verbs that are formed from nouns) are formed using the suffix "*-идан*". Consequently, the present tense verb stems of such verbs are all identical to the noun from which the verb is formed:

Noun	Infinitive	Past tense verb stem	Present tense verb stem	Meaning
ракс	раксидан	раксид	ракс	dance
талаб	талабидан	талабид	талаб	demand
хоб	хобидан	хобид	хоб	sleep

III. Some verbs undergo transformations as shown below:

Infinitive	Past tense verb stem	Present tense verb stem	Meaning
1. -хт ⇨ з:			
омӯхтан	омӯхт	омӯз	learn
дӯхтан	дӯхт	дӯз	sew
2. -уд ⇨ о:			
фармудан	фармуд	фармо	order
рабудан	рабуд	рабо	sieze
3. -шт ⇨ р:			
доштан	дошт	дор	have
гузаштан	гузашт	гузар	pass
4. -фт ⇨ б:			
кӯфтан	кӯфт	кӯб	knock
рӯфтан	рӯфт	рӯб	sweep

Note: The following verbs are exceptions to the above rules:

гуфтан ⇨ гуфт/гӯ   бофтан ⇨ бофт/боф   фурӯхтан ⇨ фурӯхт/фурӯш

шукуфтан ⇨ шукуфт/шукуф   навиштан ⇨ навишт/навис.

The present tense verb stems for the second group of verbs, irregular verbs, have to be memorised. These are listed in the following table:

The Most Important Irregular Tajiki Verbs

Infinitive	Past tense verb stem	Present tense verb stem	Meaning
будан	буд	бош	be
бурдан	бурд	бар	carry
бастан	баст	банд	bind
гирифтан	гирифт	гир	take
гуфтан	гуфт	гӯ/гӯй	say
дидан	дид	бин	see
додан	дод	дех̣	give
задан	зад	зан	hit
кардан	кард	кун	do
навиштан	навишт	навис	write
нишастан	нишаст	нишин/шин	sit
омадан	омад	о/ой	come
партофтан	партофт	парто	throw away
рафтан	рафт	рав	go
фурӯхтан	фурӯхт	фурӯш	sell
хестан	хест	хез	get up
хостан	хост	хох̣	want
шинохтан	шинохт	шинос	know
шунидан	шунид	шунав	hear
шустан	шуст	шӯ/шӯй	wash
шудан	шуд	шав	become
чустан	чуст	чӯ/чӯй	search

Tajiki Verb Structure

With respect to structure, there are three types of Tajiki verb: simple, complex, and compound (*содда*, *сохта* and *таркибӣ*).
I. All main verbs are of the simple kind: e.g. *рафтан*, *гуфтан*, *дидан*, *омадан*.
II. Complex verbs are formed by the addition of a derivational prefix to simple verbs.

Verbal Derivational Prefixes

Simple verb	Meaning	Complex verb	Meaning
омадан	to come	баромадан	to go up, leave
		даромадан	to enter
		фаромадан	to go down, get off
		бозомадан	to return
овардан	to bring	баровардан	to carry out
		даровардан	to bring in
		фаровардан	to bring down
доштан	to have	бардоштан	to pick up
гузаштан	to pass	даргузаштан	to pass away
гирифтан	to take	даргирифтан	to catch fire

Note: When the inflectional prefixes "*ме-*" or "*на-*" are added to such verbs, the position of the derivational prefix is not usually altered: i.e.

баромадан ⇨ *набаромадан*   *даромадам* ⇨ *надаромадам*
фаровард ⇨ *нафаровард* ⇨ *мефаровард*.

However, with some verbs the inflectional prefix follows the derivational prefix: e.g.

бозгашт ⇨ *бознагашт*   *даргирифт* ⇨ *дарнагирифт*.

III. The majority of Tajiki verbs are compound verbs, of which there are two classes: nominal compound verbs and verbal compound verbs.

Nominal compound verbs are formed from nouns and adjectives in combination with auxiliary verbs (*феъли ёридиҳанда*). The most common auxiliary verbs are *кардан*, *шудан*, *намудан*, *гардидан*, *рафтан*, and *хӯрдан*.

Nominal Compound Verbs

Nominal part	Auxiliary verb	Nominal compound verb	Meaning
кор		кор кардан	to work, do
зиндагӣ		зиндагӣ кардан	to live
бор		бор кардан	to load
ором	кардан	ором кардан	to quieten
даъват		даъват кардан	to invite
талаб		талаб кардан	to demand
ранг		ранг кардан	to paint
қуфл /qulf/		қуфл кардан	to lock
сар		сар шудан	to begin
сабз		сабз шудан	to sprout
ором	шудан	ором шудан	to become quiet
калон		калон шудан	to grow
об		об шудан	to melt
ғам	хӯрдан	ғам хӯрдан	to grieve
шамол		шамол хӯрдан	to catch a cold
дӯст	доштан	дӯст доштан	to love, like
нигоҳ		нигоҳ доштан	to look after; to keep; to stop
фиреб	додан	фиреб додан	to lie
азоб		азоб додан	to torment

Note:
1. When functioning as auxiliary verbs, *кардан* and *намудан* are synonyns of each other, as are *шудан* and *гардидан*: e.g. *ором кардан* = *ором намудан*; *даъват шудан* = *даъват гардидан*.
2. If compound verbs are used consecutively, an auxiliary verb is only used with the last nominal part: e.g. *зиндагӣ ва кор кардан*, *сабзу хуррам шудан*.

Verbal Compound Verbs

Verbal compound verbs are usually formed from a past participle (that is, the past tense verb stem with the suffix "*-a*") and an auxiliary verb: e.g.

навишта гирифтан	Ӯ ҳамаи суханҳои моро як-як навишта гирифт.	*He wrote down everything we said word-by-word.*
харида додан	Ман ба писарам як бозича харида додам.	*I bought a toy for my son.*
сӯҳбат карда нишастан	Мо дар хонаи ҳамсоя то соатҳои даҳи шаб сӯҳбат карда нишастем.	*We sat chatting at our neighbour's until 10pm.*

When these verbs are expressed in English, the first part (that is, the participle) usually conveys the main meaning: e.g. ***сӯҳбат карда нишастан*** = ***сӯҳбат кардан***. However, some verbal compound verbs require special phrases to be correctly translated: e.g. ***навишта гирифтан*** = *to write down*.

Participles

In Tajiki there are three types of participle (*сифати феълӣ*): past, present, and future.

I. The past participle is formed by adding the suffix "*-a*" to the past tense verb stem: e.g. *рафт + а* ⇨ *рафта*, *дид + а* ⇨ *дида*, *гуфт + а* ⇨ *гуфта*.

The Tajiki past participle is similar in meaning to the English past participle: e.g. *гулҳои шукуфта* (*the opened flowers*), *дари пӯшида* (*the closed door*), *тирезаи кушода* (*the opened window*).

There is a second form of the Tajiki past participle, based on the first but ending with the additional "*-гӣ*" suffix: e.g. *китоби хондагӣ* (*the finished book*), *себи пухтагӣ* (*the ripe apple*), *косаи шикастагӣ* (*the broken bowl*). This can be used in place of the first form when the participle is functioning as an adjective. It is also used in colloquial Tajiki in place of the narrative past tense *[see tense (3) under "Verb Tenses," following]*.

II. The present participle is formed by adding the suffix "*-анда*" (or "*-янда*" following a vowel) to the present tense verb stem. It is comparable to the English present participle (ending in "*-ing*"): e.g. *соли оянда* (*the coming year*), *марди гӯянда* (*the man speaking*), *саги газанда* (*the aggressive dog*).

Present participles are formed from compound verbs in the following way:

хал кардан	⇨ бозии ҳалкунанда	*deciding game*
амал кардан	⇨ армияи амалкунанда	*front-line troops*
фаромӯш шудан	⇨ вохӯрии фаромӯшнашаванда	*unforgettable meeting*

The majority of present participles can also be used as nouns: e.g. ***нависанда*** (*writer*), ***навозанда*** (*musician*), ***хонанда*** (*school-child; reader*).

III. The future participle is mostly used in colloquial Tajiki. It is formed by adding the suffix "*-ӣ*" to the infinitive: e.g. *гапи гуфтанӣ* (*something to say*), *хӯроки хӯрданӣ* (*the food that can be eaten*). In sentences, the future participle usually expresses the desire that an action will come to pass: e.g.

Ман пагоҳ ба шаҳр *рафтанӣ*.	*I <u>want to go</u> to town tomorrow.*
Писарам духтур *шуданӣ*.	*My son <u>wants to become</u> a doctor.*
Мо фардо ба хонаи Шумо *омаданӣ*.	*We <u>hope to come</u> to your house tomorrow.*

Verbal Adverbs

Verbal adverbs (*феъли ҳол*) are a special verb form that express the way actions are carried out. They are formed from both simple and compound verbs through the addition of the suffix "*-он*" to the present tense verb stem:

Infinitive	Present tense verb stem	Verbal adverb	Meaning
тохтан	тоз	тозон	*running*
ишора кардан	ишора кун	ишоракунон	*pointing*
рақс кардан	рақс кун	рақскунон	*dancing*

Бародарам *тозон* омад.
Мавлуда *хандакунон* ҷавоб дод.
Ӯ *табассумкунон* ба ман нигоҳ кард.

My brother came <u>running</u>.
<u>*Laughing*</u>*, Mavluda answered.*
<u>*Smiling*</u>*, he looked at me.*

Verb Conjugation
(*Тасрифи феълҳо*)

Tajiki verbs are conjugated according to the person and number of the subject through the addition of subject marker verb endings (*бандакҳои феълӣ*):

1. *Present-future tense subject marker verb endings.*

Person	Singular	Plural	Examples	
I	-ам (-ям)	-ем	меравам	меравем
			мегӯям	мегӯем
II	-ӣ	-ед	меравӣ	меравед
			мегӯӣ	мегӯед
III	-ад (-яд)	-анд (-янд)	меравад	мераванд
			мегӯяд	мегӯянд

If the present tense verb stem ends with a vowel, the second form of verb ending, as shown in parenthesis, is used: e.g. *мегӯям* /megüyam/, *мегӯӣ* /megüyi/, *мегӯяд* /megüyad/, *мегӯем* /megüyem/, *мегӯед* /megüyed/, *мегӯянд* /megüyand/.

2. *Past tense subject marker verb endings.*

Person	Singular	Plural	Examples	
I	-ам	-ем	рафтам	рафтем
			гуфтам	гуфтем
II	-ӣ	-ед	рафтӣ	рафтед
			гуфтӣ	гуфтед
III	—	-анд	рафт	рафтанд
			гуфт	гуфтанд

All past tense verb stems end in a consonant; consequently there is only one form of verb ending for past tense verbs. Only the third person singular has no additional verb ending, so that it has the same form as the past tense verb stem: i.e. **рафт** = *he/she went*, **гуфт** = *he/she said*.

3. Narrative past (or, "present perfect") tense subject marker verb endings.

Person	Singular	Plural	Examples	
I	-ам	-ем	рафтаам	рафтаем
			гуфтаам	гуфтаем
II	-ӣ	-ед	рафтаӣ	рафтаед
			гуфтаӣ	гуфтаед
III	-аст	-анд	рафтааст	рафтаанд
			гуфтааст	гуфтаанд

Verb Tenses

For all verb tenses, the negative is formed through the addition of the prefix "*на-*".

1. Present-future tense (Замони ҳозира-оянда)
[prefix "ме-" + present stem + verb ending]

ме-	рав	-ам	(ман) меравам	I go	I am going	I am going to go
ме-	рав	-ӣ	(ту) меравӣ	you go	you are going	you are going to go
ме-	рав	-ад	(ӯ, вай) меравад	he/she goes	he/she is going	he/she is going to go
ме-	рав	-ем	(мо) меравем	we go	we are going	we are going to go
ме-	рав	-ед	(шумо) меравед	you go	you are going	you are going to go
ме-	рав	-анд	(онҳо) мераванд	they go	they are going	they are going to go

Since verbs change according to the person and number of the subject, personal pronouns do not need to be used and are often omitted, particularly from speech:

меравам = ман меравам;   мегӯяд = ӯ мегӯяд;   меоянд = онҳо меоянд.

1. The present-future tense is used to describe actions that are habitual or always true:
   Мо одатан чойи кабуд *менӯшем*.   We usually <u>drink</u> green tea.
   Норбек ҳар рӯз ба мактаб *меравад*.   Norbek <u>goes</u> to school every day.
   Замин дар гирди офтоб давр *мезанад*.   The earth <u>goes</u> around the sun.
   Филҳо дар ҷойҳои гарм *зиндагӣ мекунанд*.   Elephants <u>live</u> in hot places.

2. The present-future tense is used to describe actions that are continuous:
   Ҳоло ман дар донишгоҳ *кор мекунам*.   I <u>am</u> now <u>working</u> at the university.
   Баҳром ду сол боз дар Лондон *зиндагӣ мекунад*.   Bahrom <u>has lived</u> in London for two years.

   In this situation, the present-future tense conveys the same meaning as the Tajiki present continuous tense *[see tense (6), following]*: cf.
   Ардашер ҳоло дар вазорати адлия *кор мекунад*.   Ардашер ҳоло дар вазорати адлия *кор карда истодааст*.   Ardasher currently <u>works</u> in the Ministry of Justice.

3. The present-future tense is used to describe actions that are going to happen in the future. In this situation, the verb is usually used together with an adverb of time, such as *пагоҳ, ҳафтаи оянда, баъди ду рӯз, имрӯз бегоҳӣ*:
   Ман *пагоҳ* ба Тошканд меравам.   <u>Tomorrow</u> I'm going to Tashkent.
   Парӣ *пас аз ду соат* меояд.   Pari is going to come <u>in two hours time</u>.
   Ҳафтаи оянда мо маош мегирем.   We're going to be paid <u>next week</u>.

In this situation, the present-future tense conveys the same meaning as the absolute future tense: cf.

| Ман пагоҳ ба Хуҷанд меравам. | Ман пагоҳ ба Хуҷанд хоҳам рафт. | Tomorrow I'm going to Khujand. |

4. The present-future tense is also used to described what has happened in the past in the same way that the present simple is sometimes used colloquially in English to convey social intimacy and psychological proximity (e.g. "*Yesterday my sister phones me and says...*"). When used in this way, it is sometimes known as the descriptive present tense ("*замони ҳозираи ҳикоягӣ*").

Exceptions in the present-future tense: "будан" ("to be") *and* "доштан" ("to have")

a. There are three forms of the verb *будан* in the present-future tense:
i. Full form:

ман	коргар	мебошам	мо	коргар	мебошем
ту	коргар	мебошӣ	шумо	коргар	мебошед
ӯ	коргар	мебошад	онҳо	коргар	мебошанд

("*I am a worker, etc.*")

ii. With the assistance of the verb "*ҳаст*":

ман	муаллим	ҳастам	мо	муаллим	ҳастем
ту	муаллим	ҳастӣ	шумо	муаллим	ҳастед
ӯ	муаллим	аст	онҳо	муаллим	ҳастанд

("*I am a teacher, etc.*")

iii. With suffixes:

ман	шодам	мо	шодем
ту	шодӣ	шумо	шодед
ӯ	шод аст	онҳо	шоданд

("*I am glad, etc.*")

b. The verb *доштан* is also irregular in the present-future tense in that it drops the prefix "*ме-*":

ман	дорам	мо	дорем
ту	дорӣ	шумо	доред
ӯ	дорад	онҳо	доранд

("*I have, etc.*")

2. Simple past tense (Замони гузаштаи содда)
[past stem + verb ending]

рафт	-ам	(ман) рафтам	I went
рафт	-ӣ	(ту) рафтӣ	you went
рафт	—	(ӯ, вай) рафт	he/she went
рафт	-ем	(мо) рафтем	we went
рафт	-ед	(шумо) рафтед	you went
рафт	-анд	(онҳо) рафтанд	they went

The simple past tense is used to describe completed past actions. The Tajiki simple past tense is similar to the English simple past tense:

  Покиза ба бозор *рафт*.   *Pokiza went to the market.*

  3. Narrative past (or "present perfect") tense (Замони гузаштаи нақлӣ)
  [past participle + verb ending]

рафта	-ам	(ман) рафтаам	*I have gone/been*
рафта	-й	(ту) рафтай	*you have gone/been*
рафта	-аст	(ӯ, вай) рафтааст	*he/she has gone/been*
рафта	-ем	(мо) рафтаем	*we have gone/been*
рафта	-ед	(шумо) рафтаед	*you have gone/been*
рафта	-анд	(онҳо) рафтаанд	*they have gone/been*

1. The narrative past tense is used to describe actions that happened repeatedly in the past or that have never happened:

  Ман борҳо ба Тошканд *рафтаам*. *I've been to Tashkent several times.*
  Саврӣ филмҳои амрикоиро бисёр *Savri has seen a lot of American films.*
   дидааст.
  Падарам ҳеҷ гоҳ маро ҷанг *My father has never argued with me.*
   накардааст.

2. The narrative past tense is used to describe actions that the speaker has heard from somewhere or someone else but has not actually seen for himself:

  Насрулло аз Фаронса *омадааст*. *Nasrullo has (apparently) come from France.*
  Онҳо ба Карочӣ *рафтаанд*. *They have (apparently) gone to Karachi.*

Compare:

Ягона *омад*.	*Yagona came.*	Ягона *омадааст*.	*(I heard that) Yagona has come.*
Одина имрӯз ба кор *нарафт*.	*Odina didn't go to work today.*	Ҳоким мегӯяд, ки Одина имрӯз ба кор *нарафтааст*.	*Hokim says that Odina hasn't gone to work today.*

3. In colloquial Tajiki, in simple sentences, the second form of past participle (cf. lesson ten) can be used in place of the narrative past tense. Compare:

  Вай *омадагӣ*. Вай *омадааст*. *He has come.*

4. Descriptive past (or "past imperfect") tense (Замони гузаштаи ҳикоягӣ)
[prefix "ме-" + past stem + verb ending]

ме-	рафт	-ам	(ман) мерафтам	I was going	I used to go	I would go	I went
ме-	рафт	-ӣ	(ту) мерафтӣ	you were going	you used to go	you would go	you went
ме-	рафт	—	(ӯ, вай) мерафт	he/she was going	he/she used to go	he/she would go	he/she went
ме-	рафт	-ем	(мо) мерафтем	we were going	we used to go	we would go	we went
ме-	рафт	-ед	(шумо) мерафтед	you were going	you used to go	you would go	you went
ме-	рафт	-анд	(онҳо) мерафтанд	they were going	they used to go	they would go	they went

1. The descriptive past tense is used to describe actions that happened habitually or regularly in the past:

Соли гузашта ман ҳар рӯз ба хонаи бародарам *мерафтам*.
Last year I went to my brother's house every day.

Дар солҳои донишчӯӣ Чевар ҳар ҳафта ба мо мактуб *менавишт*.
When she was a student, Chevar wrote us a letter every week.

2. The descriptive past tense is most often used when describing past situations:

Он солҳо мо дар Ню-Йорк *зиндагӣ мекардем*. Падарам дар завод *кор мекард*, модарам либосдӯзӣ *мекард*. Ман дар донишгоҳ *мехондам*.
At that time, we were living in New York. My father worked in a factory, and my mother was a seamstress. I was studying at university.

Вақте ки ман дар Душанбе зиндагӣ мекардам, ҳар рӯз ба китобхона мерафтам ва китобҳои зиёдеро мехондам.
When I was living in Dushanbe, I went to the library every day and read a lot of the books.

The descriptive past tense is used when the exact duration of time is unspecified. Compare:

| Мо панҷ сол дар Олмон *зиндагӣ кардем*. | *We lived in Germany for five years.* | Солҳои ҳафтодум мо дар Олмон *зиндагӣ мекардем*. | *In the 70s, we lived in Germany.* |
| Ҳафтаи гузашта ман ба Наҷиб мактуб *навиштам*. | *Last week I wrote a letter to Najib.* | Вақте ман дар Испания будам, ба Наҷиб бисёр мактуб *менавиштам*. | *When I was in Spain, I wrote lots of letters to Najib.* |

5. Past perfect tense (Замони гузаштаи дур)
[past participle + "буд" + verb ending]

рафта	буд	-ам	(ман) рафта будам	I had gone/been
рафта	буд	-ӣ	(ту) рафта будӣ	you had gone/been
рафта	буд	—	(ӯ, вай) рафта буд	he/she had gone/been
рафта	буд	-ем	(мо) рафта будем	we had gone/been
рафта	буд	-ед	(шумо) рафта будед	you had gone/been
рафта	буд	-анд	(онҳо) рафта буданд	they had gone/been

The past perfect is used to describe actions that took place in the comparatively distant past or an action that preceded another past action—that is, the first of two past actions:

Бори аввал ман ба Париж соли 1995 *рафта будам*.	*I had first gone to Paris in 1995.*
Вакте мо ба хонаи Ҷавод рафтем, меҳмонон аллакай *омада буданд*.	*When we went to Javod's house, the guests had already arrived.*
– Ман дирӯз Оишаро дидам. Ту чӣ?	*– I saw Oisha yesterday. What about you?*
– Ман се рӯз пеш *дида будам*.	*– I had seen her three days ago.*

6. Present continuous tense (Замони ҳозираи давомдор)
[past participle + "истода" + verb ending]

рафта	истода	-ам	(ман) рафта истодаам	*I am going*
рафта	истода	-ӣ	(ту) рафта истодаӣ	*you are going*
рафта	истода	-аст	(ӯ, вай) рафта истодааст	*he/she is going*
рафта	истода	-ем	(мо) рафта истодаем	*we are going*
рафта	истода	-ед	(шумо) рафта истодаед	*you are going*
рафта	истода	-анд	(онҳо) рафта истодаанд	*they are going*

The present continuous tense is used to describe actions that are happening at the time of speaking and that are not yet completed:

Ман дар донишгоҳ *кор карда истодаам*.	*I work at the university.*
Онҳо *гуфтугӯ карда истодаанд*.	*They are talking.*

In the above situations, the present continuous tense means the same as the present-future tense and can be interchanged with it: cf.

Озода дар Душанбе *зиндагӣ карда истодааст*.	Озода дар Душанбе *зиндагӣ мекунад*.	*Ozoda lives in Dushanbe.*

In this kind of situation, the present-future tense is more often used in speech. However, in conversations about temporary situations, the present continuous tense is used:

– Адҳам чӣ *кор карда истодааст*?	*– What is Adham doing?*
– Адҳам китоб *хонда истодааст*.	*– Adham is reading a book.*
– Ту чӣ *кор карда истодаӣ*?	*– What are you doing?*
– Ман мактуб *навишта истодаам*.	*– I'm writing a letter.*

7. Past continuous tense (Замони гузаштаи давомдор)
[also known as the past perfect continuous tense (Замони гузаштаи дури давомдор)]
[past participle + "истода" + "буд" verb ending]

рафта	истода	буд	-ам	рафта истода будам	*I was going*
рафта	истода	буд	-ӣ	рафта истода будӣ	*you were going*
рафта	истода	буд	—	рафта истода буд	*he/she was going*
рафта	истода	буд	-ем	рафта истода будем	*we were going*
рафта	истода	буд	-ед	рафта истода будед	*you were going*
рафта	истода	буд	-анд	рафта истода буданд	*they were going*

The past continuous tense is used to describe actions that were happening in the past when another action happened or was completed. This tense usually occurs in subordinate clauses of complex sentences in which one of the verbs is in the simple past tense:

Вақте ман ба хона омадам, занам хӯрок *пухта истода буд*.	When I arrived home, my wife <u>was cooking</u> a meal.
Дирӯз ман ба бозор *рафта истода будам*, ки дар роҳ Иродаро дидам.	Yesterday I <u>was on the way</u> to the market, when I saw Iroda.
Мо *сӯҳбат карда истода будем*, ки ногоҳ овози гиряи кӯдаке ба гӯш расид.	We <u>were talking</u> when suddenly we heard the sound of a baby's cry.

The past continuous tense is used comparatively rarely.

In the past and present continuous tenses, the auxiliary verb *истодан* loses its original meaning and is only used to indicate the continuous nature of the tense and the person and number of the subject. Consequently, various abbreviated forms are often encountered in colloquial Tajiki: e.g.

рафта истодаам → *рафтосиям* [northern dialects]
 → *рафтестам* [central and southern dialects]

8. Absolute future tense (Замони ояндаи мутлақ)
["хоҳ" + verb ending + past stem]

хоҳ	-ам	рафт	(ман) хоҳам рафт	I will go
хоҳ	-ӣ	рафт	(ту) хоҳӣ рафт	you will go
хоҳ	-ад	рафт	(ӯ, вай) хоҳад рафт	he/she will go
хоҳ	-ем	рафт	(мо) хоҳем рафт	we will go
хоҳ	-ед	рафт	(шумо) хоҳед рафт	you will go
хоҳ	-анд	рафт	(онҳо) хоҳанд рафт	they will go

("хоҳ" is the present tense verb stem of "хостан")

The absolute future tense is used to describe actions that will happen in the future. This verb form is a feature of literary Tajiki. Its meaning is the same as that of the present-future tense as used to describe the future: cf.

Фардо ман ба Канада *меравам*.	Фардо ман ба Канада *хоҳам рафт*.	I <u>will go</u> to Canada tomorrow.
Ҳафтаи оянда падарам аз Масков *меояд*.	Ҳафтаи оянда падарам аз Масков *хоҳад омад*.	Next week my father <u>will come</u> from Moscow.

The main difference between these two verb forms is that adverbs of time, such as *фардо* or *ҳафтаи оянда*, do not need to be used with the absolute future tense for it to be understood that future time is being described. Thus, to use the above examples, "*ман ба Канада хоҳам рафт*" still refers to the future, whereas, "*ман ба Канада меравам*" could equally well refer to the present or the future, depending on context.

It should be noted that in the absolute future tense, the verb *хостан* (*хоҳ*) loses its original meaning and is only used to show the tense and the person and number of the subject. Cf. The *modal* verb *хостан* retains its original meaning (see "*Modal Verbs*" below).

There are also other tenses in Tajiki that have different shades of meaning but are very rarely used. Therefore nothing more is said about them in this basic introduction to Tajiki grammar.

Imperatives

Tajiki imperatives (*феъли амр* or *феъли фармоиш*) take two forms: singular and plural; only second person forms exist. The singular form is the same as the present tense verb stem, and the plural form simply takes the additional suffix "*-ед*". Imperatives sometimes take the additional prefix "*би-*", which is always stressed:

Infinitive	Singular form	Plural form
рафтан	рав / бирав	равед / биравед
гирифтан	гир / бигир	гиред / бигиред
омадан	биё[13]	биёед /biyoyed/
хӯрдан	хӯр / бихӯр	хӯред / бихӯред

Modal Verbs

There are four modal verbs (*феълҳои модалӣ*) in Tajiki: *тавонистан*, *хостан*, *боистан*, and *шоистан*. The last two of these are only usually used in the forms *бояд* and *шояд* respectively (although *мебоист*, a further form of *боистан*, is also very occasionally encountered). In contrast, the verbs *тавонистан* and *хостан* are like other verbs in that they are conjugated according to the person and number of the subject.

Conjugation of the verb "тавонистан" ("to be able") in the past and future tenses

рафта тавонистам	тавонистам равам	*I was able to go*
рафта тавонистӣ	тавонистӣ равӣ	*you were able to go*
рафта тавонист	тавонист равад	*he/she was able to go*
рафта тавонистем	тавонистем равем	*we were able to go*
рафта тавонистед	тавонистед равед	*you were able to go*
рафта тавонистанд	тавонистанд раванд	*they were able to go*

рафта метавонам	метавонам равам	*I can go*
рафта метавонӣ	метавонӣ равӣ	*you can go*
рафта метавонад	метавонад равад	*he/she can go*
рафта метавонем	метавонем равем	*we can go*
рафта метавонед	метавонед равед	*you can go*
рафта метавонанд	метавонанд раванд	*they can go*

Conjugation of the verb "хостан" ("to want") in the past and future tenses

рафтан хостам	хостам равам	*I wanted to go*
рафтан хостӣ	хостӣ равӣ	*you wanted to go*
рафтан хост	хост равад	*he/she wanted to go*
рафтан хостем	хостем равем	*we wanted to go*
рафтан хостед	хостед равед	*you wanted to go*
рафтан хостанд	хостанд раванд	*they wanted to go*

---

[13] The short form of the imperative derived from "*омадан*" – "*о*" is very rarely used.

рафтан мехоҳам	мехоҳам равам	*I want to go*
рафтан мехоҳӣ	мехоҳӣ равӣ	*you want to go*
рафтан мехоҳад	мехоҳад равад	*he/she want to go*
рафтан мехоҳем	мехоҳем равем	*we want to go*
рафтан мехоҳед	мехоҳед равед	*you want to go*
рафтан мехоҳанд	мехоҳанд раванд	*they want to go*

It should be noted that in the first form (in which the modal follows the main verb), the past participle of the main verb is used with the modal *тавонистан* (i.e. *рафта тавонистам*, *рафта метавонам*, etc.), but the infinitive is used with *хостан* (i.e. *рафтан мехоҳам*, *рафтан хостам*, etc.). The subjunctive form of the main verb, used in the second form (i.e. the present tense verb stem together with the subject marker verb endings), is known as the *аорист*.

In the first form, the main verb and modal always occur together. However, in the second form (in which the modal precedes the main verb), other parts of the sentence can come between the modal and main verb: cf.

Ман пагоҳ ба Норак *рафта метавонам*.	Ман пагоҳ ба Норак *метавонам равам*.	*I can go to Norak tomorrow.*
—	Ман *метавонам* пагоҳ ба Норак *равам*.	
Ман пагоҳ ба Норак *рафтан мехоҳам*.	Ман пагоҳ ба Норак *мехоҳам равам*.	*I want to go to Norak tomorrow.*
—	Ман *мехоҳам* пагоҳ ба Норак *равам*.	

It should further be noted that in the first form just the modal verb is conjugated, but in the second form both the modal and main verbs are conjugated.

Use of the modal "бояд" ("must") in the past tense: conjecture

бояд рафта бошам	*I must have gone*
бояд рафта бошӣ	*you must have gone*
бояд рафта бошад	*he/she must have gone*
бояд рафта бошем	*we must have gone*
бояд рафта бошед	*you must have gone*
бояд рафта бошанд	*they must have gone*

Use of the modal "бояд" ("must") in the past tense: obligation

бояд мерафтам	*I had to go / should have gone*
бояд мерафтӣ	*you had to go / should have gone*
бояд мерафт	*he/she had to go / should have gone*
бояд мерафтем	*we had to go / should have gone*
бояд мерафтед	*you had to go / should have gone*
бояд мерафтанд	*they had to go / should have gone*

Use of the modal "бояд" ("must") in the future tense

бояд равам	I have to / should go
бояд равӣ	you have to / should go
бояд равад	he/she has to / should go
бояд равем	we have to / should go
бояд равед	you have to / should go
бояд раванд	they have to / should go

Instead of the second form used for *бояд* in the past tense (i.e. *бояд мерафтам*, etc.), an alternative expression using the word *даркор* or *лозим* is often used in speech: cf.

бояд мерафтам = рафтанам даркор буд / рафтанам лозим буд

Дирӯз ту *бояд* ба вазорат *мерафтӣ*.	Дирӯз ба вазорат рафтанат даркор буд.	You <u>had to go</u> to the ministry yesterday.

In this case, the subject marker verb endings are attached to the main verb, which is used in the infinitive (i.e. *рафтан<u>ам</u> даркор буд*, *рафтан<u>ат</u> даркор буд*, etc.). The verb *буд* is used irrespective of the person and number of the subject to show that the construction is in the past tense.

For the future tense there is also a similar form, constructed in the same way but without the use of the verb *буд*:

рафтанам даркор = бояд равам,
рафтанат даркор = бояд равӣ,
рафтанаш даркор = бояд равад,
рафтанамон даркор = бояд равем, etc.

Use of the modal "шояд" ("might") in the past tense: conjecture

шояд рафта бошам	I might have gone
шояд рафта бошӣ	you might have gone
шояд рафта бошад	he/she might have gone
шояд рафта бошем	we might have gone
шояд рафта бошед	you might have gone
шояд рафта бошанд	they might have gone

Use of the modal "шояд" ("might") in the past tense: conditional

шояд мерафтам	perhaps I would have gone
шояд мерафтӣ	perhaps you would have gone
шояд мерафт	perhaps he/she would have gone
шояд мерафтем	perhaps we would have gone
шояд мерафтед	perhaps you would have gone
шояд мерафтанд	perhaps they would have gone

Use of the modal "шояд" ("might") in the future tense

шояд равам	I might go
шояд равӣ	you might go
шояд равад	he/she might go
шояд равем	we might go
шояд равед	you might go

шояд раванд	*they might go*

The modal verb *шояд* is followed by the subjunctive, expressing hypothesis or contingency. In colloquial Tajiki, there are two other means by which the subjunctive can also be indicated. The first, similar to the use of *даркор* or *лозим* in place of *бояд* stated above, is the use of *мумкин* instead of *шояд*:

шояд равам ⇨ *мумкин равам*, etc.

Имрӯз ман *шояд* ба бозор *равам*.	Имрӯз ман *мумкин* ба бозор *равам*.	I might go to the market today.

In the second alternative to the use of *шояд* in colloquial Tajiki, the abbreviated form of the copula suffix "*-ст*" and the subject marker verb endings are added to the second form of the past participle (e.g. *рафтагӣ*). The future tense form is distinguished from the past tense form by taking the prefix "*ме-*":

рафтагистам	*I might have gone / perhaps I would have gone*
рафтагистӣ	*you might have gone / perhaps you would have gone*
рафтагист	*he/she might have gone / perhaps he/she would have gone*
рафтагистем	*we might have gone / perhaps we would have gone*
рафтагистед	*you might have gone / perhaps you would have gone*
рафтагистанд	*they might have gone / perhaps they would have gone*

мерафтагистам	*I might go*
мерафтагистӣ	*you might go*
мерафтагист	*he/she might go*
мерафтагистем	*we might go*
мерафтагистед	*you might go*
мерафтагистанд	*they might go*

Active and Passive Verbs

Passive verbs (*феъли мафъулӣ* cf. active verbs, *феъли фоилӣ*) are formed in Tajiki by using the auxiliary verb *шудан*; the past participle of the main verb is used:

Active	*Passive*	*Meaning*
хондан	хонда шудан	*to be read*
дидан	дида шудан	*to be seen*
гирифтан	гирифта шудан	*to be taken*
сохтан	сохта шудан	*to be built*
додан	дода шудан	*to be given*
дӯхтан	дӯхта шудан	*to be sewn*
шунидан	шунида шудан	*to be heard*
фиристодан	фиристода шудан	*to be sent*

Зебо китоб *хонд*.	*Zebo <u>read</u> the book.*	Китоб аз тарафи Зебо *хонда шуд*.	*The book <u>was read</u> by Zebo.*
Ман овози гиряи кӯдакро *шунидам*.	*I <u>heard</u> a child's cry.*	Аз дур овози гиряи кӯдак *шунида шуд*.	*The sound of a child's cry <u>was heard</u> far away.*

In nominal compound verbs, the passive voice is constructed by changing the auxiliary verb *кардан*, *намудан*, etc. for *шудан*:

Active	Passive	Meaning
таъмин кардан	таъмин шудан	to be supplied
барпо кардан	барпо шудан	to be founded
гарм кардан	гарм шудан	to be heated
тақсим кардан	тақсим шудан	to be distributed

Sometimes the auxiliary verb is used to form the passive; cf. the following:

Active	Passive	Meaning
тақдим кардан	тақдим карда шудан	to be presented
барҳам додан	барҳам дода шудан	to be overcome
тартиб додан	тартиб дода шудан	to be put in order

Маҷлис қарор *қабул кард*.	Қарор аз тарафи маҷлис *қабул шуд*.	Дар маҷлис қарор *қабул карда шуд*.
The assembly accepted the resolution.	The resolution was accepted by the assembly.	The resolution was accepted during the assembly.
Президент раиси ҳукуматро *таъйин кард*.	Бо фармони президент раиси ҳукумат *таъйин гардид*.	Раиси ҳукумат аз тарафи президент *таъйин карда шуд*.
The President appointed the chairman of the government.	On the instructions of the President, the chairman of the government was appointed.	The chairman of the government was appointed by the President.

Fundamental and Causal Verbs

Fundamental verbs (*феълҳои бевосита*) describe actions that are carried out for and by the subject. All main Tajiki verbs fall into this category of verbs: e.g. *хӯрдан*, *пӯшидан*, *дӯхтан*. Causal verbs (*феълҳои бавосита*) describe actions that are carried out through someone or something. They are formed by adding the suffix "*-ондан*" or "*-онидан*" to the present tense verb stem of fundamental verbs: e.g. *хӯронидан*, *пӯшонидан*, *дӯзонидан*. Causal verbs are formed from nominal compound verbs by adding the aforementioned suffix to the present tense verb stem of the auxiliary verb: e.g. *имзо кардан* ⇨ *имзо кунонидан*.

Fundamental verb	Causal verb	Meaning
хӯрдан	хӯрондан	to feed [someone else]
нишастан	шинондан	to seat [someone else]
пӯшидан	пӯшондан	to dress [someone else]
хондан	хонондан	to read [to someone]
таъмир кардан	таъмир кунондан	to have repaired [by someone else]

Форрух ба курсӣ **нишаст**.	Farrukh sat on the chair.	Форрух хоҳарчаашро ба курсӣ **шинонд**.	Farrukh sat his little sister on the chair.
Ту пойафзолатро худат **таъмир кардӣ**?	Did you repair your shoes yourself?	Ту пойафзолатро дар куҷо **таъмир кунондӣ**?	Where did you have your shoes repaired?
Ман либос **пӯшидам**.	I got dressed.	Ман ба духтарчаам либос **пӯшондам**.*	I dressed my daughter.

*Or: Ман либоси духтарчаамро пӯшондам.

ЗАРФ / ADVERBS

Adverb Structure

	Simple (Содда)		
зуд	quickly	ҳоло	now
оҳиста	slowly	қафо	behind
дер	late	дур	far
дарун	inside	ҳанӯз	still
берун	outside	боло	above
	Derived (Сохта)		
пагоҳӣ	in the morning	бегоҳӣ	in the evening
ба**зӯр**	with difficulty	рӯз**она**	by day
дур**тар**	further	шаб**она**	at night
ором**она**	quietly	**бар**вақт	early
озод**она**	freely	дер**тар**	later
	Complex (Мураккаб)		
нисфирӯзӣ	at midday	саҳаргоҳ	at dawn
нимашаб	midnight	дилпурона	whole-heartedly
фардошаб	tomorrow night	хушҳолона	happily
пасфардо	the day after tomorrow	пасопеш	one after the other
чорзону	cross-legged	якзайл	invariably
	Compound (Таркибӣ)		
худ ба худ	to oneself	ҳеҷ гоҳ	never
рӯз то рӯз	day-by-day	дар ба дар	homeless (adv)
сар то сар	from start to finish	дар ин ҷо	here
ҳар гоҳ	every time	ҳар рӯз	every day

Adverbs of action (Зарфҳои тарзи амал)

зуд (зуд-зуд)	quickly	тасодуфан	coincidently
оҳиста	slowly	қасдан	deliberately
савора	on horseback	ночор	helplessly
пиёда	on foot	ноилоҷ	inevitably
пуштнокӣ	in reverse	дузону	kneeling
даҳонакӣ	oral	чорзону	cross-legged
даррав / фавран	immediately	якпаҳлӯ	one-sidedly
беист	ceaselessly	рӯболо	face-upwards
пинҳонӣ	secretly	як-як	one-by-one
ошкор	evidently	ду-ду	in pairs
беихтиёр	involuntarily	дукаса	for two people
нохост / ногаҳон / якбора	suddenly	секаса	for three people

Adverbs of quantity and degree (Зарфҳои миқдору дараҷа)

кам	little, few	камтар	less
бисёр	much; very	бисёртар	more
ин қадар / он қадар	so much	барзиёд	exceedingly
чӣ қадар	how much	беҳад	infinitely
тахминан	approximately	хеле	very
андак	slightly	кам-кам	little-by-little
якчанд	some, several	қатра-қатра	drop-by-drop

Adverbs of time (Зарфҳои замон)

имрӯз	today	пагоҳирӯзӣ	in the morning
имшаб	tonight	нисфирӯзӣ	at midday
имсол	this year	бегоҳирӯзӣ	in the evening
дирӯз / дина	yesterday	нисфишабӣ	at midnight
дишаб	yesterday night	рӯздармиён	on alternate days
пагоҳ / пагоҳӣ / фардо	tomorrow	саҳаргоҳ	at dawn
бегоҳ / бегоҳӣ	evening	порсол	last year
ҳоло / ҳозир / акнун	now	парерӯз	the day before yesterday
ҳанӯз	still, yet	аввал	first
кайҳо	long ago	сонӣ / баъд	then, after
аллакай	already	доимо / ҳамеша	always
рӯзона	by day	ҳеҷ гоҳ / ҳеҷ вакт	never
шабона	at night	рӯз то рӯз	day-by-day

Adverbs of location (*Зарфҳои макон*)

ин ҷо	here	поён	below
он ҷо	there	боло	above
ҷо-ҷо	here-and-there	дур	far
ҳар ҷо / ҳама ҷо	everywhere	наздик	near
дарун	inside	он тараф	that side
берун	outside	ин тараф	this side
саросар	everywhere	мобайн	between
сар то сар	from start to finish	пеш	in front
сар то по	from head to foot	қафо / ақиб	behind

Adverbs of place are usually used together with the preposition *дар* or *ба*. The preposition *дар* ("*in*" or "*into*") indicates the location where something is happening, whereas *ба* ("*to*") indicates the direction of something [*for more information, see* Compound Nominal Prepositions *in the next section,* Prepositions and Postpositions]:

Дар берун бачаҳо бозӣ мекунанд.   The children are playing <u>outside</u>.
Абдуҷаббор *ба берун* нигоҳ кард.   Abdujabbor is looking <u>outside</u>.

Comparative adverbs (*Дараҷаи қиёсии зарфҳо*)

Comparative adverbs of action			
охиста ⇨ охистатар	slower	тез ⇨ тезтар зуд ⇨ зудтар	quicker
Comparative adverbs of location			
дур ⇨ дуртар	farther	дарун ⇨ дарунтар	further inside
наздик ⇨ наздиктар	closer	боло ⇨ болотар	higher
поён ⇨ поёнтар	lower	он тараф ⇨ он тарафтар	farther
Comparative adverbs of time			
дер ⇨ дертар баъд ⇨ баъдтар сонӣ ⇨ сонитар	later	барвакт ⇨ барвақттар	earlier
Comparative adverbs of quantity			
беш ⇨ бештар бисёр ⇨ бисёртар зиёд ⇨ зиёдтар	more	кам ⇨ камтар / каме	fewer

ПЕШОЯНДУ ПАСОЯНДҲО   PREPOSITIONS AND POSTPOSITIONS

Simple prepositions (*Пешояндҳои содда*)

аз	from	бо	with
ба	to	бе	without
бар[14]	to	барои	for
дар	in	то	until

---

[14] *Бар* is a feature of literary Tajiki.

The preposition *аз*:
1. Shows the place of origin of an action:
   Ман *аз* Душанбе омадам. *I came from Dushanbe.*
2. Shows when an action started:
   Аз якуми август имтиҳонҳо сар мешаванд. *The exams start on the first of August.*
3. Indicates an individual in a group:
   Яке *аз* дӯстонам ба хонаи ман омад. *One of my friends came to my house.*
   Яке *аз* онҳо бародари ман аст. *One of them is my brother.*
4. Shows the material that something is made from:
   Аз орди гандум нон болаззат мешавад. *Bread made from wheat flour is delicious.*
   Шонаро *аз* чӯби чормағз месозанд. *They make combs out of walnut wood.*
5. Indicates with what something is full or empty:
   Сатил пур *аз* об буд. *The bucket was full of water.*
   Чашмонаш *аз* ашк пур шуд. *His eyes filled with tears.*
6. Shows ownership:
   Ин китоб *аз* ман аст. *This is my book. (cf. "of mine")*

Other illustrations showing the meaning of the preposition "аз":

аз касе шунидан	to hear from someone
аз бозор харидан	to buy from the market
аз касе пурсидан	to ask someone
аз чизе тарсидан	to be afraid of something
аз касе ранҷидан	to be offended by someone
аз гиря монда шудан	to be tired from crying
аз ғам бемор шудан	to be sick with grief

The preposition *аз* is also used in this way to compare things:
   Одам *аз* санг сахттару *аз* гул нозуктар аст. *Man is harder than a stone and more delicate than a flower.*
   Имрӯз *аз* дирӯз гармтар аст. *Today is warmer than yesterday.*

In poetry, a variant of *аз* – *зи* is also found.
In colloquial Tajiki there are common variants for the preposition *аз*:
   → "*а*"   А Душанбе омадам. [northern dialects]
   → "*ай*" Ай Душанбе умадум.[15] [central and southern dialects]

The preposition *ба*:
1. Shows the direction in which an action is carried out:
   Пагоҳ ман *ба* Париж меравам. *Tomorrow I'm going to Paris.*
2. Indicates indirect objects – that is, the person or thing *to* or *for* which something is done:
   Китобро *ба* Ҷонона додам. *I gave the book to Jonona.*
3. Indicates into what an action is being directed:
   Мо *ба* автобус савор шудем. *We got on the bus.*
   Ман *ба* хона даромадам. *I entered (into) the house.*

In colloquial Tajiki *ба* is used as a postpositional suffix:
   Ман бозор*ба* рафтам. *I went to the market.*

---

[15] *Умадум* is a colloquial form of *омадам*.

In central and southern dialects, the postpositional suffix "*-да*" (a variant of the postposition *дар*) is sometimes used instead of this postpositional suffix "*-ба*":

Мошин*да* савор шудем. *We got in the car.*

The preposition *то*:
The preposition *то* indicates the time until the end of an action:

Ман Яҳёро *то* хонааш гусел кардам. *I walked Yahyo back to his house.*

То пагоҳ туро мунтазир мешавем. *We'll be waiting for you until tomorrow.*

The preposition *бо*:
1. Shows things that are together:
   Мо ҳамеша *бо* Шумоем. *We are always with you.*
2. Indicates the means by which an action is carried out:
   Чӯбро *бо* табар майда кард. *He chopped the wood with an axe.*
   Мо *бо* такси ба шаҳр рафтем. *We went to town by taxi.*
3. Shows the manner in which an action is carried out:
   Ӯ *бо* қаҳр аз ҷояш хест. *He resentfully got up.*

The preposition *бе*:
The preposition *бе* is the opposite of *бо* and shows the non-existence of a person, thing, or event:

Зиндагӣ *бе* дӯст мушкил аст. *Life is difficult without friends.*

The preposition *барои*:
The preposition *барои* shows the purpose of an action:

Барои истироҳат фардо ба дараи Варзоб меравем. *Tomorrow we're going to Varzob valley for a rest.*

"Izofat" and Compound Nominal Prepositions
(*Пешояндҳои номии изофӣ ва таркибӣ*)

A large group of nouns and adjectives can function as prepositions when combined with the inflectional "*izofat*" suffix, "*-и*". Such words can also be used both with and without the prepositions *дар* and, for the most part, *ба* and *аз*. *Дар* is used to indicate the location of something, while *ба* indicates the direction of something and *аз* indicates motion across, from, or through somewhere:

Cf.

Умар *рӯя*шро шуст.	Гулдон *(дар) рӯйи* миз аст.	Умар гулдонро *(ба) рӯйи* миз гузошт.	Китобро *аз рӯйи* миз гирифтам.
Umar washed his face.	*The vase is on the table.*	*Umar placed the vase on the table.*	*I took the book off the table*
Фарҳунда аз тарс *ақиб* гашт.	*(Дар) ақиби* мағоза як боғ буд.	Ӯ *ба ақиби* худ нигоҳ кард.	Ӯ *аз ақиби* дарахт пайдо шуд.
Farkhunda drew back in fear.	*Behind the shop, there was a garden.*	*She looked behind her.*	*He appeared from behind the tree.*

Base word	Preposition	Meaning	Compound prepositions
рӯ(й)	рӯйи	on	дар/ба/аз рӯйи
назд	назди	near	дар/ба/аз назди
паҳлӯ(й)	паҳлӯи	beside; next to	дар/ба/аз паҳлӯи
лаб	лаби	beside; by (an edge)	дар/ба/аз лаби
сӯ(й)	сӯйи	to, towards	дар/ба/аз сӯйи
боло	болои	above; on top of	дар/ба/аз болои
поён	поёни	at the bottom of	дар/ба/аз поёни
зер	зери	under; beneath	дар/ба/аз зери
таг	таги	under; beneath	дар/ба/аз таги
берун	беруни	out; outside	дар/ба/аз беруни
дарун	даруни	in; inside	дар/ба/аз даруни
пеш	пеши	in front of	дар/ба/аз пеши
пушт	пушти	behind	дар/ба/аз пушти
ақиб	ақиби	behind	дар/ба/аз ақиби
қафо	қафои	behind	дар/ба/аз қафои
мобайн	мобайни	in the centre of	дар/ба/аз мобайни
миён	миёни	in the middle of, among	дар/аз миёни
байн	байни	between	дар/аз байни
тараф	тарафи	on/to the side of on/to the right/left of	дар/ба/аз тарафи дар/ба/аз тарафи рости/чапи
гирд	гирди	around	дар/ба гирди
кунҷ	кунҷи	in the corner	дар/ба/аз кунҷи

Compound Nominal Prepositions (without "izofat")
(Пешояндҳои номии таркибии бе изофат)

There are also compound prepositions that do not take the inflectional "*izofat*" suffix "*-и*". The majority of these are synonyms for prepositions that take the "*izofat*":

Prepositions	Meaning
пеш аз	before
баъд аз (=баъди) / пас аз	after
ғайр аз / ба ғайр аз	apart from
нисбат ба	compared to
доир ба / роҷеъ ба / оид ба (=дар бораи / дар бобати)	about
назар ба	considering

Postpositions
(Пасояндҳо)

The most common "postposition" in Tajiki is the direct object[16] marker "*-ро*". It is always connected like an inflectional suffix to the object it marks.

Ӯ*ро* дидам.	Китоб*ро* гир.	Ту*ро* дӯст медорам.
I saw him.	*Get the book.*	*I love you.*

---

[16] A direct object is the person or thing that a verb acts upon; in English, the direct object usually follows the verb.

The pronouns *ман* and *вай* are usually abbreviated when combined with the suffix "*-ро*" to the forms *маро* and *варо*:

    Маро диду гуфт.   *He saw and spoke to me.*

Following a consonant, the suffix "*-ро*" is pronounced "*-a*" in colloquial Tajiki:

    Ибодата надидӣ?   (Ибодат*ро* надидӣ?)   *Didn't you see Ibodat?*

Following a vowel it is pronounced "*-я*" in northern dialects and "*-pa*" in central and southern dialects:

    Ман ин хона*я*   Ман ин хона*ра*   (Ман ин хона*ро*   *I'm not going to*
      намехарам.   намехарум.   намехарам.)   *buy this house.*

There are two other postpositions, both of which are features of colloquial Tajiki: *катӣ* (or *қатӣ*) and *барин*. The postposition *катӣ* (or *қатӣ*) is a synonym of the preposition *бо* (meaning "*with*") and shows that things are together:

    Ман бародарам *катӣ*   Ман *бо* бародарам   *I came with my brother.*
      омадам.   омадам.

The postposition "*барин*" is a synonym of "*мисли*" (meaning "*like*") and shows similiarity:

    Ту ҳам ман *барин* фиреб хӯрдӣ.   *Like me, you were also deceived.*

ПАЙВАНДАКҲО   CONJUNCTIONS

Conjunctions can be divided into two major groups: coordinate and subordinate (*пайвасткунанда* and *тобеъкунанда*).

Coordinate conjunctions

Coordinate conjunctions can then be further divided into three groups: copulative, disjunctive, and contrastive (*пайиҳам*, *хилофӣ*, and *ҷудоӣ*).

Copulative conjunctions
(ва (-у, -ю), ҳам ... ҳам, на ... на, чи ... чи, натанҳо ... балки)

Conjunction	Example	Meaning
ва, -у, -ю	Ману падарам ба бозор рафтем *ва* мева харидем.	My father *and* I went to the market *and* bought some fruit.
ҳам ... ҳам	Ман *ҳам* мехонам, *ҳам* кор мекунам.	I *both* study *and* work.
на ... на	Дар ин наздикӣ *на* дарахте буд, *на* киштзоре.	Not long ago there was *neither* a tree *nor* sown field.
чи ... чи	Дар назди қонун ҳама баробаранд, *чи* калону *чи* хурд.	All are equal before the law, *whether* great *or* small.
натанҳо (нафақат) ... балки	Ӯ *натанҳо* рассом, *балки* муаллими хубе ҳам буд.	He was *not only* an artist, *but* was also a good teacher.

Disjunctive conjunctions
(аммо, вале, лекин)

Conjunction	Example	Meaning
аммо	Ман забони англисиро мефаҳмам, *аммо* хуб гап зада наметавонам.	I understand English, *but* can't speak it well.
вале	Ҳама омаданд, *вале* Ҳотам ҳанӯз набуд.	Everyone came, *but* Hotam still hadn't arrived.
лекин	Ман меравам, *лекин* ту бояд ин ҷо монӣ.	I am going, *but* you should stay here.

The conjunctions *аммо*, *вале*, and *лекин* are synonyms of each other and can be freely interchanged.

In poetry, other forms are sometimes used – namely, *лек* and *валек*.

Contrastive conjunctions
(гоҳо ... гоҳо, гоҳ ... гоҳ, хоҳ ... хоҳ, ё, ё ... ё)

Conjunction	Example	Meaning
гоҳо ... гоҳо	Ӯ сарашро ҷунбонида, *гоҳо* ба ин тараф менигаристу *гоҳо* ба он тараф.	Shaking his head, he would *sometimes* look this way, and *sometimes* that.
гоҳ ... гоҳ	Духтарак *гоҳ* табассум мекарду *гоҳ* аз шарм хиҷолат мекашид.	The little girl would *sometimes* smile and *sometimes* turn red with embarrassment.
хоҳ ... хоҳ	*Хоҳ* кор кунӣ, *хоҳ* не, фоида надорад.	*Either* work, *or* don't – it makes no difference.
ё	Аз бозор ягон кило себ *ё* анор харида биё.	Buy around a kilo of apples *or* pomegranates from the market.
ё ... ё	*Ё* ба назди ман биё, *ё* ман ба хонаи ту меравам.	*Either* come to my place *or* I will come to your house

The conjunctions "*гоҳо ... гоҳо*" and "*гоҳ ... гоҳ*" are synonyms. The forms "*гоҳе ... гоҳе*" and "*гоҳ ... гоҳе*" are also occasionally used.

Subordinate conjunctions

Subordinate conjunctions can be separated into the following types – subordinate conjunctions of:

1. reason
2. purpose
3. time
4. location
5. action
6. similarity
7. condition
8. concession
9. quantity and degree[17]

The simple conjunction *ки* is universal, being used for all these functions. It is always preceded by a comma; this is not the case when *ки* forms a part of a conjunctional expression, as illustrated in the following tables.

---

[17] "*Сабаб*," "*мақсад*," "*замон*," "*макон*," "*тарзи амал*," "*монандӣ*," "*шарт*," "*хилоф*," and "*миқдору дараҷа*," respectively.

Subordinate conjunctions of reason
(ки, зеро, зеро ки, чунки, азбаски, аз сабаби он ки)

Conjunction	Example	Meaning
зеро, зеро ки; чунки	Ман ўро зуд шинохтам, *зеро* як моҳ пеш дар як меҳмонӣ дида будам.	I quickly recognised him, <u>for</u> I had seen him when out visiting a month previously.
азбаски	*Азбаски* кори бисёр доштам, ба хонаи падарам рафта натавонистам.	<u>Since</u> I had a lot of work, I wasn't able to go to my father's house.
аз сабаби он ки	*Аз сабаби он ки* боришот хеле зиёд шуд, киштзорҳо зарари калон диданд.	<u>Since</u> there had been a lot of precipitation, the fields of crops were seriously damaged.

Subordinate clauses (*ҷумлаҳои пайрав*) with the conjunctions "*ки*," "*зеро*," "*зеро ки*," and "*чунки*" follow the main clause (*сарҷумла*) in sentences, whereas those with "*азбаски*" or "*аз сабаби он (ин) ки*" precede the main clause. The conjunctions "*зеро*," "*зеро ки*," and "*азбаски*" are characteristic of literary Tajiki.

Subordinate conjunctions of purpose
(ки, то, то ки, то ин ки, барои он(ин) ки)

Conjunction	Example	Meaning
то, то ки, то ин ки	Омадам, *то ки* туро бинам.	I came <u>to</u> see you.
ки, барои он ки	*Барои он ки* кори хубе ёбӣ, бояд нағз хонӣ.	You should study hard, <u>so</u> you may find a good job.

The conjunctions "*то*," "*то ки*," and "*то ин ки*" are characteristic of literary Tajiki, whereas "*ки*" and "*барои он ки*" are used both in colloquial and literary Tajiki.

Subordinate conjunctions of time
(ки, вақте ки, ҳангоме ки, баъд аз он ки, пас аз он ки, пеш аз он ки, қабл аз он ки, ҳамин ки)

Conjunction	Example	Meaning
вақте ки, ҳангоме ки	*Вақте ки* мо ба Душанбе расидем, аллакай рӯз торик шуда буд.	<u>When</u> we reached Dushanbe, it had already become dark.
баъд аз он ки, пас аз он ки	*Баъд аз он ки* бародарам аз Аврупо баргашт, падарам ӯро хонадор кард.	<u>After</u> my brother returned from Europe, my father arranged a marriage for him.
пеш аз он ки, қабл аз он ки	*Пеш аз он ки* хӯрок хӯрӣ, дастхоятро шӯ.	<u>Before</u> you may eat, you should wash your hands.
ҳамин ки	*Ҳамин ки* автобус омад, мо зуд савор шудем.	<u>As soon as</u> the bus came, we quickly got on.
ки	Ман китоб мехондам, *ки* дар тақ-тақ шуд.	I was reading a book <u>when</u> there was a knock at the door.

The conjunctions "*ҳангоме ки*," "*пас аз он ки*," and "*қабл аз он ки*" are characteristic of literary Tajiki, whereas the others are used both in colloquial and literary Tajiki. In colloquial Tajiki the conjunction "*кай ки*" is also frequently used as a synonym for "*вақте ки*":

Кай ки биёяд, гӯед, ки ба назди ман дарояд.	<u>When</u> he comes, you should tell him, to come see me.

Subordinate conjunctions of location
(ки, чое ки, дар чое ки, дар кучое ки, ба чое ки, то чое ки, аз чое ки)

Conjunction	Example	Meaning
чое ки, дар чое ки, дар кучое ки	*Дар чое ки* холо бинои мактаб аст, пештар як мағозаи калон буд.	<u>Where</u> the school building now stands, there used to be a large shop.
ба чое ки	Пас аз се рӯз мо *ба чое ки* пистазор буд, расидем.	After three days, we reached (<u>the place where there was</u>) the pistacchio orchard.
то чое ки	Мо имсол *то чое ки* канали Ҳисор мегузарад, шолӣ коридем.	This year we sowed rice paddies <u>as far as where</u> the Hisor canal passes.
аз чое ки	Пас аз шудани ин гапхо ӯ гуфт: «*Аз чое ки* омадӣ, ба хамон чо баргард.»	After these things had been said, he said, "Go back to <u>where</u> you came from."

To emphasise the location, the conjunction "*дар он/хамон чо*," or "*ба он/хамон чо*" are sometimes used in the main clause of the sentence:

Дар чое ки об хаст, *дар он чо* хаёт хам мешавад.	<u>Where</u> there's water, <u>there</u> will also be life.

In colloquial Tajiki, the conjunctions "*кучо ки*" and "*кучое ки*" are also frequently used:

Кучо ки равам, вай хам аз ақибам меравад.	<u>Wherever</u> I go, he follows me.

It should be noted that the word "*кучо*" is pronounced as though spelt "*гучо*" in colloquial Tajiki.

Subordinate conjunctions of action
(дар холате ки, бе он ки)

Conjunction	Example	Meaning
дар холате ки	*Дар холате ки* дастонаш аз хунукӣ меларзид, бо ман вохӯрӣ кард.	<u>With</u> his hands shaking from the cold, he shook my hand.
бе он ки	Ӯ, *бе он ки* чизе гӯяд, хомӯшона баромада рафт.	<u>Without</u> saying anything, he silently entered.

Subordinate conjunctions of similarity
(мисли ин(он) ки, гӯё ки, монанди ин(он) ки)

Conjunction	Example	Meaning
мисли ин (он) ки; гӯё ки	Хадича, *гӯё ки* ходисае рӯй надода бошад, ба гапхои ӯ гӯш накард.	<u>As though</u> nothing would happen, Hadicha didn't listen to what he said.
монанди ин (он) ки	*Монанди он ки* гурба аз саг мегурезад, ӯ хам ба қафояш нигоҳ накарда гурехт.	<u>As</u> a cat flees from a dog, so too he fled without looking back.

The subordinate conjunctions of action and similarity are principally features of literary Tajiki and are rarely used in colloquial language. The further conjunction "*худи ки*" is used in colloquial Tajiki in the same way as "*гӯё ки*" and "*мисли ин ки*".

Subordinate conjunctions of condition
(агар (гар, ар), ба шарте ки, то)

Conjunction	Example	Meaning
агар	*Агар* борон борад, ба хеч кучо намеравам.	<u>If</u> it rains, I won't go anywhere.
ба шарте ки	Ман ин корро мекунам, *ба шарте ки* музди нағз диҳанд.	I'll do this task, <u>so long as</u> they give a good salary.
то	*То* дарсатро тайёр накунӣ, ба ту шоколад харида намедиҳам.	<u>While</u> you don't prepare for your lesson, I won't buy you any chocolate.

The abbreviated forms of *агар* – *гар* and *ар* may be encountered in poetry. The conjunction *то* additionally conveys a sense of time, as well as condition.

Subordinate conjunctions of concession
(бо вучуди он ки, агарчи, гарчанде ки, хол он ки, дар сурате ки)

Conjunction	Example	Meaning
бо вучуди он ки	Ман хамеша кӯшиш мекардам, ки ба ӯ гапи сахт назанам, *бо вучуди он ки* ӯро дӯст намедоштам.	I always tried not to speak harshly to him, <u>even though</u> I didn't like him.
агарчи, гарчанде ки	*Агарчи* борҳо ба хонаи ӯ рафта будам, хонаашро ёфта натавонистам.	<u>Although</u> I had been to his house several times, I wasn't able to find it.
хол он ки, дар сурате ки	Шириншоҳ писарашро сарзаниш кард, *хол он ки* писараш дар ин ҳодиса айбдор набуд.	Shirinshoh scolded his son, <u>even though</u> his son was not to blame on this occasion.

The conjunctions "*гарчанде ки*," "*хол он ки*," and "*дар сурате ки*" are characteristic of literary Tajiki, whereas "*агарчи*" is used equally in the literary and colloquial language.

Subordinate conjunctions of quantity and degree
(ба андозае ки, ба қадре ки, ба ҳадде ки)

Conjunction	Example	Meaning
ба андозае ки, ба қадре ки, ба ҳадде ки	Ман хеле хаста шудам, *ба ҳадде ки* ҳеҷ кор кардан намехоҳам.	I am <u>so</u> tired <u>that</u> I don't want to do anything.

ҲИССАЧАҲО   PARTICLES

Particles	Example	Meaning
1. Demonstrative particles (Ҳиссачаҳои ишоратӣ):		
ана, мана, ху, хо	*Ана* ин хонаи мо, дӯстам. *Хо ана* вай дарахти анор аст, *ана* инашро анҷир мегӯянд.	<u>Here</u>, this is our house, my friend. And <u>there</u>'s the pomegranate tree and <u>here</u>'s the grapevine that they mentioned.
2. Restrictive particles (Ҳиссачаҳои маҳдудӣ):		
фақат, танҳо	Дар хона *фақат* падарам монд.	<u>Only</u> my father is left in the house.
3. Emphatic particles (Ҳиссачаҳои таъкидӣ):		
хатто, ҳам	Шоҳрух *хатто* ба ӯ нигоҳ накард. / Шоҳрух ба ӯ нигоҳ *ҳам* накард.	Shohrukh didn't <u>even</u> look at him.
4. Confirmative particles (Ҳиссачаҳои тасдиқӣ):		
ҳа, ҳо, бале, оре, хуб, хайр, майлаш	*Ҳа*, ҳозир меравам. *Майлаш*, ҳар коре хоҳӣ, кун. *Хуб*, баъд чӣ шуд?	<u>Yes</u>, I'm going now. <u>OK</u>, do whatever you want to. <u>Good</u>, what happened after that?
5. Negative particles (Ҳиссачаҳои инкорӣ):		
не, на	Ин корро ту кардӣ? – *Не*, ман накардам. Корҳоям бад *не*.	Did you do this? – <u>No</u>, I didn't. I am[18] <u>not</u> bad.
6. Question particles (Ҳиссачаҳои саволӣ):		
-мӣ, оё, наход, наход ки, магар	Шумо ба он ҷо рафтед-*мӣ*? *Наход* шумо надонед? *Магар* ӯ ин ҷо нест?	<u>Did</u> you go there? Do you <u>really</u> not know? Isn't he here?

Modal particles and words (Ҳиссачаҳо ва калимаҳои модалӣ)

1. Modal particles (Ҳиссачаҳои модалӣ):		
кошкӣ	*Кошкӣ* имрӯз ҳаво хуб мешуд, ба лаби дарё мерафтем.	<u>Would that</u> the weather were nice today, we could go to the riverside.
илоҳӣ / илоҳим	*Илоҳӣ*, асло касал нашавед!	<u>By God</u>, may you never be sick!
мабодо	*Мабодо* падарат нафаҳмад, ки ҷанг мекунад.	<u>God forbid</u> that your father finds out or there'll be a fight!
яке	*Яке* омада монад, чӣ кор мекунем?	If he <u>suddenly</u> comes, what shall we do?

---

[18] Literally: *"my work is."*

2. Modal words and constructions (*Калимаву таркибҳои модалӣ*):

даркор	Нӯъмон имрӯз ба хона рафтанаш *даркор*.	Nü'mon <u>must</u> go home today.
эхтимол	*Эҳтимол*, фардо борон борад.	<u>Perhaps</u> it will rain tomorrow.
аз афташ	*Аз афташ*, ӯ аз ин ҳодиса хабар надорад.	<u>Most likely</u>, he doesn't have any information about this event.
албатта	*Албатта*, ба ту хабар медиҳам.	<u>Of course</u> I'll let you know.
бешубҳа	*Бешубҳа*, ӯ аз ӯҳдаи ин кор мебарояд.	<u>Undoubtedly</u> he will rise to the occasion.
ҳатман	*Ҳатман* ба хона биё.	Be <u>sure</u> to come to my house.
канӣ	*Канӣ*, бачаҳо, кӣ ба дарс тайёр?	<u>Well</u>, children, who is ready for the lesson?
биё, биёед	*Биёед*, бо ҳам рақс мекунем!	<u>Let's</u> dance with one another!
мон, монед	*Монед*, худаш гап занад.	<u>Let</u> him speak!
бигзор, бигузор	*Бигузор* худаш санчида бинад.	<u>Let</u> him find out for himself.
охир	*Охир*, бачаи бечора чӣ кор кунад?	<u>You see</u> – what's a poor child to do?

НИДОҲО / EXCLAMATIONS

Exclamations	Example	Meaning
э, о	*Э*, мебахшед, фаромӯш кардам.	<u>Oh</u>, I'm sorry – I forgot.
	О, ман ба ту чанд бор гуфтам, ки ин корро накун!	<u>But</u> I told you several times not to do this!
ох, вой	*Оҳ*, ман акнун чӣ кор мекунам?	<u>Ow</u>, what am I going to do now?
	Вой бар ҳоли ту!	<u>Boy</u>, you're in a bad way!
уф	*Уф*, хеле монда шудам.	<u>Phew</u>, I'm really tired.
оббо	*Оббо*, кори нағз нашуд.	<u>Well now</u>, that wasn't very nice.
ваҳ (ваҳ-ваҳ)	*Ваҳ*, чӣ хел хӯроки бомаза!	<u>Umm</u>, what delicious food!
баҳ (баҳ-баҳ)		
эй	*Эй* бача! Ин ҷо биё!	<u>Hey</u> boy! Come here!

Tajiki – English Dictionary

The following is an exhaustive dictionary of all words and expressions used in this book, with the exception of names of people, places, and languages (lists for which can be found elsewhere in this book). While it contains all the words, it only provides definitions showing how the words are used in this book; where words have other uses and meanings, these are not given here. As throughout the book, pronunciation is only given (between forward slashes, e.g. "*amp* /atir/") for those words where this differs from the ordinary transcription, as described in lesson one. Parts of speech are only stated where this has been deemed necessary to distinguish between otherwise potentially confusing forms. Verbs are identified in translation by use of the infinitive ("*to* ..."); the Tajiki infinitives are provided with their corresponding present tense verb stem in parentheses; where these verbs stems are irregular, they are also listed as a separate entry. To help identify the meaning of verbs, the dictionary includes verbal affixes. Past participles and passives are only given where they have a specialised meaning. The following abbreviations are used:

adj	adjective	*meta.*	metaphorical meaning
adv	adverb	*n*	noun
Ar.pl.	Arabic plural	*neg.*	negative
coll.	colloquial Tajiki	*prep.*	preposition
CV	causal verb	*prov.*	found in proverbs
emph.	emphatic	*PrPc*	present participle
fem.	feminine	*PrVS*	present verb stem
FPc	future participle	*pl.*	plural
geog.	geographical term	*PtPc*	past participle
gram.	grammatical term	*R*	Russian word used in coll. Tajiki
Lit.	literary Tajiki	*smb.*	somebody
masc.	masculine	*smth.*	something
math.	mathematical term	*VA*	verbal adverb

а [*northern dialects: see* аз]
-а past participle verb ending (gram.)
–а verbal question tag (gram.)
абад eternity; абадӣ *eternally, forever*
абд slave, servant
абера great-grandchild
абир perfume
аблаҳ fool; аблаҳона *foolish, stupid*
абр cloud; абрнок *cloudy*
абрешим (n) silk; абрешимӣ *(adj) silk*
абрӯ [Lit] eyebrow
аввал first, beginning; аввалин *first;* аввалан *firstly*
август August
авзоъ situation, state
авқот (coll.) meal, food
автобаза bus depot
автобус bus
автомат machine-gun

авусун relationship between brothers' wives
авч summit, top
агар if
агарчи although
ағба mountain pass
-агист verbal suffix indicating future probability (gram.)
-агӣ verbal suffix for second form of past participle (gram.)
-ад present-future tense third person singular subject marker verb ending (gram.)
адаб literature, prose [also see одоб*];* адабиёт *literature;* адабӣ *literary*
адад number (for counting)
адам [Lit.] non-existence
адлия justice
адо: адои қарз *repayment of debt*
адолат justice

адрес [R] address
аз from, by, than; *Аз дидани Шумо шодам* {I'm} glad to see you; *аз они ...* belonging to ...; *аз тарафи* by; *Аз шиносой бо Шумо шодам* Nice to meet you.
азбаски because, since
азиз dear, precious, esteemed, honoured
азо mourning; *азодор* one in mourning; *азодорӣ* period of mourning
азоб difficulty; suffering; *азоб додан* to cause trouble; to hurt, to cause pain; *ба як азоб* with some difficulty
азон call to prayer; *азон хондан* to call to prayer
ай [central and southern dialects: see аз]
айб disgrace, shame; *айбдор* guilty
айвон verandah
айём [Ar.pl.] days; period
айн: *дар айни замон* at the same time
айнак glasses
айнан exactly
айш revelry, orgy; *айшу нӯш* revelry, orgy
-ак diminutive noun suffix (gram.)
ака older brother; term of respect for addressing older men
академик (n) academic; *академия* academy
аквариумӣ aquarium
аккос barking; *аккос задан* to bark
акнун now
ако older brother; term of respect for addressing older men
акс image, reflection, photo
аксар majority, most
актёр [R] actor, actress
акула shark
ақалан at least
ақд moment; *ақди никоҳ* registration of marriage
ақиб behind [also with аз, ба and дар in compound prep.s]
ақида opinion
ақл intelligence, intellect; mind
ақоид [Ar.pl. of ақида] opinions
ақраб the eighth month in the Muslim solar calendar
алав (coll.) fire
алам grief, pain; *алам гирифтан* to vent one's grief

алаф grass, herb, fodder; *алафзор* meadow, pasture
албатта of course, certainly
алейкум [see ассалом, салом]
алё hello?
алифбо alphabet
алиш exchange; *алиш кардан* to change
аллакай already
алмос diamond; *теғи алмос* razor blade
ало hello? [also, see чашм]
алоб (coll.) fire
алоқа communication; *алоқаи электронӣ* e-mail
аломат sign, mark; omen, portent
алоҳида separate; separately
-ам first person singular pronominial suffix and subject marker verb ending (gram.)
амак uncle (father's brother); father-in-law; term of respect when addressing an older man; *амакбача* cousin
амал action; deed; *амалкунанда* active; *армияи амалкунанда* front-line troops
амир emir
амма aunt (father's sister); *аммабача* cousin
аммо but
амният security
-амон first person plural pronominial suffix (gram.)
амон (adj) sound (meta.); *амонӣ* security
амр command, order; *амр додан* to command, to order
-ан infinitive verb ending (gram.)
ана OK, here, there
анализ analysis
ананас pineapple
анбор store-room, warehouse
анбӯр pliers
ангишт, ангиштсанг coal
англисидон people who know English [from англисӣ and дон]
англисизабон people whose first language is English [from англисӣ and забон]
ангур grape
ангушт finger; *ангушти даст* finger; *ангушти по* toe
ангуштарин ring
-анд third person plural subject marker verb ending (gram.)

-анда *present participle verb ending (gram.)*
андак *a little;* **андак-андак** *little-by-little*
андар *in*
андоза *size, measure;* **ба андозае ки** *so*
андом *appearance, figure [see* афт¹*]*
андохтан (андоз) *to put, to pour*
андӯҳ *grief, sorrow;* **андӯҳгин** *sorrowful, sad*
аник *definite, exact, precise*
анор *pomegranate*
анҷир *fig*
анҷом *conclusion, end*
анъана *tradition*
аорист *subjunctive (gram.)*
апа *older sister, term of respect for addressing older women*
апрел *April*
ар *[Lit.: see* агар*]*
арақ¹ *vodka, spirits*
арақ² *sweat, perspiration;* **арақ кардан** *to sweat, to perspire*
аралаш *mixed; mixture;* **аралаш кардан** *to mix up*
арафа *the evening before a holiday*
арвоҳ *a type of moth*
арз¹ *statement, petition;* **бо арзи сипосу эҳтироми фаровон** *respectfully*
арз² *currency value*
арз³ *PrVS of* арзидан
арзан *millet*
арзидан (арз) *to value;* PtPc: **арзанда** *valuable;* **Намеарзад!** *Not at all.*
арзиш *(n) value*
арзон *cheap*
ариза *application*
арифметикӣ *arithmetic (math.)*
армия *[R] army*
ароба *cart;* **аробача** *trolley*
арра *saw*
артикл *article (gram.)*
артист *[R] singer*
артиш *army*
арӯс *bride;* **арӯсӣ** *(adj) bridal, wedding;* **арӯс шудан** *to get married [for women]*
арчи *[Lit.: see* агарчи*]*
асад *the fifth month in the Muslim solar calendar*
асал *honey*
асар¹ *impression, effect*

Tajiki-English Dictionary 325

асар² *writing, work*
асбоб *instrument; tool, implement*
асир *captive*
аскар *soldier;* **аскарӣ** *military service;* **дар хизмати аскарӣ будан** *to do military service*
аслан *originally*
асло *never, at all*
асо *staff, walking stick;* **асобағал** *crutch*
асос *basis, foundation;* **асосан** *basically, mainly, principally, fundamentally;* **асосӣ** *main*
асп *horse*
аспирант *graduate student*
аср *century*
асрор *[Lit.] mystery, secret*
ассалому /assalom/ **алейкум!** *Hello!*
-аст *narrative past tense third person singular subject marker verb ending (gram.)*
аст *is*
асфалтпӯш *asphalted*
-ат *second person singular pronominial suffix (gram.)*
ата *[southern dialect] father*
атлас *traditional Central Asian multi-coloured striped silk*
ато *gift;* **ато кардан** *to forgive*
-атон *second person plural pronominial suffix (gram.)*
атр /atir/ *perfume*
атроф *[Ar.pl. of* тараф*] directions; suburbs*
атса /aksa/ *sneeze*
аттестат *certificate*
афзудан (афзо) *to increase*
афлесун *orange*
афсона *(n) fairy-tale, story, tale;* **афсонавӣ** *(adj) fairy-tale*
афсӯс *unfortunate; sadly, regrettably, unfortunately;* **афсӯс хӯрдан** *to regret;* **сад афсӯс** *most unfortunate*
афт¹ *appearance, face;* **афту андом** *appearance*
афт² *PrVS of* афтодан
афташ *probably;* **аз афташ** *most likely*
афтидан *[see* афтодан*]*

афтодан (афт) to fall, to fall out; to be somewhere; CV: *афтондан (афтон)* to drop accidently, to trip smb.; *ба дӯзах афтодан* to go to hell
ахбор [Ar.pl. of хабар] news
ахлоқ morals
ахлот rubbish, trash
аҳамият importance; *аҳамиятнок* important
аҳвол state, condition, situation, circumstances
аҳд treaty, promise; *аҳд шикастан* to break a promise; *аҳдшиканона* disobediently
аҳл member; *аҳли оила* members of the family
аҳмар [see ҳилол]
аҳолӣ population
аҳром pyramid
аҳсан congratulations, well done!
аҷаб, аҷабо incredible
аҷал death, hour of death
аҷиб, аҷоиб interesting, surprising, fascinating
-аш third person singular pronominial suffix (gram.)
ашк tear
ашкол [Ar.pl. of шакл] forms
-ашон third person plural pronominial suffix (gram.)
ашхос [Ar.pl. of шахс] people
ашъор [Ar.pl. of шеър] poems
аъзо [Ar.pl. of узв, but also used as a sing. noun] member (of body), limb, parts
аъло best, excellent; *аълоҳазрат* excellency
аэропорт [R] airport
ая older sister; [northern dialect] mother
ба, -ба to, for, in, at
баақл clever, wise
баас noise a sheep makes; *баас кардан* to baa
бавосита causal (gram.)
бад bad [also Lit.; see ба]; *бадӣ* wickedness, evil
бадан body
бадахлоқ immoral
бадбахт unfortunate; *бадбахтона* unfortunately; *бадбахтӣ* misfortune
бадбӯ smelly, stinking

бадей fiction; *китоби бадей* novel
бадкирдор malicious, wicked
баён expression of thoughts; *баён кардан* to express, to convey
базм public reception associated with weddings, etc.
базӯр hardly
бай-бай ummm!
байн between [also with дар as a compound prep.]
байналмилалӣ international
байнидавлатӣ intergovernmental
байнишаҳрӣ (adj) between cities
байрақ flag
байт distich, poetic couplet
бакавул [Lit. (prov.): see proverbs in lesson 19 exercises]
бакалавр bachelorship, baccalaureate
бақия change {money}
баланд (adj) great; high; loud [noise]; (adv) very; *баландӣ* height; hill; *баланд кардан* to turn up, to increase
балғарӣ [see булғорӣ]
бале [Lit.] Yes
балет ballet
балки but [see натанҳо, нафақат]
бало [Lit.] enemy; *бало кардан* to find a way out, to get out of a commitment
бамаврид appropriate
бамаза [see бомаза]
банӣ [Lit.] all, every
банан banana
банд¹ bond, trap; *банд будан* to be busy {uninterruptible}
банд² PrVS of бастан
банда slave; used in place of the first person singular pronoun to show humility; *банда кардан* to ensnare; *бандагӣ* slavery; mortality; *бандагиро ба ҷо овард* he/she has passed away
бандак suffix (gram.); *бандакҷонишин* pronominal suffix (gram.)
бандча small bundle or bunch
баодоб [see боодоб]
баос noise a sheep makes; *баос кардан* to baa
бар¹ on, upon [see иваз]; *бартар* [Lit.] better
бар² land [see баҳр]
бар³ width

бар⁴ PrVS *of* бурдан
барака [Lit.: see баракат]
баракат blessing; benefit
барбод: **барбод додан** to lose
барвақт early
барг leaf; petal
баргард PrVS *of* баргаштан; **баргардонида** refund, return
баргаштан (баргард) to return, to come back; **баргаштнопазир** irreversible
баргузор PrVS *of* баргузоштан; **баргузор гардидан** to take place
баргузоштан (баргузор) [Lit] to put on top of
бардавом (adj) continued
бардор PrVS *of* бардоштан
бардоштан (бардор) to lift, to lift up, to raise; to accumulate
барзиёд exceedingly
барин like
баркандан (баркан) to dig up
баркашидан (баркаш) to weigh
барқ light, electricity, lightning; **барқосо** (adv) like lightning; **раъду барқ** thunderstorm
барқарор established; **барқарор кардан** to establish; **барқароркунӣ** established
барно [Lit.] young
барнома program
баро PrVS *of* баромадан
баробар the same as; equals (math.); **дар баробари** as well as, in addition to
баровардан (баровар, барор) to take out; **ном баровардан** to become famous
бародар brother; **бародарзода** [Lit.] nephew, niece (brother's child); **бародарӣ** brotherhood; **бародарона** brotherly
барои for; **барои ин ки, барои он ки** because; in order to; so that; **барои чӣ** why?
баромадан (баро) to leave, to go out, to come out, to get out, to rise, to go up; **ба кӯҳ баромадан** to climb a mountain; **баромадгоҳ** exit
барор PrVS *of* баровардан
барор success; **барору комёбиҳо** success; **барору муваффақият** success
барпо: **барпо гардидан, барпо шудан** to be established, to take place

барра lamb
баррасӣ discussion; **баррасӣ кардан** to discuss
баруйхатгирӣ census
барф snow; **барф боридан** to snow; **барфӣ** (adj) snow; **бобои барфӣ** Soviet equivalent of Father Christmas, part of New Year celebrations
барҳам abolition; **барҳам додан** to overcome
баръакс on the contrary
бас enough, sufficient
басе, басо [Lit.: see бисёр]
бастан (банд) to bandage, to tie up; to block; **баста шудан** to become blocked
батон long, soft loaf of white bread
бафотиха engaged [only used of women]
бахил envious; miserly
бахт luck, fortune
бахшидан (бахш) to forgive; to be held, to be given; **бахшида шудан** to be dedicated; **мебахшед, мебахшӣ** Excuse me; **бубахш, бубахшед.** [Lit.] Excuse me
баҳ, баҳ-баҳ ummm!
баҳман the eleventh month in the Persian calendar
баҳмут hippopotamus
баҳор spring; **баҳористон** tropics, place where there is no cold winter; **баҳорӣ** (adj) spring, for spring
баҳр (n) sea; **баҳрӣ** (adj) sea; **баҳру бар** land and sea
баҳс argument, debate
бача child, son, boy; also used when addressing a young boy; **бачагона** child's, children's, for a child
башардӯстона humanitarian
баъд in [time], after; **баъд аз, баъд аз он ки** after; **баъдина** future, later
баъдимаргӣ (adj) after-death
баъзан sometimes
баъзе some
бе, бе-, бе он ки without
беадаб impolite {behaviour}
беадолатӣ injustice
беақл stupid, foolish
бебаҳо priceless
бебориш dry (weather)
бева, бевазан widow

беватан without a homeland
бевосита direct
бегона strange
бегоҳ early evening, in the evening; *бегоҳи ид* the evening before a holiday; *бегоҳирӯзӣ* in the evening; *бегоҳӣ* early evening, in the evening
бегуноҳ innocent, guiltless
бедин atheist
бедона a bird of the partridge family, kept in cages for its singing
бедор wake, awake; *бедор кардан* to wake, to wake up {smb. else}; *бедор шудан* to wake up {oneself}
безан widower
безеб ugly, unattractive
безор annoyed, bored, vexed
беинсоф unfair, unjust
беист ceaselessly
беихтиёр involuntarily
бекор idle, unemployed; *бекорӣ* idleness, unemployment
бел spade
бемадор weak, unwell; *бемадор шудан* to become weak; *бемадорӣ* weakness
бемалол without difficulty, without trouble
бемаҳал untimely
бемева (adj) without fruit
бемодар motherless
бемор (n) patient, sick person; (adj) sick, ill; *беморӣ* illness, sickness; *бемористон, беморхона* hospital
бенамак saltless
бенатиҷа futile, in vain
бензин petrol; *бензинфурӯшӣ* petrol seller, petrol station
бенуқсон without defect
бепадар fatherless
бепул smb. without money
беранг colourless
берун outside, out [also with аз, ба and дар in compound prep.s]
бесавод illiterate; *бесаводӣ* illiteracy
бесадо silent
бетараф neutral, impartial
бетоқат impatient
бефарзанд childless
бефоида pointless, in vain
бех root, seedling, tree (counting word used with trees)

бехалал unhindered
бехона homeless
беҳ good, better; *беҳбудӣ: рӯ ба беҳбудӣ овардан* to improve
беҳад infinitely
беҳол weak, unwell
беҳуда in vain
бечаман [Lit.] without a garden
бечора poor, unfortunate
бечо out of place; *бечо кардан* to dislodge
беш more; *бештар* more; mostly
беша (n) woodland
бешавҳар widow, spinster, divorcee
бешарм shameless
бешир without milk
бешубҳа undoubtedly
бешумор innumerable
би- optional subjunctive/imperative verb prefix (gram.)
бибӣ grandmother; *бибикалон* great-grandmother
бигзор let, may; [also Lit.: from PrVS of гузоштан]
бигрез [Lit.: from PrVS of гурехтан]
бигузор let, may
биё, биёед let's [also see омадан]
биёбон (n) desert; *биёбонӣ* (adj) desert
биётун a woman who has studied religion, a healer
билет [R] ticket
бин PrVS of дидан
бинвишт [Lit.: from навиштан]
бинӣ nose
бино¹ (n) building
бино² (adj) one who can see, not blind
бинобар in consequence, because of; *бинобар ин* hence, therefore
биншон [Lit.: from PrVS of шинондан, see нишастан]
бирён (adj) fried; *бирён кардан* to fry; *бирёндан (бирён)* to fry
биринҷ rice
бисёр very; a lot
биспор [Lit.: from PrVS of супурдан]
бист /bist/ twenty [also in compound words with -сола, -та, -то, -ум, -умин]
битвон [Lit.: from PrVS of тавонистан]
бифстроган beef stroganoff
бифштекс steak, burger
биҳишт heaven

биҳӣ quince
бо, бо- with
боадаб [see боодоб]
боақл clever, sensible
боб chapter {of a book}
бобат: дар бобати about, concerning
бобо grandfather; term of respect when addressing an old man; *бобокалон* great-grandfather
бовар belief; *бовар кардан* to believe; *боварӣ* belief; (ба ...) *боварӣ доштан* to believe {in}, to trust {in}
бовафо faithful
бог park, garden, country-house; *богбон* gardener; *богбонӣ* (n) gardening
богча kindergarten
бод wind
бода [Lit.] wine
бодиққат attentively
бодиринг cucumber
бодом almond
боз¹ since, other, also, again; another
боз² hawk, falcon
боз³ open; *боз кардан* to open
боз⁴ PrVS of бохтан
бозгард PrVS of бозгаштан
бозгаштан (бозгард) to return, to come back
боздид: То боздид! See you!
бозӣ game, playing; *бозича* toy; *бозӣ кардан* to play; VA: *бозикунон*
бозомадан (бозой, бозо) to return
бозор market
бозу [Lit.] arm
боигарӣ resources, wealth
боимҷон aubergine, egg-plant
боис resulting, subsequent
боистан [redundant modal verb only encountered in the forms бояд and, very occasionally, мебоист]
боистеъдод talented
бой rich; *бой гардидан* to become enriched
боқӣ remainder, left, remaining; *боқӣ мондан* to be left, to remain; PtPc: *боқимонда* (n) remains; (adj) remaining
бол wing; *бол задан* to flap wings
болаззат tasty, delicious
болга hammer
болишт pillow, cushion

боло above, upper [also with аз, ба and дар in compound prep.s]; *болой* upper; *аз боло гузаред* Please sit higher up the table
бом roof
бомаза delicious, tasty
бомаърифат intelligent
бомуваффақият successfully
бонк bank
бонка /banka/ jar, tin
боодоб polite
бор¹ time, occasion; *борҳо* a number of times
бор² burden, load; *бор кардан* to load
бора subject; *дар бораи, дар ин бора* about, concerning
боридан (бор) to rain; *барф боридан* to snow; *борон боридан* to rain; *жола боридан* to hail
борик thin, narrow
бориш, боришот precipitation
боркаш: мошини боркаш truck
борон rain; *борони сел* downpour, flood; *боронӣ* rain-coat
борхалта bag, luggage
босавод literate
ботамкин gentle, calm
ботаникӣ botanical
ботантана festive, celebratory
бофтан (боф) to weave, to knit
бохтан (боз) [see дил]
боча relationship between sisters' husbands
бош PrVS of будан
бошукӯҳ grand, magnificent, splendid
боэҳтиром respectful, respectfully
бояд must, should, have to
брон: брон кардан [R] to reserve, to make a reservation
бу- [see би-]
бува [northern dialect] mother
бувад [Lit.: for мебошад]
буг vapour; *буги об* steam
будан (бош) to be
буддоӣ Buddhism, Buddhist
буз goat; *бузак* little goat; *бузича* young goat; *бузкашӣ* Central Asian sport in which men on horses pick up and drag a goat
бузург great, huge
булбул nightingale

булғорӣ bell pepper
бунёд basis, foundation
бур PrVS of буридан
бурдан (бар) to carry; to take {somewhere}; *бурда додан* to convey
буридан (бур) to cut, to break (off)
бурриш cutting, section
бут idol; *бутхона* idol temple
бутун whole; *бутунӣ* entirety
буфет buffet
бӯй, бӯ smell, scent; odour, stench
бӯр chalk
бӯрёкӯбон house-warming
бӯса (n) kiss
бӯсидан (бӯс) to kiss
бӯҳрон crisis
в-... [Lit.: see ва ...]
ва (-ю, -ю) and
ваалайкум: ваалайкум салом [Lit.] reply to the greeting, "Салом алейкум."
вагарна (=ва агар на) although if not, and if not
вагон wagon {of a train}
вазидан (ваз) to blow
вазир minister
вазифа position, post; job, task
вазн weight; *вазнин* heavy, difficult
вазорат ministry
вазъ condition, state; *вазъият* condition, situation
вай he, she, it; him, her; *вайҳо* (coll.) they
вайрон ruined, destroyed; *вайрон шудан* to fall into ruin, to not work {mechanically}
вақт time; *ба вақти* at the time of; *вақте ки* when; *вақти холӣ* free time; *ҳеҷ вақт* never
вале but
валек, валекин [Lit.: see вале]
ванна [R] bath, bathtub
варақ sheet {of paper}; *варақ задан* to turn over {a page}; *варақа* form; *варақаи зист* registration form
варзидан (варз) [see ширкат]
варзиш sport; *варзишгар* sportsman; *варзишгоҳ* sports stadium
варо [for вайро]
васеъ, васеъгӣ width; *васеъ* wide, broad
васила instrument, means; *василаи нақлиёт* means of transport

васият last will, testament
васлак socket
васф: дар васфи about
ватан homeland, motherland; *ватанӣ* patriotic; *Ҷанги Бузурги Ватанӣ* the so-called "Great Patriotic War" – that part of the Second World War in which the former Soviet Union was involved
вафо faithfulness, devotion
вафот death; *вафот кардан* to die
ваҳ, ваҳ-ваҳ wow, umm
ваҳдат unity, reconciliation
ваҳшӣ wild
ваъда promise
велосипед [R] bicycle
вергул comma (gram.)
видео, видеомагнитофон [R] video
визитка [R] business card
вилка [R] fork
вилоят region, province {in Tajikistan}; *вилоятӣ* regional
вино [R] wine
виски whiskey
во Ow!
вобаста determined, related; *вобаста: ба ... вобаста* depends on ...
вовайло [Lit. (prov.): see proverbs in lesson 17 exercises]
водӣ valley
водопровод [R] water-pipe
вое, вой Ow!
вокзал [R] railway station
воқеа event, incident
воқеъ: воқеъ будан to be located, to be situated
волидайн parents
восита: ба восита through, via; *бо воситаи* by means of
вохӯрдан (вохӯр) to meet up with smb.; *вохӯрӣ* (n) meeting; *вохӯрӣ кардан* to greet, to shake hands
воҳ Ow!
воя: ба воя расонидан to train
-ву [Lit.: see ва]
вусъат extent, spaciousness; *вусъат ёфтан, вусъату ривоҷ ёфтан* to develop
вуҷуд existence; *ба вуҷуд омадан* to come into being; *бо вуҷуди он (ки)* despite, in spite of, even though

гавазн deer, reindeer
гавҳар source, origin
гадо beggar; гадоӣ (n) beggary, begging
газ gas; gas-oven
газвор textiles, fabrics
газета [R] newspaper
газидан (газ) to bite, to sting; PrPc: газанда aggressive
газмол [coll.: see дарзмол]
гала crowd, flock, herd (random)
галерея [R] gallery
галстук tie
гамбургер hamburger
гамбуск beetle
ганда bad
гандум wheat
ганчина, ганчхона treasure-house, treasury
гап conversation, talk, speech, word; гап задан to speak; VA: гапзанон; гаппартой compliment; гап дар ин ҷо the point is, the reason for saying so
гар [Lit.: see агар]
гараж garage
гард PrVS of гардидан, гаштан
гардан neck
гарданбанд necklace
гардидан (гард) to wander, to stroll about [also an auxiliary verb in many compound verbs, synonymous with шудан]
гардиш (n) passing; turning, street corner; walk, stroll; гардиш кардан to go for a walk
гардон-гардон кардан to stew tea by pouring it back into the pot, usually doing so three times
гарм hot, warm; гармӣ heat, warmth; гарм кардан to warm up; гармкунак radiator, heater; гарм шудан to become warm
гарон heavy
гарчанд: гарчанде ки although, in spite of
гарчи [Lit.: see агарчи]
гах [see гоҳ]
гаҳвора cradle; гаҳворабандон ceremony when a new-born is first tied into a cradle
гаштан (гард) to turn
гелос sweet cherry
генералӣ (adj) general

герб [R] emblem, crest
гетӣ [Lit.] world
гиёҳ herb, grass
гил clay, soil, earth
гир PrVS of гирифтан
гирд around [also with аз, ба and дар in compound prep.s]; гирду атроф suburbs
гирдбод tornado, whirlwind
гирён crying
гирифтан (гир) to take; to cut {nails}; гиред Here you are [offering]
гирифтор: гирифтор шудан to undergo
гиря cry; гиря кардан to cry
гов cow; гов дӯшидан (дӯш) to milk a cow
гороскоп [R] horoscope
госпитал [R] military hospital
гоҳ (adv) time, occasion; гоҳ-гоҳ, гоҳо sometimes; гоҳ ... гоҳ, гоҳ ... гоҳе, гоҳе ... гоҳе, гоҳо...гоҳо sometimes ... sometimes; ҳар гоҳ ки whenever; ҳеч гоҳ never
грамм gram; -граммӣ grams (in compound words with numbers)
грамматика grammar (gram.)
грипп flu
гузар PrVS of гузаштан; гузаргоҳ crossing, crosswalk; гузарон PrVS of гузарондан, гузаронидан [see гузаштан]
гузаштан (гузар) to pass, to cross; PtPc: гузашта (adj) last; гузаштагон those who have passed away; CV: гузарондан, гузаронидан (гузарон) to pass, to spend {time}
гузор PrVS of гузоштан
гузоштан (гузор) to put
гул flower; гулгашт square, park; гулдон vase; гулзор flower-garden, place full of flowers; гулистон flower-garden
гулдӯзӣ embroidery
гулкарам cauliflower
гулобӣ pink
гулрез beautiful
гулӯ throat; гулӯдард sore throat
гуляш goulash, stew
гум lost [also see сар]
гумон opinion, suspicion; гумон кардан to think; гумони бад кардан to suspect

гуна (n) kind, type; чӣ гуна what?; ҳар гуна every kind
гунаҳ [see гуноҳ]; гунаҳгор, гунаҳкор [see гуноҳкор]
гунг dumb
гуногун various, different kinds
гуноҳ sin, guilt; гуноҳкор sinner, culprit
гунчишк sparrow
гурба [Lit.] cat; гурбавор (adv) like a cat
гург wolf
гурда kidney
гурез¹ (n) escape
гурез² PrVS of гурехтан
гуреза fugitive; refugee
гурехтан (гурез) to flee, to escape, to run away
гурусна hungry
гурӯҳ group
гусел seeing off; гусел кардан to see off {guests}
густариш development
гуфтан (гӯй, гӯ) to say, to tell; PrPc: гӯянда (n) narrator, (adj) speaking; FPc: гуфтанӣ things said; гуфтор speech; гуфтугӯ conversation, talk; гуфтугӯӣ colloquial; гуфтугӯ кардан to talk; гуфтушунид negotiation
гуҳаррез precious, rich
гӯ [see гӯй]
гӯгирд matches
гӯё (ки) as if, as though
гӯй, гӯ PrVS of гуфтан
гӯр grave; гӯристон graveyard; гӯр кардан to bury; гӯр шудан to be covered
гӯрондан (гӯрон) to bury
гӯсола calf, young cow
гӯсфанд sheep
гӯш ear; гӯш кардан to listen
гӯша corner
гӯшак telephone receiver
гӯшвор, гӯшвора earring(s)
гӯшт meat; гӯштбирён fried meat; гӯштқимакунак meat grinder, mincer; гӯштфурӯшӣ meat section of market
гӯштингирӣ national wrestling
гӯянда PrPc of гуфтан
ғазаб anger; дар ғазаб шудан to become angry
ғайбат: ғайбат кардан to gossip
ғайр: ғайр аз apart from, besides, except

ғайра: ва ғайра etcetera
ғайрирасмӣ unofficial
ғайричашмдошт blind, blinded
ғалаба victory
ғалбер large-holed sieve for wheat, etc.
ғалла grain
ғалтидан (ғалт) to fall
ғам grief, sorrow; anxiety, care; ғамгин sad, sorrowful; ғамкада suffering; ғамхор comforter; ғам хӯрдан to worry, to be anxious
ғаноб nap; ғаноб кардан to nap
ғанӣ wealth; (adj) rich, wealthy
ғараз ulterior motive, secret purpose
ғарб west; ғарбӣ western
ғариб stranger, foreigner
ғарқ sinking, drowning; ғарқ шудан to sink
ғафс thick; stout
ғижжак /ghijjak/ violin-like instrument
ғоибона part-time, correspondence
ғубор [Lit.] dust
ғук toad
ғулом slave
ғунҷидан (ғунҷ) to contain
-да [central and southern dialects] variant of -ба
давидан (дав) to run
давлат country, state; давлатдор administration of the state; давлатӣ (adj) state, official, national
давлатманд (n) wealthy
даво medicine, remedy
давом continuation; давом додан to continue; давомдиҳанда one who continues smth..; давомдор continuous (gram.); дар давоми in the course of
давр [Lit] rotation, turn; around [also with дар as a compound prep.]; давр задан to go around
дағал coarse, rough; rude {speech}
дада, дадо [northern dialect] father
дай the tenth month in the Persian calendar
дақиқа minute; як дақиқа Just a moment
дақоиқ [Ar.pl. of дақиқа] minutes
далв the eleventh month in the Muslim solar calendar
даллол broker for sales at animal markets

дам breath; moment; *дам андохтан* to pray for the sick or a new-born; *дам гирифтан* to rest, to have a rest; *дам кардан, дам партофтан* to cover (when cooking osh); *дам нишастан* to relax; *чой дам кардан* to make tea, to stew tea; *даме ки* when; *рӯзҳои дамгирӣ* weekend
дандон tooth, teeth
дар¹ (n) door
дар² (prep) in, at (place); at [telling time]; at, for (place of work) [also see боло, бора, дарун, зер, кунҷ, мобайн, рӯй, таг, тараф]
дара gorge, ravine, canyon
дарак news
дарахт tree; *дарахтзор* grove
дараҷа degree (temperature)
дарбадар homeless
дарбон porter, gatekeeper
дарвеш beggar
дарвоза gate; *дарвозабон* gatekeeper, goalkeeper
даргирифтан (даргир) to catch fire
даргирондан (даргирон) to switch on, to turn on; to set on fire
даргоҳ threshold
даргузаштан (даргузар) to come to an end; to die
дард pain; ache; *дарднок* painful; *дард кардан* to hurt; *дардаш гирифтан* to be in labour
дарег refusal; *дарег доштан* to refuse
дарё river; *дарёнавардӣ* navigation
дарзмол iron
даркор necessary, needed
дармон remedy; *дармонгоҳ* health centre, health resort
даро PrVS *of* даромадан
даровардан (даровар, дарор) to bring in
дароз long; *дарозӣ* length; *дароз кардан* to pay through smb., to stretch out; *дароз кашидан* to lie down
даромад income
даромадан (даро) to enter, to come in, to go in; *даромадгоҳ* entrance
дарор PrVS *of* даровардан
даррав immediately
дарранда predatory, predator
дарс lesson; *дарсӣ: китоби дарсӣ* textbook

дарун in, inside [also with аз, ба and дар in compound prep.s]
дарунрав diarrhoea
дархост intercession, request, solicitation, wishes
даст hand, arm; *дастӣ* (adj) hand, hand-made, manual; *дасти рост* right; *дасти чап* left; *аз даст додан* to lose (meta.: not about possessions); *ба даст овардан* to acquire, to gain; to conquer; *даст расонидан* to touch
даста¹ bunch, bouquet (counting word used with flowers)
даста² handle
дастархон tablecloth
дастгирӣ support; *дастгирӣ кардан* to support
дастгоҳ apparatus
дастпоккун towel
дастпона bracelet
дастпӯшак glove
дастурхон [see дастархон]
дастшӯӣ: дастшӯяк sink; *хонаи дастшӯӣ* bathroom
дафн burial; *дафн кардан* to bury
дафтар note-book
дафъа time, occasion
дахолат interference; *дахолат кардан* to interfere
даҳ /da/ ten [also in compound words with -сола, -та, -то, -ум, -умин, -утоқа]
даҳлез anteroom, room leading to another
даҳон mouth; *даҳонакӣ* oral
даҳчанд several times greater
даҳшат terror
дашном insult, abuse
дашт plain, steppe
даъват invitation; *даъват кардан* to invite; *даъватнома* invitation; *даъват шудан* to be invited
дев demon; *девона* mad, insane
девор wall, fence; *деворӣ* (adj) wall
дег semi-spherical cauldron
декабр December
делфин dolphin
демократӣ democratic
дер late; *дер-дер* rarely
деҳ¹, деҳа village; *деҳқон* farmer, peasant; *деҳот* villages, country

дех² PrVS of додан (but only used in the imperative; cf. дих)
диван sofa
дигар other, another, else
дигаргун changed, altered; *дигаргун шудан* to change
дидан (бин) to see; PtPc: *дида* [Lit.] eye
дидор meeting, visit
диёр land, country, region
дик: дикки нафас asthma
диккат attention
дил heart; *дил сари каф ниходан* to take a risk; *дил гум задан* to be lost in nostalgic reflection or to wish for smth. that cannot be; *дил бастан, дил бохтан* to like, to love; *бо ҷону дил* with heart and soul, I'd love to, with pleasure
дилбардорӣ consolation; *дилбардорӣ кардан* to console, comfort
дилкаш attractive
дилкушо inspiring
дило O my soul!
диловез lovely
дилпурона whole-heartedly
дилтанг sad; *дилтанг шудан* to be sad
дилчасп attractive, pleasant
дин religion; *диндор* religious (person); *динӣ* religious (thing)
дина yesterday
диплом diploma
дипломатӣ diplomatic
дирам Tajiki unit of currency; *-дирамӣ* [in compound words with numbers]
директор boss, director
дирӯз yesterday
дифоъ defence; *дифоъ кардан* to defend {a thesis}
дих variant of дех, used as the PrVS of додан in all verb forms except the imperative
дишаб last night
–дия ah!, oh!
довар judge
доғ sorrow, grief; very hot; *доғ кардан* to heat oil furiously; *доғкардашуда* heated {oil}
дод cry, shout; *дод задан* to shout
додан (дех/дих) to give

додар younger brother; *додарарӯс* brother-in-law (wife's brother); *додаршӯ* brother-in-law (husband's brother)
додо [northern dialect] father; *додобинон* ceremony in which the bride's parents first visit her in her new home after marriage
доим, доимо regularly, usually; *доимӣ* regular, usual
доир: доир ба about, concerning
доира tambourine; extent, range, sphere
докторант doctorship
доллар dollar
доман skirt
домана typhus
доманакӯҳ mountain foothills
домино dominoes; *доминобозӣ* playing dominoes
домод bridegroom; *домод шудан* to get married [for men]; *домодталабон* ceremony following some time after a wedding in which the bride and groom return to the bride's parents' home for the first time
домон brink
домулло religious healer, religious leader
дон¹ insight, learning
дон² PrVS of донистан
дона seed, grain; piece, item; counting word used with countable nouns
донистан (дон) to know, to get to know, to learn
дониш knowledge; *donishгoҳ* university; *донишманд* (adj) wise, learned; (n) wise man; *донишҷӯ(й)* (n) student; *донишҷӯӣ* (adj) student
доно (n) clever person, wise person; (adj) wise, clever; *доноӣ* wisdom, cleverness
дор PrVS of доштан
дору medicine, remedy; *дору хӯрдан* to take medicine; *дорухона* chemist, pharmacy
дохил: дохилӣ civil; internal; *дохил шудан* to enter (university, city, etc.)
доштан (дор) to have, to hold; to capture, to sieze

ду two *[also in compound words with -* рӯза, -сад, -сола, -та, -то, -юм, -юмин, -уто**қ**а*]*; *дубора* a second time, for a second time; *ду-ду* in pairs; *дусоата* (adj) two hours; *дуюм* second; main course

дубайтӣ a form of verse consisting of four-line stanzas

дувал [Ar.pl. of давлат] countries

дувоздаҳ /duvozda/ twelve [also in compound words with -сола, -та, -то, -ум, -умин]

дугона friend (fem.)

дуд smoke; *дуд кардан* to smoke

дузд thief; *дуздидан (дузд)* to steal

дузону kneeling

дукаса (adj) for two people; double (room)

дуқабата double-layered

дум tail

дунафара double (room)

дунба /dumba/ fat tail of sheep

дунё world; *дунявӣ* secular

дуо prayer; *дуогӯ* smb. who prays for a person, prayer partner; *дуо кардан* to pray; *дуои бад (нек) гирифтан* to receive the results of someone's prayer for bad (or good)

дур distant, far

дурахшидан (дурахш) to shine

дуредгар carpenter

дурӯғ lie; *дурӯғ гуфтан* to lie

дуруст true, right, correct

дурушт rough, coarse

дутор two-stringed guitar-like instrument

духовка [coll.R] oven

духтар daughter, girl; *духтарак* little girl; *духтарча* daughter (term of affection), little girl; *духтари қадрас, духтари хона* single, unmarried (fem.); *духтарталабон* ceremony following some time after a wedding in which the bride and groom return to the bride's parents' home for the first time

духтур doctor

дучарха bicycle

дучор: дучор шудан to encounter, to face

дучон (coll.) pregnant

дучониба bilateral

душ shower; *душ кардан* to have a shower

душанбе /dushambe/ Monday

душман enemy; *душманӣ* enmity

дӯғ sour curdled milk

дӯз PrVS *of* дӯхтан; *дӯзанда* seamstress; *дӯзандагӣ* sewing

дӯзах hell

дӯзон PrVS *of* дӯзонидан *[see* дӯхтан*]*

дӯкон workshop

дӯст friend; *дӯстӣ* friendship; *дӯстона* friendly; *дӯстдор* smb. who loves smth.; *дӯст доштан* to love, to like; *дӯстдошта* favourite

дӯхтан (дӯз) to sew; CV: *дӯзонидан (дӯзон)* to have sewn

дӯшидан (дӯш) to milk {a cow}

-е indefinite noun marker (gram.)

-ед second person plural subject marker verb ending (gram.)

елим glue, paste (for material)

-ем first person plural subject marker verb ending (gram.)

-етон (coll.) second person plural imperative suffix (gram.)

ё or; *ё ... ё* either ... or

ё PrVS *of* омадан (when preceded by a vowel)

ёб PrVS *of* ёфтан

ёд memory; *аз ёд баромадан* to forget; *ёд гирифтан* to learn; *аз ёд донистан* to know by heart; *ёд доштан, ба ёд омадан* to remember; *ба ёд овардан* to reminisce

ёдгорӣ momento, relic; legacy; *ёдгории меъморӣ* architectural ruin; *ёдгории таърихӣ* historical relic

ёздаҳ /yozda/ eleven [also in compound words with -сола, -та, -то, -ум, -умин]

ёр friend

ёрдам help, assistance; *ёрдам кардан* to help; *ёрдамчӣ* assistant

ёрӣ help, assistance; *ёридиҳанда* auxiliary (gram.); *ёрӣ додан* to help; *ёрии таъҷилӣ* emergency assistance

ёфтан (ёб) to find

жола /jola/ hail; *жола боридан* to hail

журнал [R] magazine

забардаст outstanding

забон language, tongue; **забонӣ** (adj) of the tongue; **забоншинос** linguist; **забони давлатӣ**, **забони расмӣ** official language; **забони миллӣ** national language; **забони модарӣ** native language, mother tongue
завод factory
загс [R] registration of marriage
зада stress (gram.)
задан (зан) to hit, to strike
заиф weak; "the weaker sex"
заказ [R] order
замин soil, earth, ground, land; Earth; **заминӣ** (adj) ground; **заминҷунбӣ** earthquake
замон time, period, epoch, era [also see ҳар]; **замона** epoch, period; **замонавӣ** modern; **замоне ки** when
зан¹ wife, woman; **занак** term of affection used by a husband in addressing his wife; **занона** women's; **ба занӣ гирифтан (гир)** to get married [for men]
зан² PrVS of задан
занбар /zambar/ wheelbarrow
занбӯр /zambür/ wasp; **занбӯри асал** bee
занг bell; **зангдор** (adj) alarm; **занг задан** to make a phonecall, to call, to phone
зар gold; **зар: зару зевар** jewellery
зарар harm, damage, injury; loss
зарб multiplication (math.)
заргар jeweller
заргӯш hare
зард yellow
зарда gall, bile
зардолу apricot; **зардолукок** dried apricots
зардуштӣ Zoroastrian
заррофа giraffe
зарур necessary; **зарурият** necessity
зарф dish, dishes, tableware; adverb (gram.)
захм wound, injury
заҳмат trouble, difficulty; **заҳмат кашидан** to go to trouble, to be in difficulty
заҳр poison; **заҳрдор** poisonous
зебидан (зеб) to suit {smb.}
зебо beautiful, pretty; smart; **зебоӣ** beauty; **зебоманзар** scenic; **зебосанам** beautiful girl

зевар jewellery
зер under [also with аз, ба and дар in compound prep.s]
зеро for, because of
зи [Lit.: see аз]
зид opposite, contrary
зиёд a lot, much, many, very
зиёрат pilgrimage; trip to pay homage or show respect to smb.
зиёфат big meal, feast, banquet
зикр remembrance
зиқ bored, stressed, tired
зилзила earthquake
зил-қаъда the eleventh month in the Muslim lunar calendar
зил-ҳиҷҷа the twelfth month in the Muslim lunar calendar
зимистон winter; **зимистона** for winter, winter's
зимн, зимни during; **зимнан** by the way
зин saddle
зина step; **зинапоя** staircase, stairs
зинат adornment, decoration
зинда alive; **зиндагӣ** life; **зиндагӣ кардан** to live; to stay (in hotel); **зиндашавӣ** resurrection
зира caraway seeds
зирбак the part of ош without rice
зирбондан (зирбон) to fry; **зирбондашуда** fried
зист life; **зистан (зӣ)** to live
зо PrVS of зодан, зоидан
зоғ crow, raven, rook
зодан, зоидан (зо) to give birth; **зодгоҳ** place of birth; **зодрӯз** birthday
зону knee
зубола dough; **зубола гирифтан** to roll out
зуд quickly; immediately; **зуд-зуд** often
зуком flu
Зуҳал Saturn
зӯр strong
иблис devil
иборат: аз ... иборат consist of ...
ибтидо beginning; **ибтидоӣ** primary, elementary
иваз exchange; **иваз кардан** to change; **бар ивази** in exchange for, because of

ид holiday; *идгардак* the visiting of children on certain holidays to their neighbours to coll.ect sweets, etc.
идома continued, continuation; *идома додан* to continue
идора office, management, government, administration
иёлат state
иззатманд honourable, respectable
изофат a grammatical marker (gram.); *изофӣ* relating to the изофат
изҳор expression, statement; *изҳор кардан* to express, to state
икра [R] caviar
иқдом measure, precaution, step
иқлим climate
иқтисод economics; *иқтисодиёт* economy; *иқтисодӣ* economic; *иқтисодчӣ* economist
илм science; *илмӣ* scientific
илова addition; *илова кардан* to add
илоҳим, илоҳӣ By God; God, Allah
илоҷ way out, solution
илтимос please (asking)
имзо signature; *имзо кардан, имзо гузоштан* to sign; *ба имзо расидан* to be signed
имкон possibility; *имконият* possibility
имон faith; *имондор* faithful; *ба ... имон доштан* to have faith in ...
иморат building
имрӯз today
имсол this year
имтиҳон exam, test
имшаб tonight
ин it, this; *инҳо* these; *ин ҷо* here; *инҷой* from here (concerning where smb. lives); *инҷониб* this man
инкишоф development, progress; *инкишоф ёфтан* to develop; *инкишофу такмил* improvement
инкорӣ negative (gram.)
инсон person
инсоф justice; *инсоф кардан* to be fair
институт institute
интернет internet
интизом discipline, order
интизор (n) waiting, expectation; *интизор будан, интизор шудан* to wait; *интизоршавӣ* (adj) waiting

интиқол transfer
интихоб choice, selection; *интихоб кардан* to choose, to vote; *интихобот* (n) election; *интихоботӣ* (adj) election; *интихоб шудан* to be elected
иншоллоҳ Lord willing
ислом Islam; *исломӣ* Islamic
ислоҳ correction; *ислоҳ кардан* to correct
исм noun (gram.); [Lit] name
исмоилӣ Ismaili
ист PrVS of истодан
истакон glass
истгоҳ station, bus-stop
истеҳсол production, output
истеъдод talent, gift, ability
истеъмол use, usage; *истеъмол кардан* to use
истеъфо resignation; *истеъфо додан* to resign
истиқбол (n) reception, welcome; *истиқбол кардан* to make welcome
истиқлол independent; *истиқлолият* independence
истиқрор decision
истироҳат (n) rest, relaxation, holiday; (adj) relaxing; *истироҳат кардан* to rest, to relax; *истироҳатгоҳ* place to rest or relax; *истироҳатӣ* (adj) rest
истифода use; *истифода бурдан/кардан* to use; *истифода шудан* to be used
истодан (ист) to stand, to stay, to stop, to remain [also used as an auxiliary verb in certain tenses]
исфанд the twelfth month in the Persian calendar
исҳол diarrhoea
итоат obedience, submission
иттилоотӣ (adj) information
ифлос dirty, filthy
ифода expression
ифтихор pride
ифтор the breaking of the fast during Ramadan
ихлос sincerity
ихтисос speciality
иҷозат permission; *иҷозат додан* to allow, to permit; *иҷозат пурсидан* to ask permission; *иҷозатнома* letter of permission; *иҷозатномаи сафар* visa

иҷора rent, rental; **иҷора гирифтан** to rent; **ба иҷора додан** to lease, to rent out; **иҷорашин** lodger
иҷро fulfilment; **иҷро кардан** to execute, to fulfil, to carry out; **иҷрокунандаи вазифаи (...)** acting (...); **иҷро шудан** to be fulfilled
ишғол occupying, filling (job position); **ишғол кардан** to occupy
ишқ love, passion
ишора indication, sign; **ишора кардан** to indicate, to point; VA: **ишоракунон**
ишоратӣ demonstrative, defining (gram.)
иштирок participation; **иштирок кардан** to participate, to participate in
иштиҳо appetite; **Иштиҳои том** Enjoy your meal.
июл July
июн June
-ӣ second person singular subject marker verb ending (gram.); future participle verb ending (gram.)
йотбарсар diphthong (gram.)
к-... [Lit.: see ки ...]
кабир great
кабк partridge, quail
кабоб kebab, shashlik
кабуд blue, green; **кабудизор** lawn, green sward; **кабудӣ** green herbs; **кабудча** light blue; **кабудчашм** blue-eyed
кабӯтар pigeon, dove
кадбону host, cook
кадом which? [also with дар as a compound question particle]
кадрҳо personnel, staff
каду pumpkin; **кадукорӣ** planting pumpkins
каждум scorpion
кай when?; **кайҳо** a long time ago, very long ago; **аз кай** since when?, how long?; **кай боз** since when; **кай ки** (coll.) when; **то кай** until when?, how long?
кайвонӣ [Lit. (prov.)] woman who cooks
кайк flea
кайф pleasure, enjoyment; **кайф кардан** to enjoy
каклик partridge, quail
кал bald
каланд hoe
календар [R] calendar

калид key; spanner; **калиди барқ** light switch
калима word
калисо church
калоба clew, ball {of thread}
каломуш rat
калон big, huge, large; old; great; **калонӣ** older; **калонсол** adult; **калон кардан** to raise [a child], to bring up; **калон шудан** to grow, to grow up; **кап-калон** really big
калпеса lizard
калтакалос lizard
калӯш national shoe
кам little, not excessive, not too much; to [telling time]; **камаш** at least; **каме** a little; **камтар** a little; **кам-кам** little-by-little; **каму беш** once in a while
камбағал poor; **камбағалӣ** poverty
камбудӣ blemish, defect
камина used in place of the first person singular pronoun to show humility
камӣ lack, shortage
камнамо: **Ин қадар камнамо** It's ages since I've seen you
камол perfection, maturity; great
кампал blanket
кампир old woman
канаб rope
канал canal
канар tick, blood-sucking insect
кандан (кан) to dig, to pick; PrPc: **канда**
канӣ where?
канор bank, coast, shore
кар deaf
каравот western-style bed
карам cabbage; **карамшӯрбо** cabbage-soup
кардан (кун) to make, to do; [mainly used as an auxiliary verb in many compound verbs]; FPc: **карданӣ** the act of doing smth.; CV: **кунондан, кунонидан (кунон)** to have done
кармонча wallet, purse
карнай long, straight horn
картошка potato; **картошкабирён** fried potatoes
кас person; person (counting word used with people); **-каса** number suffix showing number of people

касал *sick, ill;* касалӣ *illness, sickness; patient;* касалхона *hospital*
касб *profession;* касбӣ *professional*
касрӣ *fractional;* шуморахои касрӣ *fractions (math.)*
касса *ticket office*
кассета *cassette*
каструл *saucepan*
кастум *suit*
кат *western-style bed, an outside seating area resembling a western double bed*
катӣ *with*
каф¹ *palm*
каф² *PrVS of* кафидан
кафан *burial sheet*
кафгир *a large metal spatula*
кафедра *[R] department within a university faculty*
кафел *tile*
кафидан (каф) *to crack, to split*
кафлесак *tadpole*
кафтар *pigeon, dove*
кач *bent, crooked*
кашидан (каш) *to serve, to weigh; to pull; to take off {clothing}*
кашнич *coriander*
кашф *discovery;* кашф шудан *to discover*
квартира *[R] apartment*
келин *bride, daughter-in-law*
кенгуру *kangaroo*
кеноя *sister-in-law (brother's wife)*
карасин *kerosine*
кефир *[R] sour curdled milk*
ки *that, which, who; or else; so that*
кило *kilo;* килобайъ *by the kilo;* километр *kilometre*
ким-кӣ *someone;* ким-чӣ *something*
кина *evil eye curse;* кина даромадан *to be cursed by the evil eye;* кина кардан *to treat smb. cursed by the evil eye;* кина-силачӣ *shaman, person who removes the curse of the evil eye*
кино *film; cinema* кинотеатр *cinema*
киоск *kiosk*
кирм *worm, maggot, caterpillar*
киро *hire for service;* киро намудан *to hire*
киса *pocket;* кисабур *pickpocket*
кит *whale*

китоб *book;* китобӣ *literary;* китобфурӯшӣ *bookshop;* китобхона *library*
китф /kift/ *shoulder*
кифоя *sufficient, enough, adequate*
кихо *[see* кӣ*]*
кичирӣ *a meal cooked from rice, chickpeas and mung beans*
кишвар *country, state*
кишоварзӣ *agriculture*
кишт *(n) sowing;* киштзор *sown field;* кишт кардан *to sow*
киштӣ *ship*
кӣ *who?;* кихо *who (pl.)?*
классикӣ *classical (music)*
клубника *[R] strawberry*
коғаз *paper;* коғаздору *prescription;* коғазин *(adj) paper;* сачоқи коғазин *paper napkin*
коктейл *cocktail*
колготки /kalgotki/ *[R] women's tights*
коллеч *coll.ege*
ком¹ *desire, wish*
ком² *gum {in mouth}*
комёбӣ *success, progress*
комилхукук *enjoying full legal rights*
коммунистӣ *(adj) communist*
комод *chest-of-drawers*
компот *stewed fruit*
компютер *computer*
кон *(n) mine*
конверт *[R] envelope*
консерт *concert*
конститутсия *[R] constitution;* конститутсионӣ *(adj) constitution, constitutional*
консул *consul*
конфаронс *conference*
коняк *cognac*
кор¹ *work, task;* коргар *worker;* коргох *workplace;* коргузорӣ *office work, administration;* кордонӣ *skill;* корӣ *(adj) business, working, work;* корманд *employee;* кормандон *staff;* корхона *workshop, enterprise, office, place of work;* корхо *affairs;* корчаллон *businessman;* кор кардан *to work, to do;* кор накардан *to not work [mechanically]*
кор² *PrVS of* коридан, коштан

корд knife; *кордгар* knife-maker; *кордча* small knife
коридан (кор) to sow
корт card; *корти почта* postcard; *корти табрикӣ* greeting card; *корти шахсӣ* business card
коса national bowl
котиб (fem.: *котиба*) secretary
кофӣ enough, adequate
кофтан (коб) to stir
кох palace, "house"
кох straw
кош, кошкӣ if only!, I hope so!
коштан (кор) to sow
кроват [R] western-style bed
кружка mug
круиз cruise
-ку particle expressing surprise or disbelief
кулоҳ hat; *кулоҳдор* (adj) with a hat; *кулоҳпӯш* (adj) wearing a hat
кулӯла rounded
кулча bread roll, biscuit
кумита committee
кун PrVS of *кардан*
кунҷ corner [also with ба and дар as compound prep.s]
кунон PrVS of *кунондан* [see *кардан*]
курорт [R] health resort
курсӣ chair; *курсии нарм* armchair
курта dress; shirt; *куртача* little dress
куртка leather jacket, coat
кучук dog
куҷо where? [also with аз, ба and дар in compound question particles]; *куҷо ки, куҷое ки* (coll.) wherever
куш PrVS of *куштан*
кушо PrVS of *кушодан*
кушодан (кушо) to open
куштан (куш) to switch off, to turn off; to kill; PtPc: *кушта* killed
кӯб PrVS of *кӯфтан*
кӯдак child, infant; *кӯдакистон* playschool, kindergarten; *кӯдакона* for children
кӯза jug
кӯл lake
кӯлбор luggage
кӯмак help, assistance; *кӯмак кардан* to help
кӯпрук bridge
кӯр blind; *кӯр кардан* to cross out
кӯрпа quilt; *кӯрпача* quilt for sitting on
кӯррӯда appendicitis
кӯршапарак bat
кӯтоҳ short
кӯфтан (кӯб) to beat, to knock
кӯҳ (n) mountain; *кӯҳистон, кӯҳсор* mountains, highlands; *кӯҳӣ* (adj) mountain; *кӯҳнавард* mountain climber; *кӯҳнавардӣ* mountain climbing
кӯч PrVS of *кӯчидан*
кӯча street
кӯчидан (кӯч) to move (house)
кӯшидан (кӯш) to try
кӯшиш attempt; *кӯшиш кардан* to try
қабат layer
қабл, қабл аз он ки before
қабр grave; *қабристон* cemetery, graveyard
қабул (n) receiving; *қабул кардан* to accept, to receive, to welcome; *қабулгоҳ* reception
қавс the ninth month in the Muslim solar calendar
қад height, size, stature; *қадбаланд* tall; *қадпаст* short; *қад-қад* along; *қаду қомат* stature
қадам step; *қадам ниҳодан* to advance
қадар value; *ин қадар, он қадар* so much, such; *чи қадар ки* as much as, to the extent that; *чӣ қадар* how much?
қадаҳ wineglass
қадим, қадима, қадимӣ ancient
қадр value; *ба қадри/қадре ... as ...; so*
қадрас [see *духтар*]
қай vomit; *қай кардан* [Lit] to vomit
қайд note, record; *қайд кардан* to celebrate
қайин-сингил sister-in-law
қайқ boat
қаймоқ cream
қайнато father-in-law
қайнӣ [northern dialect] brother-in-law
қайчӣ scissors
қалам pencil
қалама a type of pastry/bread
қаламрав territory
қаландар [Lit.] poor person
қаланфур /qalamfur/ chilli, pepper; *қаланфури булғорӣ* bell pepper

қалъа citadel, fort
қанд sweets, candy; қанддон sugar-bowl
қаннодӣ: растаи қаннодӣ sweet/candy section of the market
қапидан (қап) to catch, to seize
қарз debt
қариб almost; approximately
қария village
қарор decision, resolution; peace, rest; қарордод agreement; қарор додан to decide; дар ҳолати хуб қарор доштан to be in good condition
қарта cards; қартабозӣ playing card games
қасд intention, purpose; қасдан deliberately
қаср palace; courts (sport)
қассоб butcher
қатӣ [see катӣ]
қатл murder
қатор row, line; train
қатра drop; қатра-қатра drop-by-drop
қатъ discontinuation; қатъ кардан to break off; қатънома resolution; қатъи назар аз он ки although
қафас cage
қафо behind [also with аз, ба and дар in compound prep.s]
қаҳва coffee; қаҳваранг brown; қаҳвахона cafe
қаҳқаҳ ha-ha, laugh; қаҳқаҳ задан to laugh; VA: қаҳқаҳзанон
қаҳр resentment; malice
қаҳрамон hero; қаҳрамонона heroically
қаър [Lit.] depths
қиёмат: рӯзи қиёмат day of judgement
қиёсӣ comparative (gram.)
қизмаҷлис ladies' meeting held as part of wedding celebrations
қима mince, minced meat; қима кардан to mince, to grind
қимат expensive; қиматбаҳо expensive, precious, costly, valuable
қисм part, portion; қисмат part
қисса story, tale
қитъа continent
қишлоқ village
қозӣ Islamic judge; қозихона court of justice in Islamic countries
қоим suitable

қолин rug, carpet (for floor or wall); қолинбоф carpet-maker
қомат stature, figure [also see қад]; қоматбаланд tall
қонун law; Қонуни асосӣ constitution
қош (coll.) eyebrow
қошуқ spoon; -қошуқӣ spoonful(s) [in compound words with numbers]
қу swan
қубур big pipe, conduit
қудрат power
қудо one's children's spouse's parents; қудо шудан to become related by the marriage of one's children
қулай comfortable, convenient
қулла mountain peak
қулфинай strawberry
қунғуз beetle
қурбоққа frog
Қурбон Muslim holiday to commemorate Abraham's willingness to sacrifice his son; қурбонӣ the act of sacrificing an animal for Қурбон holiday
қурутоб an oil-based dish made with bread, onions, vegetable oil, and чакка
Қуръон Qur'an
қутб pole
қутос yak
қуттӣ box, pack
қуфл /qulf/ lock; locked; қуфл кардан to lock; қуфл шудан to be locked
қуюқ: оши қуюқ dishes primarily cooked without water (e.g. in oil)
кӯшапир an elderly couple
кӯшқор male sheep
кӯшун army
лаб lip edge; at, by (with аз, ба and дар in compound prep.s); лаби дар doorframe
лаббай yes?
лаблабу beetroot
лабрез [Lit] full; overflowing
лаганд tray
лагер campsite
лағжонак slippery
лағмон spaghetti soup
лампочка lamp
ланг lame
ларзидан (ларз) to shake, to shiver
латифа joke
лаҳза instant, moment

лаҳм deboned {meat}
лаҳча local dialect
лашкар army; *лашкарӣ* soldier; *лашкар кашидан* to advance
лаълӣ small bowl or plate for serving nuts, dried fruit, and sweets
лаънат curse
лек [Lit.: see лекин]
лекин but
лексикализатсия the conjoining of words of a phrase into a single word, with or without the addition of a suffix (gram.)
лесидан (лес) to lick
либос clothes; *либосдӯзӣ* seamstress; *либоси расмӣ* uniform; *либосовезак* coat-hanger, coat-hook; wardrobe
лижа ski; *лижаронӣ* skiing; *лижаронӣ кардан* to ski
ликёр liqueur
лимон, лимӯ lemon
линга, линча sack
литр litre
лифофа envelope
лифт lift, elevator
логар thin
лозим necessary, needed; *лозимӣ* (adj) necessary, necessity, needed
лоиҳа project
лой mud, clay
лола tulip
лона nest, burrow
лото bingo
лошахӯр vulture
луғат dictionary; vocabulary (gram.)
луч naked
лӯбиё beans
лӯлакабоб minced-meat kebab
лӯнда rounded
лӯхтак doll
люкс luxury
ма- [Lit.] negative verb prefix
ма here!, there!
маблағ investment; *маблағгузорӣ кардан, маблағ додан* to invest
мабодо God forbid!, if only
мавзун shapely, symmetrical
мавиз raisins
мавкеъ position, place

маврид circumstances, situation; *дар мавриди* if; *мавриди баррасӣ қарор додан* to discuss
мавсим season, time
мавҷуд existence; *мавҷуда* (adj) present, current, existing
магазин [R] shop
магар question particle; really?
магас fly
магистра masterate, magister
магнитофон tape recorder
мағз nuts
мағоза shop
мағрур proud
мадраса madrassah (Islamic school)
маза taste, flavour
мазмун material; adapted from
мазор grave that is a site of pilgrimage
май¹ May
май² [Lit] wine; *майхона* wine-bar
майда little, small; *майда кардан* to cut, to chop
майдон public square; realm, sphere; *майдони ҳавой* airport; *майдонғариб* [see майдон and ғариб]
майка vest; T-shirt
майл desire, wish, inclination; *майлаш* OK, all right
маймун monkey
майна brain; myna bird
макарон pasta
макка corn, maize
макон location, place
макотиб [Ar.pl. of мактаб] schools
макр trick, guile; *макру ҳиял* [Lit.] lie
мактаб school; *мактаббача* schoolchild; *мактабӣ* (adj) school; *мактабхонӣ* (adj) school, student
мактуб letter
мақбара shrine, tomb, mausoleum
мақол saying, proverb
мақола article, essay
мақом residence, place; status
мақсад aim, purpose
малах locust, grasshopper
малика queen
малина [R] raspberry
маломат blame, reproach; *маломат кардан* to blame, to reproach
малӯл regret

мамлакат country, state
мамнун grateful, thankful; **Мамнунам.** Nice to meet you.
ман I; me
мана here! there!
манах chin
мандарин satsuma, tangerine
манзара landscape, scene, view
манзил home, lodging place
манозир [Ar.pl of манзара] scenes
манор minaret
манотиқ [Ar.pl of минтақа] regions
манту steamed meat-filled dough balls
манфиат benefit
манфӣ negative (gram.)
манъ prohibition; **манъ кардан** to stop (transport)
маориф education
маос noise a cow makes; **маос кардан** to moo
маош salary, wages
марбут related; **марбута** appropriate
марг death
мард man; **мардак** term of affection used by a wife in addressing her husband; **мардикорӣ** day-labour; **мардӣ** manliness, courage; **мардона** men's
мардум people; **мардумозорӣ кардан** to hurt people
марз border
марка postage stamp
марказ centre; **марказӣ** central
марминчон blackberry
маро [for манро]
маросим ceremony, rite; **маросимӣ** ceremonial
маротиба time, occasion; **як маротиба** once; **ду маротиба** twice
маррa finish; goal
март March
марҳамат After you, Go ahead, Here you are, Please {offering}, response to "May I?"
марҳум deceased, "late"
маршрут [R] tour, route; **маршрутка** [see микроавтобус]
масал fable, parable; proverb, saying; **масалан** for example
масдар infinitive (gram.)
масеҳӣ Christian

маска butter
маслиҳат advice; **маслиҳатгар** counsellor; **маслиҳат додан** to advise, to give advice {to smb.}; **маслиҳат кардан** to ask advice, to consult
масоҷид [Ar.pl. of масҷид] mosques
маст (adj) drunk
мастова soup with rice, eaten with yoghurt
масҳ massage; **масҳ кардан** to massage
масҷид mosque
масъала problem
масъулият responsibility; **масъулиятшиносӣ** responsible
матбуот press
матн text, context
матоъ material
мафъулӣ passive voice (gram.)
махзан treasury
махсус particular, special; **махсусан** particularly, especially
маҳ [see моҳ]
маҳалла neighbourhood; district; **маҳаллӣ** local, native
маҳбас prison; **маҳбус** prisoner
маҳбуб beloved
маҳдудӣ restrictive (gram.)
маҳин delicate, soft, thin
маҳкам closed; **маҳкам кардан** to close, to lock; **маҳкам пӯшидан (пӯш)** to cover tightly
маҳорат skill, talent
маҳрум deprived
маҳсӣ /massi/ long national boot
маҳсулот ingredients
маҳшар [Lit.] judgement; **рӯзи маҳшар** day of judgement
маҷалла magazine
маҷбур obliged, forced; **маҷбуран** against one's will
маҷлис meeting; assembly; **маҷлиси духтарон** ladies' meeting held as part of wedding celebrations; **Маҷлиси Миллӣ** National Assembly; **Маҷлиси Намояндагон** House of Representatives; **Маҷлиси Олӣ** Supreme Assembly
Маҷмаъ Assembly
маҷрӯҳ (n) injured, wounded

машғул busy, occupied; *машғул шудан* to be occupied, to be busy {doing smth.}; *машғулият* pastime
машқ exercise; *машқ кардан* to practise
машҳур famous, well-known
маъқул pleasant, pleasing, likeable; *ба [фалон кас] маъқул [smb.]* likes
маълум known, obvious, evident; *маълум намудан* to inform; *маълумот* education, knowledge; information; *маълумотнома* letter of excuse, doctor's note
маъмулан usually
маънавӣ spiritual (as opposed to material)
маъно, маънӣ meaning; *маъно доштан* to mean, to signify
маърака any special occasion, joyful or solemn, such as a wedding, party, or funeral; campaign; *маъракаи занон* party for women held in connection with a circumcision party
маърифат education, enlightenment
маъюб disabled, handicapped
ме- verb tense prefix
мебел furniture
мева (pl.: *меваҷот*) fruit; *мевадор* (adj) fruit; *мевазор* orchard
мезак (coll.) urine
мелод: *баъд аз мелод, мелодӣ* A.D.; *пеш аз мелод* B.C.
мерос legacy, inheritance
метр metre
метро subway
мех nail, screw
механик mechanic
мехчагул carnation
меҳмон guest; *меҳмондорӣ* entertaining, receiving guests; *меҳмондӯст, меҳмоннавоз* hospitable; *меҳмондӯстӣ* hospitality; *меҳмонӣ* visiting friends; *меҳмонхона* living room, hotel, guest-house
меҳнат work, labour, toil; *меҳнаткаш* labourer, worker; *Рӯзи якдилии меҳнаткашон* Labour day
меҳр¹ affection, kindness, love
меҳр² the seventh month in the Persian calendar
меҳрубон compassion
меш female sheep

меъда stomach
меъмор architect, builder; *меъморӣ* architectural
миён [Lit] between {people}; in the middle of, among [also with аз, ба and дар in compound prep.s]; *мактаби миёна* secondary school, high school (age 7-18)
мижа (pl.: *мижгон*) eyelash; *мижа тах накардан* to have a sleepless night
миз table; *мизи корӣ* work-bench; *мизи миллӣ* low Central Asian table; *мизи ороиш* dressing-table; *мизи ҷарроҳӣ* operating table
мизбон host, waitress, person responsible for bringing food for guests
мизон the seventh month in the Muslim solar calendar
мизоҷ temper; *мизоҷи гарм* hot temper; *мизоҷи хунук* cold temper
микроавтобус van-sized public transport
миқдор quantity, amount, number; *миқдорӣ* cardinal (numbers)
милал [Ar.pl. of миллат] nations
милиса policeman
миллат nation, nationality; *миллӣ* national
миллиард billion
миллиграмм milligram; *-миллиграмма* number suffix showinh weight in milligrams
миллион million
милтиқ rifle
минералӣ (adj) mineral
миннатдорӣ thanks, gratitude
минтақа area, region
минус subtraction, minus (math.)
мир¹ mayor
мир² PrVS of мурдан
мис copper
миска bowl for washing
мисл like, similar; *мисли ин (он) ки* as though
мисол example
МИТ [abbreviation: Маркази иттилоотии Тоҷикистон] Tajikistan Information Centre
-мӣ [northern dialect] question particle (gram.)

мо we; us; *моён* colloquial alternative to мо

мобайн middle [also with аз, ба and дар in compound prep.s]

мода, мода- female animal; *модагов* female cow; *модагург* female wolf; *модасаг* female dog; *модафил* female elephant

модалӣ modal (gram.)

модар mother; *модарарӯс* [Lit.] mother-in-law (wife's mother); *модарӣ* (adj) mother; *модаркалон* grandmother; *модаршӯ* [Lit.] mother-in-law (husband's mother)

мокиён hen

мол goods

молидан (мол) to rub, to spread

молия finance

моломол [Lit.] full

момодоя midwife

мон PrVS of мондан

монанд like, similar; *монанди ин (он) ки* as; *монандӣ* similarity

монда tired; *монда шудан* to become tired

мондан (мон) to stay, to remain, to put; *мон, монед* let

монитор computer monitor

мор snake

морак spoken form of "муборак"

морфология morphology (gram.)

мотосикл motorbike

мох month; moon; *-моха* number suffix showing age, months old

моҳӣ fish; *моҳибирён* fried fish; *моҳигирӣ, моҳидорӣ* fishing; *моҳишӯрбо* fish-soup

моҳона salary, wages

моҳрӯ beautiful

моҳтоб moon

мош mung bean

мошин car, machine; *мошингард* roadway, for vehicles; *мошини сабукрав* car; *мошини ҷомашӯӣ* washing machine; *мошинка* typewriter

моя cause, reason

муайян certain, definite

муаллим (fem.: *муаллима*) teacher

муассиса enterprise

муаттар fragrant

мубодила exchange; *мубодилаи арз* currency exchange

муборак blessed, happy; *Ид муборак* Happy holiday!; *муборакбод* congratulation; *муборакбод кардан, муборакбод намудан* to congratulate

мубориза fight, struggle

мубтадо subject (gram.)

муваффақият success

мувофиқ appropriate

муддат period of time; *муддате* for a while

мудир chairman, head, manager; *мудирият* management

мудохила interference, intervention; *мудохила кардан* to interfere, to intervene

музаффар victorious, triumphant

музд salary, reward

музей museum

музокирот negotiation

музофот province

мукофот reward

муқаддас holy, sacred

муқобил contrary; opposite

муқовимат resistance

муқоиса comparison; *муқоисавӣ* comparative (gram.); *муқоиса кардан* to compare

мулк kingdom

мулло religious healer, religious leader

мулоим soft

мулоқот meeting, interview; *мулоқот кардан* to meet, to have a meeting

мумкин maybe; possible; May I?, Can I?

муносибат connection, relation; *ба муносибати* in connection with, on the occasion of

мунтазир waiting, expecting; *мунтазир будан/шудан* to wait; *мунтазиршавӣ* (adj) waiting

муолиҷа medical treatment; *муолиҷа кардан* to treat {medically}

муомила treatment, behaviour towards smb.; *муомила доштан* to treat

муосир modern

муошират communication

мур PrVS of мурдан

мураббо jam

мураккаб complex (gram.)

мурғ *chicken;* **мурғбирён** *fried chicken;* **мурғи марҷон** *turkey;* **мурғобӣ** *duck*
мурдан (мур, мир) *to die;* PtPc: **мурда (н)** *dead*
мурдод *the fifth month in the Persian calendar*
мурод *desire, intention*
муроҷиат *address, forms of address;* **муроҷиат кардан, муроҷиат намудан** *to address, to apply (to), to contact, to see*
муруд *pear (tapered in shape)*
мурч *ground pepper*
мусалмон *Muslim*
мусбӣ *positive*
мусиқӣ *music;* **мусиқии классикӣ** *classical music;* **мусиқии муосир** *modern music*
мусича *turtle-dove*
мусоидат *issuance;* **мусоидат намудан** *to issue*
мусоҳиба *interview*
мусофир *traveller*
мустақил *independent*
мустаҳкам *(adj) firm, stable, strong*
мусулмон *[see* мусалмон*]*
мусҳаф *[Lit.] holy book of Islam, i.e. Qur'an*
мутаассифона *unfortunately*
мутахассис *specialist*
мутлақ *absolute (gram.)*
муттаҳид *united*
муфассал *full, detailed*
муфид *useful, helpful*
муфт *free of charge*
мухбир *correspondent*
мухолифин *opposition*
мухтор *autonomous*
муҳаббат *love, affection*
муҳандис *engineer*
муҳаррам *the first month in the Muslim lunar calendar*
муҳаррир *editor*
муҳим *important*
муҳосиб *accountant;* **муҳосиба** *finance department*
муҳофиза, муҳофизат *defence*
муҷаррад *single, unmarried (masc. and fem.)*
муҷассама *statue (any kind)*
муш *mouse*

мушк *musk, perfume*
мушкил *difficult;* **мушкилӣ, мушкилот** *difficulties, problems;* **мушикилкушо** *a folk ritual intended to get rid of difficulties that smb. has been experiencing*
мушовир *adviser*
муштарак *joint;* **корхонаи муштарак** *joint enterprise*
мӯ *[see* мӯй*]*
мӯза *long boots;* **мӯзадӯз** *shoemaker*
мӯй, мӯ *hair;* **мӯйдароз** *long-haired;* **мӯйлаб** *moustache;* **мӯйсафед** *old man*
мӯрча *ant*
мӯҳлат *deadline*
мӯҳр *stamp, seal;* **мӯҳр мондан/задан** *to stamp, to seal*
мӯҳра *charm, protective charm, black bead with white dots and a hole through the middle;* **мӯҳраи чашмӣ** *charm for protection against the "evil eye"*
мӯҳтарам *dear, honoured, respected*
мӯътадил *cool*
н-... *[Lit.: see* на...*]*
на- *negative verb prefix*
на *not;* **на ... на** *neither ... nor*
набвад *[Lit.: for* намебошад*]*
набера *grandchild;* **набератӯй** *circumcision party*
набот *national sweet made of crystalised sugar*
наботот *plants, vegetation*
нав *new; fresh; just, just now; newly; recently; only just;* **аз нав** *again, anew, afresh*
навад *ninety [also in compound words with* -сола, -та, -то, -ум, -умин*]*
навбар *young plant*
навбат *turn, shift;* **навбатдор** *duty officer*
навбаҳор *early spring*
навигарӣ *news; novelty;* **Чӣ навигариҳо?** *What's new?*
навис PrVS *of* навиштан; **нависанда** *author, writer;* **нависон** PrVS *of* нависондан *[see* навиштан*]*
навиштан (навис) *to write;* CV: **нависондан (нависон)** *to have written;* **навиштаҷот** *signs*
навмед *[Lit.] see* ноумед

навоз PrVS *of* навохтан; *навозанда musician*
навомӯз beginner
навор video tape; ба навор гирифтан *to film*
навохтан (навоз) to play a musical instrument
навоҳӣ [pl. of ноҳия*]*
навруста shoot, sprout
Наврӯз *New Year (March 21ˢᵗ);* наврӯзӣ *(adj) New Year*
навъ (n) kind, sort, type
нағз good, nice, fine; нағзгуфтор *good speaker;* нағзӣ *goodness, kindness;* Шумо нағз-мӣ?, Нағз-мӣ Шумо? *How are you?*
нажод race; descent [also as a suffix in compound words with country names]
назар opinion, view; ба назари ... *in ...'s opinion, ... think(s)*
назария theory; назариявӣ *theoretical*
назарногир unattractive
назд near [also with аз, ба *and* дар *in compound prep.s];* наздик *close, near;* наздикӣ *closeness; vicinity;* дар ин наздикӣ *not long ago*
назм poetry
най woodwind instrument
накӯ [Lit.: see нек*];* накӯном *[Lit. from* некӣ кардан*]*
наққош painter
нақл narration; нақлӣ *narrative (gram.);* нақл кардан *to describe, to narrate, to tell;* нақлкунӣ *act of telling*
нақлиёт transport
нақора small drum, kettle drum; нақора задан *to beat the drum*
нақша plan
нал pipe
нам damp, humid; намнок *damp, humid*
намак salt; намакдон *saltcellar;* намакоб *salt water*
намо [see намой*]*
намоз five-times-a-day Muslim prayer; намози ид *special prayer for holidays*
намоиш exhibition, display; performance; намоишгоҳ *gallery*
намой PrVS of намудан
намоянда PrPc of намудан
намуд type (gram.)

намудан (намой, намо) to appear; to seem [also an auxiliary verb in many compound verbs, synonymous with кардан*];* PrPc: *намоянда representative, delegate*
намуна model, example, sample
нанг disgrace, infamy, shame
нар male animal
наргиз daffodil
нард nards [a game like backgammon]; нардбозӣ *playing nards*
нардбон /norbon/ ladder
нарм soft; gentle, kind
нарх price, cost
насаб surname
насиб good fortune; насиб бошад *if fortune shines on us, if all goes well;* насиб кунад *Enjoy it!; a blessing expressing the hope that smb. would enjoy what they have bought, or built, etc.*
насим breeze
насл generation
наср prose
насронӣ Christian
натанҳо not only; натанҳо ... балки *not only ... but*
натиҷа result; дар натиҷа *as a result*
нафақат not only; нафақат ... балки *not only ... but*
нафақа pension; нафақахӯр *pensioner*
нафар person (counting word used with people)
нафас breath; нафас кашидан *to breathe;* дикки нафас *asthma*
нафс desire, greed; нафси бад *greediness*
нафсӣ-таъкидӣ reflexive (gram.)
нафт crude oil
наход really?
нахуст first; нахустин *first*
нахӯд chick peas; нахӯдак *dried chick peas*
наҳзат revival
наҳор breakfast
нақас [Lit] faeces
наҷм star
наҷот escape, rescue
нашъа drugs; нашъаманд *drug-user;* нашъамандӣ *drug-use*
нашр publication

не no; not
нек, некӯ good; *некӣ кардан* to do good
нест [see ҳаст]; *несту нобуд шудан* to perish
нефт [see нафт]
нех PrVS *of ниҳодан (but only used in the imperative; cf.* них)
нигаҳ [see нигоҳ]
нигаристан (нигар) to look, to glance
нигоҳ glance, sight; *нигоҳ доштан* to keep, to hold; to stop (transport); *ба як нигоҳ* at first sight
нидо exclamation (gram.)
ниёгон, ниёкон predecessors
низ also, too
низом regime, system
никоҳ (adj) wedding
ним, ним- half; *нимбирён* half-cooked; *нимпухта* half-cooked; *нимашаб* midnight; the middle of the night
нисбат relation, regard; *нисбат ба, нисбати* compared to; with regards, in connection with
нисф (adj) half; *нисфирӯз* midday; *нисфирӯзӣ* at midday; in the early afternoon; *нисфишаб* midnight; the middle of the night; *нисфишабӣ* at midnight; in the night, at night
них variant of нех, used as the PrVS of ниҳодан in all verb forms except the imperative
ниҳодан (нех/них)) [see дил]
ниҳол seedling, young tree
нишастан (нишин, шин) to sit; CV: *шинондан (шинон)* to plant; to ask to sit down, to seat
нишин PrVS *of* нишастан
нишолло marshmellow spread eaten during Ramadan and on special occasions
нишон, нишона crest, emblem; omen, portent, sign; *нишон додан* to show
нишонӣ address
но- [Lit.: see на-]
нобино blind
нобуд [see нест]
ногаҳон, ногоҳ suddenly
нодир rare, uncommon
нодон (adj) foolish, ignorant, stupid; (n) fool; *нодонӣ* foolishness
нодуруст false, incorrect

ноз admiration; *ноз кардан* to seek admiration, to flirt; *нозбардор* a person smb. admires
нозанин beautiful
нозук delicate; *нозукӣ* delicateness
ноилоҷ inevitably
нок pear (rounded in shape)
нокулай uncomfortable, inconvenient
нол zero, nought; also PrVS of нолидан
нола cry, groan, lament; *нолакунон* cries, groans, laments
нолидан (нол) to groan, to moan
ном¹ name; *ном доштан* to be called; *номӣ* nominal (gram.)
ном² PrVS *of* номидан
нома letter
номард scoundrel; coward; unmanly; *номардӣ* cowardice
номаълум unknown
номгӯ: номгӯи хӯрокҳо menu
номзад candidate, fiancé; *номзади илм* master of science
номидан (ном) to call, to name
номуайянӣ indefinite (gram.)
нон flat, round bread; *нонвой* baker; *нонвойхона* bakery; *нонӣ* (adj) of bread
ношита breakfast
нонхӯрак cockroach
ноншиканон ritual accompanying the announcement of an engagement
ноором unsettled
нопок impure
нопурра incomplete
норинҷӣ orange (colour)
норозигӣ disagreement
нос oral snuff, a herbal tobacco that is placed between the lip and gum and sucked
нотарс brave, fearless
нотоб ill, sick
ноумед hopeless
нохост suddenly
нохун fingernail, nail, claw
ноҳия (pl.: навоҳӣ) district, region (geog.); *ноҳиявӣ* (adj) district
ночиз insignificant
ночор helplessly
ноябр November

нуздаҳ /nuzda/ nineteen [also in compound words with -сола, -та, -то, -ум, -умин]
нукта ridicule, derision; **нукта гирифтан** to ridicule
нуқра silver
нуқта point; full stop (gram.)
нумератив numerator (gram.)
нур light, ray; **нур пошидан** to shine; **нуронӣ** shiny
нусха (n) copy; **нусха гирифтан** to copy
нутқ speech (gram.)
нухабардорӣ кардан to copy
нуҷум [Ar.pl. of наҷм] stars
нӯҳ /nü/ nine [also in compound words with -каса, -рӯза, -сад, -сола, -та, -то, -ум, -умин, -утоқ]
нӯшидан (нӯш) to drink; CV: **нӯшондан (нӯшон)** to give a drink, to make drink; **Нӯши ҷон!** Enjoy your meal!
нӯшоба soft drink
нӯшокӣ spirits; **нӯшокии спиртӣ** spirits
о¹ PrVS of омадан
о² oh!, but!
об water; **обакин** (adj) liquid; **обӣ** (adj) liquid, sea; **об додан** to water; **об кардан** to melt; **об мондан** to water; **об шудан** to melt (by itself); **обу зиёфат додан** to entertain; **обу ҳаво** weather
обанбор reservoir
оббардор absorbent
оббо well now!
оббозӣ bathing; swimming; **оббозӣ кардан** to have a bath, to have a shower; to swim
обед [R] lunch, lunchtime
обод flourishing, cultivated, populated; **ободу зебо** flourishing, prosperous
обон the eighth month in the Persian calendar
обрӯ reputation
обхезӣ flood (from river)
овардан (овар, ор, ёр) to bring
овоз sound, noise; **овоздиҳӣ** (n) ballot, vote; **овоз додан** to vote; **овозӣ** (adj) sound; **овозхон** singer
огил stable, cattle-shed
оғоз beginning, start
оғӯш embrace
одам man, person; **одамон** people

одат custom; habit; **одатан** usually, normally; **ба ... одат кардан** to get used to, to become accustomed to
оддӣ simple; economy; normal
одеяло blanket
одил righteous
одоб courtesy, politeness
оё question particle; really?
озар the ninth month in the Persian calendar
озим departure; **озими ... шудан** to set off for ...
озмоиш trial, experiment
озмун entrance exam, application process, competition
озод free; **озодӣ** freedom, liberty; **аз вазифа озод кардан** to dismiss, to fire, to sack; **озодона** fluently, freely
озор offence, injury
оид: **оид ба** concerning
оила family; wife; **оиладор** married
оин [see расм²]
оина mirror
ой, о PrVS of омадан
октябр October
оқибат in the end, at last
олам world; **оламиён** people of the world; **оламшумул** renowned
олиқадр most worthy, very honoured
олим (fem.: **олима**) scientist
олимпӣ Olympic
олӣ supreme
олмонидухтар German girl [from **олмонӣ** and **духтар**]
олу plum; **олуча** cherry
олуда polluted
омадан (ой, о, ё) to come; PrPc: **оянда** (adj) next, in the future; FPc: **омаданӣ**
омез PrVS of омехтан
омехтан (омез) to mix
омин amen; prayer; **омин кардан** to pray, to say grace, to give thanks
омода [Lit.] ready; **омода кардан** to arrange {a meeting}
омӯз PrVS of омӯхтан; **омӯзгор** instructor; **омӯзгорӣ** pedagogical; **омӯзиш** studying, learning; **омӯзишгоҳ** technical college
омӯхтан (омӯз) to learn, to study

он *that;* аз они ... *belonging to ..., from ...;* он ҷо *there*
она *[northern dialect] mother*
-ондан, -онидан *causal verb suffix (gram.)*
онҳо *they; them;* онон *(coll.) they*
ончунон *in such a way*
опера *opera*
орд *flour*
оре *yes, indeed*
орзу *wish, desire;* орзу кардан *to wish*
оро *decoration, attire;* ороиш *decoration, adornment;* мизи ороиш *dressing-table*
ором *quiet;* ором кардан *to calm;* ором шудан *to calm down, to quieten down;* оромгоҳ *shrine, tomb, mausoleum;* оромона *peacefully, calmly*
ору *wasp;* оруи асал *bee*
осмон *sky;* осмонӣ *light blue*
осоишгоҳ *health resort, retreat centre, respite centre*
осоишта *peaceful, quiet*
осон *easy;* осонӣ *ease*
осор *contribution*
остона *step; threshold, eve*
ота *[southern dialect] father*
оташ *fire, flame;* оташдон /oshton/ *wood-stove;* оташфишонӣ *volcanic explosion*
откритка /otkritka/ *[R] greeting card*
офарин *well done!*
офариниш *creation*
офат *disaster;* офати табиӣ *natural disaster*
офтоб *sun;* офтоббаро *sunrise;* офтобӣ *(adj) sun, sunny;* офтобшин *sunset*
охир *end, last; but;* охирин *(adj) last*
охур *stall*
оҳ *ow!, ah!, alas!*
оҳан *(n) iron;* оҳангар *blacksmith;* оҳангарӣ *smithcraft;* оҳанин *(adj) metal;* роҳи оҳан *railway*
оҳиста *slowly*
оҳу *antelope, gazelle*
оча *[southern dialect] mother;* очабинон *ceremony in which the bride's parents first visit her in her new home after marriage*

ош, оши палов *"osh," pilau, a dish made with oil, rice, meat, carrots and onions;* ошпаз *cook;* ошхона *kitchen; national cafe;* ошхӯр *smb. who eats osh;* ош шавад *Enjoy the food!*
ошёна *floor, storey [also in compound words with numbers]*
ошиқ *lover;* ошиқ шудан *to fall in love*
ошкор *evidently*
ошно *acquaintance; acquainted;* ошно гардидан, ошно сохтан *to become acquainted*
оянда *PrPc of* омадан
пагоҳ *tomorrow;* пагоҳирӯзӣ *in the morning;* пагоҳӣ *morning, in the morning;* пагоҳи дигар *the day after tomorrow; То пагоҳ! See you tomorrow!*
падар *father;* падарарӯс *[Lit.] father-in-law (wife's father);* падаршӯ *father-in-law (husband's father)*
падеж *[R] case (gram.)*
пажӯҳишгоҳ *institute*
паз *PrVS of* пухтан; пазандагӣ *cooking*
пазир *PrVS of* пазируфтан
пазируфтан (пазир) *to receive*
пазмон *missing smb.;* пазмон шудан *to miss smb.*
пазон *PrVS of* пазондан *[see* пухтан*]*
пай *track, search;* пай бурдан *to observe {a time of mourning}*
пайванд *connection;* пайвандак *conjunction (gram.)*
пайванд *PrVS of* пайвастан
пайваст *connection, connected;* пайваст кардан *to connect;* пайвасткунанда *coordinate;* пайваст шудан *to join together*
пайвастан (пайванд) *to join, to connect*
пайдо *apparent, evident, obvious;* пайдо кардан *to find, to discover;* пайдо шудан *to appear*
пайиҳам *copulative (gram.)*
пайпоқ *thin socks*
пайрав *follower; subordinate (gram.)*
пал *vegetable-garden*
паланг *tiger, leopard*
палас *synthetic rug, carpet (for floor or wall)*
палата *[R] room*
палов *"osh," pilau*

палос [see палас]
палто overcoat
панд advice, morals; *пандомӯз* moralistic
панир cheese
панҷ five [also in compound words with -каса, -рӯза, -сад, -сола, -та, -то, -ум, -умин, -утока]
панҷа finger; claw, talon; fork
панҷоҳ /panjo/ fifty [also in compound words with -сола, -та, -то, -ум, -умин]
панҷшанбе /panshambe/ Thursday; *панҷшанбебозор* Thursday market
папка file, folder
пар PrVS of паридан
парад parade
парасту swallow
парвариш bringing up, raising; *парвариш кардан* to grow
парво care, concern; *Парво накун!* Don't worry!
парвоз flight; *парвоз кардан* to fly
парда curtain
пардоз PrVS of пардохтан
пардохтан (пардоз) to pay
парер, парерӯз the day before yesterday
парерсол the year before last
паридан (пар) to fly; *паррондан (паррон)* to shoot, to fire
парламент [see порлумон]
пароканда scattered
парранда bird
паррон PrVS of паррондан [see паридан]
парто PrVS of партофтан
партофтан (парто) to throw; (coll.) to vomit
парҳез abstinence
парчам flag
пас behind; then; therefore; *пас аз* after, in [time]; *пас аз он ки* after
пасопеш one behind the other
пасоянд postposition (gram.)
паст low; (adv) slightly; *паст кардан* to lower; to cut short (hair)
паста [R] paste; *пастаи дандон* toothpaste
пасфардо the day after tomorrow
патинка boots
патнус tray
пахта (n) cotton; *пахтагӣ* (adj) cotton

паҳлуй, паҳлӯ beside, next to [also with дар as a compound prep.]
паҳн vast; *паҳн гаштан* to be spread (out)
пашм wool; *пашмин* woollen
пашша fly
печондан (печон) to wrap up
пеш ago; front [also with аз, ба and дар in compound prep.s]; *пешакӣ* in advance; *пештар* before; forward; *пеш аз, пеш аз он ки* before; *пешазинтихоботӣ* pre-election; *пеши касеро бастан* to cast a wicked spell, to curse (accompanied by symbolical actions)
пешвоз meeting smb.; *пешвоз гирифтан* to meet; *соли Навро пешвоз гирифтан* to see in the New Year
пешгирӣ prevention; *пешгирӣ кардан* to prevent
пешгӯй prediction
пешин afternoon
пешниҳод suggestion, proposal
пешоб urine
пешонӣ forehead
пешоянд preposition (gram.)
пешпардохт deposit
пешпо: пешпо хӯрдан to stub one's foot
пешхизмат maid, stewardess, waitress
пиво beer
пиёда on foot; *пиёдагард* pavement; *пиёда рафтан* to go on foot, to walk
пиёз onion; *пиёзи кабуд* spring onions
пиёла national bowl-like cup
пикник [R] picnic
пингвин penguin
пиндор imagine
пинҳонӣ (adj) hidden, secret
пир elderly, old; *пиразан* old woman; *пирӣ, пиронсолӣ* old age; *пиронсол* (n) elderly, old people
пирог [R] sweet pie or pastry
пирӯз joyful
пирях glacier
писар son, boy; *писарча* son (term of affection), little boy; *писарчадор шудан* to have become the parent of a son
писта pistachios; *пистазор* pistachio orchard
пити a Caucasian soup with cherries

пичиррос (n) whisper; *пичиррос задан* to whisper
пичак jacket
пишак cat
пластмасӣ (adj) plastic
плаш [R] rain-coat
плёнка [R] camera film
плюс addition, plus (math.)
по [see пой]
пода herd; *подабон* herdsman
подвал [coll.R] basement, cellar
подшоҳ king; *подшоҳӣ* (n) kingship; (adj) of the kingdom
поезд train
поён beneath; low [also with аз, ба and дар in compound prep.s]
поин down; *сарро поин кардан* to hide one's head, to look down
пой, по foot, leg
пойафзол shoes
пойдор steady, firm, stable
пойтахт capital
пок pure
поликлиника [R] clinic, surgery
помидор tomato
понздаҳ /ponzda/ fifteen [also in compound words with -сола, -та, -то, -ум, -умин]
пора piece; *пора кардан* to cut into pieces; *пора-пора* broken in pieces
порлумон parliament; *порлумонӣ* parliamentary
порс portion
порсол last year
пору dung, manure
порӯб: сатили порӯб wastepaper basket, bin
порча piece, bit, selection
посбон guard, watchman
почо brother-in-law (sister's husband)
почта post; post-office; *бо почта* by post
почома [Lit.] ladies' underwear
пошидан (пош) to sprinkle; *нур пошидан* to shine
поя basis, foundation
президент president, head of the republic; *президентӣ* presidential
проблема problem

прокуратура prosecutor; prosecutor's office; *Прокурори генералӣ* General Prosecutor
пудина mint
пул¹ money; *пулдор* smb. with money; *пул додан* to pay
пул² bridge
пур full; *пур кардан* to fill, to fill in
пурмаҳсул productive
пурра completely
пурс PrVS of пурсидан
пурсамар fruitful
пурсидан (пурс) to ask
пурхунар close (relationship)
пуршукӯҳ grand, magnificent, splendid
пухтан (паз) to cook, to bake; PtPc: *пухта, пухтагӣ* ripe; CV: *пазондан (пазон)* to be cooked
пушаймон regret
пушт back
пуштнокӣ in reverse
пӯст skin; *пӯст кандан* to peel, to skin; *пӯстин* fur-coat
пӯшидан (пӯш) to close; to dress (oneself); to wear; *пӯшида дидан* to try, to test; CV: *пӯшондан, пӯшонидан (пӯшон)* to dress (smb. else)
рабеъ-ул-аввал the third month in the Muslim lunar calendar
рабеъ-ус-сонӣ the fourth month in the Muslim lunar calendar
рабо PrVS of рабудан
рабудан (рабо) to sieze
рав PrVS of рафтан
раванд process
равган oil; *равгани зард* butter, margarine; *равгани мошин* car oil; *равгани растанӣ* vegetable oil
равиш course; custom, manner, way
равон flowing, running
равоншинос (n) psychic
равшан light, bright
раг vein
рад rejection; *рад кардан* to reject
радио radio
раёсат administration
размер [R] size
раис boss, director, head, leader; *раиси ҷумҳур* President, head of the republic
райҳон basil

рақам number, digit, room or house number

рақс dance; *рақсидан (рақс), рақс кардан* to dance; VA: *рақскунон*

рама herd (on a farm)

Рамазон the ninth month in the Muslim lunar calendar; Muslim holiday to mark the end of the month of fasting

рамзӣ symbolic

ранг colour; [Lit.] beauty; *ранга* coloured; *ранг кардан* to paint; *рангоранг* colourful, multi-coloured; many, various

ранҷ offence; *ранҷидан (ранҷ)* to be offended

рас PrVS of *расидан*

расадхона observatory

расво disgraced; *расво кардан* to disgrace

расидан (рас) to arrive [also see чашм]; CV: *расондан, расонидан (расон)* to convey

расм¹ picture, drawing; *расм кашидан* to draw, to paint; *расмкашӣ* drawing (activity)

расм² custom; *расму анъана, расму оин* customs, traditions

расмӣ official; *ба расмият шинохтан* to officially recognise

расо exactly [telling time]

расон PrVS of *расондан, расонидан* [see расидан]

рассом artist, painter

раста section, stall (in the market)

растанӣ plant (vegetation)

раф bookshelf

рафиқ friend, comrade

рафтан (рав) to go; FPc: *рафтанӣ* the act of going; *Рафтем* Let's go!; *рафтор* behaviour; *рафтуомад* contact, the act of visiting

рах stripe; *рах-рах* striped

рахт: рахти хоб Tajiki bed; *рахти сафар бастан* to pack for the journey

рах [see рох]

рахбарият leadership

рахм pity, mercy, compassion

рахмат thank you; *Рахмати калон!* Thank you very much!; *Ҳазор рахмат!* Thank you very much!

рахматӣ deceased, "late"

рахнамо guide

раҷаб the seventh month in the Muslim lunar calendar

раъд thunder; *раъду барқ* thunder-storm

раъйпурсӣ referendum

редиска [R] radish

рез PrVS of *рехтан*

реза small, tiny; *реза кардан* to chop, to slice

резина rubber

резон PrVS of *резондан* [see рехтан]

рентген x-ray

ресторан restaurant

ретсепт [R] prescription

рехтан (рез) to pour; CV: *резондан (резон)* to spill

реша root

ривоҷ development [see вусъат]

ривоят legend

ризқ good fortune

ризоият reconciliation

рисола thesis

риш beard; *риш гирифтан* to shave; *ришгирак* razor, shaver

ришта thread

-ро direct object marker (gram.)

робита relations

розетка [R] socket

розӣ satisfied, content, agree; *розӣ будан, розӣ шудан* to agree

ром rum

рондан (рон) to drive; to turn out, to send away; PrPc: *ронанда* driver

рост right, straight; *ростгӯй* honest, truthful; *ростӣ* truth; *росткорӣ* honest work; *Росташро гӯй!* tell the truth! ; *Аз ростӣ?* Really?

рох road, street; *рох додан* to let in, to make way for; *роҳи оҳан* railway

рохат pleasure, rest

рохбалад guide

рохбар leader; *рохбарӣ* leadership

рохгузар passer-by

роххат (n) pass, permit

роҷеъ: роҷеъ ба about

рубл rouble

рубоб long, stringed instrument

рубоӣ rubaiyat, a form of verse consisting of four-line stanzas

русум [Ar.pl. of расм] rituals

рухсатӣ holiday, vacation (from work)
рухсор cheek
ручка pen
рӯ [see рӯй]
рӯб PrVS of рӯфтан
рӯбарӯй, рӯбарӯ opposite [also with аз, ба and дар in compound prep.s]
рӯбинонӣ ceremony after a wedding in which the bride removes her veil
рӯболо face-upwards
рӯбоҳ fox
рӯда intestine
рӯз day; *Рӯз ба хайр!* [Lit.] Good afternoon!; *рӯздармиён* on alternate days; *рӯзи бозор* Sunday; *рӯзи дамгирӣ /истироҳат* weekend, day off; *рӯзи корӣ* working day; *рӯзи таваллуд* birthday; *рӯзӣ* daily blessings; *рӯзона* by day, in the day
рӯза (n) fast, fasting; *рӯза доштан* to fast
рӯзгор household
рӯзнома newspaper; *рӯзноманигор* journalist
рӯидан (рӯ) to grow
рӯй, рӯ (n) face; (prep) on, in [also with аз, ба and дар in compound prep.s]; *рӯ ба беҳбудӣ овардан* to improve; *рӯй додан* to happen; *рӯй овардан* to face; *аз ин рӯ* therefore; *аз рӯйи* according to
рӯймол headscarf; square of material used as a belt; *рӯймолча* handkerchief
рӯйпӯш cover
рӯйхат list
рӯйчо, рӯчо sheet
рӯмол [see рӯймол]
рӯфтан (рӯб) to sweep
рӯҳ spirit
сабаб reason, cause; *аз сабаби он ки* since
сабад basket
сабз green; also PrVS of сабзидан; *сабз шудан* to grow
сабза grass
сабзавот vegetables
сабзидан (сабз) to germinate, to grow
сабзӣ carrot; *сабзирезакунон* the slicing of carrots in preparation for a big osh
сабр patience; *сабр кардан* to wait, to be patient; *сабри ҷамил* great patience

сабт tape, recording; *сабт кардан* to record
сабук light, easy
сабукрав: *мошини сабукрав* car
савғо present, gift
савдо trade; *савдогар* merchant, dealer, tradesman; *савдо кардан* to negotiate
савод literacy
савол question; *саволӣ* (adj) question, questioning; *саволнома* application form
савор ride, riding; *савор шудан* to get on; to ride, to take {transport}
савора on horseback; *савора рафтан* to ride
савр the second month in the Muslim solar calendar
саг dog
сағир orphan
сад hundred [also used as a suffix in compound numbers for the hundreds]; *садӣ* a hundred
садама accident
садбарг rose
садқоқчӣ shaman, person who removes evil-eye curse
садо voice; *садонок* vowel (gram.)
саёҳат journey, trip; *саёҳат кардан* to travel
сазовор worthy, deserving
саид happy
сайёҳ tourist
сайр walk, trip; *сайругашт кардан, ба сайругашт баромадан* to walk about, to go for a stroll; *сайри чорбоғ* [Lit.] picnic
сакта glottal stop (gram.); *сактаи дил* heart attack
салат lettuce
салиб cross
салқин cool
салла turban
салом hello, hi; *Салом алейкум!* Hello!
саломат healthy; *саломатӣ* health; *Саломат бошед* Goodbye, Take care, Not at all, Thank you
салфетка paper napkin
самарабахш open (relationship)
самаранок fruitful
самим sincerity; *самимӣ* sincere; *самимона* sincerely

самолёт [R] aeroplane
сана date
санавбар pine tree
санам [Lit.] beautiful girl
санаторий [R] health resort
санбӯса /sambüsa/ *meat-filled triangular pastries*
санг (n) stone; *сангин (adj)* stone; *санги тарозу* weight (for measuring with)
сангпушт tortoise, turtle
сандалӣ low table with fire-pit beneath
сандуқ hope chest
саноат industry; *саноатӣ* industrial
санҷидан (санҷ) to try, to test, to inspect; *санҷиш* quiz, test
санҷоб squirrel
санъат art
сар head; bunch, head (counting word used with animals and grapes); best; *сар додан* to let go, to divorce, to launch; *сар кардан* to start, to begin; *сар супурдан* to give oneself for a cause; *сар шудан* to start, to begin, to be started; *бар сари нафс будан* to covet; *сар аз тан ҷудо кардан* to kill; *сар ба сар шудан* to quarrel; *сари вақт* on time, punctual; *сари роҳ* the end of the street, on the corner; *сари калобаро гум кардан* to not know what to do; *сари сатр* start of a line of text; *сар то по* head to foot; *сар то сар* everywhere, in all of ..., from start to finish; *сару коре надоштан* to be indifferent; *сару либос* clothes
саратон¹ cancer
саратон² the fourth month in the Muslim solar calendar
сарвазир prime minister
сарвар leader; *сарварӣ* leadership
сарват riches, wealth; *сарватманд (adj, n)* rich, wealthy
саргаранг crazy
саргардонӣ wandering
саргузашт adventure
сард [Lit] cold, chilly
сардор head, leader
сардуктур head doctor
сарзамин country, land
сарзаниш reprimand, reproach; *сарзаниш кардан* to scold, to tell off

саркашӣ disobedience; *саркашӣ кардан* to refuse
сарқонун constitution
сармаст tipsy
сармоя riches
сармутахассис chief specialist
сармуҳандис chief engineer
саро PrVS *of сароидан, сурудан*
сароидан (саро) to sing
сарой stables beside markets
саросар everywhere, in all of ...
саросема haste
сарояндa singer
сарпӯш cover, lid
сартарош barber, hairdresser; *сартарошхона* barber's, hairdresser's
сарф expenditure; *сарф кардан* to spend, to waste
сархуш drunk
сарҳад border, boundary, frontier
сарчашма source
сарҷумла main clause (gram.)
сарҷӯш sauce
сатил bucket; *сатили порӯб* wastepaper basket, bin
сатр line (of text)
сатҳ level
сафар¹ journey, travel, trip; *сафар кардан* to travel, to make a trip
сафар² the second month in the Muslim lunar calendar
сафед white; *сап-сафед* pure white; *сафедӣ* whiteness; *сафедӣ додан* ritual accompanying the announcement of an engagement; *сафедтоб* off-white, shiny white
сафир ambassador
сафорат, сафоратхона embassy
сахӣ generous
сахт hard; severely; intense, fierce
саҳар pre-dawn, early morning, in the morning; *саҳаргоҳ* at dawn; *саҳарӣ* in the morning
саҳифа page
саҳм contribution; *саҳм гирифтан, саҳм гузоштан* to contribute
саҳҳомӣ joint-stock
сачоқ napkin, serviette; towel; *сачоқи когазин* paper napkin
саъба robin

саъй attempt; *саъй кардан* to make an effort, to endeavour
свет [R] electricity
светофор [R] traffic lights
свитер [R] sweater, jumper
се three [also in compound words with -каса, -рӯза, -сад, -сола, -та, -то, -юм, -юмин, -утока]; *седара* three-doored, with three-doors; *сеяк* a third
себ apple; *себзор* apple orchard
сел downpour, torrent
сенздаҳ /senzda/ thirteen [also in compound words with -сола, -та, -то, -ум, -умин]
сентябр September
сер full, satiated
серкор busy
сероб juicy
сертаркиб compound (gram.)
сешанбе /seshambe/ Tuesday
сигарет, сигор cigarette
сига mood (gram.)
сиёсат politics; *сиёсӣ* political
сиёҳ black; *сиёҳчашм* black-coloured eyes; *сиёҳ шудан* to burn
сил tuberculosis
силоҳ arms
сим wire
син the name of the letter "с" in the Arabic alphabet
сина breast, chest; *синабанд* bra
синф class, year, grade
сипас then
сипос [Lit.] respect [see арз]
сир¹ secret
сир², сирпиёз garlic
сирко vinegar
система system
ситоиш compliment; *ситоиш кардан* to compliment
ситора star
сифат quality, property; adjective (gram.); *ба сифати* as, in the position of
сифр zero, nought
сих skewer; *сихкабоб* shish kebab
сиҳат good health; healthy; *сиҳат шудан* to get better; *сиҳатӣ* health; *сиҳату саломат* healthy
сиюм, сиюмин [see сӣ]

сияҳ [Lit.: see сиёҳ]
сӣ thirty [also in compound words with -сола, -та, -то, -юм, -юмин]
сметана [R] sour cream
СММ = Созмони Милали Муттаҳид (United Nations)
соат clock, watch; hour, o'clock, time; *соати чанд?* At what time?; *соат чанд?* What time is it?
собиқа experience
собун soap; washing-up liquid; *собуни ҷомашӯӣ* laundry detergent; laundry detergent; washing powder
сода soda
содда simple
соз¹ arranged, in order, as it should be; *соз кардан* to fix, to repair
соз² PrVS of сохтан
созишнома agreement, contract
созмон organisation, society
сок [R] juice
сокин inhabitant, resident
сол year; age; (adj) one year anniversary; *-сола* number suffix showing age, years old; *солгард* anniversary; *Соли нав* New Year
солим sound, healthy
солнома calendar
солярка /salyarka/ diesel
сомонӣ Tajiki unit of currency [also in compound words with numbers]
сония (n) second (time); *сонӣ* then, afterwards; second (ordinal number); *сонитар* later; *сониян* secondly
сотсиалистӣ (adj) socialist
софдилона integrity
сохтан (соз) to build
сохтмон construction
соха branch, field
соҳиб owner; *соҳибӣ* possessive (gram.); *соҳибхона* house-owner; *соҳибхоназан* housewife
соҳибистиқлол independent
соҳибэҳтиром respectful
соҳил bank, shore
соя shadow, shade
спиртӣ: *нӯшокии спиртӣ* spirits
справка letter of excuse, doctor's note
стакан glass

субстантиватсия the use of adjectives as nouns (gram.)
субҳ /sub/ early morning, just before dawn; **Субҳ ба хайр!** *[Lit.]* Good morning!
сугур a rodent of the groundhog family, the meat and oil of which are used to make medicines
суд law court
сулола dynasty
сулҳ peace; reconciliation; **сулҳ бастан** to make peace
сумалак /sumalak/ a special food made from kernels of new wheat shoots had at **Наврӯз**
сумка bag, purse
сунбула /sunbula/ the sixth month in the Muslim solar calendar
суннатӣ traditional
сунъӣ artificial
супурдан (супур, супор) to give, to entrust *[also, see* сап*]*
сура chapter (from Qu'ran)
сурат picture; **сурат гирифтан** to take a photo; **сурат кашидан** to draw, to paint; *суратгир* photographer; *суратгирак* camera; *суратгирӣ* photography; **дар сурате ки** even though; **дар сурати** if, in the event
сурнай brass instrument
суроға address; **суроға дар интернет** website
суруд song; **суруди миллӣ** national anthem; *сурудан (саро)*, **суруд хондан** to sing; *сурудхонӣ* singing
сурфидан (сурф) /sulfidan/ (/sulf/) to cough; *сурфа* /sulfa/ cough; **сурфа кардан** to cough
сурх red; *сурхча* light red; **сурх шудан** to brown; *суп-сурх* dark red
суст weak; slow
сухан word, speech; *суханронӣ* speech
суюк: **оши суюк** dishes primarily cooked with water
сӯ [see *сӯй*]
сӯзан needle; *сӯзангар* needleworker; *сӯзандору* syringe
сӯзанак dragonfly

сӯй, сӯ (n) side, direction; (prep) to, towards *[also with* аз, ба *and* дар *in compound prep.s]*
сӯм money
сӯрох hole; **сӯрох кардан** to make holes
сӯфӣ messenger who invites people to a celebration
сӯхтан (сӯз) to burn
сӯҳбат discussion, conversation, dialogue; **сӯҳбат кардан** to chat, to discuss; VA: *сӯҳбаткунон*
-та number suffix used with countable nouns
тааҷҷуб surprise; **тааҷҷуб кардан** to be surprised
таб fever, high temperature; *табларза* fever with shivering
табақ big national plate; *табақча* small plate
табар axe
табассум smile; **табассум кардан** to smile; VA: *табассумкунон*
табдил change, transformation; **табдил ёфтан** to be changed
табиат nature; *табиатан* naturally
табиб physician, healer
табиӣ natural
таблак drum
табобат medical treatment; **табобат кардан** to treat; *табобатгоҳ* clinic, surgery
табор [see хеш]
табрик congratulations; *табрикӣ* congratulatory; **табрик кардан** to congratulate; *табрикнома* congratulations, note of congratulations; **табрику таҳният гуфтан** to wish, to congratulate
табъ publication; **ба табъ расидан** to be published
таваллуд birth; **таваллуд кардан** to give birth; **таваллуд шудан** to be born; *таваллудхона* maternity hospital
таваррум inflation
таваҷҷӯҳ attention
тавонистан (тавон) can, to be able *[mainly as a modal verb]*
тавоно powerful

тавр *how, in what way; manner, way;* **ин тавр** *like this, in this way;* **чӣ тавр** *how?, in what way?*

тавсия *recommendation;* **тавсиянома** *recommendation, letter of recommendation*

таг *under [also with* **аз, ба** *and* **дар** *in compound prep.s];* **тагу рӯ кардан** *to stir up*

тағйир *change*

таго, тағой *uncle (mother's brother), term of respect when addressing an older man;* **тағобача** *cousin*

тағора *large bowl for dough or washing; baby bath ;* **тағорача** *bowl for washing*

тадбир *[Lit.] arrangements, plan*

тайёр *ready;* **тайёр будан** *to be prepared;* **тайёр кардан** *to prepare;* **тайёршуда** *prepared*

таклиф *invitation;* **таклиф кардан** *to invite*

такмил *development, improvement [see* **инкишоф***]*

такрор *repetition;* **такрор кардан** *to repeat;* **такрор шудан** *to be repeated*

такси *taxi*

тақвим *calendar*

тақдим *presentation;* **тақдим кардан** *to present*

тақдир *destiny, fate*

тақрибан *about, approximately*

тақсим *division (math.)*

тақ-тақ *knock;* **тақ-тақ кардан, тақ-тақ задан** *to knock*

талаб *demand, request;* **талабгор** *one who seeks to obtain smth.;* **талабот** *requirements*

талаба (fem.: **толиба)** *pupil, student at school*

талабидан (талаб) *to demand*

талош *search*

талх *bitter;* **талхӣ** *bitterness*

тамаддун *civilisation*

таманно: **таманно доштан** *to wish*

тамом *whole, all; finished;* **тамом шудан** *to end, to be finished;* **тамоман** *completely, wholly*

тамошо *spectacle;* **тамошо кардан** *to sight-see; to watch;* **тамошогоҳ** *place to see things*

тан[1] *body;* **ҳисобӣ кардан тани ман** *it's my "shout"*

тан[2] *PrVs of* **танидан**

танбал /tambal/ *lazy*

танг *narrow*

тандурустӣ *health*

танзимгар *program organiser, co-ordinator*

танидан (тан) *[see* **тоб***]*

танӯр *bread-oven;* **танӯркабоб** *kebab cooked in an oven;* **танӯрхона** *room with a bread-oven*

танҳо *only; alone; singular (gram.)*

таом *food, meal*

-тар *comparative suffix for adjectives (-er, more)*

тар *wet, fresh;* **тару тоза** *fresh;* **тар кардан** *to soak;* **таршуда** *soaked*

тарабхона *restaurant with music*

тараққӣ *progress, development*

тараққос (n) *slamming;* **тараққос кардан** *to slam (a door);* VA: **тараққосзанон**

тараф *side, direction [also with* **аз, ба** *and* **дар** *in compound prep.s];* **тарафайн** *the two sides;* **тарафдор** *supporter;* **аз тарафи** *by;* **тарафи рост/чап** *right/left side;* **он тараф (adv)** *far;* **аз як тараф ... аз тарафи дигар** *on the one hand ... on the other hand*

тарбуз *watermelon*

тарз *manner, way*

тариқ *way, manner;* **ҳамин тариқ** *so, thus, in this way*

-тарин *superlative suffix for adjectives (-est, most)*

тарк *PrVS of* **таркидан**

таркиб *construction (gram.);* **таркибӣ** *compound (gram.)*

таркидан (тарк) *to explode;* **таркондан (таркон)** *to blow up*

тарқиш *explosion*

тарма *avalance*

тарозу *scales*

тарона *rhyme; song*

тарошидан (тарош) *to cut {hair}, to shave; to shear*

тарс *fear;* **тарсидан (тарс)** *to fear, to be afraid*

тартиб order, arrangement; *тартиби ordinal* (numbers)
тарх subtraction, minus (math.)
тарчума translation; *тарчума кардан* to translate; *тарчумон* interpreter; *тарчума шудан* to be translated
тасбех rosary, prayer beads
тасдиқӣ confirmative (gram.)
тасодуф chance, coincidence; *тасодуфан* accidentally, by chance, by coincidence, coincidently
тасриф conjugation (gram.)
тафдон oven
тафтиш inspection
тахмин, тахминан about, approximately
тахмон stack of кӯрпа and кӯрпача
тахт throne
тахта board; *тахтача* cutting board
тахтапушт back
тахтзанон part of a circumcision party in which women hang boy's clothes around the house; *тахтфуророн* final of a circumcision party in which boy's clothes that were hung around the house are taken down
тах [see мижа]
тахия preparation
тахким consolidation, strengthening
тахният [see табрик]
тахсил studies, education, training; *тахсил кардан* to study
тахчона cellar, basement
тачассум: тачассуми баъдимаргӣ reincarnation
тачриба experience
тачхизот equipment
ташаббус initiative, enterprise; *ташаббускор* diligent
ташаккур [Lit.] Thank you!
ташвиш trouble; *дар ташвиш будан* to be in trouble; *ташвиш додан* to give smb. trouble, to cause trouble; *ташвиш кашидан* to go to trouble, to become anxious
ташкил arrangement, order; *ташкил кардан* to organise; *ташкилот* organisation; *ташкилотчигӣ* organised
ташна, ташналаб thirsty
ташноб bath

ташриф honouring; *ташриф овардан* to visit, to do the honour of visiting
ташхис diagnosis
таъбир interpretation
таъзия (n) condolences; *таъзиянома* condolences, note of commiseration; *таъзия баён кардан* to commiserate, to offer one's condolences
таъйин appointing, fixing; *таъйинӣ* nominative (gram.); *таъйин кардан* to prescribe; to appoint, to nominate; *таъйин шудан* to be appointed
таъкидӣ emphatic (gram.); *нафсӣ-таъкидӣ* reflexive (gram.)
таълим, таълимот teaching, instruction; *таълимӣ* educational
таъмин provision, supply; *таъмин кардан* to supply; *таъмин шудан* to be supplied
таъмир repair; *таъмир кардан* to repair; *таъмир кунондан* to have repaired {by smb. else}
таърих history; *таърихи рӯз* date; *таърихӣ* historical
таъсир influence, effect; *таъсир гузоштан* to influence
таъсис: таъсис додан to found
таътил holiday, vacation (for students)
таъчилӣ emergency, urgent
театр theatre
тег blade; *теги алмос* razor blade
тез quickly, fast; spicy hot; *тез-тез* often
тела push, shove; *тела додан* to push
телевизор television
телефон telephone; phone call; *телефон кардан* to make a phonecall, to call, to phone
телпак winter-hat
теннис tennis; *теннисбоз* tennis player; *теннисбозӣ* playing tennis; *тенниси рӯйи миз* table tennis
теппа hill
теша a carpenter's tool used for straightening or breaking pieces of wood
теъдод numbers, quantity
тиб medicine; *тибби халқӣ* folk medicine; *тиббӣ* medical
тибқи according to
тилло gold

тиловат prayer for the dead in which chapters from the Qur'an are read; *тиловат кардан* to chant
тимоб flu
тимсоҳ crocodile, alligator
тинҷ peace; *тинҷӣ* OK
тир¹ bullet
тир² the fourth month in the Persian calendar
тирамоҳ autumn
тире hyphen (gram.)
тиреза window
тирукамон rainbow
тифл baby, infant
тиҷоратӣ (adj) trade
-то number suffix used with countable nouns
то to, until, as far as, up to; if; while, as long as; *то, то ин ки, то ки* in order to; *то ки* so that
тоб strength, endurance
тоба frying pan
тобеъ dependent; subordinate (gram.); *тобеъкунанда* subordinate (gram.)
тобистон summer; *тобистона* for summer, summer's
тобут coffin
товус peacock
тоз PrVS of тохтан
тоза clean, fresh; new; *тоза кардан* to clean; *тару тоза* fresh
тойча foul, young horse
ток vine; *токзор* vineyard; *токи ангур* grape-vine
тоқа [central and southern dialects] alone
тоқат patience, endurance
тоқӣ Central Asian hat
толеъ [Lit.] fate; *толеънома* horoscope
толиба [see талаба]
том complete (abstract)
тонна ton
тор fiber, string; *тор танидан* to spin a web
торафт constantly
торик dark
торт cake
тортанак spider; spider-web
тохтан (тоз) to run, to gallop VA: *тозон*
тоҷ crown

тоҷир [Lit.] merchant, dealer, tradesman
трамвай tram
транскрипсия transcription (gram.)
троллейбус trolley-bus
труба [R] pipe, tube
ту you (singular)
туалет [R] toilet
тугма button
туман mist, fog
тунд very spicy hot
туннел tunnel
тунук thin
турб green radish
туристӣ (adj) tourist
турна swan
турш sour
тут mulberry
тутхӯрӣ [Lit.] joyful
туф uh!, yuk!
туфлӣ shoes
тухм egg; *тухмбирён* fried eggs
тушбера small boiled meat-filled dough balls
тӯб ball
тӯда crowd
тӯёна dowry, gifts given before a wedding
тӯй wedding; party; *тӯйбача* boy for whom a circumcision тӯй is arranged; *тӯйи арӯсӣ* wedding; *тӯйи суннатӣ, тӯйи хатна* circumcision party; *тӯйи фотиҳа* engagement party
тӯкуз dowry, gifts given before a wedding
тӯкум saddle
тӯл length; *дар тӯли* throughout
тӯмор talisman, charm
тӯппӣ [see тоқӣ]
тӯр veil
тӯтӣ parrot, budgerigar
тӯфон storm, flood, typhoon
тӯҳмат slander
тӯҳфа present, gift; souvenir
тфу uh!, yuk!
-у [see ва]
угро noodles, noodle soup; *угропалов* noodles
узв [Ar.pl.: аъзо] limb, member, part of body
узр apology, excuse
ука younger brother; term of respect for addressing younger men

уко *younger brother; term of respect for addressing younger men; [northern dialect] younger sister*
уксус *[R] vinegar*
уқёнус *ocean*
уқоб *eagle*
уламо *[Ar.pl. of* олим*] scientists*
уллос *howl;* **уллос кашидан** *to howl*
улум *[Ar.pl. of* илм*] sciences*
-ум, -юм *ordinal number suffix*
умед *hope;* **умедвор** *hopeful*
-умин, -юмин *[Lit.] ordinal number suffix*
умр *life;* **умр дидан** *to live*
умум: умуман *in general, overall;* **умумӣ** *general, public*
универмаг *[R] department store*
универсам *supermarket*
урдубиҳишт *the second month in the Persian calendar*
урён *[Lit.] naked*
урф *customs, habits;* **урфу одат** *customs*
усто *master, foreman, skilled workman;* **устохона** *workshop*
устод *(one's own) teacher*
устувор *steady, firm;* **устуворона** *firmly, steadily*
устухон *bone*
уток *room;* **-утоқа** *-roomed, -room*
уф *phew!*
ӯ *he, she*
ӯҳда *duty, responsibility, task, job*
ӯчоқ *portable metal half-barrel for cooking on a* дег *over a fire*
фабрика *factory*
фаввора *fountain*
фавран *immediately*
фазо *atmosphere*
файз *grace*
файл *computer file*
факс *fax*
факулта *faculty*
фақат *only*
фалач *paralysis, paralysed {from illness}*
фалон *such-and-such, a certain*
фалсафа *philosophy*
фамилия *[R] surname*
фаҳмидан (фаҳм) *to understand;* CV: **фаҳмондан (фаҳмон)** *to explain*
фарбеҳ *(adj) fat;* **фарбеҳӣ** *(n) fat*

фарвардин *the first month in the Persian calendar*
фардо *tomorrow;* **фардошаб** *tomorrow night*
фарёд *cry, shout, yell;* **фарёд задан** *to call, to shout*
фарз: фарз кардан *to suppose*
фарзанд *(one's own) child; offspring*
фаришта *angel*
фарқ *difference*
фармо *PrVS of* фармудан
фармоиш *order;* **фармоиш додан** *to order*
фармон *instruction, order, command;* **фармон додан** *to {give an} order*
фармудан (фармо) *to order;* PtPc: **фармуда** *(n) order*
фаро *PrVS of* фаромадан
фаровардан (фаровар, фарор) *to bring down*
фаровон *abundant, plentiful*
фароғат *relaxing*
фароз: ризқи фароз *good fortune*
фаромадан (фаро) *to go down, to get off*
фаромӯш *forgotten;* **фаромӯш кардан** *to forget;* **фаромӯш шудан** *to be forgotten;* **фаромӯшнашаванда** *unforgettable*
фарор *PrVS of* фаровардан
фароштурук *swallow (bird)*
фархунда *[Lit.] happy*
фарҳанг *culture;* **фарҳангӣ** *cultural*
фарш *floor*
фасл *season*
фахр *pride*
фаъолият *activity*
феврал *February*
феъл *verb;* **феълӣ** *verbal*
физика *physics*
фикр *thinking, opinion;* **ба фикри ...** *in one's opinion;* **фикр ба сар омадан** *to think, to have an idea*
фил *elephant*
филм *film*
фиреб *lie;* **фиребгар** *liar;* **фиреб додан** *to lie;* **фиреб хӯрдан** *to be deceived*
фиристодан (фирист) *to send*
фироқ *separation*
фитад *[Lit.: from PrVS of* афтидан*]*
фитода *[Lit.: PtPc from* афтодан*]*
фишор *pressure*
фломастер *felt-tip pen*

фоида *benefit, profit;* **фоиданок** *beneficial, useful, healthy*
фоиз *percent, percentage*
фоилӣ *active voice (gram.)*
фол *divination;* **фол дидан** *to see the future;* **фолбин** *fortune-teller, divinator, shaman*
фолклор *folklore*
фомил, фомилӣ *[Lit] black {tea}*
фонетика *phonetics (gram.);* **фонетикӣ** *phonetic (gram.)*
форам *pleasant, gentle*
фотиҳа *engagement; prayer for the dead in which chapters from the Qur'an are read;* **фотиҳа кардан** *to be engaged to be married;* **фотиҳа хондан** *to say* фотиҳа; **фотиҳахонӣ** *the act of praying* фотиҳа
фотоплёнка *[R] camera film*
фоҷеа *tragedy*
фуро *PrVS of* фуромадан
фуровардан (фуровар, фурор) *to let down, to bring down*
фуромадан (фуро) *to get off*
фурор *PrVS of* фуровардан
фурудгоҳ *airport*
фурӯ *down, downwards;* **фурӯ бурдан** *to swallow*
фурӯш *PrVS of* фурӯхтан; **фурӯшанда** *retailer, vendor, seller, salesperson;* **фурӯшгоҳ** *department store*
фурӯхтан (фурӯш) *to sell;* **фурӯхташуда** *sold*
футбол *football;* **футболбозӣ** *football, playing football*
хабар *information, news; predicate (gram.);* **хабар додан, хабар кардан** *to inform, to let know;* **хабаргирӣ** *seeing and getting news;* **хабарӣ** *copula (gram.);* **хабарҳо** *news;* **хабарчӣ** *messenger who invites people to a celebration*
ҳавотир *anxiety;* **ҳавотир шудан** *to be anxious*
хазидан (хаз) *to crawl, to creep;* **хазанда** *animal that creeps or crawls*
хайма *tent*
хайр /khay/ *Bye;* **Хайр чӣ?** *So what? [also see* Рӯз, Субҳ, Шаб, *and* Шом*]*
хайрия *humanitarian;* **хайрият** *good, fortunate, how fortunate!*
хайрухуш *farewell;* **хайрухуш кардан** *to say goodbye*
халат *dressing gown, robe*
халқ *people;* **халқӣ** *(adj) folk; people's*
хало *toilet*
халос *liberating; released*
халта *sack*
халъ: халъи силоҳ *disarmament*
хамир *dough;* **хамири дандон** *toothpaste*
ханда *laugh, laughter;* **ханда кардан** *to laugh;* VA: **хандакунон**
хандидан (ханд) *to laugh*
хандон *smiling*
хар¹ *donkey*
хар² *PrVS of* харидан
харак *bench*
харбуза *melon*
харгӯш *rabbit*
харид *purchase; custom*
харидан (хар) *to buy*
харидор *customer, purchaser, buyer;* **харидорӣ** *purchasing;* **харидорӣ намудан** *to purchase*
харита *map*
хароб *thin*
харочот *expenses*
харрот *carpenter*
харчанг *lobster, crab*
харҷ *expenses, expenditure*
хасис *niggard, miser*
хаста *tired;* **хаста шудан** *to become tired*
хат *letter; line;* **хат навиштан** *to drop smb. a line;* **хатча** *note, memo*
хатарнок *dangerous*
хаткӯркунак *eraser, rubber*
хатм *graduation;* **хатм кардан** *to graduate;* **хатмкунандагон** *(n) graduates*
хатна *circumcision;* **хатнатӯй** *circumcision party*
хато *mistake;* **хато кардан** *to make a mistake*
хафа *offended;* **хафа сохтан** *to give offence, to strangle*
хашм *anger, fury;* **хашмгин** *angry, furious*
хез *PrVS of* хестан

хел (n) kind, sort; *чӣ хел* how?; *як хел* even, evenly, the same
хеле very
хестан (хез) to get up, to stand up
*хеш*¹ relative; *хешовандон* relatives; *хешу табор* relatives
*хеш*², *хештан* [Lit.] self
хидмат [Lit.: see хизмат]
хиёбон avenue
хизмат service; *хизматгорзан* maid; *хизматӣ* (adj) business; *хизматрасонӣ* service; *дар хизмати Шумо* at your service
хилоф concession (gram.); *хилофӣ* disjunctive (gram.)
хирадманд wise man, sage
хирс bear
хиҷолат shame; *дар хиҷолат будан*, *хиҷолат кашидан* to be embarrassed; to be ashamed
хишт (n) brick; *хиштин* (adj) brick
хлеб [R] loaf of bread made with low grade flour
хоб dream; sleep; also PrVS of хобидан; *хобгоҳ* dormitory, hostel; *хоб дидан* to have a dream; *хоб кардан* to sleep, to go to sleep; *хоболуд* sleepy, drowsy; *Хоби нағз бинед!* Good night!
хобидан (хоб) to sleep, to go to sleep; CV: *хобондан (хобон)* to put to bed, to lull to sleep
хойидан (хой) to chew
хок dirt, earth, soil
хокистарӣ grey
хоксорӣ humility, modesty
хол birthmark
хола aunt (mother's sister) term of respect when addressing an older woman; *холабача* cousin
холӣ free, spare; empty; *холӣ кардан* to empty
хом unripe, green, raw
хомӯш silent; *хомӯш кардан* to switch off, to turn off; *хомӯшона* silently
хомӯшак mosquito
-хон first name suffix used to show respect to women
хон PrVS of хондан
хона house, home; apartment; room; *духтари хона* single, unmarried (fem.); *хонаи хоб* bedroom; *хонагӣ* domestic, domesticated, farmyard; household; *хонадон* home; *хонадор* married; *хонадорӣ* marriage; *хонадор шудан* to get married; *хонадоршавӣ* marriage, wedding; *хонача* small house, doll's house, sandcastle; *хонашер* [see хона and шер]
хондан (хон) to read, to study; to pray; PrPc: *хонанда* pupil, school-child, reader; CV: *хонондан (хонон)* to give training; to read {to smb.}
хониш reading
хонон PrVS of хонондан [see хондан]
хонум lady
хонума thinly-layered meat and dough, rolled and steamed
хор (adj) despised; (n) thistle, thorn; *хорпуштак* hedgehog, porcupine
хорича, хоричӣ (adj) foreign; import
хос feature, character
хост wish, will; *хостан (хоҳ)* to want [also used as a modal verb]
хостгор matchmaker; *хостгорӣ* matchmaking; *хостгорӣ кардан* to ask on behalf of smb. for a bride
хотима end, conclusion
хотир memory; *дар хотир доштан* to remember; *хотира* souvenir, keepsake
хоҳ ... хоҳ either ... or
хоҳар sister; younger sister; *хоҳарарӯс* sister-in-law (wife's sister); *хоҳарзода* [Lit.] nephew, niece (sister's child); *хоҳарча* little sister; *хоҳаршӯ* sister-in-law (husband's sister)
хоҳиш wish, desire; *хоҳиш кардан* to desire, to want
хоҳишманд wishing; *ба хоҳишмандон* to whoever wants
хоҷа boss, master
хоҷагӣ (adj) everyday; *хоҷагии қишлоқ* agriculture
хуб fine, good, OK
худ self; *худи ки* (coll.) as though
худкарда [Lit. (prov.): see proverbs in lesson 17 exercises)
худкор automatic
худкушӣ suicide

Худо *God;* **Худованд** *God, Lord;* **худой** *meal at which prayer is offered for a specific purpose, e.g. for smb. who has died or after moving house;* **Худо хоҳад** *Lord willing;* **Худо ҳофиз!** *Goodbye!*
худомӯз *self-instructional*
худтанқидкунӣ *self-criticism*
худфиребӣ *self-deception*
худшиносӣ *self-knowledge*
хук *pig*
хун *blood;* **хунравӣ** *loss of blood;* **хуншор** *bloody, bleeding;* **хуни ҷигар хӯрдан** *to be distressed, depressed*
хунук *cold;* **хунукӣ** *cold, coolness*
хурд *small; young;* **хурдӣ** *younger;* **хурдсол** *young;* **хурдсолӣ** *young age*
хурдод *the third month in the Persian calendar*
хурмо *persimmon; date*
хуррам *green; good;* **сабзу хуррам** *green*
хурсанд *happy;* **хурсандӣ** *happiness*
хурӯс *cockerel*
хусур *father-in-law*
хусус: **хусусан, ба хусус** *especially, particularly;* **хусусӣ** *private*
хуш *good;* **Хуш омадед** *welcome, you're welcome, come again*
хушбахт *fortunate, lucky; happy;* **хушбахтӣ** *good fortune*
хушбӯй *sweet-smelling*
хушдоман *mother-in-law*
хушӣ *joy*
хушк *dry, dried;* **хушкӣ** *drought;* **хушк кардан** *to dry*
хушманзар *picturesque*
хушрӯ *beautiful, handsome*
хушҳол *happy;* **хушҳолӣ** *happiness;* **хушҳолона** *happily*
хӯрдан (хӯр) *to eat;* FPc: **хӯрданӣ**, CV: **хӯрондан, хӯронидан (хӯрон)** *to feed*
хӯрок *dish, meal, food;* **хӯроки пешин** *lunch;* **хӯроки шом** *dinner, supper;* **хӯроквор̄и** *groceries, food*
хӯрон PrVS *of* **хӯрондан** *[see* **хӯрдан***]*
хӯрҷин *saddle for donkeys, with bags*
хӯтук *young donkey*
ҳа *yes*
ҳабдаҳ /habda/ *seventeen [also in compound words with* -сола, -та, -то, -ум, -умин*]*

ҳабс *arrest;* **ҳабс кардан** *to arrest, to imprison;* **ҳабсхона** *prison*
ҳавас *desire, longing, wish;* **ҳавасманд** *smb. who wishes for smth.*
ҳавз *man-made pond, man-made pool, swimming pool, tank, basin*
ҳавлӣ *house, garden, yard*
ҳаво *weather, air;* **ҳавой** *(adj) air, aerial*
ҳаводор *smb. who wishes for smth.*
ҳавопаймо *aeroplane*
ҳад *limit, worth;* **ба ҳадде ки** *so, so that, to the extent that*
ҳадя *gift, present*
ҳаё *modesty, shame [see* шарм*]*
ҳаёт *life*
ҳаждаҳ /hazhda/ *eighteen [also in compound words with* -сола, -та, -то, -ум, -умин*]*
ҳазор *thousand;* **ҳазора, ҳазорсола** *millennium;* **Ҳазор раҳмат!** *Thank you very much!*
ҳай: **ҳай кардан** *to drive*
ҳайвон *animal;* **боғи ҳайвонот** *zoo*
ҳайкал *statue (of a person)*
ҳайрат *perplexity, amazement, astonishment, surprise*
ҳайрон *surprised*
ҳайф *alas!; pointless, wasted, in vain;* **ҳайфи ту** *shame on you!*
ҳаким *wise man*
ҳақ (n) *right, privilege; payment;* **ҳаққи хизмат** *commission, payment for services*
ҳақиқат *truth, reality;* **ҳақиқатан** *really, in fact;* **дар ҳақиқат** *really, truly, indeed*
ҳақоиқ *[Ar.pl. of* ҳақиқат*] truths*
ҳал *resolution, solution;* **ҳал кардан** *to resolve, to solve;* **ҳалкунанда** *(adj) deciding*
ҳалво *national sweetmeat made with sesame seeds and honey*
ҳалимӣ *good-naturedness*
ҳалқа *ring, earring(s)*
ҳалок *death, destruction;* **ҳалокат** *disaster;* **ҳалок шудан** *to die, to lose one's life;* **ҳалокшудагон** *those involved in a disaster*
ҳалол *religiously or ceremonially clean*

ҳам also, too; although; even; **Ман ҳам.** Me too, Glad to see you too, Nice to meet you too;; **ҳам ... ҳам** both ... and
ҳама all, everyone, everything; **ҳама вақт** always, every time; **ҳамагӣ** everything, all; only, just; **ҳамаҷониба** multilateral
ҳамал the first month in the Muslim solar calendar
ҳамдардӣ sympathy; **ҳамдардӣ изҳор кардан** to express sympathy
ҳамдигар each other
ҳамдил a person with the same aims and purpose as another; **ҳамдилӣ** friendship, intimacy
ҳамеша always, every time
ҳамён wallet, purse
ҳамзабон a person who speaks the same language as another; **ҳамзабонӣ** (adj) sharing a common language
ҳамин this (exact), this very; **ҳамин ки** as soon as; **ҳамин ҷо** around here
ҳамкор colleague, coworker; **ҳамкорӣ** co-operation
ҳамла attack
ҳаммом bathroom, public baths; **ҳаммом кардан** to have a bath; **ҳаммоми офтобӣ гирифтан** to sunbathe
ҳамнишин smb. sitting with a person
ҳамон that (exact), that very, that same
ҳамоҳангсоз co-ordinator
ҳамроҳ together; travelling companion; **ҳамроҳ шудан** to join, to accompany
ҳамсадо consonant (gram.)
ҳамсар spouse
ҳамсарҳад bordered; **ҳамсарҳад будан** to share a border
ҳамсафар fellow traveller
ҳамсинф classmate
ҳамсол peer
ҳамсоя neighbour
ҳамхона housemate, anyone who lives with a person
ҳамчун as, like, such as; **ҳамчунин** in addition to this, in the same way
ҳамчинс an animal of the same species as another
ҳамшаҳрӣ smb. from the same town as a person
ҳамшира sister; **ҳамшираи тиббӣ, ҳамшираи шафқат** nurse

ҳангом time, at the time; **ҳангоме ки** when
ҳанӯз until; yet
ҳар each, every; **ҳарду** both; **ҳарчи** whatever; **ҳар вақт ки, ҳар гоҳ ки** whenever; **ҳар замон** regularly, often; **ҳар кас, ҳар кӣ** everyone; **ҳар чӣ** whatever; everything; **ҳар ҷо** wherever
ҳаракат action; movement
ҳарбӣ (adj) army, military
ҳаргиз never
ҳаром religiously or ceremonially unclean
ҳарорат temperature; **ҳароратсанҷ** thermometer
ҳаррӯза (adj) every day
ҳарф letter {of alphabet}
ҳарчанд although
ҳасиб a type of sausage
ҳаст (neg.: **нест**) there is; **ҳастанд** there are; **ҳаст-** (neg.: **нест-**) [Lit.] to be
ҳатман certainly, for sure; **ҳатмӣ** certain, sure
ҳатто even
ҳафт /haf/ seven [also in compound words with -каса, -рӯза, -сад, -сола, -та, -то, -ум, -умин, -утоқа]
ҳафта week
ҳафтод seventy [also in compound words with -сола, -та, -то, -ум, -умин]
ҳаҷ pilgrimage to Mekka
ҳашар public voluntary labour for the state
ҳашарот insect
ҳашт /hash/ eight [also in compound words with -каса, -рӯза, -сад, -сола, -та, -то, -ум, -умин, -утоқа]
ҳаштод eighty [also in compound words with -сола, -та, -то, -ум, -умин]
ҳевар [southern dialect] brother-in-law
ҳезум firewood; **ҳезумкаш** woodman
ҳеҷ not, nothing; **ҳеҷ кадом** none; **ҳеҷ кас** no-one; **ҳеҷ чиз** nothing; **Ҳеҷ гап не!** Don't mention it, That's all right, No problem, Never mind.
ҳизб political party
ҳикмат profound
ҳикоя, ҳикоят story, tale; **ҳикоягӣ** descriptive (gram.); **ҳикоя кардан** to tell {a story}
ҳилол crescent; **Ҳилоли Аҳмар** Red Crescent
ҳиммат generosity

ҳис feeling, sense; ҳис кардан to feel
ҳисоб calculation, counting; ҳисобдор accountant; ҳисобдорӣ accountancy; ҳисоб кардан to count; ҳисобӣ кардан to add up {the bill}; ба ҳисоб рафтан to be reckoned, to be considered
ҳисса part; ҳиссача particle (gram.)
ҳифз protection
ҳиҷрат hegira, Mohammed's flight from Mekka to Medina; ҳиҷрӣ pertaining to Mohammed's hegira; Muslim calendar
ҳиял [see макр]
ҳо yes, that; ҳо, ҳо ана here!, there!, that!
ҳодиса event, accident
ҳозир right now, immediately; participant; ҳозира modern, modern-day; present (gram.); ҳозира-оянда present-future (gram.); ҳозирҷавобӣ wit, quick-witted; то ҳозир until now
ҳоким mayor
ҳол, ҳолат situation, state, condition; то ҳол since then, until now; дар ҳолате ки with; ҳол он ки even though
ҳоло currently, now, until now
ҳомила, ҳомиладор [Lit] pregnant
ҳота vegetable-garden
ҳофиз [see Худо]
ҳоҷатхона [Lit.] toilet
ҳоҷӣ a person who has been on pilgrimage to Mekka
ҳу here!, there!
ҳудуд territory
ҳуззор [Ar.pl. of ҳозир] participants
ҳузур presence; ба ҳузур пазируфтан to receive, to welcome
ҳукамо [Ar.pl. of ҳаким] wise men
ҳукком [Ar.pl. of ҳоким] mayors
ҳукм judgement; ҳукми қатл death penalty; ҳукм кардан to sentence
ҳукмронӣ government, rule; ҳукмронӣ кардан to govern
ҳукумат government
ҳуқуқ law; legal; ҳуқуқшинос legislator
ҳунар skill, talent; trade, craft, profession; the arts; ҳунарманд skilful, clever; [Lit.] actor, actress, artiste, singer; ҳунарҳои дастӣ handcrafts
ҳурмат esteem, respect; ҳурмат кардан to esteem, to respect
ҳут the twelfth month in the Muslim solar calendar
ҳуҷҷат document
ҳуҷра room; -ҳуҷрагӣ -roomed, -room
ҳуҷум attack; ҳуҷум кардан to attack
ҳушёр: ҳушёр бош! [Lit.] take care!
-ча diminuitive suffix (gram.)
чайқондан (чайқон) to rinse
чакидан (чак) to drip
чакка solid sour yoghurt (mixed with water as a side-dish)
чанг dust, dirt; claw, talon; чангкашак vacuum cleaner
чанд how many?; how much?; several; чанде a while; чандкаса how many people?; чандошёна how many floors?; чандпулӣ how much?; чандба (coll.), чандсола how old?, how many years old?; чандум how many?, which?, what?; чандшанбе what day?
чандин many, several
чандон so much, so many; чандон ки so as to
чап left
чаппотӣ large, very thin, round bread
чарбу fat
чарм (n) leather; чармин (adj) leather
чаро why?
чарогоҳ pasture
чароғ lamp; чароғак lightning; чароғаки роҳ traffic lights
чарранда animal that grazes
чарха wheel
часпидан (часп) to stick
чатр umbrella
чаҳор [Lit.: see чор]
чашидан (чаш) to taste
чашм eye; чашмӣ the evil eye; чашм ало кардан to wish smb. ill, to envy; чашм ба роҳ будан to wait for; чашми касе гирифтан, чашм расидан to be given the evil eye, to be jinxed; аз олам чашм пӯшидан, аз ҷаҳон чашм пӯшидан to die, to pass away; чашм равшан шудан to be "blooming" (about a new mother), to look healthy (after being ill)
чен measure; чен кардан to measure
чердак [R] attic, loft
чеснок [R] garlic

чи¹ *what;* **чи ... чи** *whether ... or, both ... and*

чи² *[coll.: see* чиз*]*

чидан (чин) *to pick;* **чида шудан** *to be arranged*

чиз *thing;* **ҳеҷ чиз** *nothing;* **ягон чиз** *anything*

чизбургер *cheeseburger*

чил *forty [also in compound words with -*сола, -та, -то, -ум, -умин*]; ritual marking the end of* чилла; **чилла** *40 day period of transition, e.g. after a death, birth, or marriage*

чин *PrVS of* чидан

чиндан *[see* чидан*]*

чинӣ *(adj) china*

чипта *ticket*

чиркин *dirty*

чиҳил *[Lit.: see* чил*]*

чӣ *what?;* **чиҳо** *what (pl.)? [see* барои, гуна, қадар, тавр, хел*];* **... чӣ?** *And what about ...?;* **чӣ шуд** *What's the matter?, What's happened?*

чой *tea;* **чойгаштак** *ladies' meeting held as part of wedding celebrations;* **чой дам кардан** *to make tea, to stew tea;* **як пиёла чой кунам, як пиёла чойба марҳамат кунед** *Let me invite you in for tea;* **чойник** *teapot, kettle;* **чойхона** *choikhona, tea-house;* **чойхоначӣ** *tea-house manager;* **чойҷӯш** *metal kettle*

чоп *edition, printing;* **чоп кардан** *to print*

чор *four [also in compound words with -*каса, -рӯза, -сад, -сола, -та, -то, -ум, -умин, -утока*]*

чорбоғ *very large park;* **сайри чорбоғ** *[Lit.] picnic*

чордаҳ */chorda/ fourteen [also in compound words with* -сола, -та, -то, -ум, -умин*]*

чорзону *cross-legged*

чоркунҷа *square*

чормағз *walnut*

чорраҳа *crossroads, intersection*

чоршанбе */chorshambe/ Wednesday*

чоряк *quarter*

чу *[Lit.: see* чун*]*

чукбур: устои чукбур *doctor or religious leader who carries out circumcisions;* **чукбуррон** *circumcision party*

чукрӣ *rhubarb*

чуқур *deep;* **чуқурӣ** *depth*

чун *when; like;* **чунин** *this kind of; such;* **чунки** *for, because of*

чуту *[coll. for* чӣ тавр*]*

чӯб *wood;* **чӯбин** *wooden*

чӯлоқ *lame*

чӯпон *shepherd*

чӯтка *brush;* **чӯткаи дандон** *toothbrush*

чӯҷа *[Lit.] chick, young bird*

ҷаббидан (ҷаб) *to absorb*

ҷав *barley*

ҷавзо *the third month in the Muslim solar calendar*

ҷавоб *answer, reply;* **ҷавоб гирифтан** *to ask permission (to leave, for time off, etc.);* **ҷавоб додан** *to answer, reply; to give permission;* **ҷавобӣ** *response, replying*

ҷавон *young;* **ҷавонзан** *young lady;* **ҷавонӣ** *youth, young people;* **ҷавонмард** *young man*

ҷавоҳирот *jewellery*

ҷавр *injustice, oppression*

ҷадвал *table, chart*

ҷадӣ *the tenth month in the Muslim solar calendar*

ҷаза *the part remaining once the oil has been fried out of the fatty tail of sheep*

ҷазо *punishment;* **ҷазо додан** *to punish*

ҷалб *attraction;* **ҷалб кардан** *to attract*

ҷамил *[see* сабр*]*

ҷамъ *gathering; addition, plus (math.); plural (gram.);* **ҷамъият** *society;* **ҷамъ кардан** *to coll.ect, to meet; to store; to add*

ҷанг *war; fighting, quarrel;* **ҷангӣ** *(adj) war;* **ҷанг кардан** *to fight*

ҷангал *forest, jungle*

ҷаннат *paradise*

ҷаноб *sir; excellency*

ҷаноза *funeral*

ҷануб *south;* **ҷанубӣ** *southern;* **ҷанубу ғарбӣ** *south-western;* **ҷанубу шарқӣ** *south-eastern*

ҷарима *fine, penalty*

ҷароҳат *wound, abscess*

ҷарроҳ *surgeon;* **ҷарроҳӣ** *surgery; surgical, operating;* **ҷарроҳӣ кардан** *to operate on*

ҷасад *body, corpse*
ҷастан (ҷаҳ) *to jump*
ҷаҳ *PrVS of* ҷастан
ҷаҳон *world;* ҷаҳонбинӣ *worldview;* ҷаҳонӣ *(adj) world*
ҷашн *celebration;* ҷашн гирифтан *to celebrate*
ҷевон *cupboard, chest of drawers;* ҷевони китоб *bookcase;* ҷевони либос *chest-of-drawers*
ҷемпир *cardigan*
ҷег: ҷег задан *to call, to shout out to smb.*
ҷигар *liver; (n) beloved (meta.);* ҷигархо хун шудан *to become worried*
ҷилҷила *curly*
ҷилд *cover; volume of a book;* ҷилди болишт *pillow-case*
ҷин *evil spirit*
ҷиноят *crime;* ҷинояткор *criminal*
ҷинс *species;* ҷинсият *gender (gram.)*
ҷиҳат *respect; direction; cause, reason*
ҷиян *nephew, niece*
ҷо, ҷой *place, position;* ин ҷо *here;* он ҷо *there;* ба он/ҳамон ҷо, дар он/ҳамон ҷо *there (emph.);* ҷое ки *where;* ҷойгир *located, situated;* ҷой гирифтан *to be located, to be situated;* пешакӣ ҷо гирифтан *to reserve, to make a reservation;* ҷои шудаш *"my last price";* ҷо-ҷо *here-and-there*
ҷовид *eternal*
ҷогаҳ *[see* ҷойгаҳ*]*
ҷода: дар ин ҷода *to this end*
ҷой *[see* ҷо*]*
ҷойгаҳ *Tajiki bed;* ҷойгаҳ андохтан, ҷойгаҳ партофтан *to lay a Tajiki bed*
ҷолиб *interesting, amazing*
ҷом *goblet*
ҷома *men's full-length velvet coat;* ҷомашӯӣ *(adj) washing, laundry*
ҷомеа *association*
ҷомеъ: масҷиди ҷомеъ *central mosque*
-ҷон *first name suffix used to show respect*
ҷон *spirit, soul;* ҷон додан *to die for a cause, "to give up one's spirit";* ҷонӣ *spiritual;* Бо ҷону дил *With heart and soul, I'd love to*
ҷонибдор *supporter*

ҷонишин *deputy director; pronoun (gram.);* ҷонишини сарвазир *Deputy Prime Minister*
ҷорӣ *flowing, running; current, present;* ҷорӣ будан *to introduce;* ҷорӣ гардидан *to operate, to function;* ҷорӣ шудан *to flow*
ҷорӯб *broom*
ҷуворимакка *[Lit],* ҷуворӣ *corn, maize*
ҷудо *separate;* ҷудой *contrastive (gram.);* ҷудо кардан *to separate;* ҷудонопазир *inseparable;* ҷудо шудан *to divorce;* аз … ҷудо гаштан *to part from*
ҷуз *besides, apart from*
ҷумак *spout;* ҷумаки об *tap*
ҷумла *whole; total; sentence (gram.);* аз ҷумла *including, for example*
ҷумоди-ул-аввал *the fifth month in the Muslim lunar calendar*
ҷумоди-ул-охир *the sixth month in the Muslim lunar calendar*
ҷумҳур, ҷумҳурият, ҷумҳурӣ *republic*
ҷумъа *Friday;* ҷумъабозор *Friday market*
ҷунбидан (ҷунб) /jumbidan/ (/jumb/) *to move, stir;* CV: ҷунбонидан (ҷунбон) *to shake (smth.)*
ҷурғот *sour curdled milk*
ҷустан (ҷӯй, ҷӯ) *to search;* ҷустуҷӯ *search*
ҷуфт *pair, couple*
ҷӯй, ҷӯ¹ *ditch, irrigation ditch*
ҷӯй, ҷӯ² *PrVS of* ҷустан
ҷӯра *friend (masc.)*
ҷӯроб *thick socks*
ҷӯшидан (ҷӯш) *to boil;* CV: ҷӯшондан (ҷӯшон) *to boil*
шаб *night; at night;* шабона *at night, by night;* шабонарӯз *24-hour, day;* Шаб ба хайр! *[Lit.] Good night!;* Шаби хуш! *Good night!*
шабнам *dew*
шабпарак *butterfly, moth*
шав *PrVS of* шудан
шаввол *the tenth month in the Muslim lunar calendar*
шавқ *interest, desire;* ба … шавқ доштан *to be interested in;* шавқовар *interesting*
шавла /shüla/ *osh, reheated with water*

шавҳар husband; **ба шавҳар баромадан/расидан** to get married [for women]
шағол jackel
шайтон satan
шакар sugar, candy
шакл shape
шал crippled, paralysed (from birth)
шалғам turnip
шалғамча radish
шамол wind; **шамол хӯрдан** to catch a cold
шампон champagne
шампун shampoo
шамшер sword
шамъ candle
шанбе /shambe/ Saturday
шапарак butterfly, moth
шарафманд respected, dignified
шарбат juice, syrup
шарик companion, partner
шарқ east; **шарқӣ** eastern; **шарқшиносӣ** oriental studies
шарм shame; embarrassment; **шармгин** ashamed; embarrassed; shy; **шармгинона** ashamedly, in shame; **шарм доштан** to be embarrassed; to be ashamed; **шарму ҳаё** shame, disgrace
шароб wine
шароит condition, terms
шарт condition; **ба шарте ки** if, so long as, on condition; **шартӣ** conditional (gram.); **шартнома** agreement
шарф scarf
шарҳ commentary, explanation
шаршара waterfall
шаст sixty [also in compound words with -сола, -та, -то, -ум, -умин]
шафқат [see ҳамшира]
шафтолу peach
шахс person; **шахсан** personally; **шахсӣ** personal; **шахсӣ-соҳибӣ** personal-possessive (gram.)
шаҳ¹ bridegroom, son-in-law
шаҳ² [see шоҳ]
шаҳодатнома certificate
шаҳр city, town; **шаҳрӣ** (adj) city; **шаҳрванд** citizen
шаҳривар the sixth month in the Persian calendar
шаш six [also in compound words with -каса, -рӯза, -сад, -сола, -та, -то, -ум, -умин, -утоқа]; **шашмоҳа** six months (adj)
шашка draughts; **шашкабозӣ** playing draughts
шашлик kebab, shashlik
шашмақом shashmakom, a traditional type of Tajiki music
шаъбон the eighth month in the Muslim lunar calendar
шева regional dialect
шер lion; **шердил** brave
шеф [R] boss
шеър poem, poetry; **шеърӣ** poetry, poetical
шибит dill
шикам abdomen, belly; **шикамрав** diarrhoea
шикан PrVS of шикастан
шикастан (шикан) to break, to break into pieces; **шикастабанд** broken bone specialist
шикор (n) hunt, hunting; **шикорчӣ** hunter
шикоят complaint; **шикоят кардан** to complain
шим trousers
шимол north; **шимолӣ** northern; **шимолу ғарбӣ** north-western; **шимолу шарқӣ** north-eastern
шин¹ the name of the letter "ш" in the Arabic alphabet
шин² PrVS of нишастан
шино swimming; **шино кардан** to swim; **шиноварӣ** swimming
шинон PrVS of шинондан [see нишастан]
шинос¹ acquaintance; **шиносном** passport; **шиносоӣ** getting acquainted; **шинос шудан** to introduce, to become acquainted, to make someone's acquaintance
шинос² PrVS of шинохтан
шинохтан (шинос) to know {a person}, to recognise
шир milk
ширгарм luke warm
ширин sweet; delightful, pleasant; **ширинӣ** sweets, candy
ширкат firm, company; participation; **ширкат варзидан** to participate

ширхӯр mammal
шифо cure, healing; **шифобахш** therapeutic; **шифохона** hospital
шифт ceiling
шиҳа noise a horse makes; **шиҳа кашидан** to neigh
шиша (n) glass, window-pane; bottle; **шишагин** (adj) glass
шогирд student; disciple
шод glad; **шодимарг** a happy death; **шодӣ** gladness, happiness, joy; **Аз дидани Шумо шодам!** {I'm} glad to see you!; **шодам.** Nice to meet you.
шоир (fem.: **шоира**) poet
шоистан [redundant modal verb only encountered in the form **шояд**]
шоколад chocolate
шолӣ rice paddy
шом late evening; **Шом ба хайр!** [Lit.] Good evening!
шона comb; **шона кардан** to comb
шонздаҳ /shonzda/ sixteen [also in compound words with -сола, -та, -то, -ум, -умин]
шох branch; antler, horn
шоҳ king; **шоҳӣ** royal
шоҳид witness
шоҳмот chess; **шоҳмотбозӣ** playing chess
шояд maybe, perhaps
шланг [R] hose-pipe
штраф [R] fine, penalty
шуаро [Ar.pl. of **шоир**] poets
шудан (**шав**) to become [also an auxiliary verb in many compound verbs, particularly passives]; PtPc: **шудагӣ** finished; FPc: **шуданӣ**; **мешавад** /meshad/ all right
шудгор a ploughed field; **шудгор кардан** to plough, to till
шукр thanksgiving to God
шукуфтан (**шукуф**) to bloom, to blossom, to open
шумо you (plural and for respect); **шумоён** (coll.) form of second person plural to show respect
шумор PrVS of **шумурдан**; **ба шумор рафтан** to be reckoned
шумора numeral; edition

шумурдан (**шумур, шумор**) to count, to calculate; to reckon
шунав PrVS of **шунидан**
шунидан (**шунав**) to hear
шурӯъ start, beginning; **шурӯъ кардан** to start, to begin
шустан (**шӯй, шӯ**) to wash
шутур camel
шутурмурғ ostrich
шуш lung
шӯ husband
шӯй, шӯ PrVS of **шустан**
шӯр pickled; salty
шӯравӣ soviet
шӯрбо soup, stew
шӯриш rebellion
шӯх mischievous, naughty, playful; **шӯхӣ** mischief, joke; **шӯхӣ кардан** to joke, to jest
шӯъба department, section of a shop
э o!, hey!, oh!, ah!; **Э-э** oh dear; hey
эзор ladies' trouser-like underwear
эзоҳ explanatory note
эй o!, hey!
экватор equator
элак small-holed sieve for flour, etc.
электронӣ electronic
энергетика energy
эстрада modern music group
этнографӣ ethnographic, ethnographical
эх, эха, эхе ah!, hey!, oh!
эҳё resurrection; Renaissance
эҳтиёт caution, care; **эҳтиёт кардан** to take care, to be careful
эҳтиёҷ (n) need
эҳтимол perhaps, possibly, probably
эҳтиром respect, honour; **эҳтиром кардан** to respect, to honour; **эҳтиромона** respectfully
эҷод creation; **эҷод кардан** to create; **эҷодиёт** great literary works
эшон [Lit.: see **онҳо**]
эъломия declaration
эълон announcement; **эълон кардан** to announce
эътибор trust, confidence; authority; **эътиборнома** credentials
эътиқод belief, creed
эътироз objection; **эътироз кардан** to object, to protest

-ю [see ва*]*
юбка [R] skirt
-юм [see -ум*]; -юмин [see* -умин*]*
ягон some, any; ягонагӣ *unity;* ягон кас *someone;* ягон хел *any kind of, some kind of;* ягон-ягон *rarely*
-яд [see -ад*]*
Яздон [Lit.] God
язна brother-in-law (sister's husband)
*як one [also in compound words with -*рӯза, -сад, -сола, -та, -то, -ум, -умин, -утока*];* якум *first; starter, appetiser;* якумӣ *the first;* як-як *one-by-one*
якбора suddenly
якдигар one another, each other
якдилӣ united
якзайл invariably
яккаса single (room)
якнафара single (room)
якпахлӯ one-sidedly
якчанд several, a few
якҷоя together
якшанбе /yakshambe/ Sunday
-ям [see -ам*]; -ямон [see* -амон*]*
январ January
янга sister-in-law (brother's wife)
-янд [see -анд*]; -янда [see* -анда*]*
яра wound, ulcer; ярадор *wounded*
ярок arms, weapons
-ят [see -ат*]*
ятим orphan
-ятон [see -атон*]*
ях ice; ях бастан, ях кардан *to freeze;* яхдон *refrigerator, fridge;* яхмос *ice-cream*
яхудӣ Jew, Jewish
-яш [see -аш*]; -яшон [see* -ашон*]*
яъне namely, that is

Acknowledgements

The authors' particular thanks go to: their wives, Munisa Qayumova and Rebecca Hayward, for all their love and support during the preparation of this book; Rebecca, again, Ruth Sykes and David Harper-Jones and their language helpers for all the helpful observations and suggestions they made during the editing of the book; Dr Asador Anvar for his advice; and Alexander Yablakov for the state crest in lesson 20 and the photo of Hoyit in lesson 21. All other photos and graphics were contributed by Dr John Hayward.

The preparation of this book was made possible thanks to the work and support of the Society in Tajikistan for Assistance and Research (STAR).

If you become aware of any mistakes in this book, please contact the authors at *publications@star.edu.tj*

Made in the USA
Middletown, DE
26 September 2023

39426868R00216